개정판

알기쉬운 회로이론

김종오 · 원영진 · 안태원 공저

B.C.Info

머리말

PREFACE

회로이론은 전기전자 분야를 전공하는 학생들이 많은 시간을 할애하여 학습하는 과목중 하나이다. 그럼에도 불구하고, 산업현장에서 관련 업무능력이나 실험·실습 능력에는 숙달되지 못한 경우를 자주 경험하게 된다.

몇 가지 사례를 보면, 관련 분야를 전공한 사람이 저항, 콘덴서, 코일의 값을 제대로 읽지 못하거나, 극성을 구분하지 못하는 경우, 오실로스코프로 측정한 최대값과 디지털멀티미터(DMM)로 측정한 실효값을 분간 하지 못해 엉터리 측정을 하는 경우, 주파수와 주기를 제대로 측정하지 못하거나 임피던스와 위상에 대한 이해가 부족하여 기본적인 교류회로를 다룰 수 없는 경우 등은 현장에서 자주 경험하는 사례 중 하나이다.

이같은 현상의 가장 큰 이유로는 현장위주의 실무형 교육보다는 이론중심으로 교육해 온 우리의 학습관행이 그 주된 이유가 아닌가 생각된다. 본 서는 이 같은 부분을 고려하여 복잡한 수학적인 언급을 줄이면서 전자관련 기술자들이 산업현장의 업무를 수행하는 데 필요한 부분 위주로 다루려고 노력하였다. 책의 주요 구성은 1장에서 4장까지는 직류(DC)부분과 중요한 정리와 법칙을 다루었고, 5장부터 14장까지는 교류(AC)회로의 주요한 부분만을 학습하도록 하였다. 15장의 3상 교류회로는 전기 분야를 공부하거나 관련업무 분야를 취급하는 사람들을 위해 실무 위주의 내용을 다루었다. 무엇보다 실험실에서 실험이 가능하고, 전기, 전자 및 통신 관련 산업현장에서 필요한 기본적인 부분을 위주로 학습하는 것을 목표로 하였다. R, L, C 등 수동소자 부품들을 취급할 수 있는 능력, 기본적인 직류와 교류회로에 대한 이해가 본서의 주된 내용이라고 할 수 있다. 따라서 라플라스 변환, 과도응답 해석 부분 등은 이 책의 범위를 벗어난다고 하겠다.

다년간의 산업현장과 교육현장에서의 경험을 바탕으로 실무에 필요한 회로관련 지침서 개발이 본서의 개발의도였으나, 여러 가지 면에서 의욕에 비해 아쉬운 점을 갖게 됨을 부인할 수 없다. 여러분의 많은 관심과 격려로 개정판을 출간하게 된 것을 기쁘게 생각하며, 앞으로도 소중한 의견을 바탕으로 계속적으로 보완해 나갈 것이다.

끝으로 본서의 집필에 밑거름이 되었던 국내외 많은 참고자료의 저자 분들과 이 책을 출판하기 위해 애써주신 복두출판사 직원 여러분께 감사의 뜻을 표하는 바이다.

2024년 1월

e-mail : hijokim@gmail.com

차 례
CONTENTS

Chapter 1 기본개념

Chapter 2 직류회로

Chapter 3 회로망 정리

Chapter 4 캐패시턴스와 인덕턴스

Chapter 5 정현파 교류

Chapter 6 R, L, C 소자와 정현파 교류

Chapter 7 복소수와 페이저

Chapter 8 교류회로 해석

Chapter 9 교류회로의 전력

Chapter 10 유도 결합회로

Chapter 11 공진회로

Chapter 12 필터(Filter)

Chapter 13 2 포트회로

Chapter 14 비정현파

Chapter 15 3상 회로

Appendix

Chapter

01

기본개념

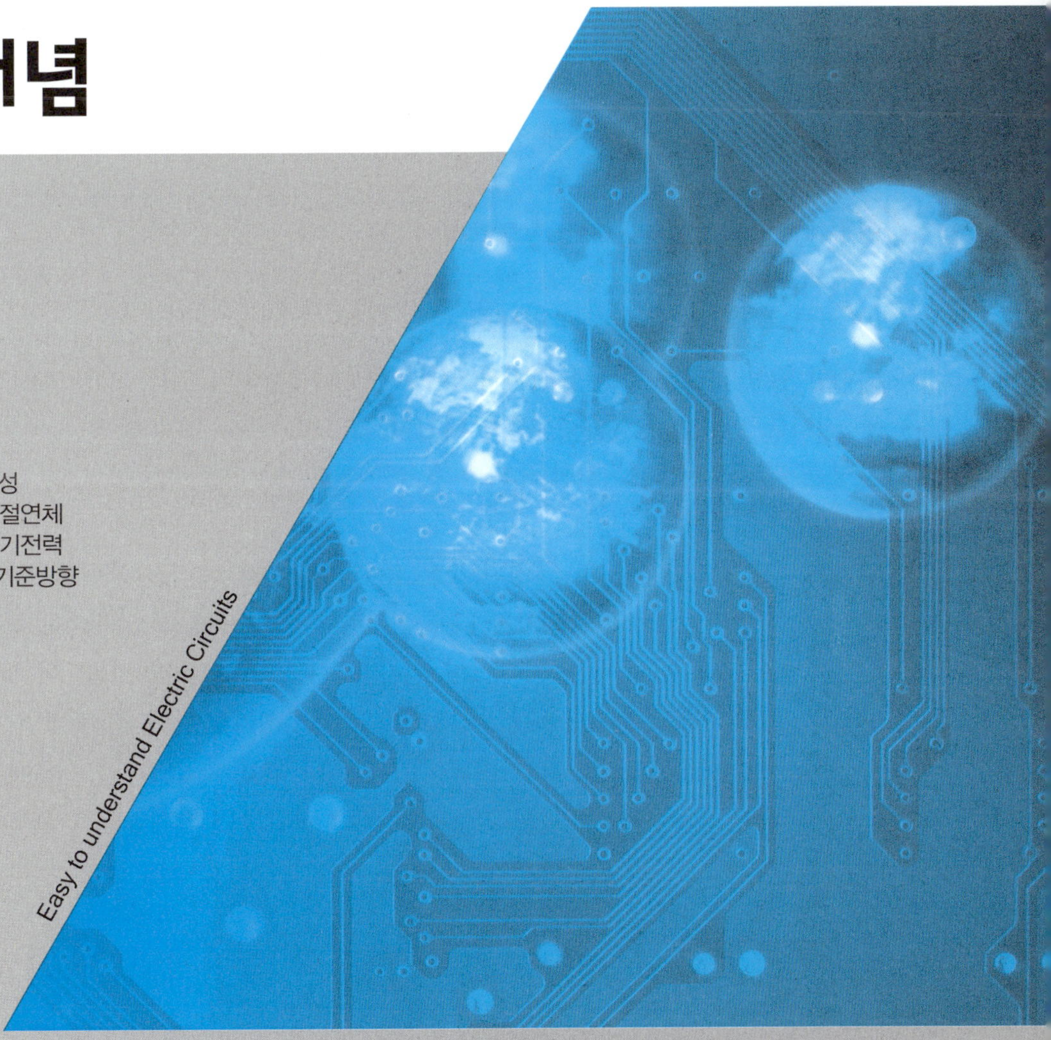

Easy to understand Electric Circuits

1.1 전기란?

전기는 에너지의 한 형태이다. 전구를 밝게 빛나게 하고, 밥솥이나 다리미를 뜨겁게 하는가 하면, 선풍기의 날개를 돌리고, 전축의 스피커에서 소리가 나게 하는 등 이루 말할 수 없이 많은 일을 한다. 또한 현대 정보화 사회에서 빼 놓을 수 없는 컴퓨터의 수없이 많은 반도체 회로 속에서도 약한 전류가 흘러 정보를 연산, 저장하는 기능을 수행하게 한다.

이와 같이 공기나 물과 같이 현대 과학문명의 필수 요소인 전기의 정체를 규명하기 위해 인류는 오랫동안 노력해 왔다. 약 4백여 년 전부터 자연계에는 전기라는 것이 있다는 사실이 알려져 있었다. 그래서 많은 학자나 연구가들이 이에 대한 연구를 했지만, 전기가 어떻게 발생하는가에 대한 현상규명에 불과했다.

물체와 물체를 서로 문지르면 마찰전기가 일어난다거나, 천둥 번개도 일종의 전기일 것 같다는 등을 알아낼 수 있었지만, 전기 그 자체의 정체는 밝혀내지 못했다. 그러나 이러한 현상을 중심으로 한 전기의 연구는 꾸준히 계속되었다. 또 전기의 정체를 모르면서도 전기를 이용한 발명품은 계속 나왔다. 1879년 에디슨이 발명한 백열전구도 이러한 발명품 중의 하나였다. 전선을 타고 흐르는 전기의 정체는 물론 에디슨도 알지 못했었던 것이다.

전기의 정체가 처음으로 규명된 것은 1897년의 일로 에디슨이 백열전구를 발명한 이후 20년쯤이 지나서 영국의 물리학자 J.J.톰슨이란 사람에 의해서 밝혀졌다. 톰슨은 여러 가지 실험 끝에 전기라는 것이 아주 미세한 입자라는 것을 알아냈다. 그는 이 작은 입자가 빛도 만들고 열도 나게 한다는 것을 알고, 전자(electron)라고 이름을 붙였던 것이다. 이러한 마찰전기의 현상은 동서양에서 비교적 일찍부터 알려져 있었다. 기록에 남아 있기로는 기원전 6백년 경부터의 일이다. 그 당시 그리스 사람들은 장식품으로 사용하던 호박(琥珀)을 헝겊으로 문지르면, 먼지나 실오라기 따위를 끌어당긴다는 것을 알고 있었던 것이다.

전기를 영어로 일렉트리시티(electricity)라고 하는데, 이것은 그리스어의 일렉트론(elektron)에서 유래한 말로, 본래는 호박을 의미하고 있다. 번개도 구름에 모인 마찰전기가 일으키는 불꽃이다. 우리 동양에서 쓰는 전기의 "전(電)"자는 실은 번개를 뜻하는 "뇌(雷)" 자에서 유래한 것이다.

1.2 전기의 발생

원자는 원자핵(atomic nucleus)과 이것들을 둘러싸고 있는 몇 개의 음전하를 갖고 음전기의 성질을 띠고 있는 전자(electron)로 구성되어 있다. 원자핵은 정전하를 가진 양전기의 성질을 띠고 있는 양자(proton)와 전하를 갖지 않는 즉, 전기적 성질을 갖지 않는 중성자(neutron)로 되어 있다. 양자 한 개가 갖는 전하량은 1.602×10^{-19}[C]이며, 질량은 1.67×10^{-27}[kg]이다. 양자와 중성자의 질량은 거의 같으나 전자의 질량은 양자의 약 1/836인 9.109×10^{-31}[kg]이며, 원자는 전체적으로 전기적 중성이다.

1914년 보어(Bohr)는 원자 중에서 가장 간단한 구조를 가진 수소 원자의 구조는 그림 1.1(b)와 같이 양자와 전자 부분으로 이루어져 있음을 제안하였다. 수소원자의 핵은 양자이며 양전하로 대전되어 있고, 궤도전자는 양자의 전하량과 같은 양의 음전하를 띠고 있다.

수소를 제외한 모든 원소의 원자핵들은 중성자를 포함하고 있다. 그림 1.1(a)에서와 같이 헬륨원자의 원자핵은 2개의 양자와 2개의 중성자로 되어 있으며, 핵 주위의 궤도에 2개의 전자가 있다. 정상상태에서의 원자 즉, 전기적으로 중성인 원자는 양자의 수와 전자의 수는 같은 수로 이루어져 있다. 또한 각 원소의 원자번호는 원자핵 속에 있는 양자의 수를 표시하므로, 이것은 바로 정상상태의 원자에 포함된 전자의 수를 나타낸다.

원자핵에서 가장 멀리 떨어져 있는 최외각 궤도를 운동하는 전자는 원자핵과의 흡인력이 약하기 때문에 외부의 자극에 의해서 쉽게 원자핵의 구속에서 벗어날 수 있으며, 금속에서는 이러한 최외각 전자들이 상온에서 열에너지에 의하여 원자의 구속으로부터 벗어나게 된다. 이러한 전자들은 금속 중에서 비교적 자유롭게 움직이며 이를 자유전자(free electron) 또는 전도전자(conduction electron)라고 한다.

전기의 여러 가지 현상들은 이러한 자유전자의 작용으로 이루어지며, 전류를 잘 흐르게 하는 물질 즉, 도체(conductor)에는 자유전자가 많고, 이 전자의 활동이 원활하지 못하여 전기를 전도하지 않는 부도체(non-conductor) 또는 절연체(insulator)에는 자유전자가 적게 된다. 또, 전기를 전도하는 성질이 도체와 부도체의 중간에 위치하는 물질을 반도체(semiconductor)라 한다.

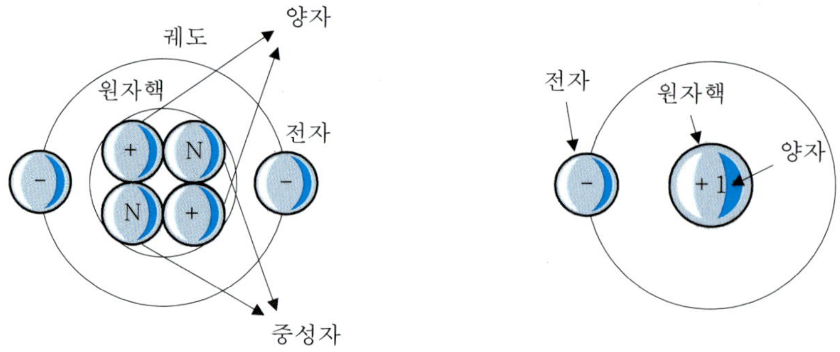

(a) He(헬륨) 원자　　(b) H(수소) 원자

그림 1.1　원자핵과 전자의 구조

▌마찰전기

서로 다른 물체를 마찰하면 전기가 일어나는데, 이런 현상으로 발생한 전기를 마찰전기라고 한다. 1733년 프랑스의 뒤페라는 사람에 의하여 처음으로 발견되었다. 우리가 일상생활에서 흔히 접할 수 있는 현상으로 플라스틱 책받침을 헝겊으로 문지르면 헝겊이 달라붙고, 또 건조한 겨울철에 셔츠나 스웨터를 벗으면 '빠자작' 하는 소리와 함께 불꽃(어두울 때 보임)이 튀는데, 이것은 모두 마찰전기 때문이다. 이같이 마찰전기로 불꽃이 날 경우 전압이 5천 볼트가 넘기도 하지만, 감전되지는 않는데 이는 전압이 높아도 흐르는 전류가 약하기 때문이다.

▌번개와 벼락

우리가 자연에서 가장 많이 보아온 전기현상은 번개와 벼락이라고 할 수 있다. (+)전기와 (−)전기를 띤 공중의 구름이 서로 스치고 지나면서, 공중의 전기와 땅의 전기 사이에 방전이 일어날 때 번갯불과 천둥소리가 요란하게 난다.

그 힘이 엄청나게 커서 벼락 맞은 나무는 앙상한 고목으로 변해버리고 농부가 들에서 낙뢰로 죽기도 한다. 공중의 전기도 보통 전기처럼 잘 통과할 수 있는 금속체를 좋아하기 때문에 건물마다 맨 꼭대기에 뾰족한 금속막대(피뢰침)를 세워 땅으로 연결시켜 놓으면 번개가 땅속으로 흘러 없어져 버린다.

그림 1.2에서 전기적으로 중성인 정상상태의 원자에 외부의 어떠한 영향으로 자유전자가 이동하게 되면 원자 전체의 전기적인 성질이 변하게 된다. 물체 내에서 전기적으로 중성인 원자가, 어떤 원인으로 전자를 잃게 되면, 양자의 수가 전자의 수보다 전체적으로 많게

되어 양전기를 띠게 되고, 외부로부터 전자를 얻게 되면 전자의 수가 양자의 수보다 많게 되어 음전기를 띠게 된다. 따라서 정상상태에서 보다 전자의 수가 많거나 적게 되어 전기적 성질을 가지게 되는 것을 물질이 대전(charge)되었다고 하며, 이 때 발생된 양전기와 음전기 사이에는 서로 같은 전기 사이에는 반발하고, 다른 전기는 흡인하는 성질을 가지고 있다.

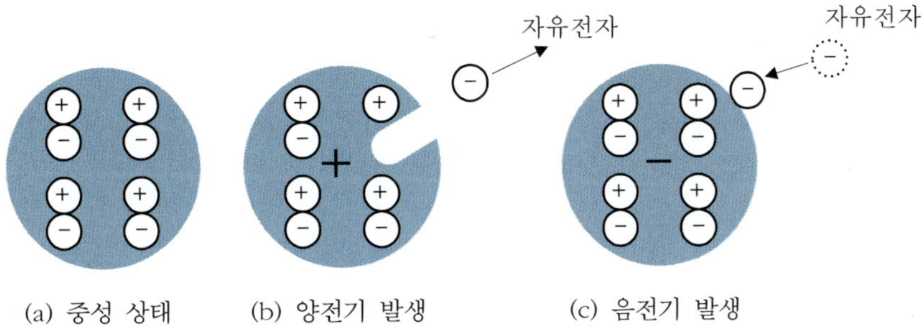

그림 1.2 전기의 발생

1.3 전하

자유전자가 이탈하여 다른 원자로 이동하면 전자를 잃은 원자는 전기적 균형이 깨져 (+)로, 전자가 많아진 원자는 (−)의 전기적 성질을 띤다.

전자가 에너지를 얻어(예로써, 마찰을 통하여) 에너지가 증가하면, 금지대를 벗어나 자유전자가 되고 자유전자는 원자 사이를 이동하게 된다.

이렇게 생긴 전기를 전하라 한다. 이렇게 원자가 전자를 잃거나 얻어서 전기적인 성질이 (0)에서 (+), (−)로 변한 한 것을 대전 되었다고 말하고 대전된 물체를 대전체라 한다.

대전되어 있는 물체는 전하를 가진다고 하고, 하전상태에 있다고도 한다. 전하는 양자, 양이온 및 정공과 같은 양전하(positive charge)와 전자와 음이온과 같은 음전하가 있다. 단위로는 쿨롱(coulomb)을 사용한다. 전하의 크기를 전기량이라고 하는데, 항상 기본전하량 e, 즉 1.6021×10^{-19}[C]의 정수배가 된다.

전자 한 개의 전하는 1.6021×10^{-19}[C]이므로 6.242×10^{18}개의 전자가 모이면 1[C]이 된다. 전하는 음양의 구별이 있으며, 그 분포에 따라 여러 가지 전기현상이 일어난다. 분포상태가 변하지 않을 때가 정전하이며, 전하가 이동하는 현상이 전류이다. 전하의 양, 즉 전기량은 정전하 사이에 작용하는 힘(인력 또는 반발력)의 크기로 측정할 수 있다.

1.4 전류

전기회로에서 에너지가 전송되려면 전하의 이동이 있어야 한다. 전하의 이동은 전류(electric current)를 형성한다. 전류의 세기는 "어떤 단면을 시간 t[sec] 동안에 Q[C]의 전하가 이동할 때 통과하는 전하의 양"으로 정의하며, 그 MKS 단위는 암페어(Ampere)이며, [A]로 표기한다. 1[A]는 1[S]동안에 1[C]의 비율로 전하가 이동할 때의 전류의 크기이다.

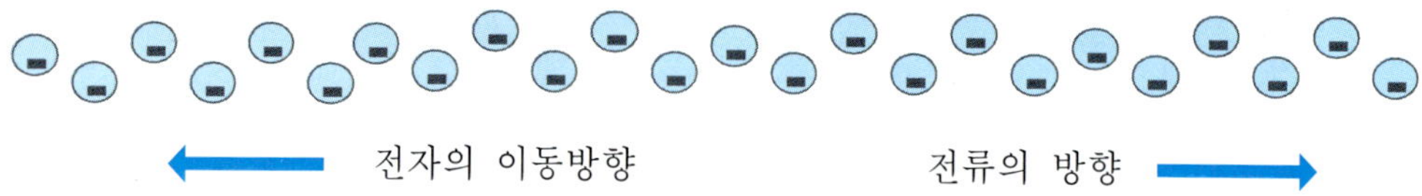

그림 1.3 전자이동과 전류의 방향

$$I = \frac{Q}{t}[\mathrm{A}], \quad Q = It[\mathrm{C}] \tag{1.1}$$

미소변화에 따른 dt[sec]간의 dq[C]의 전하량이 이동하였을 때 전류 i[A]는

$$i = \frac{dq}{dt}[\mathrm{A}], \quad q = \int idt[\mathrm{C}] \tag{1.2}$$

가 된다.

예제 1-1 도체에 3초 동안 7[A]의 전류가 흘렀다면, 전하는 몇 [C]인가?

〈풀이〉 전하 $Q = It = 7[\mathrm{A}] \times 3[\mathrm{s}] = 21[\mathrm{C}]$

예제 1-2 15[C]의 전하가 5초 동안 이동했을 때 흐르는 전류는 몇 암페어[A]인가?

〈풀이〉 $$I = \frac{Q}{t} = \frac{15[\mathrm{C}]}{5[\mathrm{s}]} = 3[\mathrm{A}]$$

1.5 전기회로의 구성

1.5.1 전기회로의 구성

그림 1.4(a)에서 회로의 스위치(SW)를 닫으면 전류가 흐르게 되어 꼬마전구에 불이 들어온다. 전기가 흐르는 통로를 전기회로라 하고, 전기를 가하는 전지를 전원(source)이라 한다. 또한 전기를 소비하는 꼬마전구를 부하(load)라 한다.

다음의 그림은 기본적인 전기회로도이다.

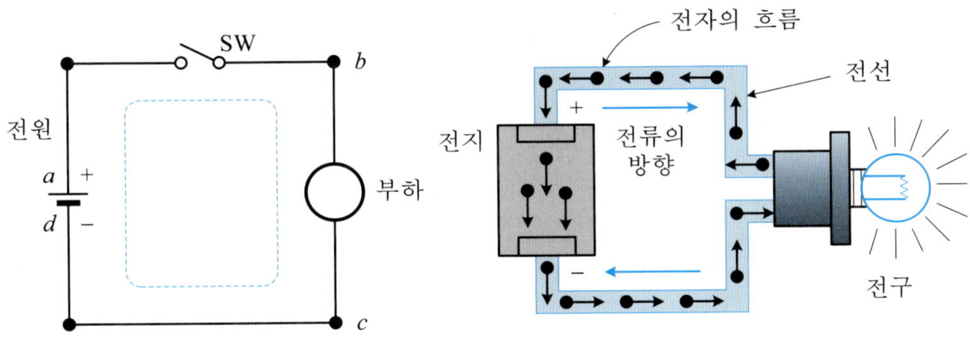

(a) 전기회로도　　(b) 전원과 부하

그림 1.4 기본적인 전기회로도

1.5.2 전기회로의 전류

전기는 전자의 흐름이다. 그림 1.4(b)와 같이 양전하와 음전하를 가지고 있는 축전지의 양극(+)단자, 음극(−)단자를 구리선으로 연결하면, 두 단자 사이에 전위차가 있으므로 음극(−)단자의 음전하는 전선을 통하여 양극(+)단자를 향하여 흐를 것이다. 음극(−)단자는 전선의 전자들이 양극(+)단자를 향하여 이동할 수 있도록 전자의 부족상태를 메어준다. 축전지의 화학적인 활동은 양극(+)단자에서는 전자들을 흡인하고, 음극(−)단자에서는 전자를 일정하게 공급하도록 한다. "전자는 음극에서 양극으로 이동하고, 전류는 양극에서 음극으로 흐른다." 다시 말하면 전류의 방향은 전자가 이동하는 방향의 반대방향으로 정한다. 따라서 자유전자는 "−"에서 "+"로 흐르지만, 회로 상에서 전류의 흐르는 방향은 "+"에서 "−"로 흐른다고 약속한다. 이러한 이유는 전자가 발견되기 전에 과학자들이 전기의 흐름을 "+"에서 "−"로 보았기 때문이다.

1.5.3 전기회로의 전압

전지의 전기적인 압력을 전압이라 한다. 또한 전류를 연속적으로 만들어 주는 힘을 "기전력"이라 한다. 기전력은 발전기나 전지 등이 가지고 있다.

어떤 기준점에서의 전기의 위치를 전위라 한고 상대적인 차이를 전위차라 한다.

전지의 +에서 −로 전기가 흐른다.

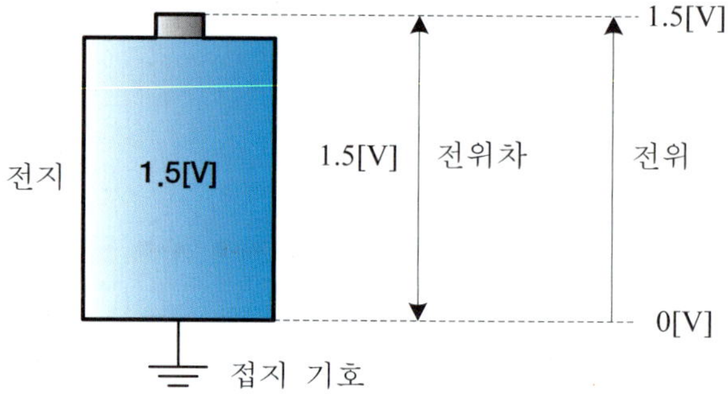

그림 1.5 전압의 개념

1.6 도체, 반도체, 절연체

1.6.1 도체(conductor)

물체는 원자로 이루어져 있으며, 원자 안에 있는 전자들은 원자핵의 인력을 받아 속박되어 있다. 하지만 원자핵에 약하게 속박되어 있는 일부 외곽 전자는 원자 사이를 자유롭게 움직일 수 있다. 이러한 전자를 자유전자라고 한다. 즉 도체에는 이 자유전자가 많아서 원자 사이를 쉽게 이동할 수 있으므로 전기가 잘 통하는 것이다. 자유전자가 풍부한 물질로 도체는 금, 은, 구리 등이 있으며, 열전도율도 뛰어나다. 일반적으로 전선은 구리선을 이용하는데 주위에 절연물질(염화비닐 등)을 입혀 사용한다. 도체는 전기저항이 아주 작은 물질이다.

1.6.2 반도체(semiconductor)

금속과 절연물 중간의 전기저항을 가지며, 그 전하의 캐리어 밀도가 어떤 온도 범위에서 온도와 더불어 증가하는 전자 또는 이온 전도성의 고체를 말한다.

이에 속하는 광석류는 천연에도 있으며 인공적인 것은 실리콘, 게르마늄, 셀레늄, 아산화동 등이 있다.

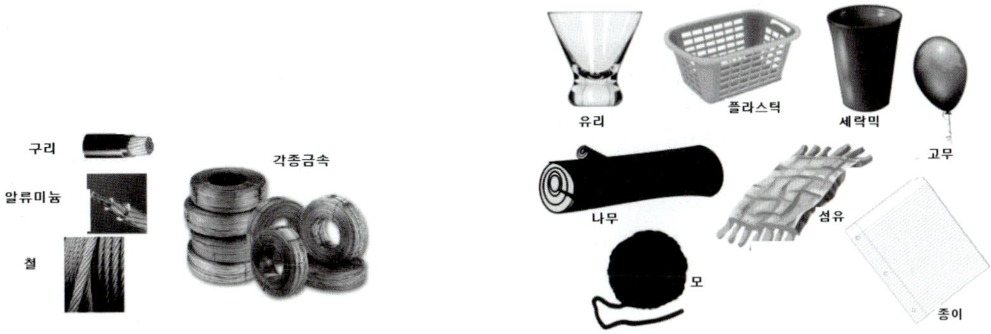

(a) 도체　　(b) 절연체

그림 1.6 도체와 절연체

1.6.3 절연체(insulator)

전기가 잘 통하지 않는 물체 또는 부도체를 말한다. 즉, 도자기나 유리류, 애자, 마른나무, 플라스틱류, 종이류, 비닐류 등 전기를 흐르지 못하게 하는 물질이다. 전자가 원자핵에 속박되어 있어서 자유 전자가 거의 없기 때문에 전기를 잘 통하지 못하는 것이다.

1.7 전압, 전위차, 기전력

그림 1.7에서 물의 높이가 높으면 높을수록, 즉, 바닥과의 수위차가 클수록 물의 세기는 세어지고, 수압도 세어진다. 전기에서 물의 수압과 같은 의미가 바로 전압의 개념이다. 임의의 두 지점의 전위차를 전압이라 정의한다.

전기회로에서 전류가 흐를 때는 반드시 에너지의 변환과 전송이 수반된다.

전하의 이동 즉, 전류의 흐름은 위치에 의하여 질량이 에너지를 갖는 것에서 기인한 위치에너지에 의해 설정된다. 전기적 에너지는 에너지 변환 장치에 따라서 화학적, 열적, 기계적 에너지 등으로 변환된다. 이와 같이 회로 내에서 전류를 흐르게 하는 전기적인 에너지의 차이 즉, 전기적인 압력의 차이를 두 점 사이의 전위차(electric potential difference)라고 한다.

이는 수원지에서 가정으로 수돗물이 수위차에 의해서 높은 곳에서 낮은 곳으로 흐르는 것과 같이 두 지점 사이의 수위차가 클수록 물의 속도가 빨라지고, 그 흐름의 세기는 커지는 것과 비슷한 원리라고 생각할 수 있다.

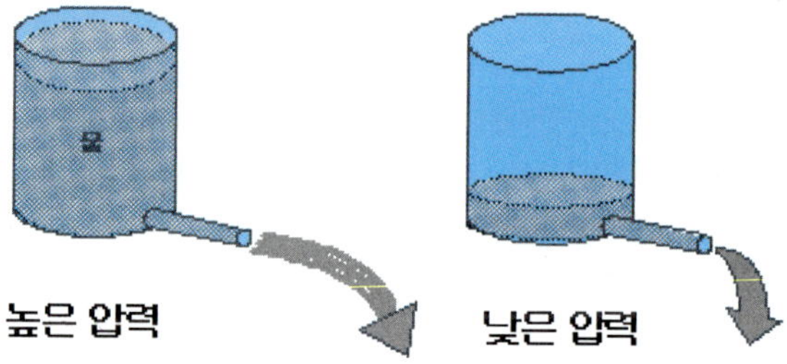

그림 1.7 수압

그림 1.8(a)와 같이 단위 정전하가 회로의 두 점 사이를 이동할 때 얻거나 잃는 위치에너지(potential energy)를 두 점 사이의 전위차 또는 전압(voltage)이라 한다. MKS 단위로는 volt를 사용하며 기호는 [V]이다. 그림 1.8(b)에서 1[V]란 1[C]의 전하가 두 점간을 이동할 때 얻거나 또는 잃는 에너지가 1주울(Joule)일 때의 전위차 또는 전압을 말한다.

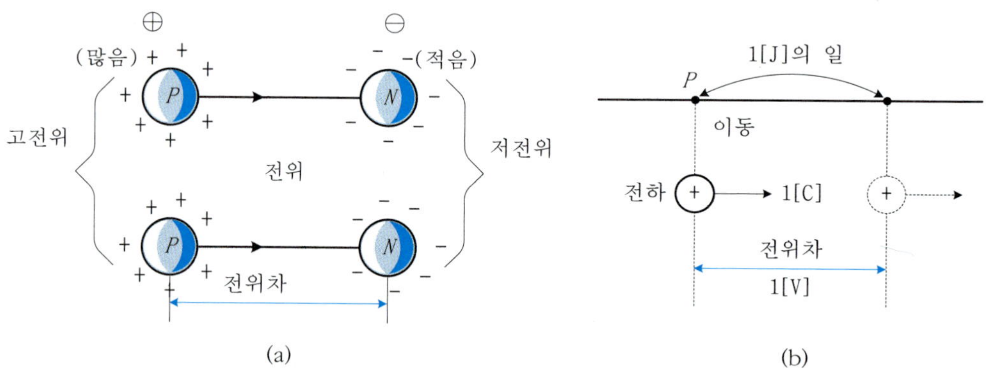

그림 1.8 전위차

Q[C]의 전하가 전위차가 일정한 두 지점 사이를 이동할 때 얻거나 잃는 에너지를 W[J]이라 하면, 두 점 간의 전위차 V[V]는

$$V = \frac{W}{Q}[\mathrm{V}], \quad W = VQ[\mathrm{J}] \tag{1.3}$$

따라서 미소전하 dq[C]이 이동할 때 수반되는 에너지가 dw[J]이라면 두 점 간의 전위차는

$$v = \frac{dw}{dq}[\mathrm{V}], \quad w = \int v dq[\mathrm{J}] \tag{1.4}$$

로 정의된다. 전위차가 있는 곳에는 필연적으로 전기력이 작용하며, 고전위점은 저전위점보다 높은 에너지 준위에 있다.

그림 1.9에서 회로 내의 임의의 점 a에서 점 b까지 단위 정전하가 이동할 때 외부에서 일을 해 주어야 하는 경우, 즉 이동하는 전하가 에너지를 얻을 때 점 b의 전위는 점 a의 전위보다 높다. a와 b 사이의 전위를 비교할 때는 고전위인 점을 (+), 저전위인 점을 (−)로 나타낸다.

따라서 점 a를 기준으로 하였을 때의 점 b의 전위는 (+)이다. 이 경우 점 a에서 점 b로 전압상승(voltage rise)이 있고, 반대로 점 a에서 점 b까지 단위정전하가 이동하면서 외부부하에 대하여 일을 하는 경우 즉, 전하가 에너지를 잃을 경우는 점 a로부터 점 b로 전압강하(voltage drop)가 있다고 하며, 전하가 부하를 지나면서 이곳에 에너지를 공급한다.

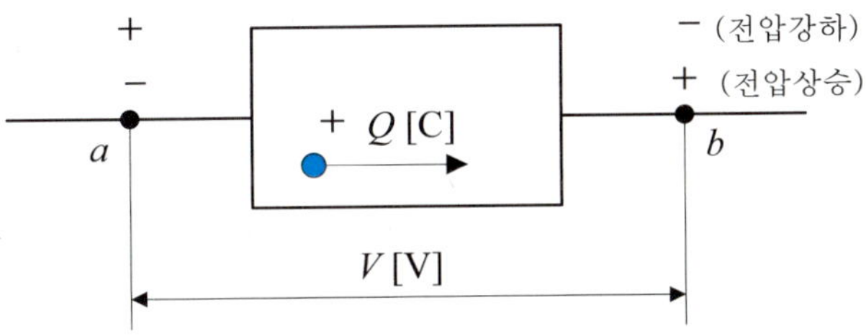

그림 1.9 전압상승과 전압강하

전원에서는 비전기적 에너지가 전기적 에너지로 변환되어 정전하를 전위가 낮은 점에서 높은 쪽으로 이동시켜 외부 회로에 전류를 흐르게 한다. 전원의 전압을 기전력(electro motive force; emf)이라고 하며, 필요한 경우 외에는 전압과 특별히 구별하여 사용하지 않아도 된다.

1.8 전류, 전압의 기준방향

회로를 구성하는 소자에는 회로에 전원을 공급해 주는 역할을 하는 능동소자와 전원을 공급받아 설계자의 의도대로 그 기능을 수행하는 수동소자가 있다.

수동소자로는 저항, 인덕터, 캐패시터가 대표적으로 사용되고, 능동소자로는 전기적인 특성에 따라 전압원 및 전류원 등이 사용된다.

수동소자의 전류방향은 그림 1.10과 같이 전류 i가 흐를 경우, 저항 자체에는 일단 에너지를 공급받는 것이 되므로 저항소자에서 전압강하가 발생된다. 따라서 그림 1.10과 같이 수동소자를 지나기 전인 a점의 전위를 정(+), 소자를 지난 후인 b점의 전위를 부(−)로 하여 이를 전류방향에 대한 저항소자 양단전압의 기준방향으로 정의한다.

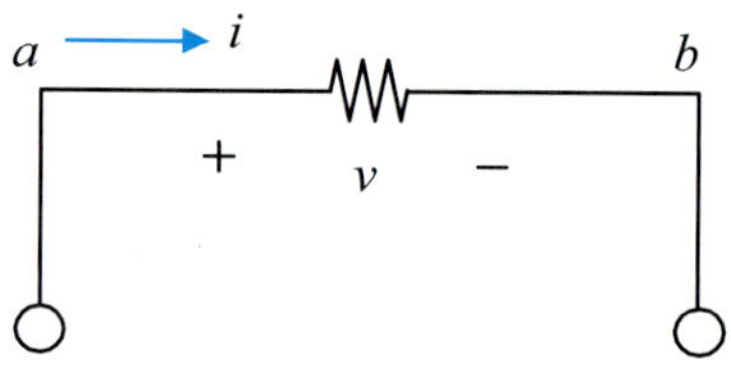

그림 1.10 수동소자의 기준방향

이렇게 한 후 회로를 해석하여 구한 전류, 전압의 값이 부(−)의 경우에는 그 부분의 실제 전류나 전압의 극성이 기준 방향이 된다.

능동소자인 전압원과 전류원의 기준방향은 수동소자의 경우와는 약간 다르다. 즉, 회로 전류가 전원을 지날 경우에는 전류의 방향으로 전압 상승이 일어나기 때문에 그림 1.11(a)와 같이 (−)극 쪽에서 (+)극 쪽으로 전류의 방향을 잡는다. 그림 1.11(b)와 같이 전류원에 대해서는 전류원 전후에 있어서 전압상승이 되도록 전압의 극성을 표시한다.

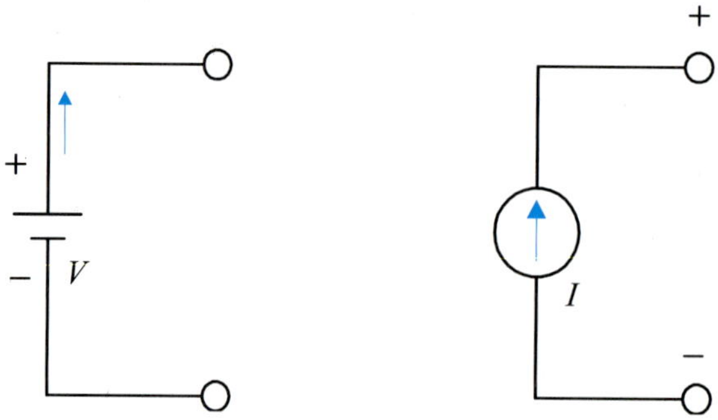

(a) 전압원 (b) 전류원

그림 1.11 전압원, 전류원의 기준방향

1.9 전력

단위시간에 변환 또는 전송되는 전기에너지를 전력(power)이라 하며, MKS 단위는 와트(Watt)이고, 기호는 [W]로 표시한다. 또 1[W]란, 1[sec] 동안에 변환 또는 전송되는 에너지가 1[Joule]일 때의 전력을 말한다.

따라서 전력 P는

$$P = \frac{W}{t}[\mathrm{W}] \tag{1.5}$$

가 되고, 식 (1.3)에 의해서 $W = VQ[\mathrm{J}]$이고, 식 (1.1)에 의해서 $I = \frac{Q}{t}[\mathrm{A}]$이므로, 전력($P$)은 전압($V$)에 전류($I$)를 곱한 값이 된다.

$$P = I^2R = VI = \frac{V^2}{R}[\mathrm{W}] \tag{1.6}$$

단위시간에 소비한 전력량을 전력이라 부르는데, 이는 얼마만큼의 전력을 소비하는가를 알기 위한 것이다. 즉, t[s]초 동안에 소비한 전력량(W)은 다음 식으로 나타낸다. 실제로 사용하는 전력량의 단위는 [Wh] 혹은 [kWh]를 사용한다.

$$\begin{aligned} &W = Pt = VIt = I^2Rt\,[\mathrm{J}] \\ &W = P(\text{전력}) \times \text{시간}\,[\mathrm{Wh}] \end{aligned} \tag{1.7}$$

일반적으로 에너지가 시간에 따라 변화할 경우 순시전력 p는

$$p = \frac{dw}{dt} = vi[\mathrm{W}], \qquad w = \int p\,dt = \int vi\,dt[\mathrm{J}] \tag{1.8}$$

여기서

$$\frac{dw}{dt} = \frac{dw}{dq} \cdot \frac{dq}{dt} = vi \tag{1.9}$$

이다. 즉, 순시전력(instantaneous power) p는 인가한 전압 v와 그 결과 흐른 전류 i와의 곱이 된다. 순시전력 p가 시간 t의 주기함수일 때 이의 주기를 T라 하면, 한 주기 동안 평균한 전력, 즉 평균전력 P_a는

$$P_a = \frac{1}{T}\int_0^T p(t)dt \tag{1.10}$$

전력의 실용단위는 킬로와트(killo watt)[kW]와 마력(horse power)[HP]을 사용하며 1[HP]=746[W]이다. 전력량의 단위는 와트・아워(watt hour) [Wh] 또는 킬로・와트・아워[kWh]가 많이 사용된다.

예제 1-3 모터가 4분간에 240,000[J]의 일을 했다. 전력[kW]는 얼마나 되는가?

〈풀이〉 $$P = \frac{W[\mathrm{J}]}{t\,[\mathrm{s}]} = \frac{240000}{240} = 1000\,[\mathrm{W}] = 1\,[\mathrm{kW}]$$

예제 1-4 100[V]용 100[W]의 전구와 200[W]의 전구가 있다. 이것을 직렬로 연결하여 100[V] 전원에 접속하면 각각의 전구에서 소비되는 전력은?

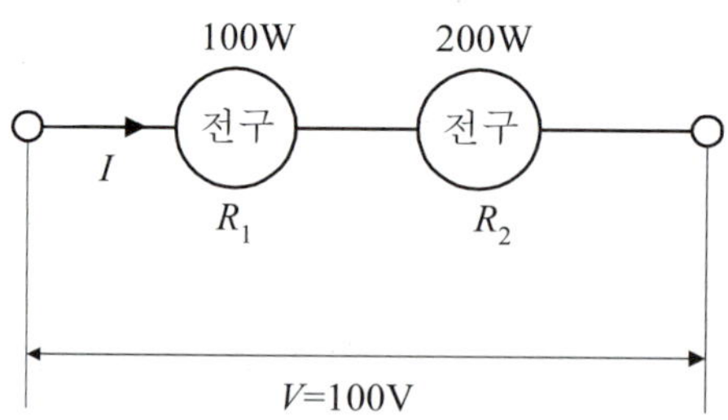

그림 1.12 (예제 1.4의) 회로

〈풀이〉 100[W] 전구의 저항 : $R_1 = \dfrac{V^2}{P} = \dfrac{100^2}{100} = 100[\Omega]$

200[W] 전구의 저항 : $R_2 = \dfrac{V^2}{P} = \dfrac{100^2}{200} = 50\,[\Omega]$

$$\text{전류} : I = \frac{100}{100+50} = \frac{1}{1.5}[\text{A}]$$

따라서 100[W] 전구에서 소비되는 전력 P_1

$$\therefore P_1 = I^2R_1 = \left(\frac{1}{1.5}\right)^2 \times 100 = \frac{100}{2.25}[\text{W}] \fallingdotseq 44.4[\text{W}]$$

200[W] 전구에서 소비되는 전력 P_2

$$\therefore P_2 = I^2R_2 = \left(\frac{1}{1.5}\right)^2 \times 50 = \frac{50}{2.25}[\text{W}] \fallingdotseq 22.2[\text{W}]$$

1.10 전원

전원이란 회로에 전력 즉, 전기적 에너지를 공급하는 장치를 말한다. 또한 전원(source)에 연결되어 있는 장치를 부하(load)라고 한다. 이와 같이 부하에 에너지를 공급해 주는 전원은 등가적으로 전압원 또는 전류원으로 나타낼 수 있다.

부하에 관계없이 항상 일정한 전압을 공급해주는 전압원을 독립 전압원(independent voltage source) 또는 이상적인 전압원(ideal voltage source)라고 한다. 그림 1.13(a)는 일정한 전압을 공급하는 직류(DC) 전압원의 기호이고, 그림 1.13(b)는 교류(AC)전압을 나타낸다.

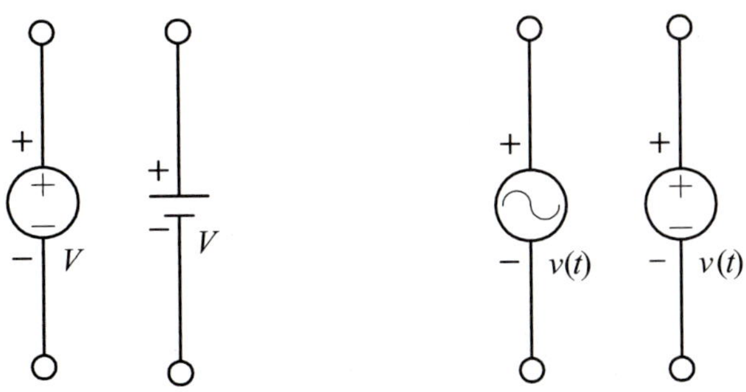

(a) 직류 전압원 (b) 교류 전압원

그림 1.13 전압원의 기호

부하에 관계없이 항상 일정한 전류를 공급하는 전류를 공급해주는 전류원을 독립 전류원 혹은 이상적인 전류원이라고 하고, 그림 1.14와 같이 나타낸다. 그림 1.14(a)는 시간에 관계없이 일정한 전류를 공급하는 직류 전류원을 나타내고, 그림 1.14 (b)는 일반적인 교류 전류원을 의미한다.

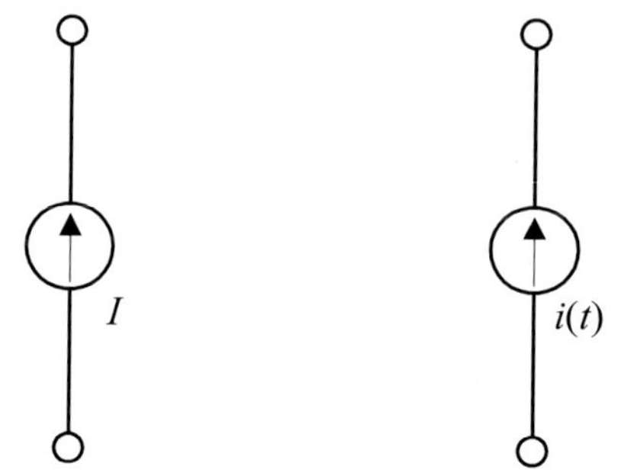

(a) 직류 전류원 (b) 교류 전류원

그림 1.14 전류원의 기호

Chapter 01

연 습 문 제

문제 1 도체와 절연체의 차이점을 원자모형의 관점에서 간단히 설명하라.

문제 2 전류의 방향과 전자의 흐름을 설명하라.

문제 3 전압의 의미를 수압과 비교하여 설명하라.

문제 4 도선에 5초 동안 20쿨롱[C]의 전하가 이동했을 때 흐르는 전류는 몇 암페어[A]인가?

문제 5 어느 도체에 3초 동안 10[A]의 전류가 흘렀다면 이동한 전하량은 몇 쿨롱[C]인가?

문제 6 모터가 3분간에 250000[J]의 일을 했다. 전력[kW]은 얼마나 되는가?

문제 7 저항 40[Ω]의 전열기에 7[A]의 전류를 30분 동안 흘렸다. 이때의 전력(P)과 전력량(W)은 얼마인가?

Chapter

02

직류회로

Easy to understand Electric Circuits

2.1 직류(DC)와 교류(AC)

저항을 연결하여 구성한 회로에 건전지로 전원을 공급하면, 이 회로에 흐르는 전류는 항상 크기가 일정하며 흐르는 방향도 변화하지 않는다. 이러한 전류나 전압을 직류라고 하는데, 문자기호로는 DC(direct current)로 나타내며 그림 2.1(a)와 같은 파형이 된다. 이에 비해 그림 2.1(b)의 파형과 같이 우리가 가정에서 사용하는 전기는 전류나 전압이 주기적으로 변화한다. 이러한 전류나 전압을 교류라고 하며 문자기호는 AC(alternating current)로 나타낸다.

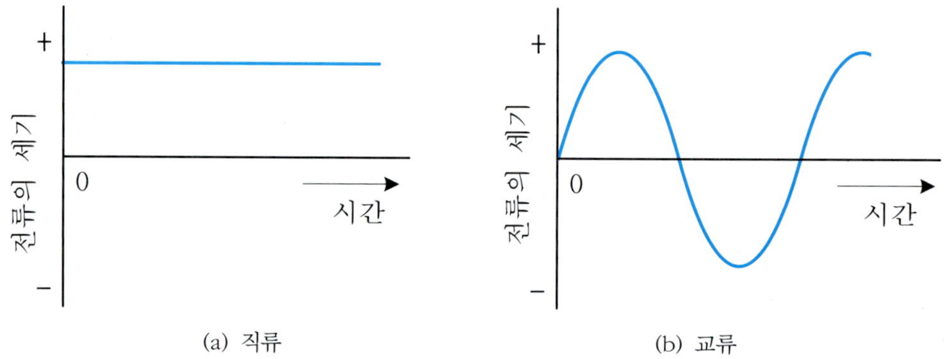

그림 2.1 직류와 교류

2.2 저항

2.2.1 전기적 저항

도체에 전류가 흐르면 자유전자는 도체 내를 운동하게 된다. 운동 중에 원자와 부딪히게 되는데 이 때 열이나 빛을 내게 되고 충돌이 많아질수록 자유전자의 이동이 적게 되어, 결국 전류의 흐름이 줄어들게 된다. 전류의 흐름을 방해하는 이런 특성을 저항이라고 한다. 저항은 수돗물의 흐름을 조절하는 수도꼭지가 하는 역할과 유사하다. 일반적으로 전선은 비록 내부에 저항이 있지만, 아주 작은 값이고 편의상 저항이 0이라고 생각한다. 전자부품인 저항이 아니더라도 우리가 사용하는 전구와 같은 전열기나 전자제품을 하나의 저항으로 볼 수도 있다. 저항이 0이면 전류가 전혀 방해 없이 흐른다는 의미이고, 반대로 저항이 무한대라면 전혀 흐를 수 없다는 것을 의미한다. 두 지점 간을 흐르는 전류는 두 단자간의 전압에 비례한다. 이 비례상수가 저항이며, 기호 [R]로 표시하고, MKS 단위로는 오옴

(Ohm : 기호 $[\Omega]$)을 사용한다.

여기서 $\frac{1}{R} = G$를 컨덕턴스(conductance)라고 부르며, 단위는 simens[S] 또는 mho$[\mho]$를 사용한다.

2.2.2 저항의 크기

“1$[\Omega]$의 저항은 도체 양단의 전위차 1[V]에 의하여 흐르는 전류가 1[A]일 때의 저항이다.” 한 물질에서 어떤 단면적의 저항은 물질(material), 길이(length), 단면적(cross section area), 온도(temperature)의 4가지 요소에 의해서 정해진다. 도선의 저항은 길이(l)에 비례하고, 단면적(A)에 반비례한다. 이것을 식으로 표시하면

$$R = \rho\frac{l}{A}\ [\Omega] \tag{2.1}$$

이다. 식(2.1)에서 비례상수 ρ는 도선의 재질에 따라 결정되는 상수로서, 이것을 고유저항 또는 저항률(resistivity)이라 하고, 단위는 ohm-meter$[\Omega-\mathrm{m}]$를 사용한다. 또한 저항률 ρ의 역수 σ를 도전율 또는 전기전도율(conductivity)이라 부르고 단위는 mho/meter $[\mho/\mathrm{m}]$를 사용한다. 금속의 저항은 R 이고 $\sigma = \frac{1}{\rho}[\mho/\mathrm{m}]$이므로

$$G = \sigma\frac{A}{l} \tag{2.2}$$

일반적으로 금속의 저항은 온도에 비례하여 증가한다.

표 2.1 도선의 재질에 따른

전선의 재질	$\rho[\Omega-\mathrm{m}]$	$\sigma[\mho/\mathrm{m}]$	전선의 재질	$\rho[\Omega-\mathrm{m}]$	$\sigma[\mho/\mathrm{m}]$
은(Au)	$0.0167(=\frac{1}{60})$	60	철(Fe)	0.13	7.69
구리(Cu)	$0.0178(=\frac{1}{56})$	56	망간(Mn)	0.43	2.23
알미늄(Al)	$0.0278(=\frac{1}{36})$	36	니크롬(Ni-Cr)	1	1
백금(Pt)	0.105	9.52	탄소(C)	50내외	0.02
텅스텐(W)	0.055	18.25	유 리	10^{18}내외	10^{-18}

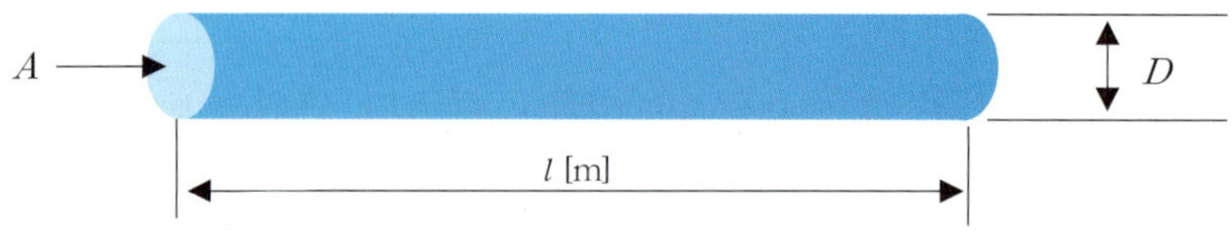

A : 단면적 단위 = $[m^2]$
l : 길이 단위 = [m]
ρ : 비저항 단위 = $[\Omega - m]$
σ: 전도율 단위 = $[℧/m]$

• 비저항은 전도율의 역수 $\sigma = \frac{1}{\rho}$

그림 2.2 도선의 저항

2.2.3 저항의 종류와 기호

저항의 종류

전자부품 중 가장 많이 사용되는 저항에는 용도와 크기에 따라 여러 가지 종류가 있다.

가. 탄소피막(carbon film)저항

① 세라믹 막대 표면에 흑연피막을 증착시킨 구조인데 저항 값은 탄소피막의 두께로 조절할 수 있다. 그러나 탄소피막을 너무 얇게 할 수 없기 때문에 홈을 파서 전류가 흐르는 경로를 가늘고 길게 하면 저항 값을 수십, 수백 배 크게 만들 수 있다.(최소 0.1 Ω 에서 최대 10 MΩ 정도까지)
② 소용량 저항에서 널리 사용된다.(열용량: $\frac{1}{8}$W~ 1W, 오차: ±5% 제품)
③ 크기가 작아 저항값을 컬러코드(Color Code) 방식으로 표기한다.
④ 가격은 싸지만 잡음발생이 많은 단점이 있다.

저항 값의 정밀도는 ±5%의 것이 대부분이며, 정격전력은 1/8W, 1/4W, 1/2W 등이 일반적이다. 탄소피막저항은 잡음특성이 나쁜 결점이 있으며, 오디오와 같은 아날로그 회로의 신호경로에는 사용하지 않고, 금속계의 저항을 사용하는 것이 좋다.

아날로그 회로의 미약한 신호를 증폭하는 곳에는 금속계 저항을 사용하고, 일반 디지털 회로에서는 탄소계 저항을 사용한다.

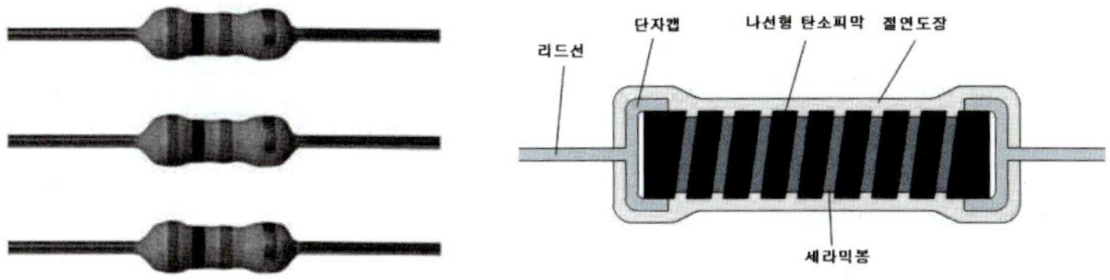

그림 2.3 탄소피막저항

나. 금속피막(metal film)저항

금속피막저항은 허용오차나 잡음 그리고 온도계수 등 모든 면에서 우수하다. 값은 비싸지만 오디오 회로에 가장 적합한 저항이다. 정밀도가 높아 브리지(bridge) 회로, 필터(filter) 회로, 프리앰프의 이퀄라이저단과 같이 저항 값의 불균형 내지 정밀도가 회로의 성능에 크게 영향을 미치는 경우에 주로 사용되고 있다. 정밀도뿐만 아니라 잡음특성도 뛰어나 고급 오디오의 경우 거의 모두 1% 오차급 금속피막저항을 사용한다. 저항체의 재료는 Ni－Cr(니크롬) 등이 사용된다.

탄소피막 대신 금속피막을 증착시킨 것만 다르고 모양과 제조방식은 위와 같다. 금속피막형 저항은 오차가 2% 이내인 정밀급으로 제조되고, 잡음이 적다.

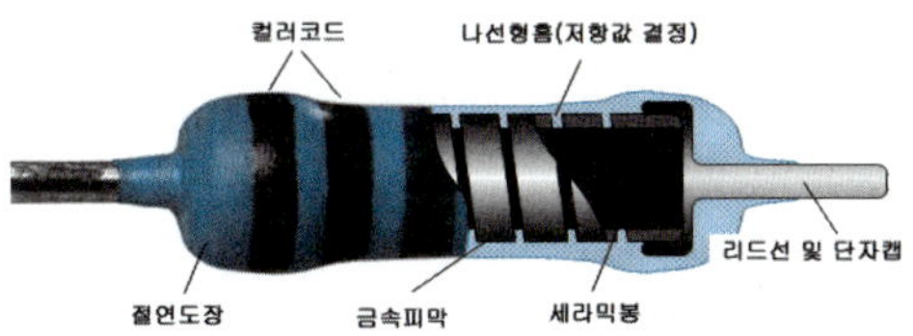

그림 2.4 금속피막저항

다. 권선(wire wound)저항

권선저항이란 금속선을 재료로 한 것으로서 선의 길이를 조정함으로써 정밀한 저항값을 얻는 것이 가능하며, 두꺼운 금속선재를 사용하여 대전력용으로 만드는 것이 가능하다. 정밀한 저항값이 필요한 회로보다는 대전력 회로에 많이 사용된다. 결점으로는 금속선을 절연체에 코일상태로 감기 때문에, 튜너나 디지털 회로와 같은 주파수가 높은 회로에는 사용할 수 없다. 고온에서 처리한 저항이나 세라믹 케이스에 삽입해 특수한 시멘트로 굳힌 시멘트저항 등이 있으며, 1~2W로부터 수십 W의 것까지 있다. 대전력용으로 사용하는 경우 방열에 유의해야 한다. 10~50mm 정도의 도자기관에 니크롬저항선을 감아 만든 발열용량이 큰 저항으로 2~100W 정도의 대용량이 많고, 10W 이상이 되면 저항선 위를 법랑으로 코팅한다.

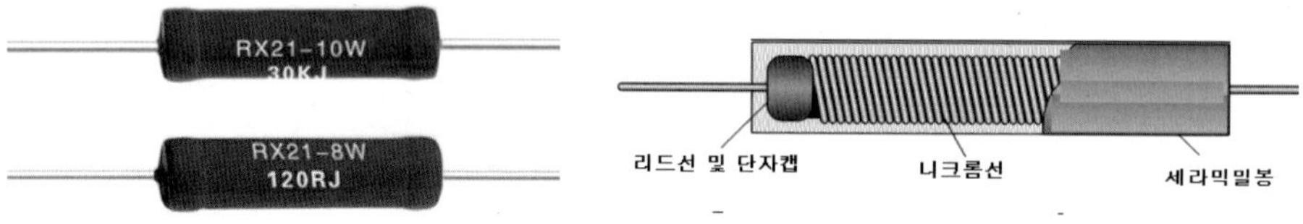

그림 2.5 권선저항

라. 시멘트(cement)저항

단단한 사각형 시멘트관속에 저항재질을 압축해 넣어 만든 저항으로 2~10W 정도의 중간 용량형이 널리 사용되며, 오차는 ±5% 제품이 많다. 전력이 큰 용도에 주로 사용한다.

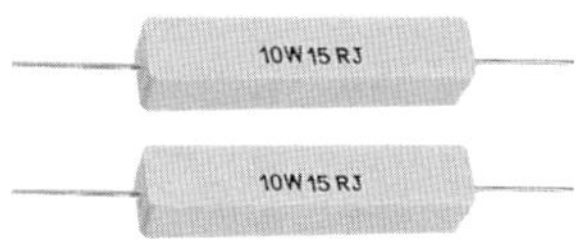

그림 2.6 시멘트저항

마. 카본복합(carbon composition)저항

탄소와 수지, 무기물을 혼합한 분말을 덩어리로 소성 시킨 것으로서, 전원부 또는 고주파 계측기와 통신기기에 많이 사용 된다. 몸체 전체가 저항체이므로, 유도성분이 전혀 없으며 전류의 흐름이 매우 좋다.

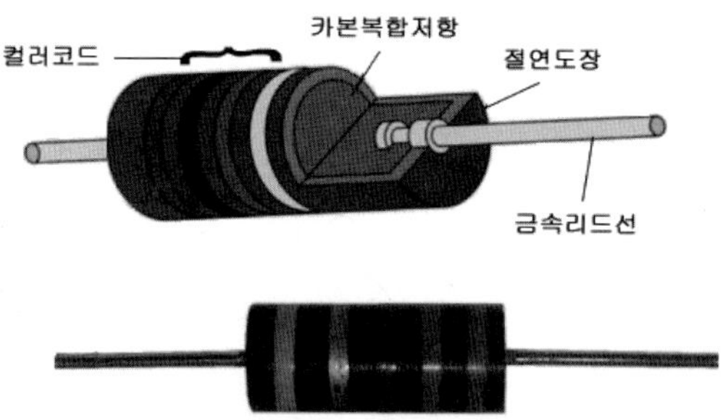

그림 2.7 카본복합저항

바. 어레이(array)저항

저항 값이 동일한 여러 개의 저항을 그림 2.8과 같이 하나의 패키지에 넣어 만든 것을 어레이저항이라 한다. 용도로는 동일한 값의 저항으로 다수의 소자를 제어하는 경우, 디지털 회로처럼 동일한 회로에 많은 저항이 필요한 경우, 미니 컴포넌트와 같이 실장면적이 좁은 경우 등에 사용된다.

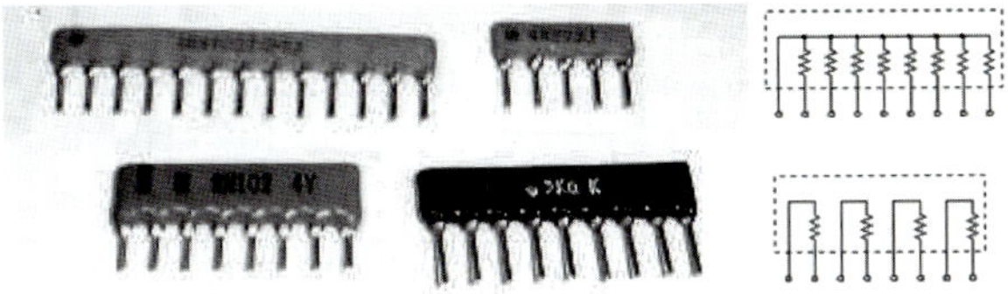

그림 2.8 어레이저항

사. 저항의 기호

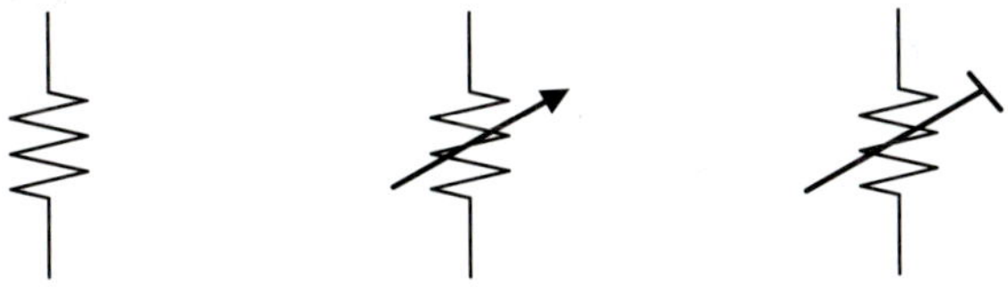

(a) 일반저항 (b) 가변저항 (c) 반고정저항

그림 2.9 각종 저항의 기호

2.2.4 저항의 색 코드

가. 컬러코드 표시법

① 탄소피막형이나 금속피막형 등의 저항에 원형의 컬러 띠를 페인트로 칠해 값을 표시하는 방식을 컬러코드 표시법이라 한다.

② 탄소피막형저항은 5% 오차의 4색띠 방식을, 금속피막형은 5색띠로 오차는 1~2%형 제품이 일반적이다.

③ 저항값 표시에 관한 컬러코드 규정

표 2.2 저항의 컬러코드 표기법

색(Color)	제 1 숫자	제 2, 3 숫자	승수	오차(%)
흑색(Black)	–	0	× 1	–
갈색(Brown)	1	1	×10	±1
적색(Red)	2	2	$\times10^2$	±2
주황(Orange)	3	3	$\times10^3$(1K)	–
노랑(Yellow)	4	4	$\times10^4$(10K)	–
녹색(Green)	5	5	$\times10^5$(100K)	±0.5
파랑(Blue)	6	6	$\times10^6$(1M)	–
보라(Violet)	7	7	$\times10^7$(10M)	

회색(Gray)	8	8	$\times 10^8$(100M)	–
흰색(White)	9	9	$\times 10^9$(1,000M)	–
금색(Gold)	–	–	$\times 10^{-1}$	±5
은색(Silver)	–	–	$\times 10^{-2}$	±10
무색(None)	–	–	–	±20

④ 4색 띠 저항 표시법

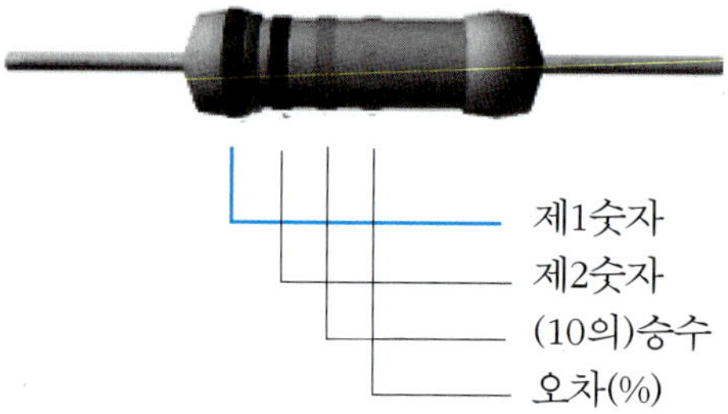

⑤ 5색 띠 저항 표시법

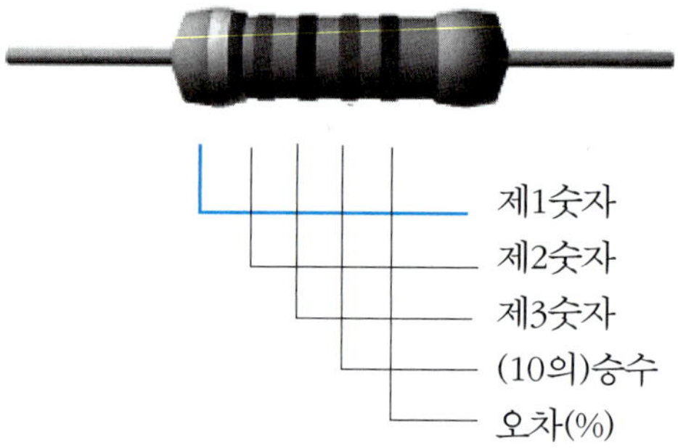

그림 2.10 저항 값의 색 표시법

4색 저항은 E24시리즈, 5색 저항은 E48 또는 E96 시리즈를 기준으로 제품화된다. 저항 컬러코드의 기본단위는 $[\Omega]$이고, $1000[\Omega]$ 또는 $10^3[\Omega]$을 $1[\mathrm{k}\Omega]$으로 표기한다.

- 소수점 표시법
  ① 갈 녹 적 금 = $1.5[\mathrm{k}\Omega]$
  ② 주 백 금 금 = $3.9[\Omega]$

예제 2-1 다음 저항의 값은 얼마인가?

〈풀이〉

(저항 1)

적흑주금

제1, 2색 : 적 흑 = 20

제 3 색 : 주 $= 10^3$

저항값 : $20 \times 10^3 = 20{,}000\,\Omega$
$= 20[\mathrm{k}\Omega]$

오차 : ±5%

(저항 2)

황청흑 주 적

제1, 2, 3색 : 황청흑 = 460

제 4 색 : 주 $= 10^3$

저항값 : $460 \times 10^3 = 460{,}000\,\Omega$
$= 460[\mathrm{k}\Omega]$

오차 : ±2%

나. 숫자에 의한 저항 값 표기법

① 저항의 표면이 크거나 평면이면 숫자를 직접 인쇄하여 표기하는 경우도 있다.

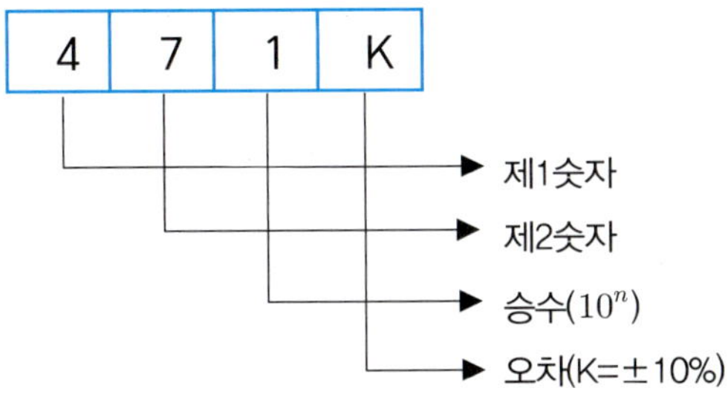

② 컬러를 대신하여 숫자를 직접 사용한 것으로 그 표현 방식은 유사하다.

③ 오차의 경우 F=1[%], J=5[%], K=10[%]를 나타낸다.

그림 2.11 칩형 정밀저항

2.2.5 가변저항과 반고정저항

가변저항에는 회로의 전류나 전압을 조정하거나 회로부품의 불균형에 의한 동작 상태를 조정(adjustment)하기 위해 사용된다. 종류로는 저항 값을 바꾸지 않는 반고정 저항과, 음량이나 이퀄라이저의 조정 등을 위해 수시로 사용하는 가변저항(볼륨)이 있다.

반고정저항의 경우, 가장 값싼 탄소피막형에서 부터 플라스틱 몰드형, 금속 피막형, 서미트가 있다. 이중 금속피막형과 서미트는 오차가 적으며 특히 안정성이 좋아 먼지가 많거나 회로주변의 온도와 습도의 변화가 심한 경우 많이 사용된다.

볼륨과 같이 저항 값을 조절하도록 만든 것을 가변저항(variable resistor; VR)이라 하고, 10회전에 걸쳐 직선적으로 변화되는 제어용 가변저항을 포텐셔미터(potentiometer)라 한다. 또한 드라이버로 조절이 가능하도록 만든 것을 반고정저항(SVR) 또는 트리머저항이라 한다.

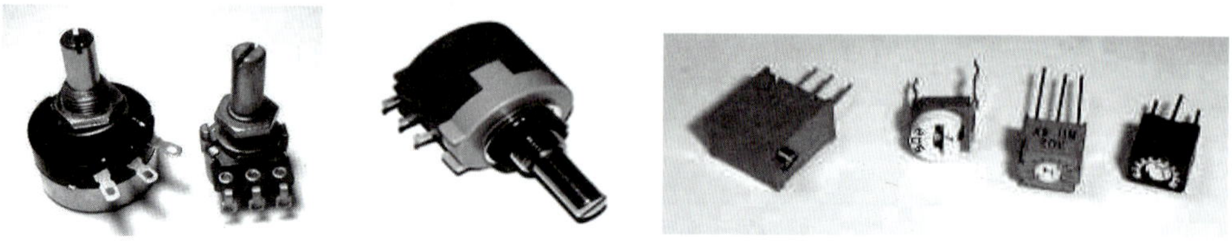

(a) 가변저항(VR) (b) 포텐셔미터 (c) 반고정저항

그림 2.12 여러 가지 가변저항

2.3 옴의 법칙

그림 2.13은 전구에 불을 켜는 전기회로이다. 여기서 인가전압(V), 전구에 흐르는 전류(I), 저항(R) 및 빛의 밝기 등에는 어떤 관계가 있을까?

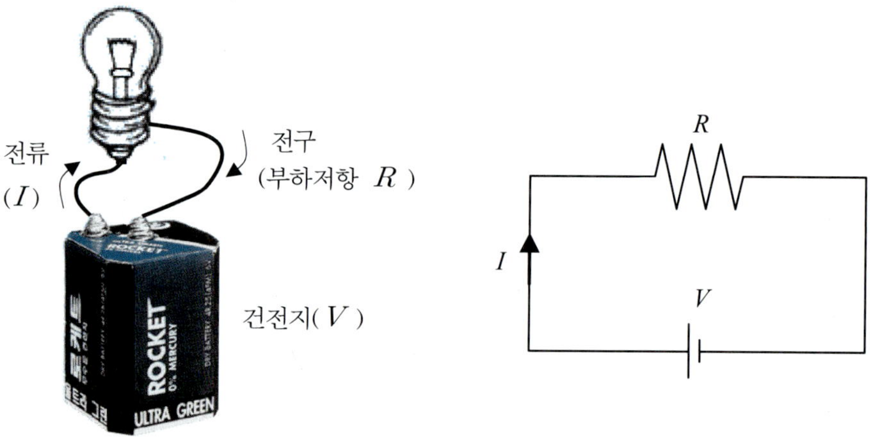

(a) 실제 배선도 (b) 전기 회로도

그림 2.13 전기회로

전기회로를 구성하는 세 가지 요소인 저항과 전류, 그리고 전압 사이의 관계를 나타내는 법칙을 1827년 독일의 물리학자 Ohm이 발견하였다. 전압의 세기를 V[Volt], 전류의 세기를 I[ampare], 저항의 크기를 R[ohm]이라 할 때, 이들의 관계는 다음과 같다.

저항 R에 전류 I가 흐를 때 저항 양단에는 이들 두 인수를 곱한 크기의 전압강하가 발생한다.

$$\boxed{V = IR[\mathrm{V}]} \tag{2.3}$$

회로에 흐르는 전압(V)는 전류(I)와 저항(R)에 비례한다. 이와 같은 전류, 전압 및 저항의 관계를 옴의 법칙(Ohm's law)이라고 한다.

옴의 법칙은 다음과 같이 전압 혹은 저항을 구하는 식으로 표현할 수 있다.

$$\boxed{I = \frac{V}{R} = GV[\mathrm{A}]} \tag{2.4}$$

회로에 흐르는 전류(I)는 전압(V)에 비례하고, 저항(R)에 반비례한다. 여기서 $G = \dfrac{1}{R}$은 컨덕턴스(conductance)라고 하며, 단위는 mho[℧] 혹은 siemens[S]를 사용한다.

저항에 흐르는 전류와 저항 양단간의 전압을 알고 있을 때 저항 값을 구할 수 있다.

$$\boxed{R = \frac{V}{I}[\Omega]} \tag{2.5}$$

그림 2.14에서 구하고자 하는 미지의 값을 손으로 가리키면, 옴의 법칙을 이용하여 원하는 값을 구하는 식을 쉽게 기억할 수 있다.

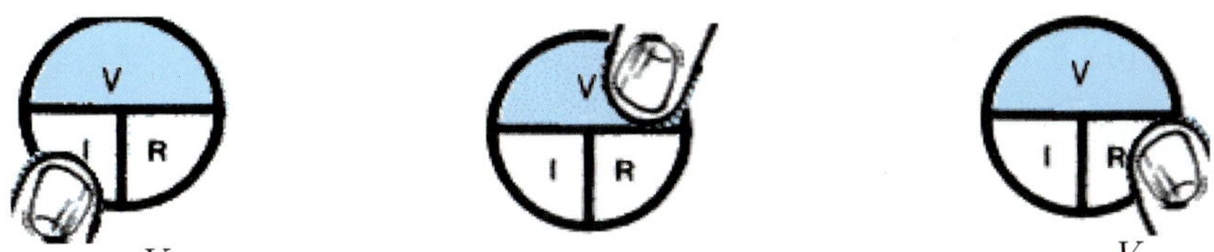

(a) $I = \dfrac{V}{R}$ (b) $V = IR$ (c) $R = \dfrac{V}{I}$

그림 2.14 옴의 법칙

예제 2-2 8[V] 건전지에 램프를 접속하고 전류를 측정하였더니 0.4[A]였다. 이 램프의 저항 값은 얼마인가?

〈풀이〉 옴의 법칙을 변형한 공식 $R = \dfrac{V}{I}$에 대입하면 $R = \dfrac{8}{0.4} = 20$

램프가 가열 중일 때의 저항 값은 20[Ω]이다.

2.4 직렬 및 병렬 저항회로

2.4.1 직렬 저항회로(series connection)

저항의 직렬접속은 저항의 합이 증가하는 것으로 합성저항은 전체를 더한 것과 같다.

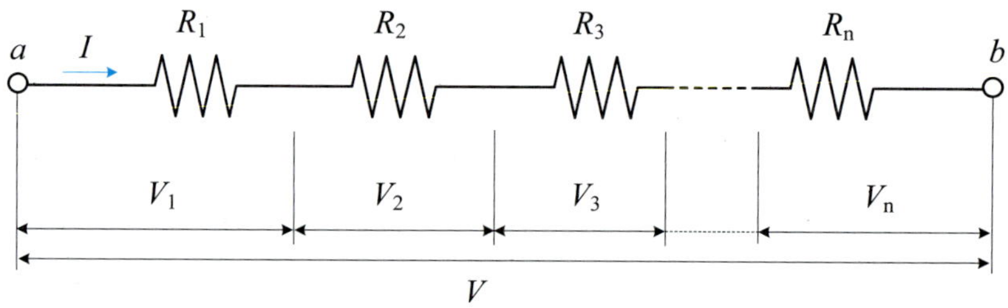

그림 2.15 저항의 직렬접속

그림 2.15와 같은 회로에 저항을 R_1, R_2, R_3, ⋯, R_n 직렬접속하고, 단자 ab간에 V[V]의 전압을 인가할 때 회로에 I[A]의 전류가 흘렀다. 이 때 각 단자전압을 V_1, V_2, V_3, ⋯, V_n이라면, 각 저항에 흐르는 전류는 I로 일정하게 흐르므로 각각의 단자전압은

$$V_1 = IR_1[\mathrm{V}],\ V_2 = IR_2[\mathrm{V}],\ V_3 = IR_3[\mathrm{V}],\ \cdots,\ V_n = IR_n[\mathrm{V}] \tag{2.6}$$

가 된다. 따라서 전체 전압은

$$\begin{aligned} V &= V_1 + V_2 + V_3 + \cdots + V_n \\ &= I(R_1 + R_2 + R_3 + R_4 \cdots + R_n)[\mathrm{V}] \end{aligned} \tag{2.7}$$

가 된다. 그러므로 직렬 합성저항은

$$\begin{aligned} R_T &= \frac{V}{I} = \frac{I(R_1 + R_2 + \cdots + R_n)}{I}[\Omega] \\ &= R_1 + R_2 + R_3 + \cdots + R_n[\Omega] \end{aligned} \tag{2.8}$$

이 된다. 즉, 저항의 직렬연결은 다음으로 정리할 수 있다.

> ① 저항을 직렬로 접속할 때 합성저항 값은 각 저항의 합과 같다.
> 합성저항 $R_T = R_1 + R_2 + R_3 + \cdots$
> ② 저항을 직렬접속하면 각 저항에는 저항크기에 비례하는 전압강하가 발생한다.

예제 2-3 그림 2.16과 같은 직렬접속 회로에서 전체저항 값, 전류 및 각 저항에 분배되는 전압을 구하여라.

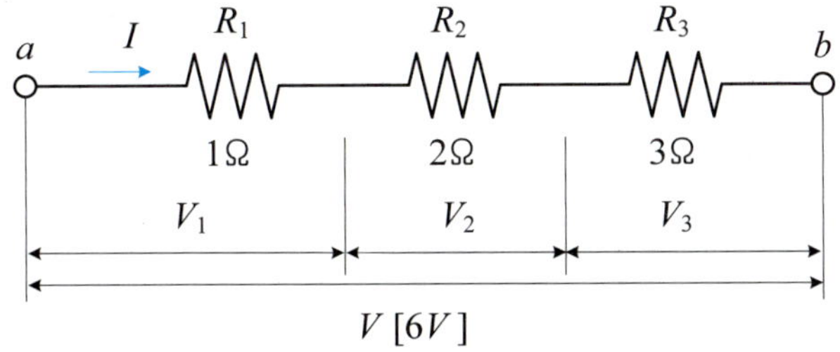

그림 2.16 (예제 2.3)의 회로

〈풀이〉 전체저항 $R_T = R_1 + R_2 + R_3 = 6\,[\Omega]$

전류 $I = \dfrac{V}{R_T} = \dfrac{6\,[\mathrm{V}]}{6\,[\Omega]} = 1\,[\mathrm{A}]$

$$V_1 = IR_1 = 1 \times 1 = 1\,[\mathrm{V}]$$
$$V_2 = IR_2 = 1 \times 2 = 2\,[\mathrm{V}]$$
$$V_3 = IR_3 = 1 \times 3 = 3\,[\mathrm{V}]$$

2.4.2 병렬 저항회로(parallel connection)

그림 2.17과 같이 저항 $R_1,\ R_2,\ R_3,\ \cdots,\ R_n$을 병렬접속하고, 단자 ad간에 $V\,[\mathrm{V}]$의 전압을 인가할 때 회로에 흐르는 전류를 $I\,[\mathrm{A}]$라 하고, 각 저항 단자 간에 흐르는 단자전류를 각각 $I_1,\ I_2,\ I_3,\ \cdots,\ I_n$이라면, 각 단자전류는

$$I_1 = \frac{V}{R_1}[\mathrm{A}],\quad I_2 = \frac{V}{R_2}[\mathrm{A}],\quad I_3 = \frac{V}{R_3}[\mathrm{A}],\quad \cdots\quad I_n = \frac{V}{R_n}[\mathrm{A}] \tag{2.9}$$

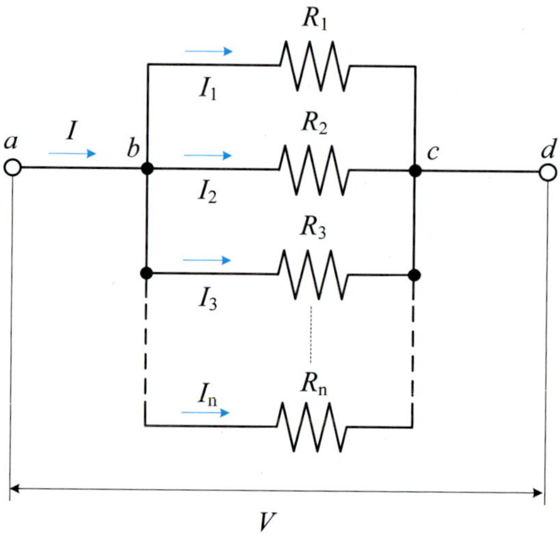

그림 2.17 병렬 저항회로

가 되고, 이 회로의 전체 전류는

$$I = I_1 + I_2 + I_3 + \cdots + I_n \tag{2.10}$$

$$= V\left(\frac{1}{R_1} + \frac{1}{R_2} + \frac{1}{R_3} + \cdots + \frac{1}{R_n}\right)[\mathrm{A}]$$

이 된다. 따라서 저항의 병렬 접속회로에서 합성저항 R_T는 다음식과 같다.

$$R_T = \frac{V}{I} = \frac{V}{V\left(\frac{1}{R_1} + \frac{1}{R_2} + \frac{1}{R_3} + \cdots + \frac{1}{R_n}\right)}$$

$$= \frac{1}{\frac{1}{R_1} + \frac{1}{R_2} + \frac{1}{R_3} + \cdots + \frac{1}{R_n}} \quad [\Omega] \tag{2.11}$$

즉, 저항의 병렬연결은 다음과 같이 정리할 수 있다.

① 병렬 합성저항 $R_T = \dfrac{1}{\dfrac{1}{R_1} + \dfrac{1}{R_2}} = \dfrac{R_1 \times R_2}{R_1 + R_2}$

② 저항의 병렬 접속회로에서 각 저항에 흐르는 전류는 저항의 크기에 반비례한다.

예제 2-4 그림 2.18과 같은 병렬회로에서 합성저항, 전류 I_1, I_2를 구하라.

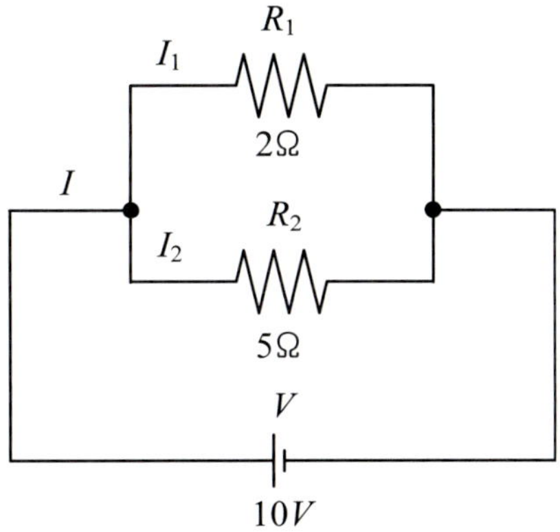

그림 2.18 (예제 2.4)의 회로

〈풀이〉 합성저항 $R_T = \dfrac{R_1 \times R_2}{R_1 + R_2} = \dfrac{2 \times 5}{2+5} = \dfrac{10}{7}$ [Ω]

전류를 구하기 위해 다음과 같이 두 가지 방법 중 하나를 사용할 수 있다.

(방법 1) 병렬회로이므로 R_1, R_2에 걸리는 전압은 동일하게 10[V]이다. 따라서

$$I_1 = \frac{V}{R_1} = \frac{10}{2} = 5 \text{ [A]}$$

$$I_2 = \frac{V}{R_2} = \frac{10}{5} = 2 \text{ [A]}$$

(방법 2) 병렬회로의 전류분배 법칙을 이용한다.

$$\text{전체전류 } I = \frac{V}{R_T} = \frac{10}{\frac{10}{7}} = 7 \text{ [A]}$$

$$I_1 = I \times \frac{R_2}{R_1 + R_2} = 7 \times \frac{5}{7} = 5 \text{[A]}$$

$$I_2 = I \times \frac{R_1}{R_1 + R_2} = 7 \times \frac{2}{7} = 2[\text{A}]$$

2.4.3 직·병렬 저항회로 (series parallel connection)

그림 2.19와 같은 접속을 저항의 직·병렬접속(series parallel connection)이라 한다.

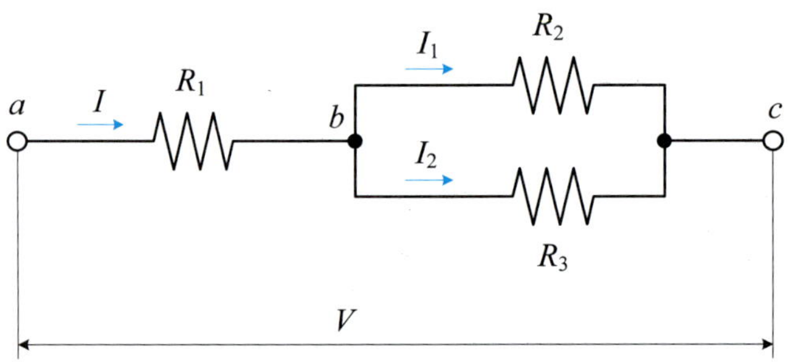

그림 2.19 저항 직·병렬 접속

이 직·병렬회로에서 R_2와 R_3는 병렬이고, 이것들과 R_1은 직렬접속이므로, 합성저항 R_T는 다음 식과 같다.

$$R_T = R_1 + \frac{R_2 R_3}{R_2 + R_3} \ [\Omega] \tag{2.12}$$

예제 2-5 다음 직·병렬 저항회로의 합성저항인 R_{ab}를 구하시오.

(1)

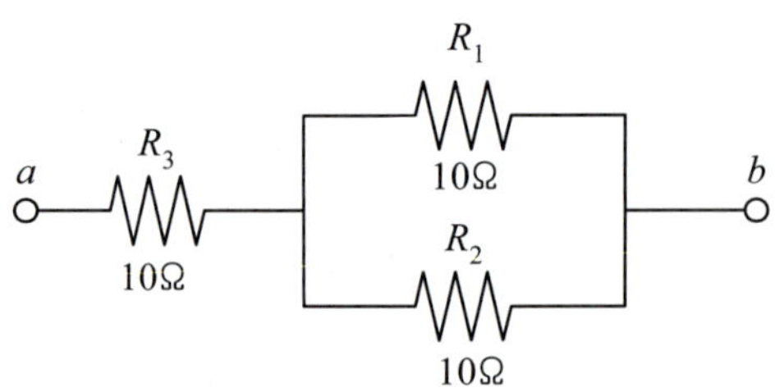

(2)

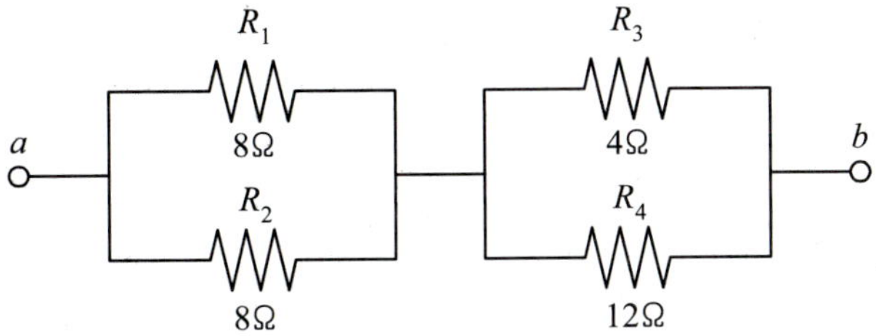

(3)

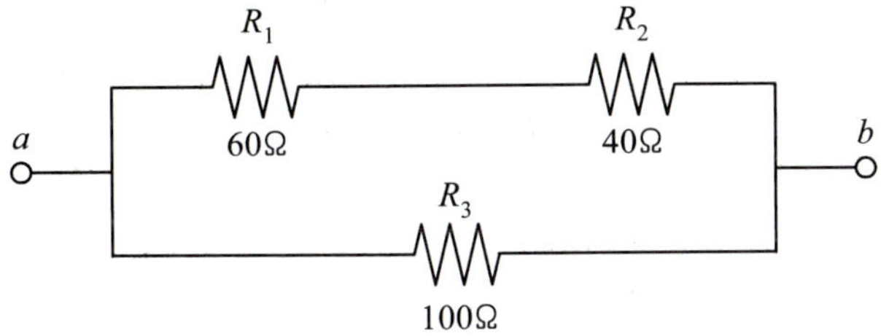

(4)

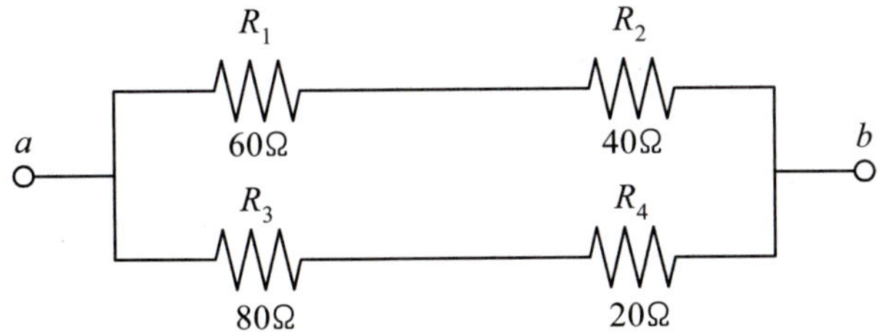

〈풀이〉

(1) $$\begin{aligned} R_{ab} &= R_3 + R_1 // R_2 \\ &= R_3 + \frac{R_1 \cdot R_2}{R_1 + R_2} \\ &= 10 + \frac{10 \cdot 10}{10 + 10} = 15[\Omega] \end{aligned}$$

(2) $$\begin{aligned} R_{ab} &= R_1 // R_2 + R_3 // R_4 \\ &= \frac{R_1 \cdot R_2}{R_1 + R_2} + \frac{R_3 \cdot R_4}{R_3 + R_4} \\ &= \frac{8 \cdot 8}{8 + 8} + \frac{4 \cdot 12}{4 + 12} \\ &= 4 + 3 = 7[\Omega] \end{aligned}$$

(3) $$\begin{aligned} R_{ab} &= (R_1 + R_2) // R_3 \\ &= \frac{(R_1 + R_2) \cdot R_3}{(R_1 + R_2) + R_3} \\ &= \frac{(60 + 40) \cdot 100}{(60 + 40) + 100} = 50[\Omega] \end{aligned}$$

(4) $$\begin{aligned} R_{ab} &= (R_1 + R_2) // (R_3 + R_4) \\ &= \frac{(R_1 + R_2) \cdot (R_3 + R_4)}{(R_1 + R_2) + (R_3 + R_4)} \\ &= \frac{(60 + 40) \cdot (80 + 20)}{(60 + 40) + (80 + 20)} \\ &= 50[\Omega] \end{aligned}$$

2.5 직렬 전압원

부하에 직류전원을 공급하는 장치로는 전지(battery), 1차 전지와 2차 전지, 건전지, 납축 전지 등 여러 가지가 있다. 또한 교류를 정류하여 직류로 바꾸어 사용한다. 전지는 화학 변화에 의해서 생기는 에너지와 빛, 열 등의 물리적인 에너지를 전기 에너지로 변환하는 장치를 말한다. 그 중에서도 1차 전지는 건전지처럼 일회용이며, 2차 전지는 재사용이 가능한 충전지이다. 볼타전지는 전리현상이 발생하여 두 극에 +, −의 전기가 띄게 되어 약 1[V]의 전기가 발생하도록 하고, 양극의 표면에는 전류가 생성되어 수소기체에 의한 분극작용이 일어난다. 분극작용은 기전력을 저하시키므로, 양극을 수소와 결합하기 쉬운 산화물로 씌워 수소를 물로 만드는데 이를 감극제라 한다.

건전지는 양극으로 탄소막대를 사용하고, 음극에는 용기를 겸한 아연 원통을 사용한다. 전해액은 염화암모늄을 녹말과 섞어 반죽상태로 하거나 종이에 적셔 사용한다. 납축전지는 전압이 약 2[V]로 이산화납과 묽은 황산을 사용한다.

2.5.1 전지의 직렬접속(series connection)

기전력 V_1, 내부 저항 r_1의 전지를 그림 2.20과 같이 m개 직렬로 접속하면 총 전압(합성 전압)은 직렬로 연결된 모든 전압의 합과 같다.

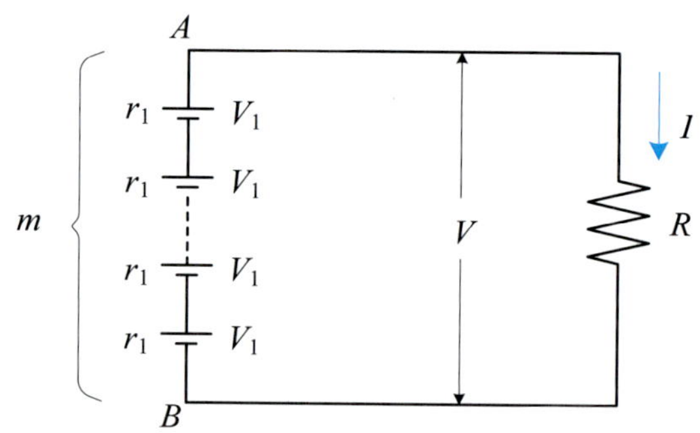

그림 2.20 전지의 직렬접속

즉, 그림 2.20의 합성기전력 V_T는

$$V_T = \overbrace{V_1 + V_1 + \cdots\cdots + V_1}^{m} = mV_1 \tag{2.13}$$

내부 저항 r로 m개의 r_1이 직렬로 접속되어 있으므로

$$r = \overbrace{r_1 + r_1 + r_1 + \cdots\cdots + r_1}^{m} = mr_1 \tag{2.14}$$

부하 저항 R을 출력단자에 접속하면 부하전류 I 및 단자전압 V는 다음식과 같다.

$$\begin{aligned} I &= \frac{mV_1}{mr_1 + R} \\ V &= mV_1 - mr_1 I = (mr_1 + R)I - mr_1 I = RI \end{aligned} \tag{2.15}$$

2.5.2 전지의 병렬접속(parallel connection)

기전력 V_1, 내부 저항 r_1인 전지 n개를 그림 2.21과 같이 병렬로 접속하면 전압은 증가되지 않지만, 더 오래 사용할 수 있게 된다.

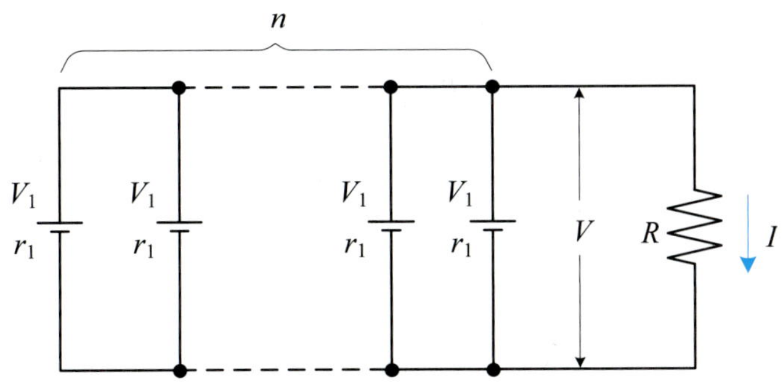

그림 2.21 전지의 병렬접속

전지 1개로 1시간 사용한다면, 전지 10개를 병렬로 연결하면 계속 10시간을 쓸 수 있는 것이다. 이 병렬연결 때의 전지의 내부저항의 총합은, 부하가 일정할 때

$$r = \frac{r_1}{n} \tag{2.16}$$

외부에 부하저항 R을 접속하면 부하전류와 단자전압은

$$I = \frac{V_1}{\dfrac{r_1}{n} + R} = \frac{nV_1}{r_1 + nR}$$
$$V = V_1 - I\frac{r_1}{n} = I\left(\frac{r_1}{n} + R\right) - I\frac{r_1}{n} = IR \tag{2.17}$$

예제 2-6 기전력 1.5[V], 내부저항 0.15[Ω]의 전지 15개가 있다. 이것을 직렬로 접속할 경우와 병렬로 접속할 경우에 2[Ω]의 부하저항에 흐르는 전류는 각각 몇 [A]가 되겠는가?

〈풀이〉 직렬 : $I_s = \dfrac{mV_1}{mr_1 + R} = \dfrac{15 \times 1.5}{0.15 \times 15 + 2} \fallingdotseq 5.29\,[\mathrm{A}]$

병렬 : $I_p = \dfrac{V_1}{\dfrac{r_1}{n} + R} = \dfrac{1.5}{\dfrac{0.15}{15} + 2} \fallingdotseq 0.75\,[\mathrm{A}]$

2.6 키르히호프의 법칙

2.6.1 키르히호프의 전류법칙(Kirchhoff's current law: KCL)

이 법칙은 전류의 연속성을 표시하는 법칙으로, 「회로내의 임의의 접합점에 유입하는 전류와 유출 하는 전류의 대수합은 0이다.」 다시 말해서 임의의 한 접합점에서의 입력전류의 총합은 출력전류의 총합과 같다는 뜻이다. 이때 접합점(junction)이라는 것은 2개 이상의 소자가 연결되는 점을 말한다.

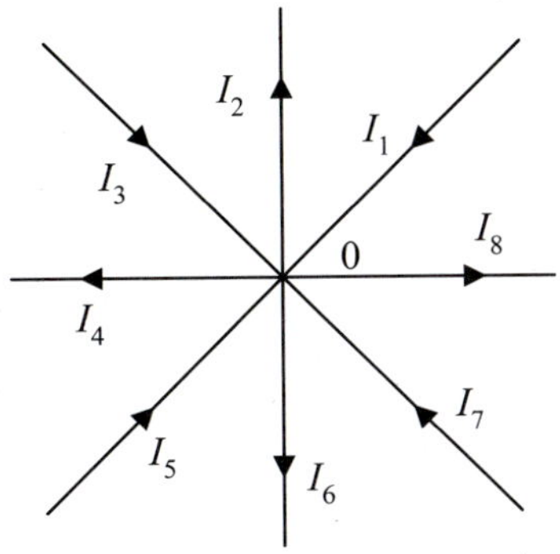

그림 2.22 키르히호프의 전류법칙

그림 2.22에서 접속점 0에 유입하는 전류는 (+), 유출하는 전류를 (−)로 하면 유입전류는 I_1, I_3, I_5, I_7, 유출전류는 I_2, I_4, I_6, I_8이므로 제1법칙에 의해서 표시하면

$$I_1 - I_2 + I_3 - I_4 + I_5 - I_6 + I_7 - I_8 = 0 \tag{2.18}$$

식 (2.18)을 다른 식으로 표시하면

$$\Sigma I_n = 0 \tag{2.19}$$

예제 2-7 다음의 회로에서 $I_T = 20\,[\mathrm{A}]$, $I_1 = 7\,[\mathrm{A}]$, $I_2 = 4\,[\mathrm{A}]$, $I_4 = 5\,[\mathrm{A}]$일 때, I_3을 구하여라.

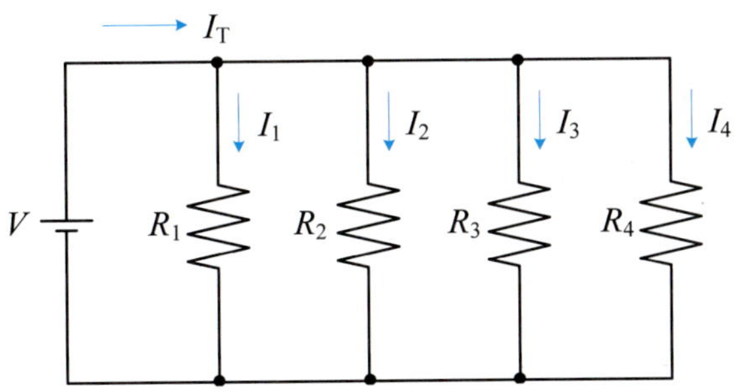

그림 2.23 KCL에 의해 미지의 전류 구하기

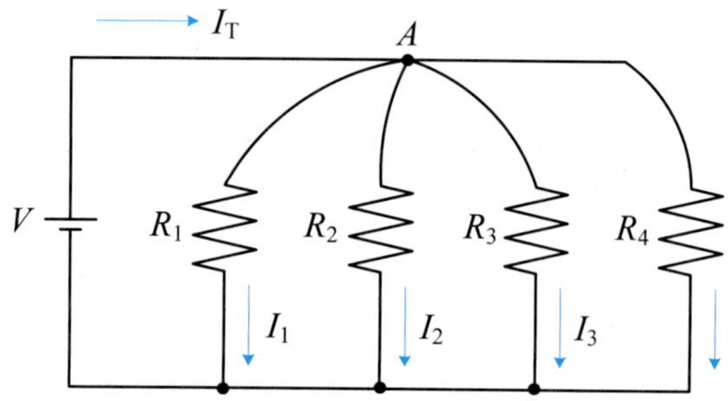

그림 2.24 (그림 2.23)을 다시 그린 회로도

〈풀이〉

이 회로를 다시 그리면 그림 2.24와 같고, I_T 는 접속점 A 로 들어오고, I_1, I_2, I_3, I_4 는 나가고 있다. 따라서 접속점 A 에 키르히호프의 전류법칙(KCL)에 의하여,

$$I_T = I_1 + I_2 + I_3 + I_4$$

가 성립한다. 따라서 I_3 에 대해서 정리하면

$$I_3 = I_T - I_1 - I_2 - I_4$$

$$\therefore\ I_3 = 20 - 7 - 4 - 5 = 4\,[\mathrm{A}]$$

예제 2-8 다음 그림 2.25 회로도에서 전류 I_2, I_4, I_6 를 구하여라.

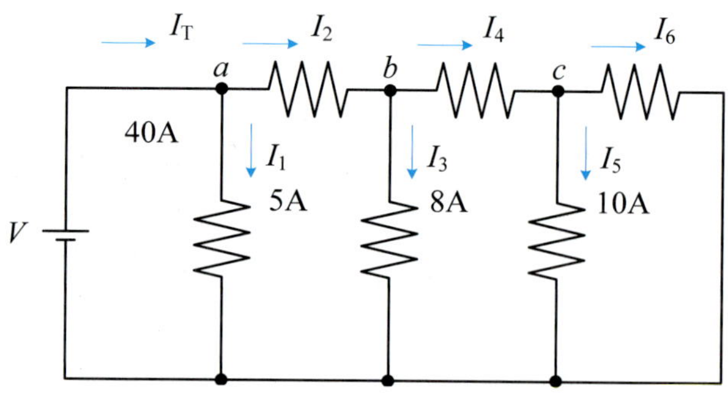

그림 2.25 (예제 2.8)의 회로

〈풀이〉

이 회로에서 3개의 접속점 a, b, c 에서 키르히호프의 전류법칙을 적용하여 미지의 전류를 각각 구할 수 있다.

접속점 a 에서, $I_T = I_1 + I_2$ 를 이용하여,

$$I_2 = I_T - I_1 = 40 - 5 = 35\,[\mathrm{A}]$$

접속점 b 에서, $I_2 = I_3 + I_4$ 를 이용하여,

$$I_4 = I_2 - I_3 = 35 - 8 = 27\,[\mathrm{A}]$$

접속점 c 에서, $I_4 = I_5 + I_6$ 를 이용하여,

$$I_6 = I_4 - I_5 = 27 - 10 = 17\,[\mathrm{A}]$$

2.6.2 키르히호프의 전압법칙(Kirchhoff's voltage law: KVL)

키르히호프의 전압법칙은 「임의의 폐회로(closed loop)를 한 방향으로 일주하면서 취한 전압의 대수합은 영(0)이다.」

$$\Sigma V_n = 0 \tag{2.20}$$

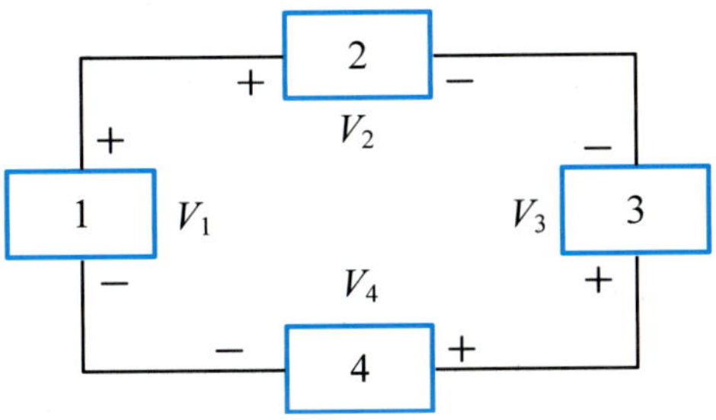

그림 2.26 키르히호프의 전압법칙

이 법칙을 적용함에 있어서 일주하는 방향으로의 전압상승은 (+)로 하고, 전압강하는 (−)로 해야 한다. 그림 2.26에서 각 소자에 걸리는 전압을 시계방향으로 적용하면 V_1, V_3 는 전압상승이고, V_2, V_4 는 전압강하가 되는데, 다음의 세 가지 방법 중 하나로 키르히호프의 전압법칙을 적용할 수 있다. 결과는 어느 방법으로 하나 동일하다.

전압상승의 합 = 0

$$V_1 - V_2 + V_3 - V_4 = 0$$

전압강하의 합 = 0

$$-V_1 + V_2 - V_3 + V_4 = 0$$

각 소자에서 (+)부호가 붙은 단자에서 들어가면 (+)로 하고, (−)부호가 붙은 단자에서 들어가면 (−)로 한다.

$$-V_1 + V_2 - V_3 + V_4 = 0$$

이는 임의의 폐회로에서 한쪽 방향으로 일주하면서 취한 전압상승의 대수합은 전압강하의 대수합과 같다는 것을 의미한다. 일주하는 방향은 시계방향 혹은 반시계 방향 어느 쪽으로 하여도 그 결과는 같게 된다.

그림 2.27에서 시계방향으로 KVL을 적용하면, V는 전압상승(+)이고, IR_1, IR_2, IR_3는 전압강하(−)이므로 다음의 식이 성립한다.

$$V - IR_1 - IR_2 - IR_3 = 0$$

또한, 반시계 방향으로 KVL을 적용하면, V는 전압강하(−)이고, IR_1, IR_2, IR_3는 전압상승(+)이므로 다음의 식이 성립한다.

$$-V + IR_1 + IR_2 + IR_3 = 0$$

이들 두 식은 다음 식으로 정리할 수 있는데, 이것은 좌변은 시계방향으로의 전압상승이고, 우변은 시계방향으로의 전압강하를 나타낸다.

$$V = IR_1 + IR_2 + IR_3$$

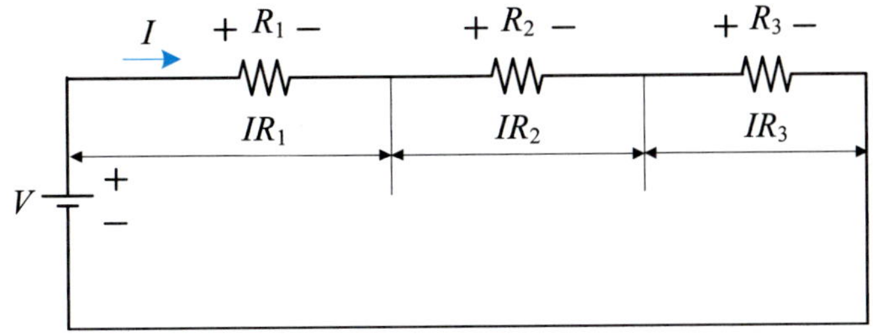

그림 2.27 키르히호프의 전압법칙

예제 2-9 그림 2.28의 회로에서 $V_1 = 4\,[\mathrm{V}]$, $V_2 = 7\,[\mathrm{V}]$, $V_3 = 8\,[\mathrm{V}]$일 때, 인가전압 V는 얼마인가?

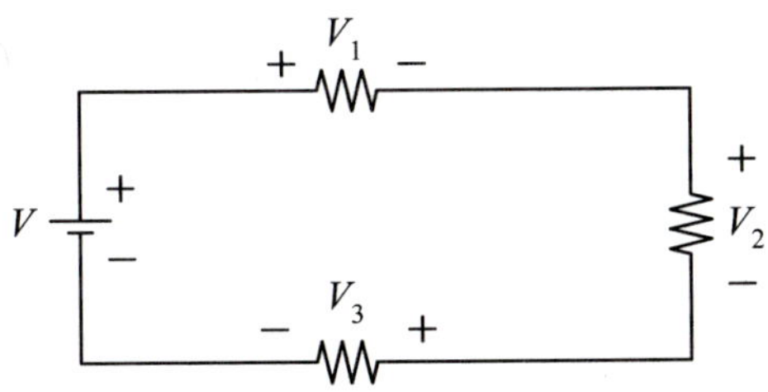

그림 2.28 (예제 2.9)의 회로

〈풀이〉

키르히호프 전압법칙(KVL)을 이용하여 폐회로에 대해 시계방향으로 전압상승식을 적용하면 다음 식과 같이 된다.

$$V - V_1 - V_2 - V_3 = 0$$

$$V = V_1 + V_2 + V_3 = 4 + 7 + 8 = 19\,[\mathrm{V}]$$

예제 2-10 다음과 같은 회로에서 $V_A = 40\,[\mathrm{V}]$, $V_B = 10\,[\mathrm{V}]$, $V_2 = 15\,[\mathrm{V}]$, $V_3 = 5\,[\mathrm{V}]$일 때 V_1 전압을 구하라.

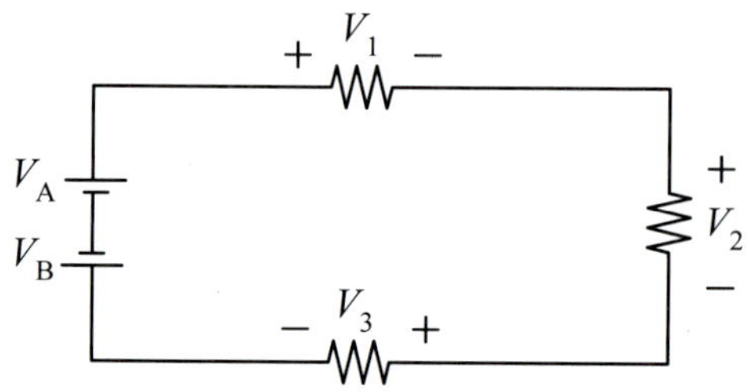

그림 2.29 (예제 2.10)의 회로

〈풀이〉

시계 방향으로 일주하면서 키르히호프의 전압을 적용시키면,

$$(-V_B) + V_A - V_1 - V_2 - V_3 = 0$$

이 식을 구하고자 하는 전압 V_1 에 대하여 정리하면,

$$V_1 = V_A - V_B - V_2 - V_3$$
$$V_1 = 40 - 10 - 15 - 5 = 10\,[\mathrm{V}]$$

가 된다.

예제 2-11 다음과 같은 회로에서 $I = 5\,[\mathrm{mA}]$이고, 저항 $R_1 = 3.3\,[\mathrm{k\Omega}]$, $R_2 = 5.2\,[\mathrm{k\Omega}]$이고, 전원 $V = 60\,[\mathrm{V}]$일 때 저항 R_3에 걸리는 전압 V_3는 얼마인가? 미지저항 R_3는 얼마인가?

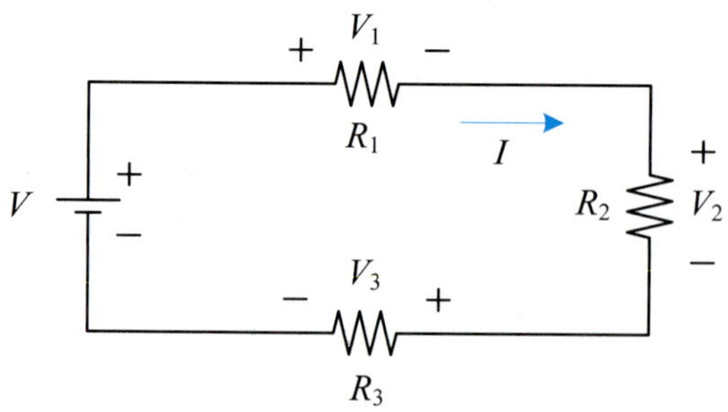

그림 2.30 (예제 2.11)의 회로

〈풀이〉 $V - V_1 - V_2 - V_3 = 0$

옴의 법칙 $V = IR$을 이용하면 V_1, V_2를 구할 수 있다. 즉,

$$V_1 = IR_1 = 0.005 \times 3300 = 16.5\,[\mathrm{V}]$$
$$V_2 = IR_2 = 0.005 \times 5200 = 26\,[\mathrm{V}]$$

따라서

$$V_3 = V - V_1 - V_2 = 60 - 16.5 - 26 = 17.5\,[\mathrm{V}]$$

V_3은 R_3양단의 전압이므로, 옴의 법칙을 이용하면

$$R_3 = \frac{V_3}{I_3} = \frac{17.5}{0.005} = 3500\,[\Omega] = 3.5\,[\mathrm{k}\Omega]$$

예제 2-12 아래 회로에서 저항 R_1 양단의 전압 V_{ab}의 크기와 극성을 결정하라.

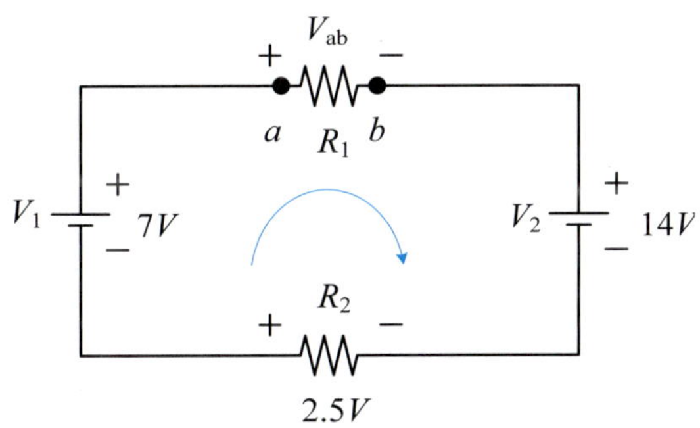

그림 2-31 (예제 2.12)의 회로

〈풀이〉

미지전압 V_{ab}의 극성을 그림 2-31과 같이 a점의 전위가 b점보다 높다고 가정하고, 시계방향으로 일주하면서 키르히호프의 전압법칙(KVL)을 적용해보자. 그러면, 전압 V_1과 R_2 양단의 전압 $+2.5$[V]는 전압상승(+부호)이고, V_{ab}와 V_2전압은 전압강하(−부호)가 되어 다음과 같은 식이 성립한다.

$$7 - V_{ab} - 14 + 2.5 = 0$$
$$V_{ab} = -4.5\,[\mathrm{V}]$$

가 되고, 극성은 a보다 b점의 전위가 더 높게 되어, 앞에서 가정하였던 것과 반대가 됨을 알 수 있다.

2.7 전압분배 및 전류분배회로

2.7.1 전압분배회로

전압분배회로는 옴의 법칙을 이용하여 입력전압을 저항의 크기에 비례하여 분배 해주는 전기회로에서 흔히 사용되는 기본회로이다.

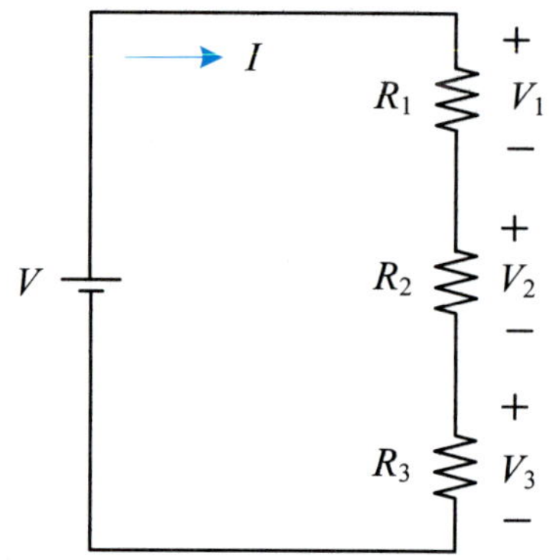

그림 2.32 전압분배회로

그림 2.32와 같은 회로에서 입력전압 V 는 저항 R_1, R_2, R_3 의 크기에 따라, 다음 식과 같이 분배되는 데, 이것을 "전압분배 법칙"이라 한다.

$$V_1 = R_1 I = \mathrm{V} \cdot \frac{R_1}{R_1 + R_2 + R_3} \ [\mathrm{V}]$$
$$V_2 = R_2 I = \mathrm{V} \cdot \frac{R_2}{R_1 + R_2 + R_3} \ [\mathrm{V}]$$
$$V_3 = R_3 I = \mathrm{V} \cdot \frac{R_3}{R_1 + R_2 + R_3} \ [\mathrm{V}] \qquad (2.21)$$

저항 n개가 직렬로 연결된 회로에서, 저항 R_k 에 의해 분배되는 전압(전압강하)은 다음과 같다.

$$V_k = V \cdot \frac{R_k}{\Sigma R}\,[\mathrm{V}],\quad 단,\ \Sigma R = R_1 + R_2 + \cdots + R_n \qquad (2.22)$$

예제 2-13 아래의 직렬분배회로에서 저항 R_1, R_2, R_3에서의 전압강하 V_1, V_2, V_3를 구하라.

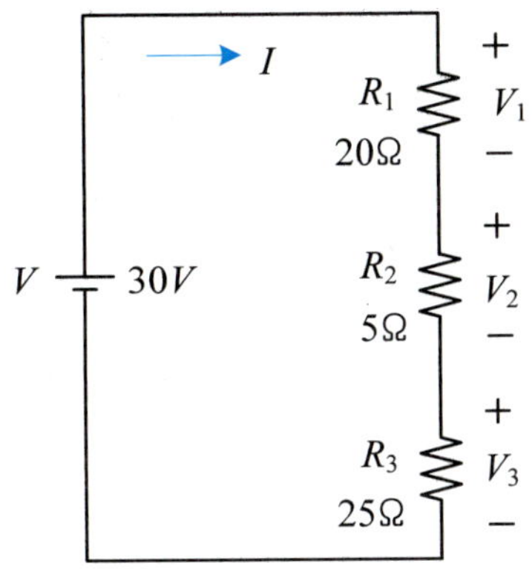

그림 2.33 (예제 2.13)의 회로

〈풀이〉

직렬 합성저항 $R = 20 + 5 + 25 = 50[\Omega]$,

전류 $I = \frac{V}{R} = \frac{30}{50} = 0.6[\mathrm{A}]$

$$V_1 = IR_1 = 0.6 \times 20 = 12[\mathrm{V}]$$

$$V_2 = IR_2 = 0.6 \times 5 = 3[\mathrm{V}]$$

$$V_3 = IR_3 = 0.6 \times 25 = 15[\mathrm{V}]$$

가 되고, $V_1 : V_2 : V_3 = R_1 : R_2 : R_3 = 4:1:5$로 되어, 저항크기에 비례하여 전압이 분배됨을 알 수 있다.

예제 2-14 그림 2.34는 가변저항을 이용한 전압분할회로이다. 출력전압을 3[V]로 하기 위해서는 가변 R_1, R_2를 어떻게 조정하는지, R_1, R_2의 값을 구하여라. 단, 가변저항의 최대값은 100[kΩ]이다.

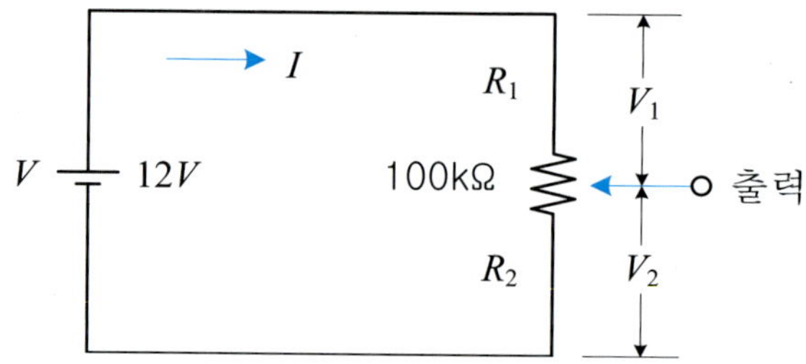

그림 2.34 (예제 2.14)의 회로

〈풀이〉 출력전압은 저항 R_2에 걸리는 전압 V_2이기 때문에, 전압분배 법칙을 이용하여

$$V_2 = \frac{R_2}{R_1 + R_2} \cdot V = \frac{R_2}{100} \cdot 12 = 3\,[\mathrm{V}]$$

$$\therefore R_2 = \frac{3 \times 100}{12} = 25\,[\mathrm{k}\Omega],\ R_1 = 100 - 25 = 75\,[\mathrm{k}\Omega]$$

2.7.2 전류분배회로

저항 병렬회로를 아래와 같은 전류분배회로를 구성할 수 있어, 원하는 소자에 필요한 전류를 적절히 흘려줄 수 있는 회로를 설계할 수 있다.

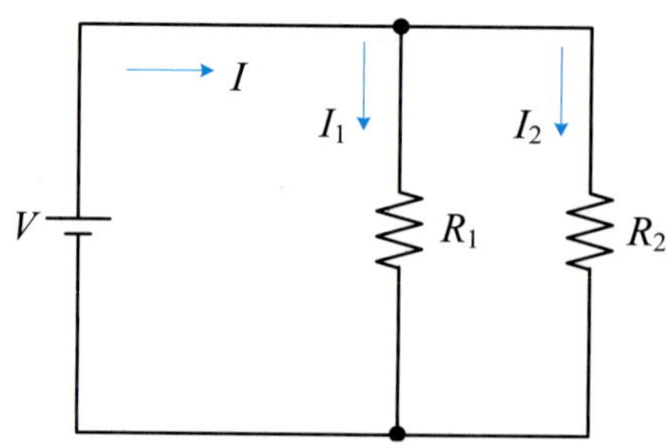

그림 2.35 전류분배회로

옴의 법칙에서 전류 $I = \frac{V}{R} = GV$가 됨을 배웠다. 이와 같이 컨덕턴스 G를 이용하여 위 전류분배회로에서 전류를 구하면 각각 다음과 같이 된다.

$$I_1 = \frac{V}{R_1} = G_1 V, \quad I_2 = \frac{V}{R_2} = G_2 V \tag{2.23}$$

$$I = I_1 + I_2 = (G_1 + G_2) V, \quad V = \frac{I}{G_1 + G_2} \tag{2.24}$$

식 (2.23)과 (2.24)에서 다음 식을 얻는다.

$$\boxed{I_1 = \frac{G_1}{G_1 + G_2} I, \quad I_2 = \frac{G_2}{G_1 + G_2} I} \tag{2.25}$$

병렬저항의 각 지로에 흐르는 전류는 각 지로의 컨덕턴스에 의해 비례하여 분배된다. 이것을 "전류분배의 법칙"이라고 한다. 저항 n개가 병렬로 연결된 회로에서, 저항 R_k의 병렬회로에 분배되는 전류 I_k는

$$\boxed{I_k = \frac{G_k}{\Sigma G} I, \quad \text{단,} \quad \Sigma G = G_1 + G_2 + \cdots + G_n} \tag{2.26}$$

식 (2.26)에서 컨덕턴스 G대신 저항 R을 대입하면 다음과 같은 저항으로 된 "전류분배 법칙"이 된다.

$$I_1 = \frac{\frac{1}{R_1}}{\frac{1}{R_1} + \frac{1}{R_2}} I = \frac{1}{R_1} \times \frac{R_1 R_2}{R_1 + R_2} I = \frac{R_2}{R_1 + R_2} I$$

$$I_2 = \frac{R_1}{R_1 + R_2} I$$

$$\boxed{I_1 = \frac{R_2}{R_1 + R_2} I, \quad I_2 = \frac{R_1}{R_1 + R_2} I} \tag{2.27}$$

전류의 분배는 저항에 반비례하여 분배되는 것을 알 수 있다.

예제 2-15 그림 2.36 회로에서 전류 I_1, I_2를 구하라.

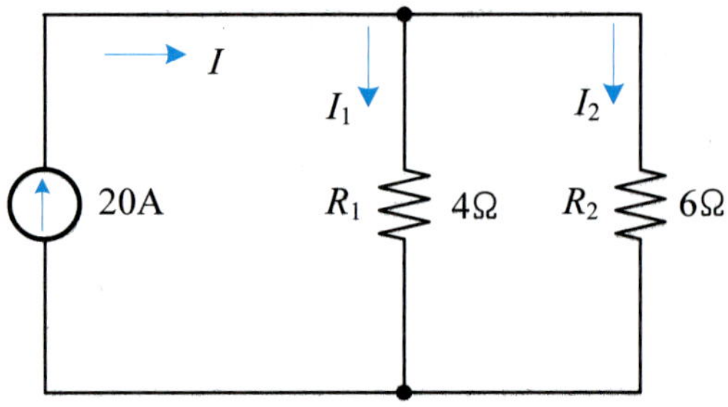

그림 2.36 (예제 2.15)의 회로

〈풀이〉 전류분배 법칙에 의하여

$$I_1 = I\frac{R_2}{R_1 + R_2} = 20 \times \frac{6}{10} = 12\ [\mathrm{A}]$$

$$I_2 = I\frac{R_1}{R_1 + R_2} = 20 \times \frac{4}{10} = 8\ [\mathrm{A}]$$

$$\therefore\ I_1 = 12[\mathrm{A}],\quad I_2 = 8\,[\mathrm{A}]$$

예제 2-16 그림 2.37 회로에서 전류분배 법칙을 이용하여 전류 I_1, I_2를 구하라.

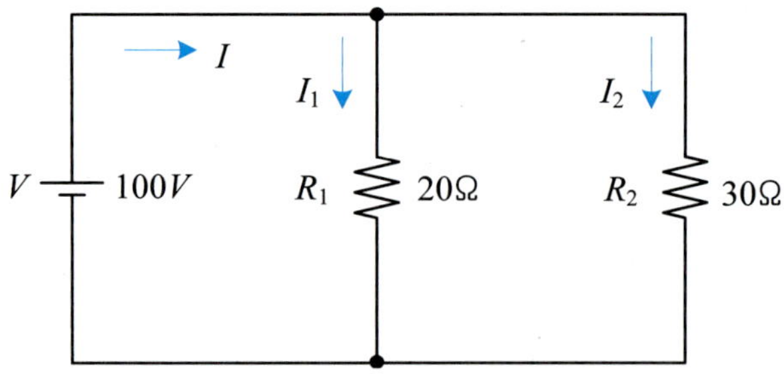

그림 2.37 (예제 2.16)의 회로

〈풀이〉 옴의 법칙과 병렬저항 합의 공식을 이용하여,

$$R_T = R_1 \,//\, R_2 = \frac{R_1 \cdot R_2}{R_1 + R_2} = \frac{20 \times 30}{20 + 30} = 12\,[\Omega]$$

$$I = \frac{V}{R_T} = \frac{100}{12} = \frac{25}{3}\,[\mathrm{A}]$$

전류분배 법칙에 의하여,

$$I_1 = I\frac{R_2}{R_1 + R_2} = \frac{25}{3} \times \frac{30}{20+30} = 5\,[\mathrm{A}]$$

$$I_2 = I\frac{R_1}{R_1 + R_2} = \frac{25}{3} \times \frac{20}{20+30} = \frac{10}{3}\,[\mathrm{A}]$$

$$\therefore\ I_1 = 5[\mathrm{A}],\ I_2 = \frac{10}{3}[\mathrm{A}]$$

Chapter 02

연 습 문 제

문제 1 저항의 종류와 주요 특성에 대해 설명하여라.

문제 2 다음 저항 값에 해당하는 컬러코드 값을 적어라.

(1) 330[Ω], 20% (2) 8.2[Ω], 10% (3) 4.7[MΩ], 5%

(4) 560[Ω], 20% (5) 220[kΩ], 10% (6) 0.5[Ω], 5%

문제 3 가변저항과 반고정저항은 어떤 용도로 사용될 수 있는가를 설명하라.

문제 4 전기다리미가 220[V]를 공급했을 때 2[A]의 전류가 흘렀다. 이 다리미의 저항은 얼마인가?

문제 5 토스터 기기에서 중요 부품은 전기에너지를 열에너지로 바꾸어 주는 전열저항이다. 20[Ω]의 전열기 저항을 가지고 있는 토스터 기기는 220[V]의 전원을 인가할 때 흐르는 전류가 얼마인가?

문제 6 다음의 회로에서 R_{ab}의 저항 값을 구하여라.

(1)

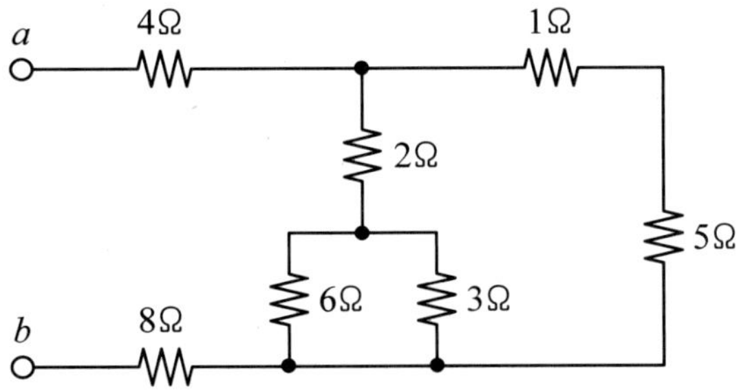

그림 2.38

(2)

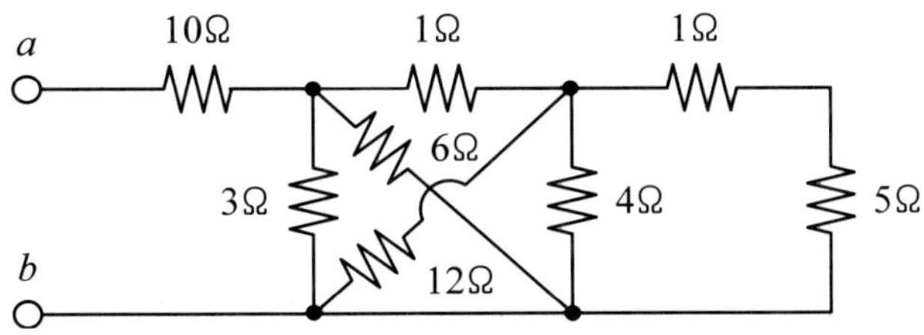

그림 2.39

(3)

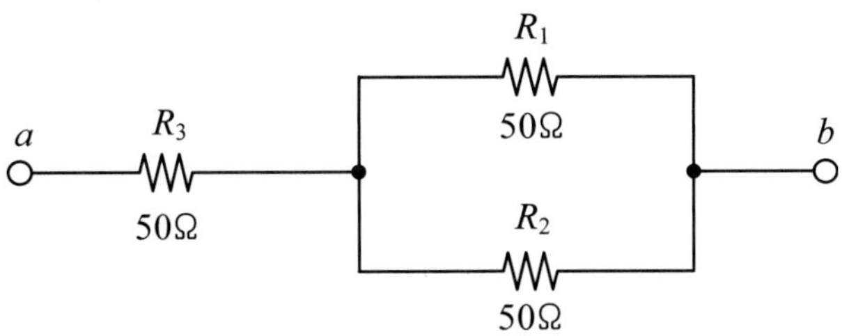

그림 2.40

(4)

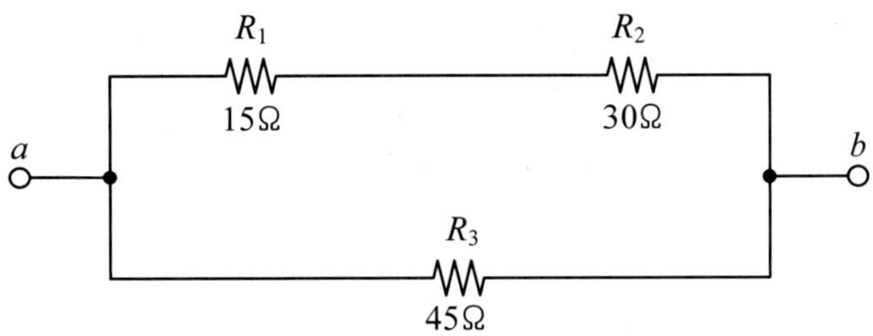

그림 2.41

(5)

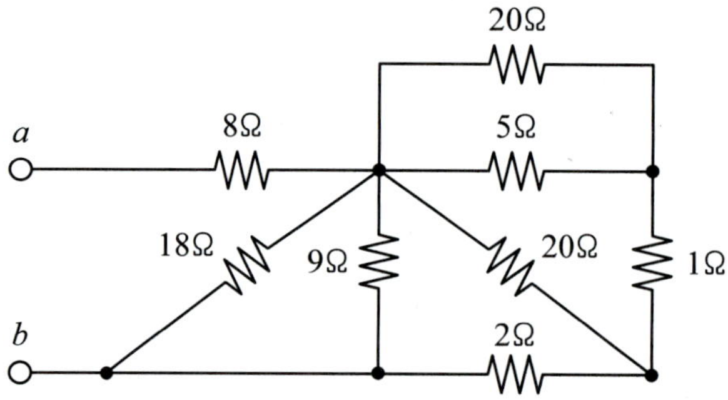

그림 2.42

문제 7 그림 2.43 회로에서 전류 I, I_1, I_2를 각각 구하라.

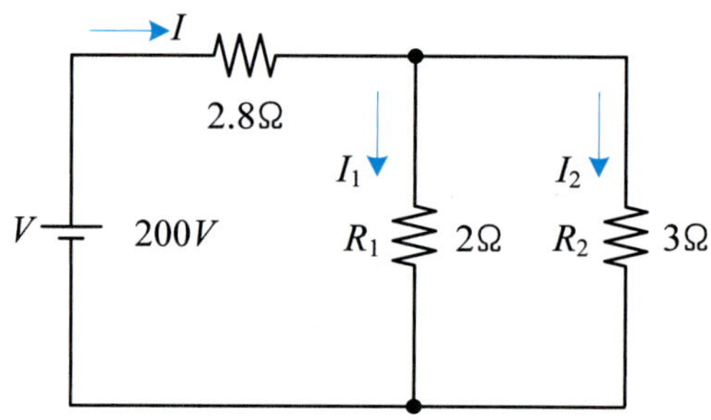

그림 2.43

문제 8 그림 2.44 회로에서 저항 R_1, R_2, R_3에 걸리는 전압을 구하라.

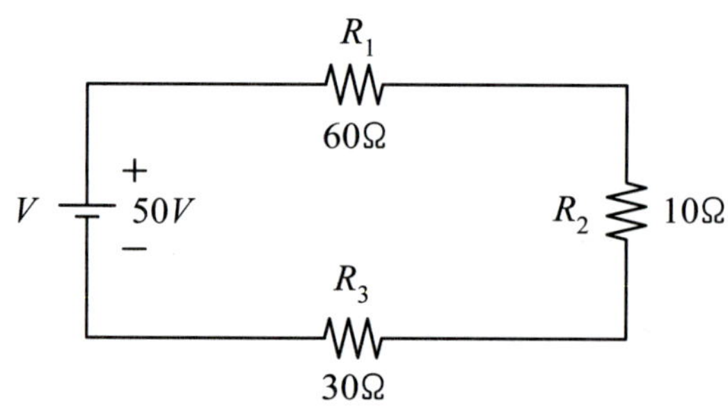

그림 2.44

문제 9 그림 2.45 회로에서 각 저항에서 소비되는 전력을 구하라.

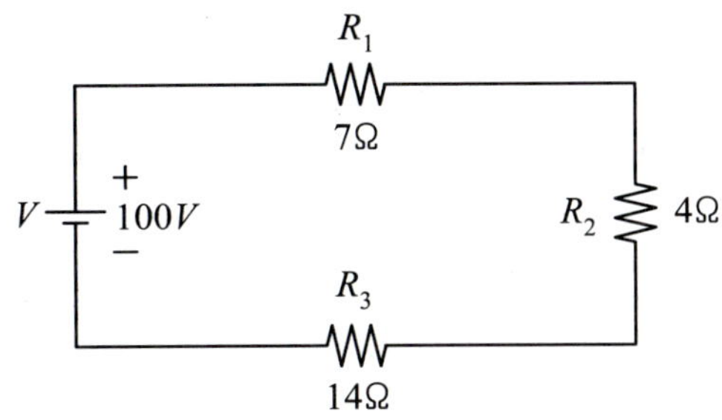

그림 2.45

문제 10 그림 2.46 회로에서 저항 R_1 에 흐르는 전류 $I_1 = 10\,[\mathrm{mA}]$일 때, I_2, I_3를 구하라.

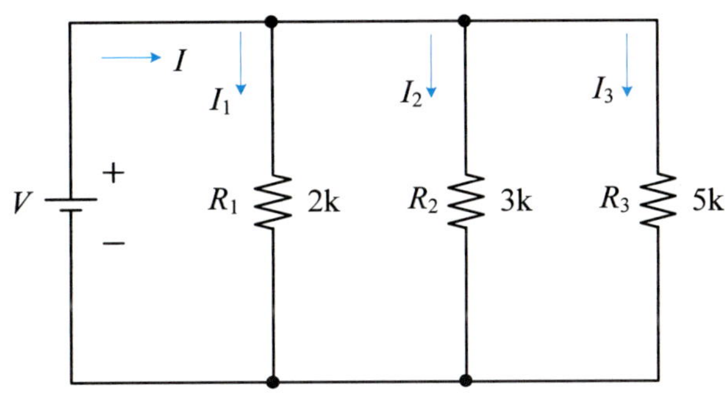

그림 2.46

문제 11 그림 2.47 회로에서 다음 물음에 답하여라.

(1) 전류의 크기와 방향

(2) 전압 V_{ab}, V_{cd}

(3) 단자 $a-b$ 사이의 저항 $2[\Omega]$에서 소비되는 전력

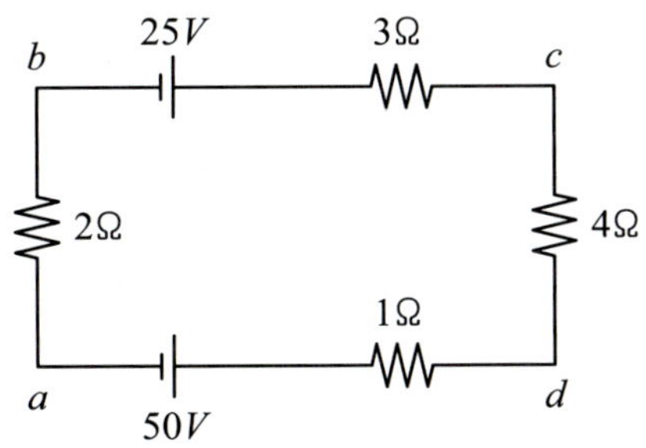

그림 2.47

Chapter

03

회로망 정리

Easy to understand Electric Circuits

이 장에서는 회로망 해석에서 중요한 기초이론인 중첩의 정리, 테브난 정리, 노턴의 정리와 밀만의 정리에 대한 응용과 이론을 이해하는데 중점을 두겠다.

3.1 중첩의 정리(superposition theorem)

중첩의 정리는 다음과 같이 정의된다. "여러 개의 전압원이나 전류원이 포함된 선형회로에서 어떤 소자에 흐르는 전류(혹은 전압)는 이들 전압원이나 전류원이 개별적으로 동작하여 그 소자에 흐르는 전류(혹은 전압)를 합한 것과 같다." 중첩의 정리를 이용하여 회로를 해석하기 위해서는 전압원 혹은 전류원을 개별적으로 해석하여야 한다. 즉, 해석에 사용하는 해당 전원 외의 전압전원은 단락하고, 전류전원은 개방해야 한다.

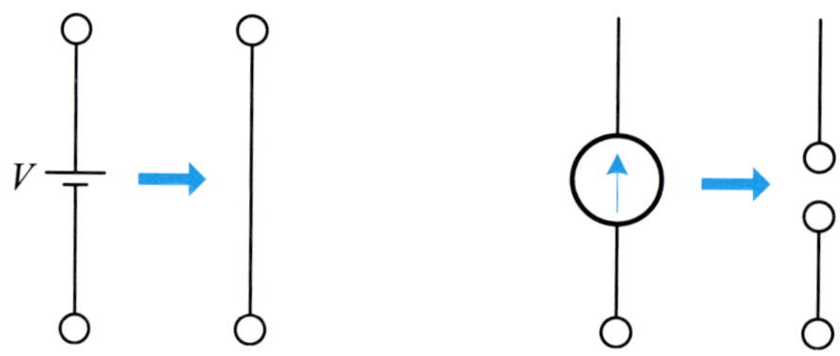

(a) 전압원　　(b) 전류원

그림 3.1 중첩의 정리를 적용할 때의 전압원 및 전류원

중첩정리를 회로에 적용시키는 순서는 다음과 같다.

(1) 한 번에 한 개의 전원만 살려두고, 나머지는 다 없앤다. 즉, 전압원이 있던 자리는 전압원을 제거하고, 그 두선 사이를 연결해주고, 전류원의 경우는 전류원을 제거하고 두선 사이를 끊어진 상태로 개방시킨다.
(2) 이 상태에서 회로를 해석하여, 전압과 전류를 구한다.
(3) 모든 전원에 대하여 (1)번과 (2)번을 반복하여 실시한다.
(4) 이렇게 구한 각각의 전류 및 전압을 더한다. 이 때 방향을 고려하여 같은 방향이면 (+), 다른 방향이면 (−)를 붙인다.

예제 3-1 그림 3.2(a)회로에서 중첩의 정리를 이용하여 저항 $6[\Omega]$에 흐르는 전류 I를 구하라. 저항 $6[\Omega]$에서의 소비전력을 구하고, 전력의 경우에도 중첩의 정리가 성립되는지 여부를 확인하라.

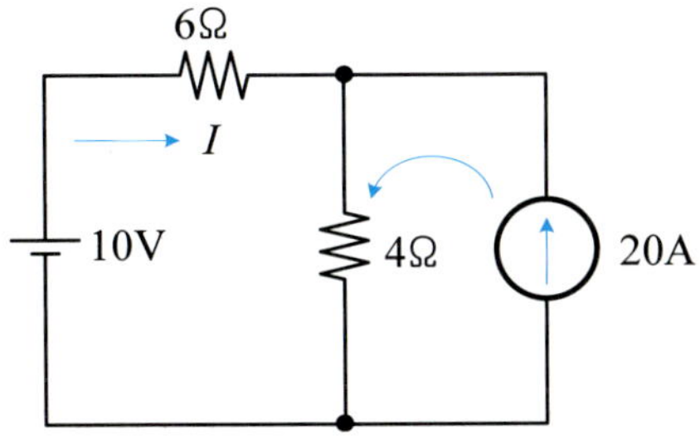

(a) 중첩의 정리 예제

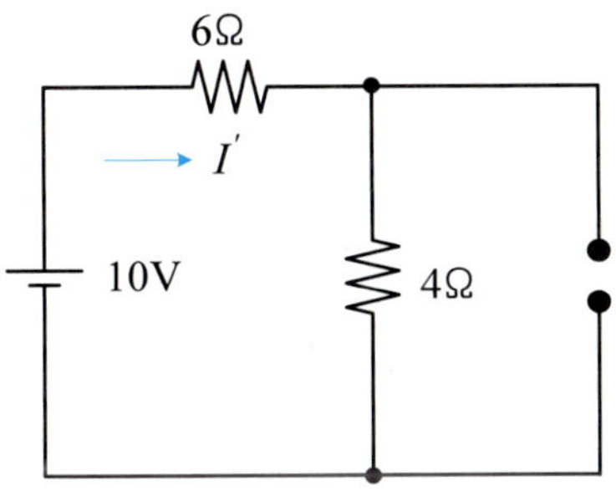

(b) 전류원을 개방한 회로

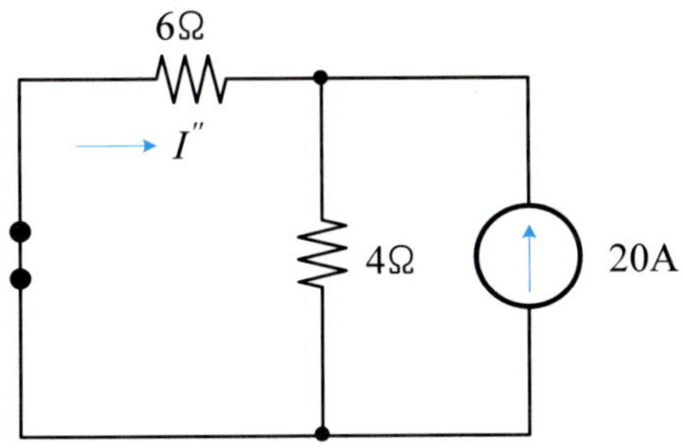

(c) 전압원을 단락한 회로

그림 3.2 (예제 3.1)의 회로

〈풀이〉

전류 I는 중첩의 정리에 의하여 그림 3.2(b)에서 전압원만에 의해 흐르는 전류 I'와 그림 3.2(c)에서 전류원만에 의해 흐르는 전류 I''와의 합이 된다.

(1) 전압원만에 의한 전류 I'

$$I' = \frac{10}{6+4} = 1[\mathrm{A}]$$

(2) 전류원만에 의한 전류 I''

$$I'' = -\frac{4}{6+4} \times 20 = -8[\mathrm{A}]$$

($\because$ I'' 와 전류원의 방향이 반대이므로 −를 붙인다.)

$$\therefore\ I = I' + I'' = 1 - 8 = -7[\mathrm{A}]$$

(3) 저항 6[Ω]에서의 소비전력

$$P_{6\Omega} = I^2 R = (I' + I'')^2 \cdot R = (-7)^2 \cdot 6 = 294\,[\mathrm{W}]$$

$RI^2 = R(I' + I'')^2 \neq RI'^2 + RI''^2$ 이기 때문에 전력계산에는 중첩의 정리가 성립되지 않는다.

예제 3-2 중첩의 정리를 이용하여 그림 3.3의 R_2 저항을 통하여 흐르는 I_2 의 전류를 구하여라. 단, $R_1 = 4\,[\mathrm{k}\Omega]$, $R_2 = 8\,[\mathrm{k}\Omega]$, $R_3 = 14\,[\mathrm{k}\Omega]$, $R_4 = 35\,[\mathrm{k}\Omega]$이다.

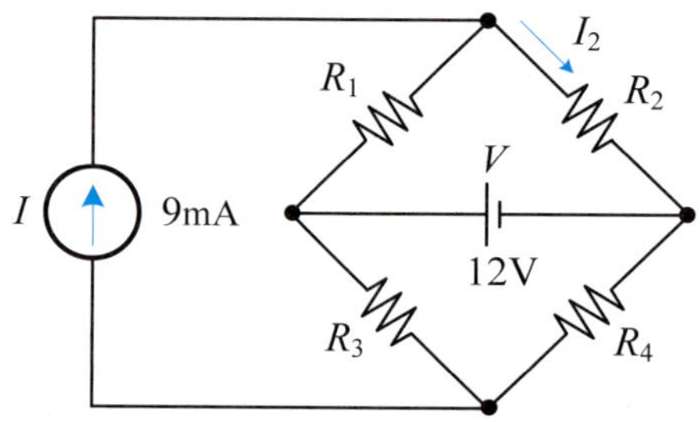

그림 3.3 (예제 3.2)의 회로

〈풀이〉

(1) 전류원만에 의한 전류 I'_2

전압원을 단락하고 9[mA] 전류원의 영향을 고려하면 KCL에 의하여

$$I'_2 = \frac{R_1 I}{R_1 + R_2} = \frac{4[\mathrm{k}\Omega] \times 9[\mathrm{mA}]}{4[\mathrm{k}\Omega] + 8[\mathrm{k}\Omega]} = 3\,[\mathrm{mA}]$$

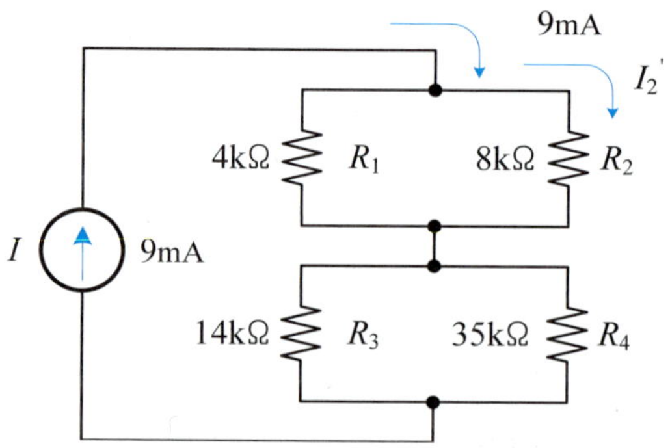

그림 3.4

(2) 전압원만에 의한 전류 I_2''

$V = 12\,[\mathrm{V}]$ 전압원만을 고려할 때는 전류원을 개방하면 되므로 그림 3.5와 같다.

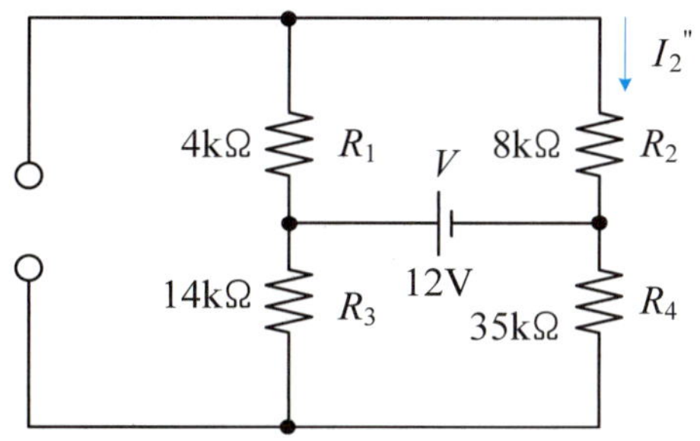

그림 3.5

$$I''_2 = \frac{V}{R_1 + R_2} = \frac{12\,[\mathrm{V}]}{4\,[\mathrm{k}\Omega] + 8\,[\mathrm{k}\Omega]} = 1\,[\mathrm{mA}]$$

I'_2 와 I''_2는 R_2에 흐르는 전류의 방향과 같은 방향이므로 구하는 전류는 두 전류의 합이 된다.

$$I_2 = I'_2 + I''_2 = 3\,[\mathrm{mA}] + 1\,[\mathrm{mA}] = 4\,[\mathrm{mA}]$$

3.2 테브난의 정리와 노턴의 정리

3.2.1 테브난의 정리(Thevenin's theorem)

테브난의 정리란 "임의의 선형 2단자 회로망은 테브난 전압원 V_{TH}와 테브난 저항 R_{TH}를 직렬연결한 등가회로로 대체할 수 있다."는 것으로, 복잡한 회로망을 간략화 하는데 사용된다. 즉, 부하저항이 있고 그 부하저항과 연결된 복잡한 회로가 있을 때, 부하저항을 제외한 나머지 회로를 간단히 하나의 전압원과 저항으로 바꾸는 기술이라고 할 수 있다.

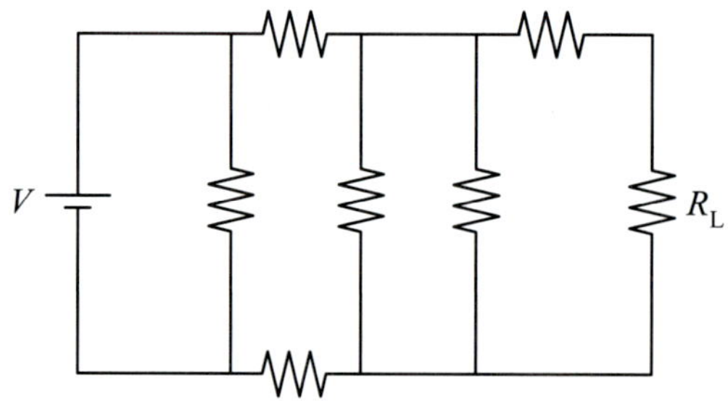

그림 3.6 일반적인 회로

그림 3.6과 같은 복잡한 회로를 살펴보자. 여기서 V는 배터리와 같은 직류 인가전압이고, 부하저항 R_L은 휴대용 플레이어의 이어폰 혹은 스피커 등이라고 생각해 볼 수 있다. 이때 이어폰이나 스피커에 흐르는 전류나 그 양단에 걸리는 전압을 구하고자 할 때 테브난의 정리를 이용하면 쉽게 구할 수 있다. 부하저항을 제외한 나머지 회로부분을 전압원(V_{TH})과 저항(R_{TH})으로 바꾸고, 부하저항을 연결하면 그림 3.7과 같은 회로가 되는 데, 이것을 테브난의 등가회로라고 한다. 이 같은 등가회로는 간단하기 때문에 옴의 법칙을 이용하면 부하에 흐르는 전류와 전압을 쉽게 구할 수 있다.

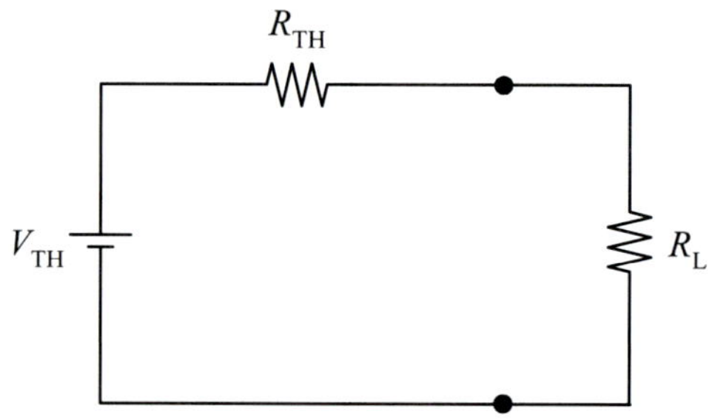

그림 3.7 테브난의 등가회로

여기서 V_{TH}와 R_{TH}를 구하기 위해서는 다음과 같다.

> (1) 테브난의 등가전압 V_{TH}는 부하저항을 개방한 상태에서 부하양단에 걸리는 전압이다.
> (2) 테브난의 등가저항 R_{TH}는 회로에서 전압원을 단락시키고(전류원인 경우에는 개방), 부하 쪽에서 회로 쪽을 본 저항이다.

예제 3-3 그림 3.8(a)의 회로를 그림 3.8(b)와 같은 테브난의 등가회로로 구성하고자 한다. 이때 V_{TH}와 R_{TH} 값을 구하여라.

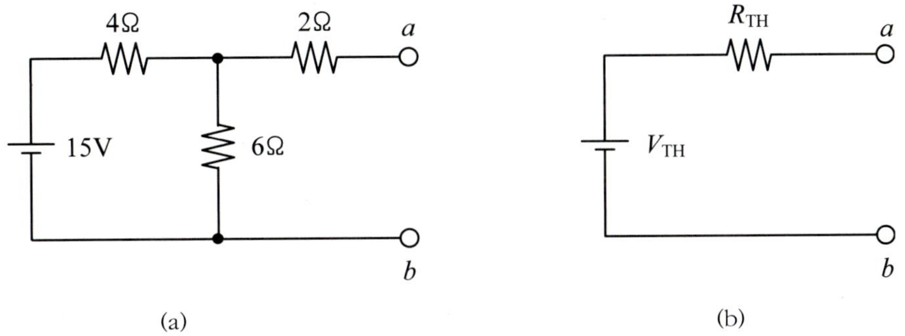

그림 3.8 (예제 3.3)의 회로

〈풀이〉

테브난의 정리를 이용하여 그림 3.8(a)에서 개방 단자전압 V는

$$V_{TH} = \frac{6}{4+6} \times 15 = 9\,[\mathrm{V}]$$

다음에 전압원을 단락시키고, 단자 a, b에서 본 저항 R은

$$R_{TH} = 2 + \frac{6 \times 4}{6+4} = 2 + 2.4 = 4.4\,[\Omega]$$

예제 3-4 그림 3.9에서 부하저항 R_L에 흐르는 전류 I를 테브난의 정리를 이용하여 구하라.

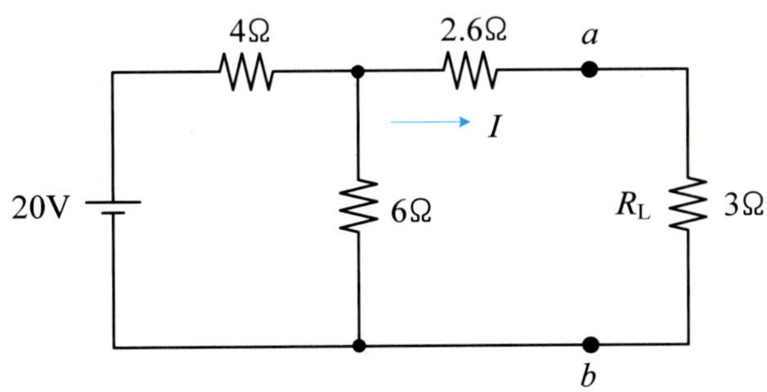

그림 3.9 (예제 3.4)의 회로

〈풀이〉

테브난의 등가회로를 구하는 과정은 다음과 같다.

(1) 그림 3.9에서 부하저항 R_L을 제거하고, ab 단자에 걸리는 전압을 계산한다. 이 전압이 바로 테브난의 등가전압 V_{TH}이다. 즉, 그림 3.10(a)에서 저항 6[Ω] 에 걸리는 전압이다.

$$V_{TH} = \frac{6}{4+6} \times 20 = 12\,[\mathrm{V}]$$

(2) 그림 3.10(b)와 같이 전원을 제거(전압원은 단락, 전류원은 개방)한 상태에서, ab 단자에서 회로 쪽을 바라 본 저항이 R_{TH}이고, 다음과 같이 계산한다.

$$R_{TH} = 2.6 + \frac{6 \times 4}{6+4} = 2.6 + 2.4 = 5\,[\Omega]$$

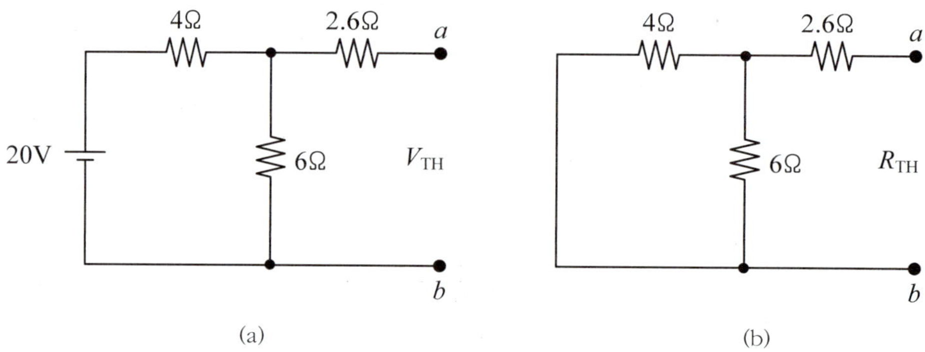

그림 3.10

(3) 등가전압 V_{TH}와 등가저항 R_{TH}를 직렬로 연결한 후 ab 단자에 원래의 부하저항 R_L을 직렬로 연결하면, 그림 3.11과 같은 테브난의 등가회로가 구성된다. 여기서 부하전류 I는 옴의 법칙에 의해 다음과 같이 구해진다.

$$I = \frac{V_{TH}}{R_{TH} + R_L} = \frac{12}{5+3} = 1.5\,[\mathrm{A}]$$

∴ 부하에 흐르는 전류 I는 1.5[A] 이다.

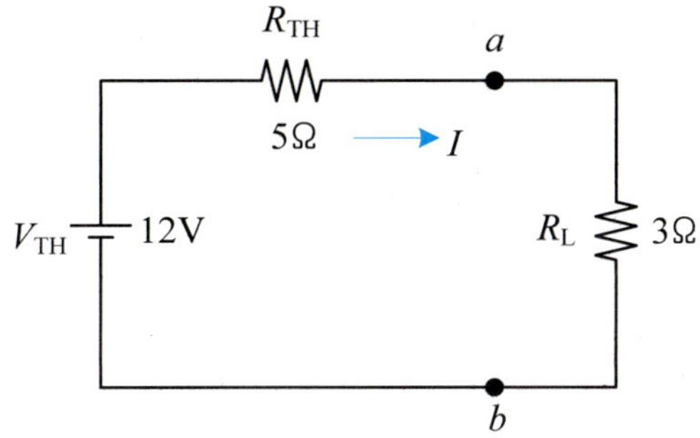

그림 3.11

3.2.2 노턴의 정리(Norton's theorem)

노턴의 정리란 "임의의 선형 2단자 회로망을 노턴의 등가전류원 I_N 과 노턴의 등가저항 R_N 을 병렬로 연결한 등가회로로 대체할 수 있다"는 것으로, 테브난의 정리와 마찬가지로 복잡한 회로망을 간략화 하는데 사용된다. 그림 3.12는 부하저항 R_L을 갖는 실제회로를 나타내고, 이것을 노턴의 등가회로로 변환한 것이 그림 3.13의 회로이다. 노턴전류 I_N 은 부하저항 R_L과 노턴의 등가저항 R_N 에 의하여 분배된다.

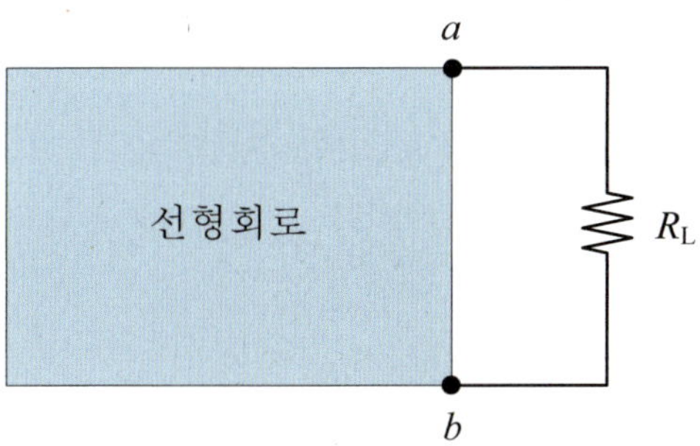

그림 3.12 일반회로

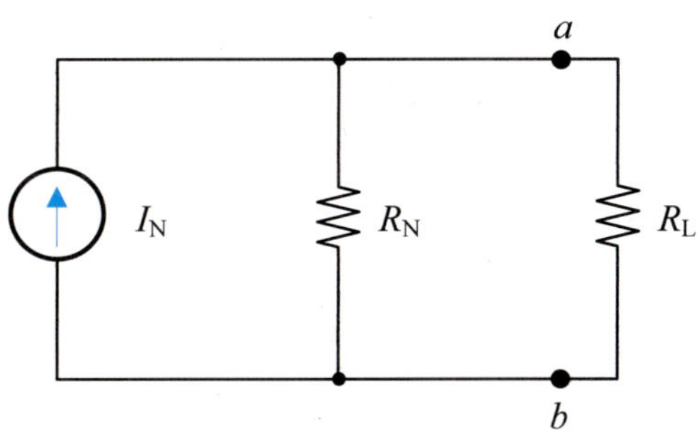

그림 3.13 노턴의 등가회로

회로를 노턴의 등가회로로 변환하는 방법은 다음과 같다.

(1) 부하저항을 없애고 그 자리를 단락시킨다. 이 단락된 곳에 흐르는 전류를 계산하면 그 전류가 노턴의 등가전류인 I_N 이 된다.

(2) 부하저항 R_L을 제거하고, 회로 쪽을 바라 본 저항이 노턴의 등가저항 R_N 인데, 이것은 테브난의 등가저항 R_{TH}와 같은 방법으로 구하면 된다.

예제 3-5 그림 3.14의 회로에서 노턴의 정리를 이용하여 부하저항 R_L에 흐르는 전류 I_L을 구하라.

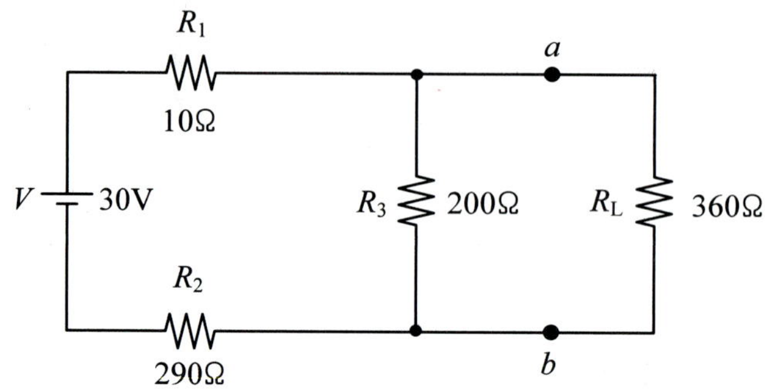

그림 3.14 (예제 3.5)의 회로

〈풀이〉

(1) 노턴의 등가전류 I_N 을 구하기 위해 부하저항 R_L 을 단락시키면 R_3 역시 단락되어 그림 3.15와 같이 된다. 이 때 단락된 ab 단자에 흐르는 전류가 노턴의 전류가 되며, 그 계산은 다음과 같이 계산된다.

$$I_N = \frac{V}{R_1 + R_2} = \frac{30}{10 + 290} = \frac{30\ V}{300\ \Omega} = 100\ [\mathrm{mA}]$$

(2) 테브난의 등가저항 R_N 을 구하기 위하여 전압원 V 를 단락시키면 그림 3.16과 같게 된다. 이 때 R_L 을 제거한 상태에서 ab 단자에서 측정한 저항 값이 R_N 이 된다. 그 값을 계산하면 다음과 같다.

$$R_N = \frac{(R_1 + R_2) \times R_3}{R_1 + R_2 + R_3} = \frac{(10 + 290) \times 200}{10 + 290 + 200} = 120\ [\Omega]$$

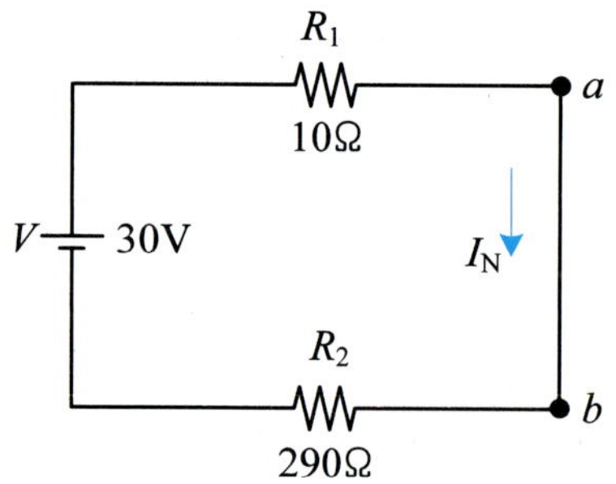

그림 3.15

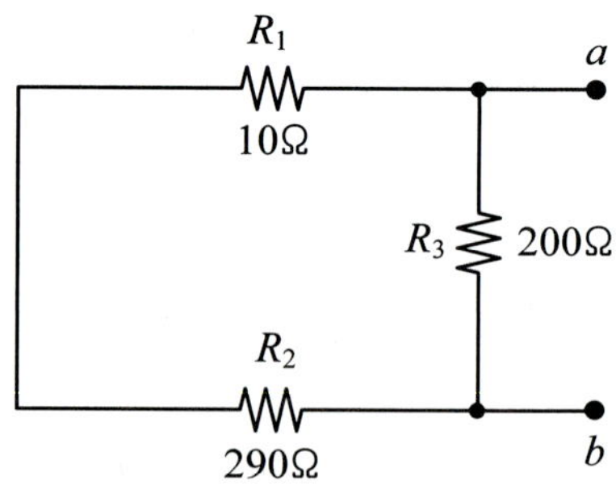

그림 3.16

(3) 노턴의 등가전류원 I_N 과 등가저항 R_N 을 병렬로 연결하고, 부하저항 R_L 을 병렬로 연결하면 그림 3.17과 같은 노턴의 등가회로를 구성할 수 있다. 여기서 전류 I_L 은 다음과 같은 저항회로의 전기분할 규칙에 의하여 계산된다.

$$I_L = I_N \times \frac{R_N}{R_N + R_L} = 100\,\text{mA} \times \frac{120}{120 + 360} = 25\,[\text{mA}]$$

즉, 부하저항에 흐르는 전류 I_L 은 25[mA]가 된다.

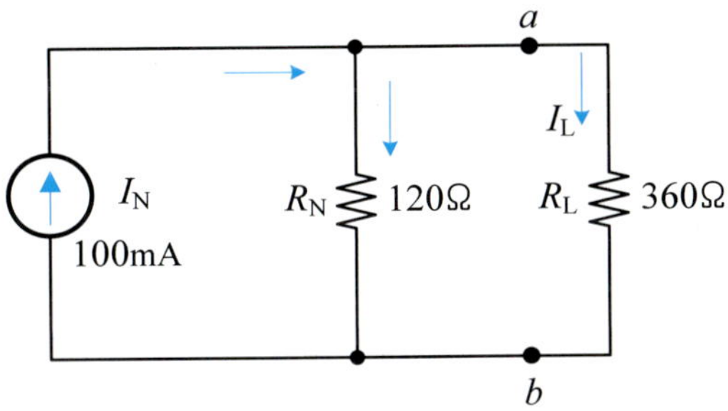

그림 3.17

3.3 밀만의 정리(Millman's theorem)

내부 저항을 갖는 여러 개의 전압원이 병렬로 연결된 경우에 하나의 전압원 혹은 등가전류원으로 바꾸거나 임의의 두 점 사이의 전압을 구하는 데 유용한 정리로 밀만의 정리(Millman's theorem)가 있다.

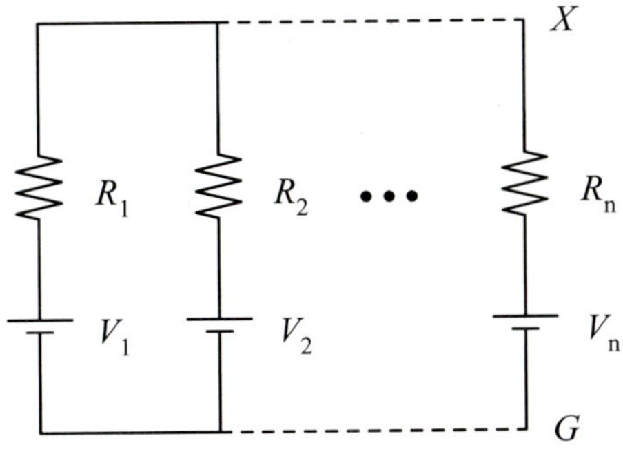

그림 3.18 밀만의 정리 회로

그림 3.18과 같이 n개의 지로의 저항이 R_1, R_2, R_3, $\cdots$ R_n 이고, 해당 지로의 전원이 V_1, V_2, V_3, $\cdots$ V_n 일 때 X에서 G까지의 전압을 구하는 밀만의 정리는 다음과 같다.

$$V_{XG} = \frac{\frac{V_1}{R_1} + \frac{V_2}{R_2} + \frac{V_3}{R_3} + \cdots + \frac{V_n}{R_n}}{\frac{1}{R_1} + \frac{1}{R_2} + \frac{1}{R_3} + \cdots + \frac{1}{R_n}} \tag{3.1}$$

식 (3.1)의 분자는 전류에 관한 식이다. n개 지로에 흐르는 전류의 합은 다음과 같다.

$$I_T = \frac{V_1}{R_1} + \frac{V_2}{R_2} + \frac{V_3}{R_3} + \cdots + \frac{V_n}{R_n} \tag{3.2}$$

그림 3.18에서 전압원을 제거(단락)하고 XG점에서 병렬합성 저항은

$$\frac{1}{R_T} = \frac{1}{R_1} + \frac{1}{R_2} + \frac{1}{R_3} + \cdots + \frac{1}{R_n} \tag{3.3}$$

이 된다. 따라서 V_{XG}는 옴의 법칙에 의해서 아래와 같이 구할 수 있다.

$$V_{XG} = I_T R_T = \frac{I_T}{\frac{1}{R_T}} = \frac{\frac{V_1}{R_1} + \frac{V_2}{R_2} + \frac{V_3}{R_3} + \cdots + \frac{V_n}{R_n}}{\frac{1}{R_1} + \frac{1}{R_2} + \frac{1}{R_3} + \cdots + \frac{1}{R_n}} \tag{3.4}$$

이 식은 합성전압 V_{XG}는 개개의 전원을 단락하였을 때 흐르는 전류의 합과 저항의 합을 곱한 것과 같은 결과가 되어, 밀만의 정리가 성립됨을 확인할 수 있다.

예제 3-6 그림 3.19의 회로에서 저항 R_3 에 흐르는 전류 I_3 를 밀만의 정리를 이용하여 구하라.

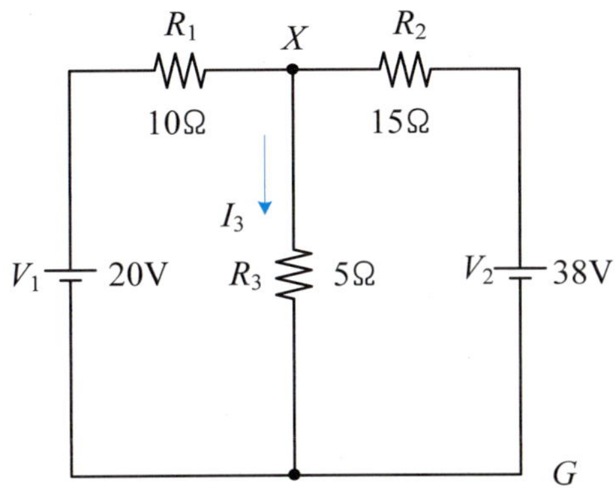

그림 3.19 (예제 3.6)의 회로

〈풀이〉

전류 I_3 는 테브난의 등가회로 방법을 이용하거나 전원이 두 개이므로 중첩의 정리를 구할 수 있다. 그러나 밀만의 정리를 이용하면 좀 더 간단히 구할 수 있다. 이 회로는 R_1 과 V_1 의 지로, R_2 와 V_2 의 지로, R_3 와 전압이 없는 지로 등 3개의 지로로 구성되어 있다. 여기에 밀만의 정리를 적용하면 I_3 를 구할 수 있다.

$$V_{XG} = \frac{\dfrac{V_1}{R_1} + \dfrac{V_2}{R_2} + \dfrac{0}{R_3}}{\dfrac{1}{R_1} + \dfrac{1}{R_2} + \dfrac{1}{R_3}}$$

$$= \frac{\dfrac{20}{10} + \dfrac{38}{15} + \dfrac{0}{5}}{\dfrac{1}{10} + \dfrac{1}{15} + \dfrac{1}{5}} = \frac{\dfrac{136}{30}}{\dfrac{11}{30}} = \frac{136}{11} \fallingdotseq 12.36\,[\mathrm{V}]$$

$$\therefore\ I_3 = \frac{V_{XG}}{R_3} = \frac{12.36}{5} \fallingdotseq 2.47\,[\mathrm{A}]$$

예제 3-7 그림 3.20 회로에서 전압 V_{XG} 를 밀만의 정리를 사용하여 구하라.

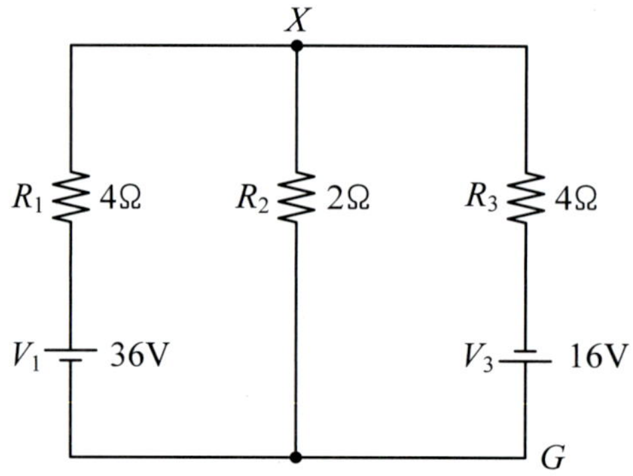

그림 3.20 (예제 3.7)의 회로

〈풀이〉

밀만의 정리를 이용하여 구할 수 있다. V_1 과 V_3 의 극성을 고려하여 식에 대입하여 계산하면 다음과 같다.

$$V_{XG} = \frac{\dfrac{V_1}{R_1} + \dfrac{V_2}{R_2} + \dfrac{V_3}{R_3}}{\dfrac{1}{R_1} + \dfrac{1}{R_2} + \dfrac{1}{R_3}}$$

$$= \frac{\dfrac{36}{4} + \dfrac{0}{2} + \dfrac{(-16)}{4}}{\dfrac{1}{4} + \dfrac{1}{2} + \dfrac{1}{4}} = \frac{9+0-4}{1} = 5\,[\mathrm{V}]$$

∴ V_{XG} 는 5[V]가 된다.

3.4 최대전력의 전달(maximum power transfer)

그림 3.21은 전원 V_S 로부터 부하저항 R_L 에 전력을 전달하는 회로를 나타낸 것으로, R_S 는 전원의 내부저항을 포함하는 저항을 말한다. 이 회로에서 전원에서 ab 단자에 연결된 부하저항 R_L 에 최대전력을 전달하기 위해서는 부하저항을 얼마로 해야 하는가를 살펴보자.

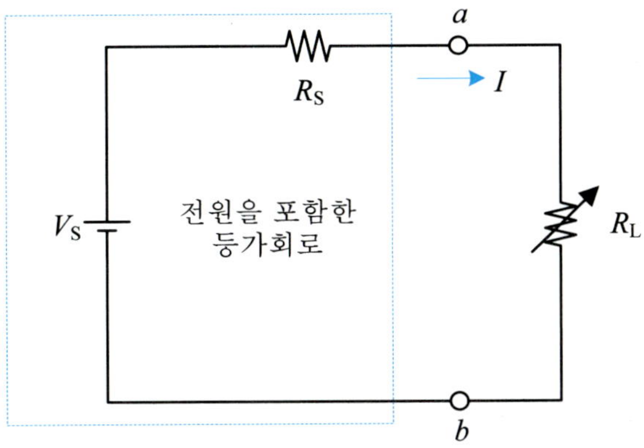

그림 3.21 최대전력전달

부하저항 R_L에서 소비되는 전력은 (전류)^2×R_L로부터,

$$P_L = I^2 R_L = \left(\frac{V_S}{R_S + R_L}\right)^2 R_L = \frac{V_S^2 R_L}{(R_S + R_L)^2} \tag{3.5}$$

전력 P_L이 최대가 되는 R_L의 값은 다음과 같이 V_S, R_S는 일정하게 하고, R_L에 관한 미분값인 $\frac{dP_L}{dR_L} = 0$으로 하여 구한다. 즉,

$$\frac{dP_L}{dR_L} = \frac{V_S^2 (R_S + R_L)^2 - R_L V_S^2 2(R_S + R_L)}{(R_S + R_L)^4}$$

$$= \frac{V_S^2 (R_S + R_L)[(R_S + R_L) - 2R_L]}{(R_S + R_L)^4} = 0$$

그러므로 $R_S + R_L - 2R_L = 0$

$$\therefore R_L = R_S \tag{3.6}$$

즉, 부하저항(R_L)이 전원의 내부저항(R_S)과 같을 때(이를 정합(matching)이라 함) 부하저항에 최대의 전력이 전달된다. 이를 최대전력전달정리(maximum power transfer theorem)라고 한다. 이 때 최대부하전력은 다음 식이 된다.

$$P_{L(\max)} = \frac{V_S^2}{4R_L} = \frac{V_S^2}{4R_S}\,[\mathrm{W}] \tag{3.7}$$

예제 3-8 그림 3.22에서 부하에 최대전력을 공급하기 위해서는 부하저항을 얼마로 해야 하는가?

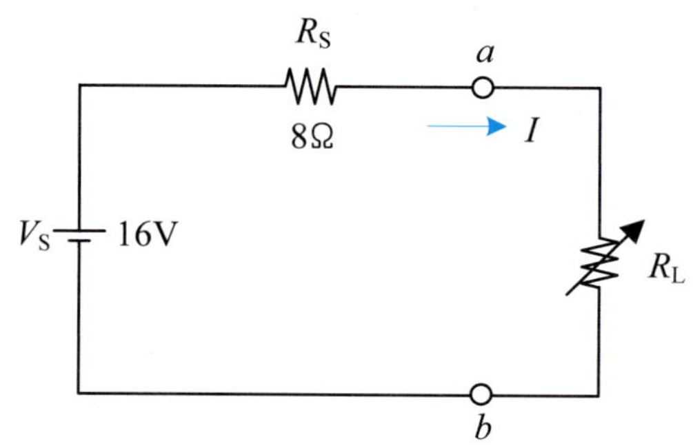

그림 3.22 (예제 3.8)의 회로

〈풀이〉

최대전력 전달정리에 의해 전원의 내부저항과 부하저항이 같을 때 최대전력이 부하에 전달되므로, $R_L = R_S = 8\,[\Omega]$이다.

예제 3-9 그림 3.23의 회로에서 부하저항 R_L에 최대전력이 공급되기 위한 R_L의 값을 구하여라. 또한, 그때 공급되는 최대전력 $P_{L(\max)}$를 구하여라.

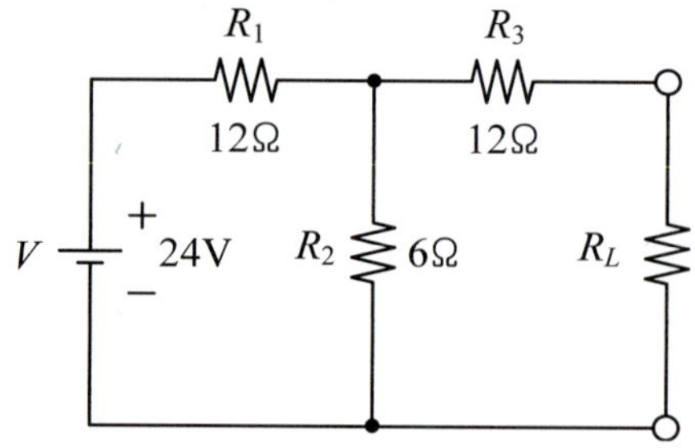

그림 3.23 (예제 3.9)의 회로

〈풀이〉

그림 3.23을 테브난의 등가회로로 변환하기 위해 그림 3.24와 그림 3.25를 이용하여 R_{TH}와 V_{TH}를 구한다.

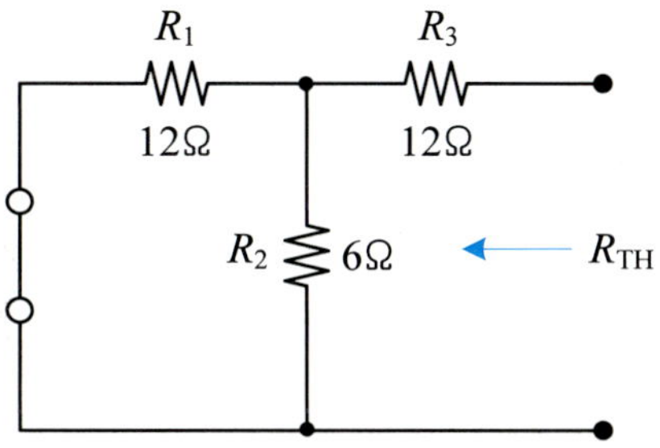

그림 3.24

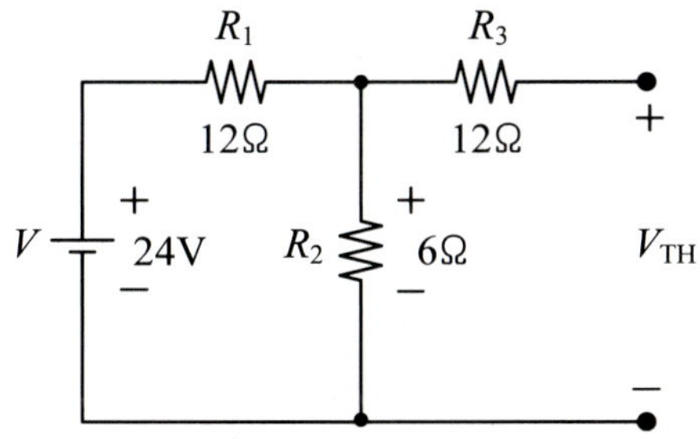

그림 3.25

테브난 등가저항 R_{TH}와 등가전압 V_{TH}는 다음과 같다.

$$R_{TH} = R_3 + \frac{R_1 R_2}{R_1 + R_2} = 12 + \frac{12 \times 6}{12 + 6} = 16\,[\Omega]$$

$$V_{TH} = \frac{R_2 V}{R_1 + R_2} = \frac{6 \times 24}{12 + 6} = \frac{144}{18} = 8\,[\mathrm{V}]$$

따라서 테브난의 등가회로는 그림 3.26과 같다.

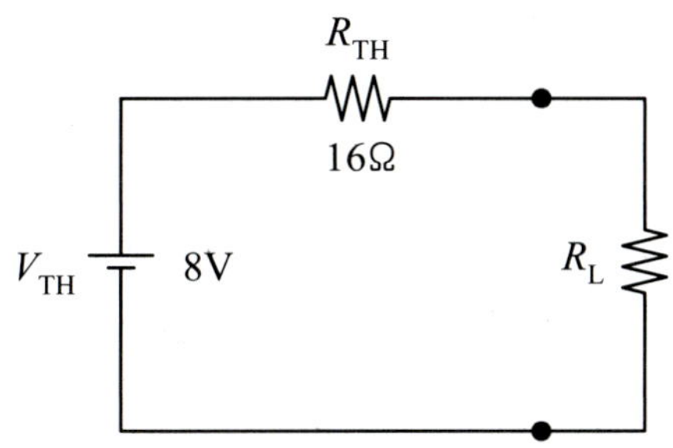

그림 3.26

최대전력 전달정리로부터 $R_L = R_{TH} = 16\,[\Omega]$일 때 최대전력이 공급된다.

이때 최대전력은

$$P_{L(\max)} = \frac{V_{TH}^2}{4R_{TH}} = \frac{8^2}{4 \times 16} = 1\,[\mathrm{W}]$$

가 된다.

3.5 망로(mesh) 해석법

3.5.1 회로망의 용어

복잡한 전기회로 해석에 사용하는 간단한 용어를 살펴보면 다음과 같다.

가. 회로망(network)

그림 3.27과 같이 전원 및 여러 전기소자들이 복잡하게 연결된 전기회로를 말하며 단순하게 회로(circuit)라고도 한다.

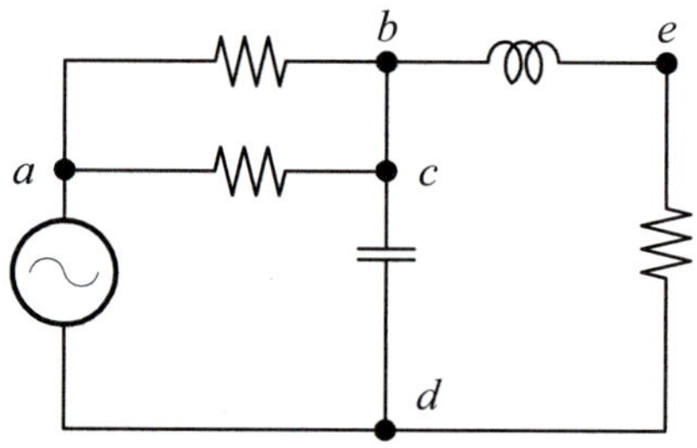

그림 3.27 일반전인 회로망

나. 절점(node)과 접속점(junction)

2개 이상의 소자가 연결되어 있는 점을 절점(node)이라고 하며, 3개 이상 연결된 점을 접속점(junction)이라고 하지만, 둘 다 혼용되고 있다. 그림 3.28에서 a, b, c, d는 접속점이고, e는 절점이다.

다. 지로(branch)

두 접속점 또는 절점 사이의 회로 부분을 말하며, 전류의 통로가 된다. 그림 3.28에서 $a-b$, $a-c$, $a-d$, $b-c$, $b-e$, $c-d$, $d-e$가 있다.

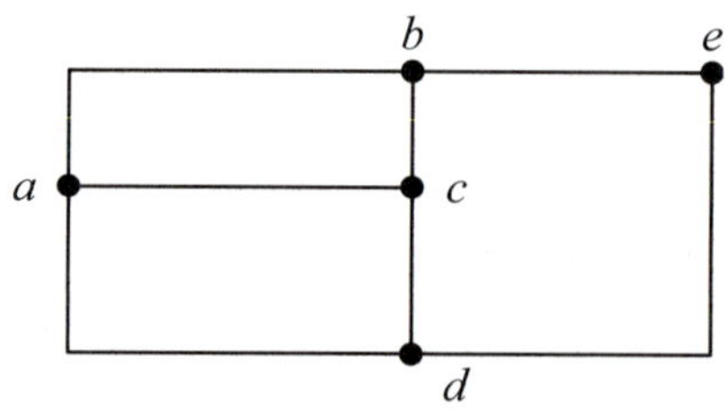

그림 3.28 단순화한 회로망

라. 폐로(loop)와 망로(mesh)

폐로(loop)는 몇 개의 지로를 통하여 일주하면서 완결된 단힌회로를 말하며, 다른 폐로를 포함하지 않는 독립된 폐로를 망로(mesh)라고 한다. 그림 3.28에서 $a-b-c-a$, $a-c-d-a$, $b-e-d-c-b$, $a-b-e-d-a$, $a-b-c-d-a$, $a-b-e-d-c-a$, $a-c-b-e-d-a$가 폐로이고, 그중에서 $a-b-c-a$, $a-c-d-a$, $b-e-d-c-b$를 특히 망로라고 한다.

3.5.2 망로해석법

직병렬 회로는 옴의 법칙과 키르히호프 전압 및 전류법칙을 사용하여 해석할 수 있다. 그러나 다수의 전원과 많은 지로를 포함한 회로망인 경우에는 계산이 복잡하여, 시간이 많이 걸린다는 단점이 있다. 이런 경우에 망로해석법에 의해 회로를 분석하면, 계산과정의 많은 부분을 줄여주어 보다 쉽게 회로해석을 할 수 있다.

망로법은 다음과 같은 순서로 해석한다.

(1) 각 망로에 시계방향으로 전류의 방향을 정해준다.
(2) 해당 망로에 대하여 키르히호프 전압방정식을 세운다.
(3) 망로 전압 방정식을 풀어 전류를 구한다.

그림 3.29의 회로를 망로해석법으로 전류 I_1, I_2를 구하는 방법은 다음과 같다.

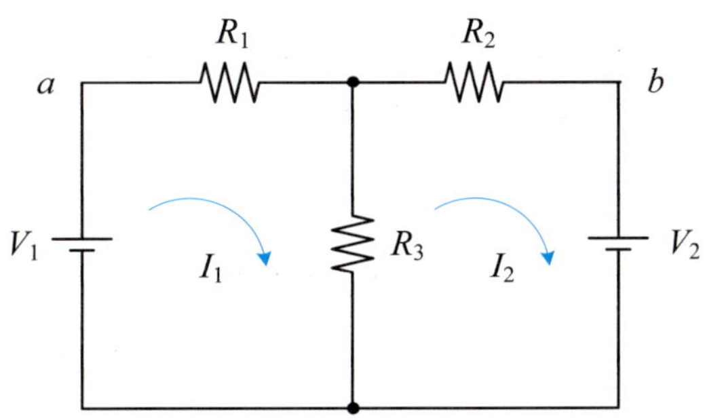

그림 3.29 망로해석법 회로

① 망로전류의 방향은 임의로 정할 수 있으나, 일반적으로 시계방향을 기준으로 한다. 그림 3.29와 같이 망로 1과 망로 2의 전류 I_1, I_2를 정한다.

② 키르히호프 전압방정식(KVL)을 전압강하를 기준으로 하여 다음과 같이 세운다.

망로 1 (a점 기준) : $R_1 I_1 + R_3(I_1 - I_2) - V_1 = 0$

$$\therefore \quad (R_1 + R_3) I_1 - R_3 I_2 = V_1 \tag{3.8}$$

망로 2 (b점 기준) : $V_2 + R_3(I_2 - I_1) + R_2 I_2 = 0$

$$\therefore \quad -R_3 I_1 + (R_2 + R_3) I_2 = -V_2 \tag{3.9}$$

③ 식 (3.8)과 식 (3.9)를 소거방법에 연립하여 풀거나 Cramer 방법을 이용한 행렬식을 계산하여 전류 I_1, I_2를 구한다.

예제 3-10 다음 그림 3.30의 회로에서 전류 I_1, I_2를 망로해석법으로 구하여라.

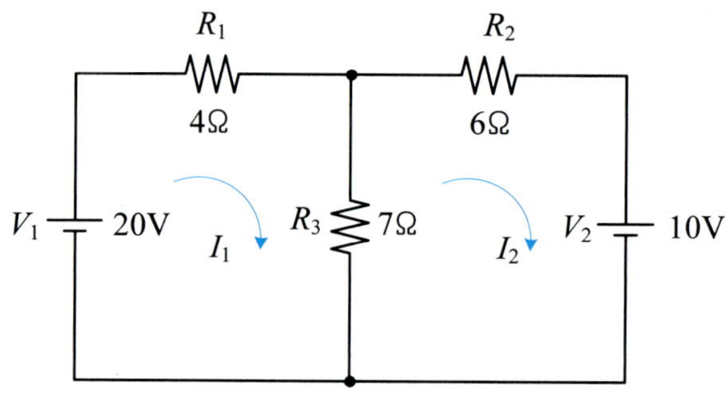

그림 3.30 (예제 3.10)의 회로

〈풀이〉

먼저 망로 1, 망로 2에 키르히호프 전압법칙(KVL)을 적용하면,

$$\text{망로 1 :} \quad 4I_1 + 7(I_1 - I_2) = 20 \tag{1}$$

$$\text{망로 2 :} \quad 6I_2 + 7(I_2 - I_1) = -10 \tag{2}$$

식(1), (2)를 정리하면,

$$11I_1 - 7I_2 = 20 \qquad (3)$$

$$-7I_1 + 13I_2 = -10 \qquad (4)$$

식 (3), (4)의 연립방정식을 풀어 I_1, I_2 를 가우스(Gauss) 소거법 혹은 크래머(Cramer)의 방법으로 구한다.

(방법 1) 가우스 소거법으로 I_1, I_2 구하기

식 (3)×7, 식 (4)×11

$$77I_1 - 49I_2 = 140 \qquad (5)$$

$$-77I_1 + 143I_2 = -110 \qquad (6)$$

식 (5) + 식 (6)을 하면, $94I_2 = 30$

$$\therefore \ I_2 = \frac{15}{47}[\mathrm{A}] \qquad (7)$$

식 (7)을 식 (5)에 대입하여 풀면, $I_1 = \dfrac{95}{47}[\mathrm{A}]$가 된다.

(방법 2) 크레이머의 방법으로 I_1, I_2 구하기

식 (3), (4)으로부터

$$I_1 = \frac{\begin{bmatrix} 20 & -7 \\ -10 & 13 \end{bmatrix}}{\begin{bmatrix} 11 & -7 \\ -7 & 13 \end{bmatrix}} = \frac{(20)(13) - (-7)(-10)}{(11)(13) - (-7)(-7)} = \frac{190}{94} = \frac{95}{47}[\mathrm{A}]$$

$$I_2 = \frac{\begin{bmatrix} 11 & 20 \\ -7 & -10 \end{bmatrix}}{\begin{bmatrix} 11 & -7 \\ -7 & 13 \end{bmatrix}} = \frac{(11)(-10) - (20)(-7)}{(11)(13) - (-7)(-7)} = \frac{30}{94} = \frac{15}{47}[\mathrm{A}]$$

예제 3-11 그림 3.31에서 망로전류 I_1 , I_2 , I_3 를 구하라.

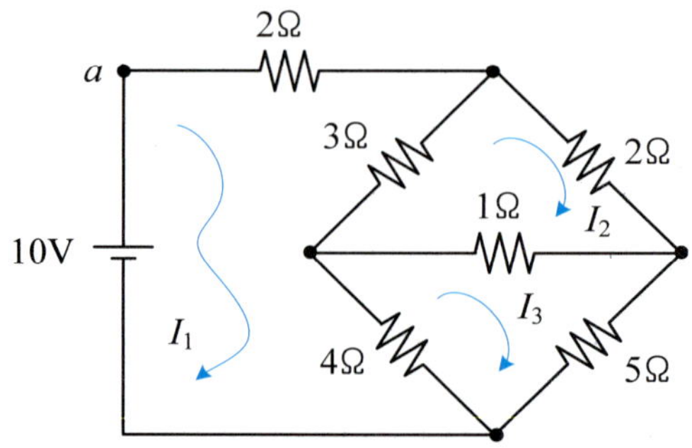

그림 3.31 (예제 3.11)의 회로

〈풀이〉 망로 1, 2, 3에 키르히호프 전압법칙(KVL)을 적용하면,

$$\text{망로 } 1(a\text{ 점}) : 2I_1 + 3(I_1 - I_2) + 4(I_1 - I_3) - 10 = 0 \quad (1)$$

$$\text{망로 } 2 : 3(I_2 - I_1) + 2I_2 + (I_2 - I_3) = 0 \quad (2)$$

$$\text{망로 } 3 : 4(I_3 - I_1) + (I_3 - I_2) + 5I_3 = 0 \quad (3)$$

식 (1), (2), (3)을 정리하면,

$$9I_1 - 3I_2 - 4I_3 = 10 \quad (4)$$

$$-3I_1 + 6I_2 - I_3 = 0 \quad (5)$$

$$-4I_1 - I_2 + 10I_3 = 0 \quad (6)$$

식 (4), (5), (6)으로부터

$$I_1 = \frac{\begin{bmatrix} 10 & -3 & -4 \\ 0 & 6 & -1 \\ 0 & -1 & 10 \end{bmatrix}}{\begin{bmatrix} 9 & -3 & -4 \\ -3 & 6 & -1 \\ -4 & -1 & 10 \end{bmatrix}}$$

$$= \frac{(10)(6)(10)+(0)(-1)(-4)+(0)(-1)(-3)-(-4)(6)(0)-(-3)(0)(10)-(10)(-1)(-1)}{(9)(6)(10)+(-3)(-1)(-4)+(-4)(-1)(-3)-(-4)(6)(-4)-(-3)(-3)(10)-(9)(-1)(-1)}$$

$$= \frac{590}{321} = 1.84\,[\mathrm{A}]$$

$$I_2 = \frac{\begin{bmatrix} 9 & 10 & -4 \\ -3 & 0 & -1 \\ -4 & 0 & 10 \end{bmatrix}}{321} = \frac{340}{321} = 1.06\,[\mathrm{A}]$$

$$I_3 = \frac{\begin{bmatrix} 9 & -3 & 10 \\ -3 & 6 & 0 \\ -4 & -1 & 0 \end{bmatrix}}{321} = \frac{270}{321} = 0.84\,[\mathrm{A}]$$

3.6 Y−Δ (또는 T−π) 변환

회로 해석에 있어서, 상호 연결된 저항이 직렬도 아니고 병렬연결도 아닌 경우가 있다. 그림 3.32와 같이 브리지 회로와 같은 경우이다. 저항 R_1 에서 R_6 까지의 저항들은 단순히 서로 직렬 혹은 병렬로만 연결되어 있지 않다는 것을 볼 수 있다. 이 같은 회로들은 3단자 회로망 사용하면 간략히 할 수 있다. 이 3단자 회로망은 그림 3.33의 T형 및 π형 회로와 그림 3.34의 Y형 및 Δ형 회로가 있다. 이들 회로는 3상회로, 필터회로 및 정합회로 등에 사용된다. 여기서는 이들 같은 회로들이 포함된 경우 좀 더 쉽게 해석하기 위한 Y−Δ상호변환 (또는 T−π)에 대하여 알아보기로 한다.

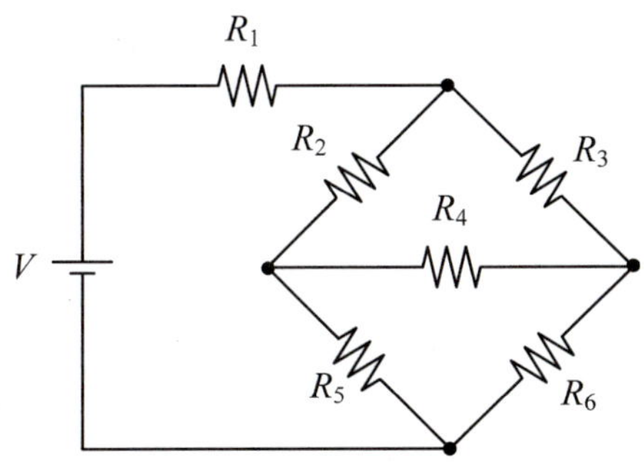

그림 3.32 브리지회로

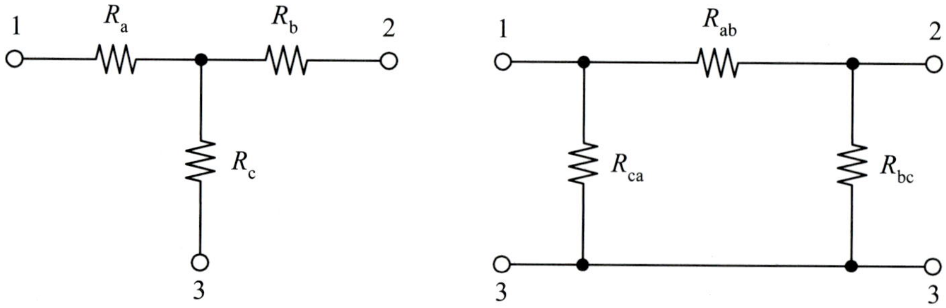

(a) T형 회로 (b) π형 회로

그림 3.33 T형 및 π 형 회로

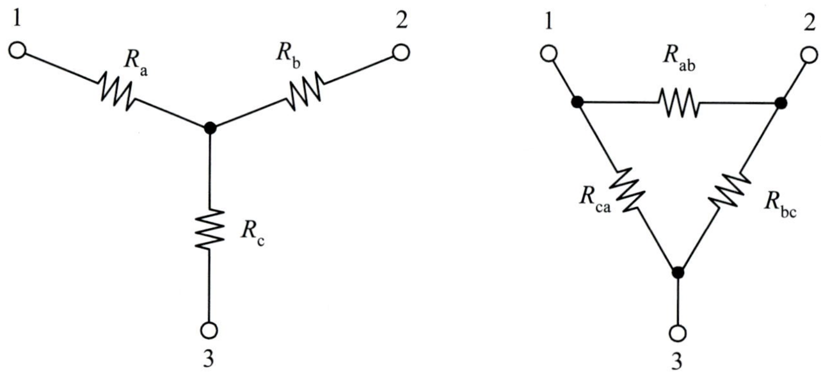

(a) Y형 회로 (b) Δ형 회로

그림 3.34 Y형 및 Δ형 회로

3.6.1 Δ→ Y 변환

그림 3.34 Y형 회로와 Δ형 회로가 상호 등가가 되기 위해서는 각 단자들 간의 저항값이 같아야 한다. 즉, Y형(혹은 T형)의 ab 단자간의 저항과 Δ형(혹은 π형)의 ab 단자간의 저항은 동일한 값을 갖는다.

예를 들어, Y형 회로 및 Δ형 회로에서 3단자를 개방하고, 1−2단자에서 본 저항을 같게 놓으면,

$$R_{12}(Y) = R_a + R_b \tag{3.10}$$

$$R_{12}(\Delta) = R_{ab} // (R_{bc} + R_{ca}) = \frac{R_{ab}(R_{bc} + R_{ca})}{R_{ab} + R_{bc} + R_{ca}} \tag{3.11}$$

가 되고, $R_{12}(Y) = R_{12}(\Delta)$이므로 다음과 같게 된다.

$$R_a + R_b = \frac{R_{ab}(R_{bc}+R_{ca})}{R_{ab}+R_{bc}+R_{ca}} \tag{3.12}$$

같은 방법으로 1단자를 개방하고, 2−3단자에서 본 저항을 서로 같게 놓으면,

$$R_b + R_c = R_{bc} // (R_{ca} + R_{ab}) = \frac{R_{bc}(R_{ca} + R_{ab})}{R_{ab} + R_{bc} + R_{ca}} \tag{3.13}$$

또한 2단자를 개방하고, 3−1단자에서 본 저항을 서로 같게 놓으면,

$$R_c + R_a = R_{ca} // (R_{ab} + R_{bc}) = \frac{R_{ca}(R_{ab} + R_{bc})}{R_{ab} + R_{bc} + R_{ca}} \tag{3.14}$$

이상 세 가지 식으로부터 R_a, R_b, R_c를 R_{ab}, R_{bc}, R_{ca}로 표시할 수 있고, 그 반대로도 표시할 수 있다. 식 (3.12), 식(3.13) 및 식 (3.14)를 모두 더하면,

$$R_a + R_b + R_c = \frac{R_{ab}R_{bc} + R_{bc}R_{ca} + R_{ca}R_{ab}}{R_{ab} + R_{bc} + R_{ca}} \tag{3.15}$$

식 (3.15)에서 식 (3.13)~(3.14)를 각각 빼면, 다음과 같이 $\Delta \rightarrow Y$ 변환식이 된다.

$\Delta \rightarrow Y$ 변환식

$$R_a = \frac{R_{ca}R_{ab}}{R_{ab} + R_{bc} + R_{ca}}$$
$$R_b = \frac{R_{ab}R_{bc}}{R_{ab} + R_{bc} + R_{ca}}$$
$$R_c = \frac{R_{bc}R_{ca}}{R_{ab} + R_{bc} + R_{ca}} \tag{3.16}$$

Y회로의 각 저항은 Δ회로에서 인접한 저항의 곱을 Δ회로의 세 저항의 합한 값으로 나눈 것이다. 즉, 이것을 다시 쓰면 다음과 같다.

$$R_a \text{ (혹은 } R_b,\ R_c) = \frac{\text{인접한 저항의 곱}}{R_{ab} + R_{bc} + R_{ca}} \tag{3.17}$$

3.6.2 Y→Δ 변환

식 (3.16)에서 R_{ab}, R_{bc}, R_{ca}를 R_a, R_b, R_c로 표시하면 다음과 같다.

$Y \rightarrow \Delta$ 변환식

$$R_{ab} = \frac{R_a R_b + R_b R_c + R_c R_a}{R_c}$$
$$R_{bc} = \frac{R_a R_b + R_b R_c + R_c R_a}{R_a}$$
$$R_{ca} = \frac{R_a R_b + R_b R_c + R_c R_a}{R_b} \tag{3.18}$$

Δ형의 각 저항은 Y형 각 저항을 두개씩 곱한 값의 합을 건너편 저항으로 나누어서 구한다.

식 (3.18)은 다음과 같이 정리할 수 있다.

$$R_{ab}(\text{혹은 } R_{bc},\ R_{ca}) = \frac{\text{각 저항의 곱의 합}}{\text{건너편 } R} \tag{3.19}$$

예제 3-12 그림 3.35(a) Δ 회로를 Y 회로로 변환하시오.

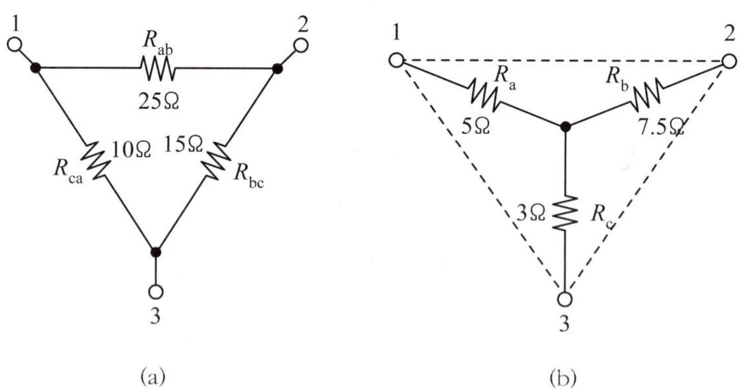

그림 3.35 Δ→Y 변환 예제

〈풀이〉

$$R_a = \frac{R_{ca} R_{ab}}{R_{ab} + R_{bc} + R_{ca}} = \frac{25 \times 10}{25 + 10 + 15} = \frac{250}{50} = 5\,[\Omega]$$

$$R_b = \frac{R_{ab}R_{bc}}{R_{ab}+R_{bc}+R_{ca}} = \frac{25\times 15}{50} = 7.5\,[\Omega]$$

$$R_c = \frac{R_{bc}R_{ca}}{R_{ab}+R_{bc}+R_{ca}} = \frac{15\times 10}{50} = 3\,[\Omega]$$

예제 3-13 그림 3.36(a)의 휘이스톤 브리지에서 전원단자에 흐르는 전류 I를 구하라.

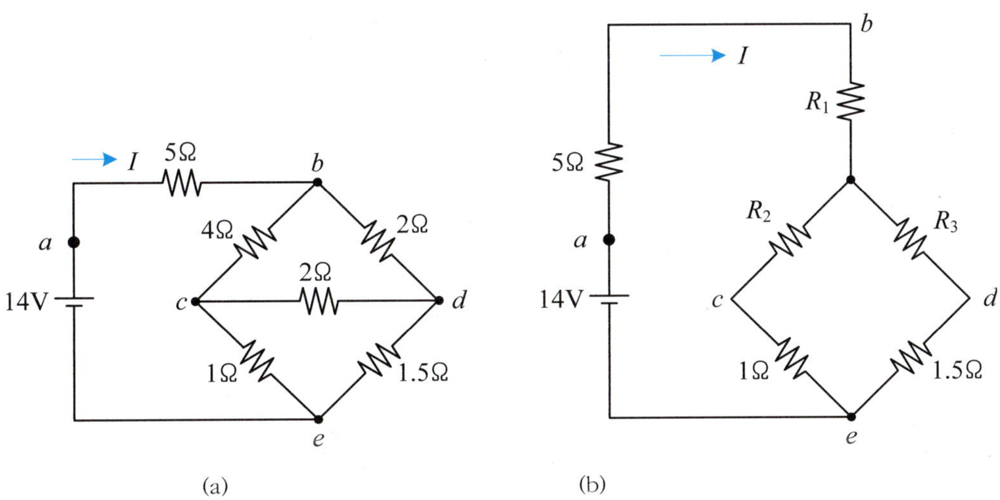

그림 3.36 휘이스톤 브리지

〈풀이〉 $\Delta \rightarrow Y$ 변환식을 이용하여 그림 3.36(a)의 $b-c-d$의 Δ형 저항회로를 Y형으로 변환시켜 그림 3.36(b)와 같은 회로로 변환한다.

$$R_1 = \frac{4\times 2}{4+2+2} = \frac{8}{8} = 1\,[\Omega]$$

$$R_2 = \frac{4\times 2}{4+2+2} = 1\,[\Omega]$$

$$R_3 = \frac{2\times 2}{4+2+2} = 0.5\,[\Omega]$$

따라서 총 저항 값은

$$R_{ae} = 5+1+\{(1+1)//(0.5+1.5)\} = 7\,[\Omega]$$

$$\therefore \text{ 전류 } I = \frac{14\,V}{7\,\Omega} = 2\,[\mathrm{A}]$$

Chapter 03

연 습 문 제

문제 1 그림 3.37의 회로에서 저항 2[Ω]에 흐르는 전류 I를 중첩의 정리를 이용하여 구하라.

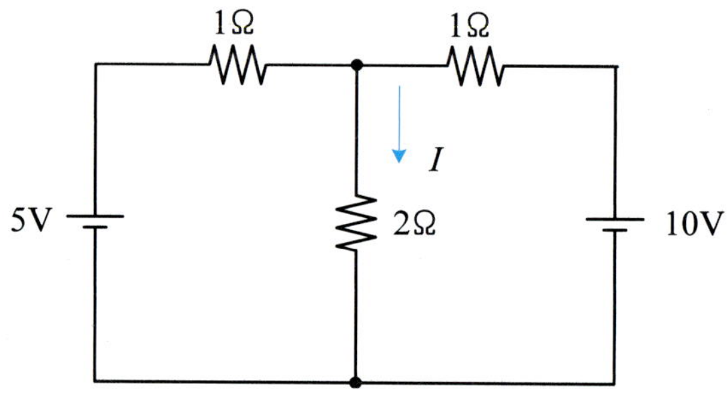

그림 3.37

문제 2 그림 3.38의 회로에서 저항 3[Ω]에 흐르는 전류 I를 중첩의 원리를 이용하여 구하라.

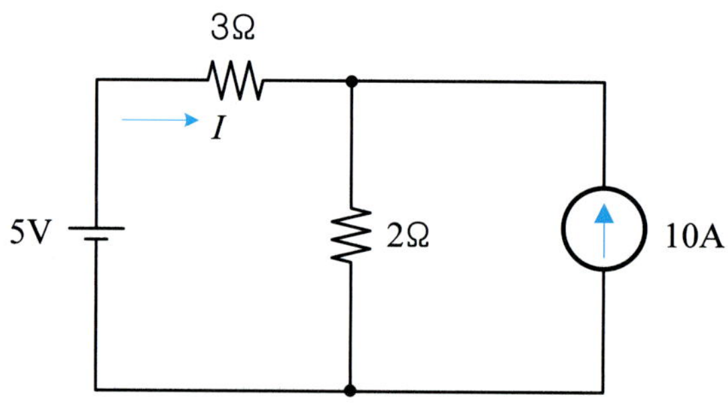

그림 3.38

문제 3 그림 3.39의 회로를 테브난의 등가회로로 변환하고, 부하저항 R_L에 흐르는 전류 I를 테브난의 정리를 이용하여 구하여라.

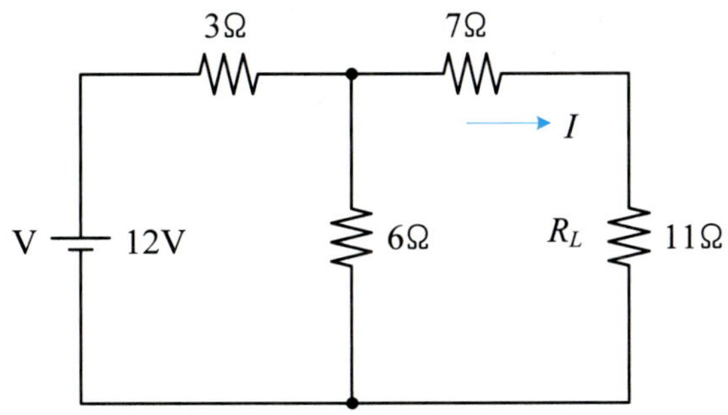

그림 3.39

문제 4 그림 3.40의 회로를 노턴의 등가회로로 변환하고, 부하저항 R_L에 흐르는 전류 I_L을 노턴의 정리를 이용하여 구하라.

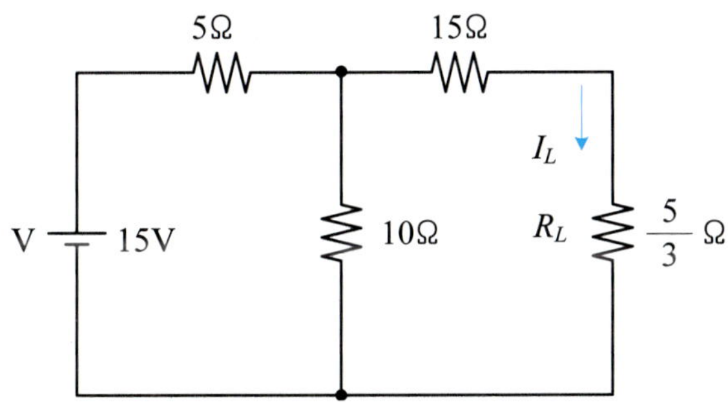

그림 3.40

문제 5 그림 3.41의 회로에서 부하저항 R_L에 최대전력을 공급하고자 한다.
(1) 부하저항 R_L, (2) 부하에 공급되는 최대전력 $P_{L(max)}$을 구하여라.

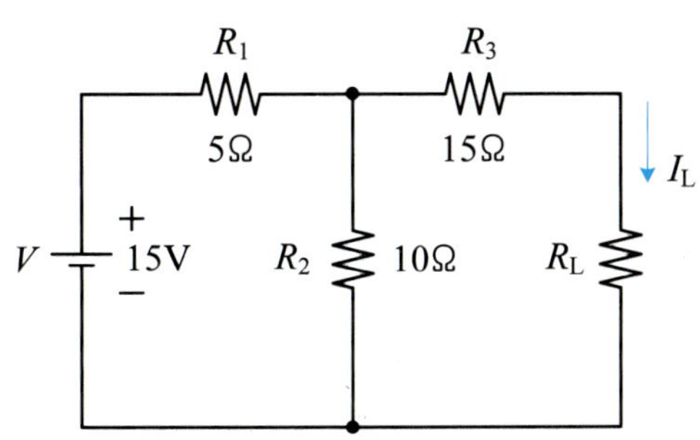

그림 3.41

문제 6 그림 3.42의 회로에서 (1) 전압 V_{XG}, (2) 부하저항 R_L 에서 소비되는 전력을 구하라.

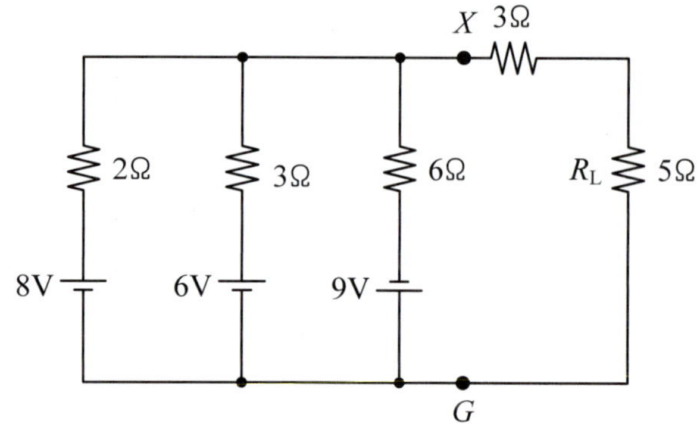

그림 3.42

문제 7 그림 3.43에서 $a-b$ 단자의 합성저항 R_{ab} 를 구하여라.

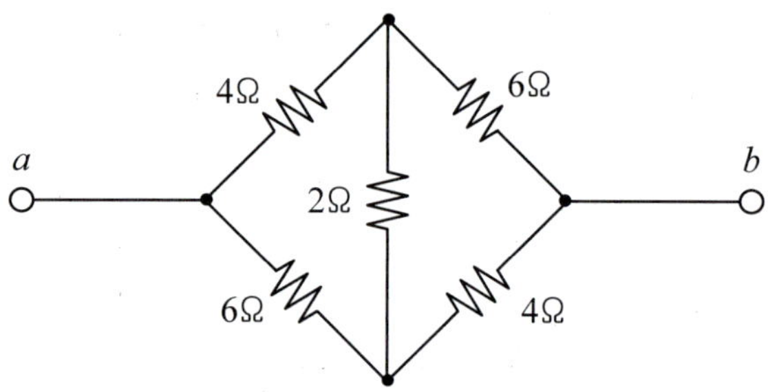

그림 3.43

문제 8 그림 3.44의 회로에서 망전류 I_1, I_2 를 구하여라.

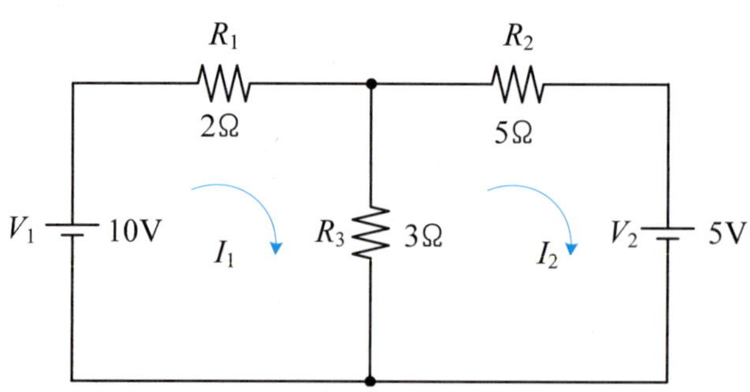

그림 3.44

Chapter

04

캐패시턴스와 인덕턴스

Easy to understand Electric Circuits

4.1 캐패시턴스

두 도체 사이에 유전체를 넣어 전하를 축적할 수 있도록 만든 소자를 캐패시터(capacitor) 또는 콘덴서(condenser)라고 한다.

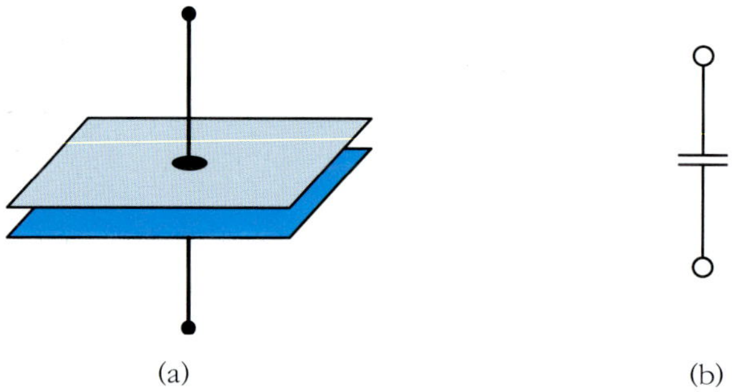

그림 4.1 캐패시터의 구조와 기호

캐패시터가 전하를 축적하는 능력을 표현할 때 캐패시턴스(capacitance)라고 한다. 이 캐패시턴스를 나타낼 때는 대문자 C를 사용하며, 그 단위로는 F(farad)를 사용한다. 다른 표현으로 캐패시턴스를 정전용량이라고도 하는데, 양극판에 전하가 얼마나 많이 모이는가 하는 정도를 나타낸다.

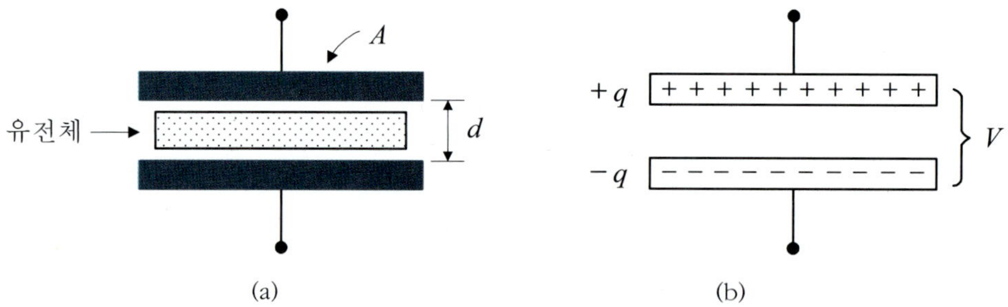

그림 4.2 캐패시터의 정전용량의 크기

캐패시터의 유전체는 한자로 "전기를 유인하는 물질"이라는 것으로 공기, 종이, 운모, 세라믹 및 전해질 등이 사용된다. 유전체의 특성에 따라 캐패시터의 특성이 크게 달라진다. 두개의 전극판 사이에 유전체를 넣고 전압을 가하면 그림 4.2(b)와 같이 분극작용에 의하여 전극에는 정전기가 축적된다.

캐패시터 정전용량의 크기는 그림 4.2(a)와 같이 유전체의 유전율(ϵ)과 전극의 면적(A)에 비례하고 전극사이의 거리(d)에 반비례한다. 이를 식으로 표현하면 다음과 같다.

$$C = \epsilon \frac{A}{d} \text{ [F]} \tag{4.1}$$

캐패시턴스의 MKS 단위는 Farad[F]이며, "1[F]는 1[V]의 전위차에 의하여 1[C]의 전하가 축적될 때의 캐패시턴스"이다. Farad라는 단위는 너무 크므로 보통 1[μF]=10^{-6}[F], 1[pF]=10^{-12}[F]를 사용한다.

캐패시터 양단에 축적되는 전하량 Q는 정전용량 C를 비례상수라고 보면, 인가전압 V에 비례한다.

$$Q = CV \text{ [C]} \tag{4.2}$$

식 (4.2)를 다르게 표현하면 다음과 같다.

$$C = \frac{Q}{V} \text{ [F]}, \quad V = \frac{Q}{C} \text{ [V]} \tag{4.3}$$

캐패시터의 충전과 방전되는 동작을 그림 4.3을 통하여 살펴보자. 스위치를 켜면, 배터리의 +극의 당기는 힘에 의해 캐패시터 위쪽 도체판의 자유전자(e)가 배터리의 +극으로 이동한다. 전기적으로 중성이었던 도체판은 자유전자를 잃어버려서 그림 4.3과 같이 +극성이 된다. 이 +극성의 당기는 힘에 의해 배터리의 자유전자가 끌려오게 된다. 결국 캐패시터 도체판의 윗면에는 +전하가, 아래쪽에는 −전하가 몰리게 되어 충전되게 된다.

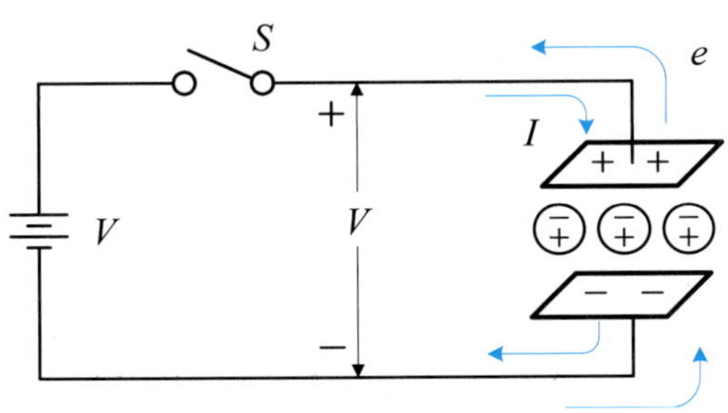

그림 4.3 캐패시터의 충전과 방전

충전작용이 일어나는 동안 위쪽 도체판의 자유전자가 배터리로 끌려가므로 배터리 +단자에서 캐패시터 위쪽 단자 쪽으로 전류가 흐른다. 아래쪽 도체판은 배터리에서 자유전자가 이동하므로, 캐패시터의 아래 도체판에서 배터리 쪽으로 전류가 흐른다.

이 때 흐르는 전류는 절대로 캐패시터를 지나쳐서 흐르는 것이 아니다. 캐패시터의 위쪽 도체판에서는 전자가 빠져 나가고 아래쪽 도체판에는 전자가 흘러오는 현상에 의해 전류가 흐르는 것이다. 이와 같이 모든 전자의 이동이 끝나고 나면 더 이상 전자의 이동이 없으므로 전류는 흐르지 않는다. 이 상태가 충전이 완료된 것이다.

캐패시터의 방전은 다음과 같이 이루어진다.

완전히 충전된 캐패시터의 양쪽 철판을 도선으로 연결하면, 이 도선을 통해 아래쪽 철판의 자유전자가 위쪽 도체판의 +가 당기는 힘에 이끌려 이동하게 된다. 방전의 경우는 충전과 반대로 전자는 시계방향으로 이동하게 되고, 전류는 시계반대방향으로 흐르게 된다. 자유전자의 이동이 끝나면 위쪽 도체판은 자유전자를 얻어 중성이 되고, 아래쪽 전자는 전자를 잃어 중성 상태로 된다. 도체판의 전기적 성질이 중성상태가 되면 더 이상의 인력 혹은 척력이 없어, 전류의 흐름이 중지되어, 방전상태가 끝나게 된다.

이상의 캐패시터의 충전과 방전에서 알 수 있듯이 콘덴서의 중간에는 유전체로 절연이 되어 있기 때문에, 실제로는 양극판 사이에는 전하의 이동은 없고 전원과 양극판 사이에만 전하의 이동이 있게 된다. 콘덴서에 직류성분이 포함된 교류파형을 통과시키면 직류는 콘덴서에 의해 차단되고, 교류만 통과하는 원리가 바로 이 같은 콘덴서의 특성 때문이다.

콘덴서는 최대 허용 전압을 최대 교류 전압으로 표시한 것도 있으나, 대부분 직류 전원으로 표시되어 있다. 절대로 최대 전압 이상으로 사용해서는 안 되며, 그 이상에서는 유전체(절연체)가 손상되고 절연파괴(dielectric breakdown)가 발생하여 단락된다.

4.2 캐패시터(콘덴서)의 종류

캐패시터는 값이 고정된 고정 캐패시터와 가변할 수 있는 반고정 캐패시터로 나누어진다. 정전용량 값을 가변시키는 반고정 캐패시터는 동조회로 등에 많이 쓰이며, 스크루 등으로 조정할 수 있는 트리머 콘덴서가 그 예이다. 고정 캐패시터는 세라믹, 마일라, 전해 등 다양한 종류가 있다.

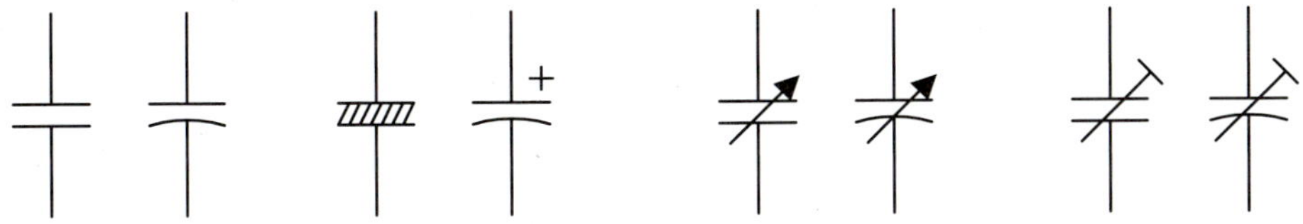

(a) 캐패시터 (b) 전해캐패시터 (c) 가변캐패시터 (d) 트리머콘덴서

그림 4.4 여러 가지 캐패시터의 기호

세라믹(ceramic)캐패시터

세라믹 캐패시터는 그림 4.5에서 보는 바와 같이 외형이 원판 모양으로 되어 있다.

그림 4.5 세라믹캐패시터

세라믹캐패시터는 유전체가 세라믹(산화 티타늄, 티탄산 바륨) 재질로 만들어 졌고, 극판은 유전체의 양쪽편 겹겹이 은 혼합물로 코팅되어 있다. 용량은 5[pF]~0.05[μF]까지 있다. 고주파 특성이 좋아, 고주파성분 또는 잡음을 어스로 통과시키는 기능인 고주파 바이패스에 흔히 사용된다. 모양은 원반형으로 되어 있으며, 용량은 비교적 작으며, 전극의 극성은 없다. 콘덴서는 103이라고 인쇄되어 있는데, 이것은 10×10^3[pF]이므로 0.01[μF]가 된다.

전해(electrolytic)캐패시터

캐패시터는 유전체로 얇은 산화 막을 사용하고, 전극으로는 알루미늄을 사용하고 있다. 유전체를 매우 얇게 할 수 있으므로 캐패시터의 체적에 비해 큰 용량을 얻을 수 있다. 극성이 있고, 캐패시터 자체에 마이너스측 리드를 표시하는 마크가 붙어 있다.

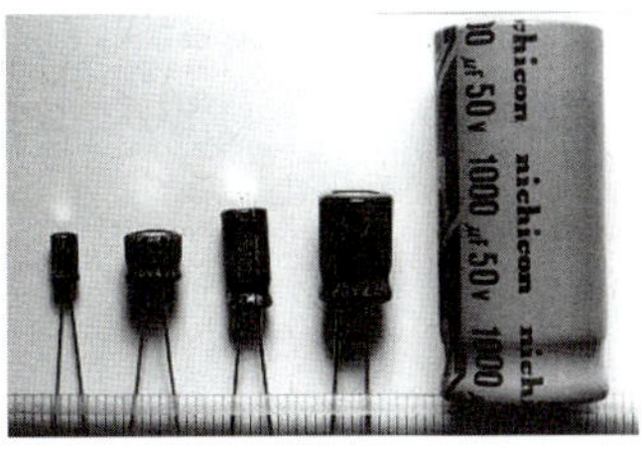

그림 4.6 전해캐패시터

극성을 잘못 접속하거나 전압이 너무 높으면 캐패시터가 파열된다. 일반적으로 회로기판에도 +극성을 표시하여 극성이 바뀌지 않도록 하고 있다. 용량은 1uF부터 수천uF, 수만uF라는 식으로 비교적 큰 용량이 있으며, 주로 전원의 평활 회로, 저주파 바이패스 등에 사용된다. 주파수 특성이 나쁘고, 코일 성분이 많아 고주파에는 적합하지 않다. 칩알루미늄 전해캐패시터도 있다.

마일러(mylar)캐패시터

얇은 폴리에스테르(polyester) 필름을 양측에서 금속으로 삽입하여, 원통형으로 감은 것이다.

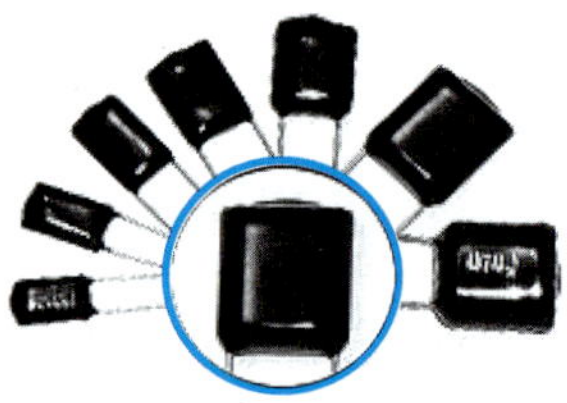

그림 4.7 마일러캐패시터

낮은 가격으로, 사용하기는 쉽지만 높은 정밀도를 기대할 수는 없다. 오차는 대략 ±5%에서 ±20% 정도이다. 용량은 0.001[μF]~1[μF]까지 있다. 대부분 동작전압은 1.6[KV] 이상이다.

탄탈(tantal)캐패시터

전극에 탄탈륨이라는 재료를 사용하고 있는 전해캐패시터이다. 알루미늄 전해 캐패시터와 마찬가지로, 비교적 큰 용량을 얻을 수 있다. 온도 특성과 주파수 특성 모두 전해캐패시터 보다 우수하다. 탄탈 전해캐패시터의 경우는 탄탈륨 파우더를 소결하여 굳었을 때에 나오는 빈틈을 이용하는 구조로 되어있다.

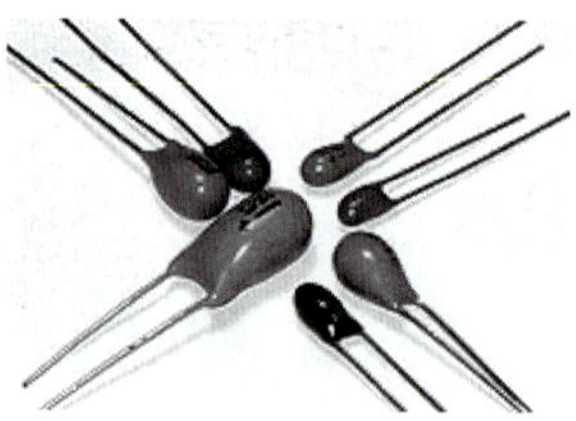

그림 4.8 탄탈캐패시터

일반적으로 극성이 있어, +의 기호로 전극을 표시하고 있으므로 극성을 잘못 연결하지 않도록 주의해야 한다. 용도로는 온도에 의한 용량 변화가 엄격한 회로와 어느 정도 주파수가 높은 회로 등에 사용한다. 가격은 전해콘덴서보다 비싼 편이다.

그 밖의 캐패시터

적층세라믹(multilayer ceramic)콘덴서 : 전극간의 유전체로 고유전율계 세라믹을 다층 구조로 사용하고 있으며, 온도 특성, 주파수 특성이 양호하고, 소형이라는 특징이 있다.

마이카(mica)콘덴서 : 유전체로 운모(mica)를 사용한 콘덴서이다. 운모는 온도계수가 작고 안정성이 우수하며, 주파수 특성도 양호하기 때문에, 고주파에서의 공진회로나 필터회로 등에 사용된다.

필름(film)콘덴서 : 전극으로 증착 금속피막을 사용한 폴리에스테르 필름 콘덴서로, 전극이 얇기 때문에 소형화가 가능하다.

바리콘(varicon)과 트리머(trimmer) : 가변용량 콘덴서로 라디오의 튜너 등에 사용된다. 그림 4.9(d)에서 좌측의 바리콘은 공기를 유전체로 하고 있으며, 3개의 독립된 콘덴서를 조합하여 구성 된다. 트리머 역시 가변 용량 콘덴서이다.

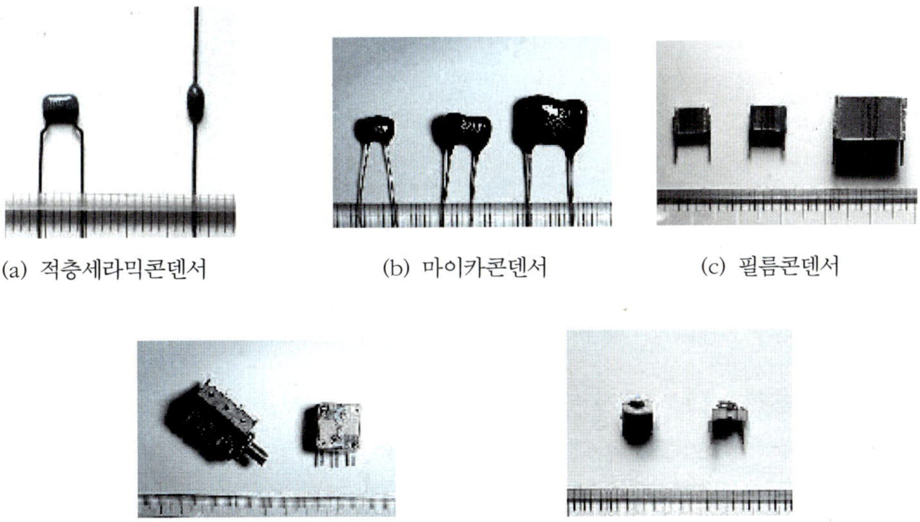

(a) 적층세라믹콘덴서 (b) 마이카콘덴서 (c) 필름콘덴서

(d) 바리콘 (e) 트리머

그림 4.9 그 밖의 콘덴서

4.3 캐패시터의 값 읽기

4.3.1 콘덴서의 표기법

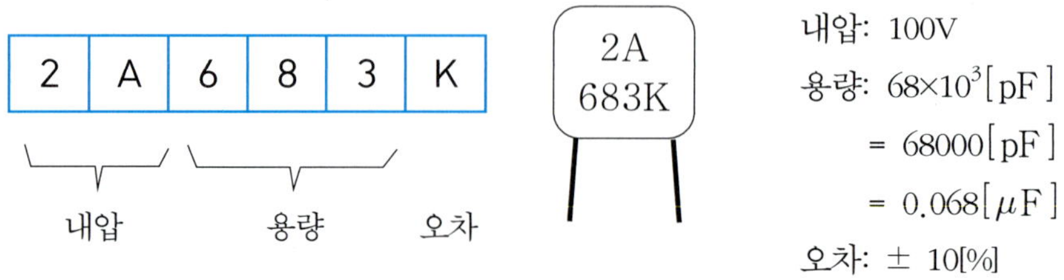

그림 4.10 콘덴서 표기법

콘덴서의 용량과 오차 그리고 내압은 주로 숫자와 문자에 의한 표기법을 사용한다. 앞(또는 위)쪽의 두자는 내압, 다음의 석자는 용량, 마지막의 영문자는 오차를 의미한다. 내압 표기방식은 표 4.1과 같고, 용량 표기방식은 표 4.2와 같다. 내압의 단위는 [V], 용량의 단위는 $1[\text{pF}]=10^{-12}[\text{F}]$이다.

표 4.1 콘덴서의 내압코드

	A	B	C	D	E	F	G	H	J	K
0	1	1.25	1.6	2.0	2.5	3.15	4.0	5.0	6.3	8.0
1	10	12.5	16	20	25	31.5	40	50	63	80
2	100	125	160	200	250	315	400	500	630	800
3	1000	1250	1600	2000	2500	3150	4000	5000	6300	8000

표 4.2 콘덴서의 오차코드

문자	B	C	D	F	G	J	K	M	N	V	X	Z	P
허용오차 ± %	0.1	0.25	0.5	1	2	5	10	20	30	+20 −10	+40 −10	+80 −20	+100 0

예제 4-1 세라믹콘덴서에 그림 4.11과 같이 표시되었을 때 용량, 내압 및 오차는 각각 얼마인가?

그림 4.11 (예제 4.1)의 그림

〈풀이〉 내압 : 2H = 500[V]

용량 : 47×10^2 = 4700[pF] = 0.0047[μF]

오차 : ±10[%]

예제 4-2 다음 규격의 마일러콘덴서를 찾으려한다. 콘덴서 면에 어떻게 표기되어 있어야 하는가? 내압 = 400[V], 용량 = 0.1[μF], 오차 = ±10[%]

〈풀이〉 내압 400 = 2G 그리고 용량 0.1[μF]는 100,000[pF]이다. 용량의 앞숫자= 10, 두 자리 수 10을 제외하면 0000= 10^4이 곱해져야 하므로 승수= 4, 오차 10[%] = K가 되어야 한다. 즉, 그림 4.12와 같이 표기되어 있어야 한다.

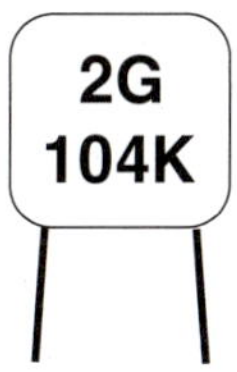

그림 4.12 (예제 4.2)의 그림

예제 4-3 다음 콘덴서의 숫자코드를 보고 내압, 용량, 오차를 판독하시오.

〈풀이〉

	 1A 101K	 2H 222K	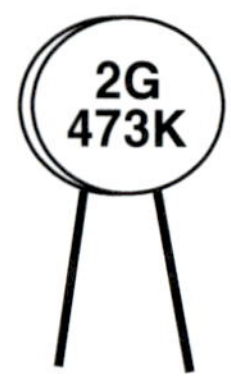 2G 473K	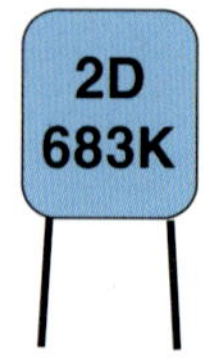 2D 683K	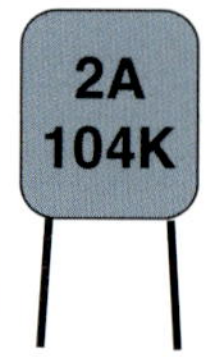 2A 104K	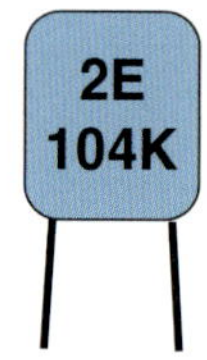 2E 104K
내압[V]	10[V]	500[V]	400[V]	200[V]	100[V]	250[V]
용량	100[pF]	2200[pF]	0.047[μF]	0.068[μF]	0.1[μF]	0.1[μF]
오차[%]	± 10[%]	± 10[%]	± 10[%]	± 10[%]	± 10[%]	± 10[%]

4.4 캐패시터의 직병렬 연결

캐패시터도 저항과 같이 병렬접속과 직렬접속을 할 수 있다. 정전 용량을 증가시키기 위해서는 병렬접속을 하여야 하며, 직렬로 접속하면 용량이 감소된다.

4.4.1 캐패시터의 병렬접속

캐패시터를 병렬접속하면 각 캐패시터의 양단에 걸리는 전압은 같고, 전체 용량은 각 캐패시터 용량의 합과 같다. 정전 용량이 각각 C_1, C_2, C_3인 3개의 캐패시터를 그림 4.13과 같이 병렬로 접속하여 2단자 $a-b$사이에 V전압을 가했을 때, 각 캐패시터의 양 도체 사이에는 V의 전압이 가해지고, 각 캐패시터에 축적되는 전하는 다음과 같다.

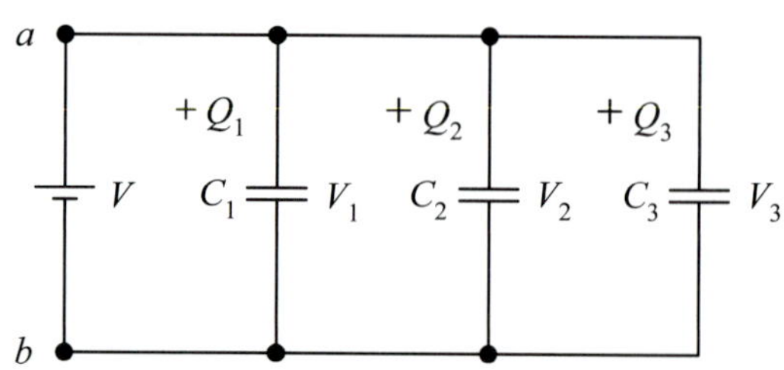

그림 4.13 캐패시터의 병렬접속

$$Q_1 = C_1 V, \quad Q_2 = C_2 V, \quad Q_3 = C_3 V \tag{4.4}$$

따라서 단자 a, b에서 보면 축적된 전 전하 Q_T는 각각의 합과 같다.

$$Q_T = Q_1 + Q_2 + Q_3 = (C_1 + C_2 + C_3)V \tag{4.5}$$

그러므로 합성 정전 용량 C_T는

$$C_T = \frac{Q_T}{V} = \frac{(C_1 + C_2 + C_3)V}{V} = C_1 + C_2 + C_3 \tag{4.6}$$

캐패시터 n개를 병렬 연결 시 합성 용량 : $C_T = C_1 + C_2 + \cdots + C_n$

즉, 캐패시터를 병렬로 접속했을 때의 합성 용량은 각 캐패시터의 정전 용량의 합과 같다. 또한

$$Q_1 : Q_2 : Q_3 = C_1 V : C_2 V : C_3 V = C_1 : C_2 : C_3 \tag{4.7}$$

의 관계가 있으므로, 각 캐패시터에 축적되는 전하의 양은 각 캐패시터의 정전용량의 비에 비례한다.

4.4.2 직렬접속

캐패시터를 직렬로 접속하면 각 캐패시터의 전하가 같게 된다. 정전 용량이 각각 C_1, C_2, C_3인 3개의 캐패시터를 그림 4.14와 같이 직렬로 접속하여 2단자 a, b 사이에 전압 V를 가했을 때, 단자 a, b사이에 Q_T의 전하가 축적되었다면, 각 캐패시터의 전극에는 정전 유도현상에 의하여 정전 용량의 크기에 관계없이 같은 양의 전하가 축적된다.

$$Q_T = Q_1 = Q_2 = Q_3 \tag{4.8}$$

따라서 각 캐패시터 양단의 전위차를 각각 V_1, V_2, V_3이라 하면,

$$V_1 = \frac{Q_1}{C_1}, \quad V_2 = \frac{Q_2}{C_2}, \quad V_3 = \frac{Q_3}{C_3} \tag{4.9}$$

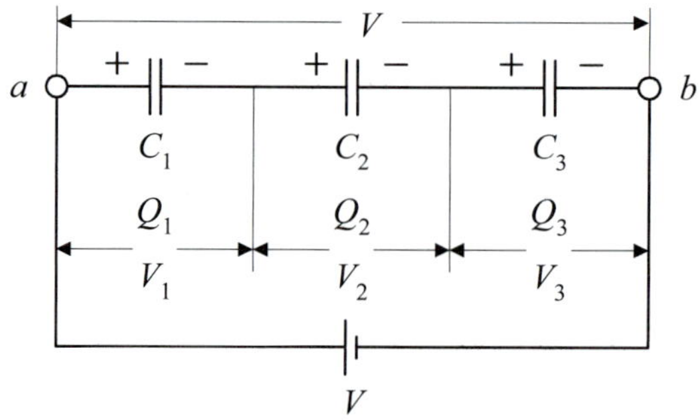

그림 4.14 캐패시터의 직렬접속

그림 4.14의 회로에 키르히호프의 전압 법칙을 적용하면 $V = V_1 + V_2 + V_3$ 이므로

$$V = \frac{Q_1}{C_1} + \frac{Q_2}{C_2} + \frac{Q_3}{C_3} = \left(\frac{1}{C_1} + \frac{1}{C_2} + \frac{1}{C_3}\right)Q_T \qquad (4.10)$$

따라서 단자 $a-b$ 사이의 합성 정전 용량 C_T 는

$$C_T = \frac{Q_T}{V} = \frac{Q_T}{\left(\frac{1}{C_1}+\frac{1}{C_2}+\frac{1}{C_3}\right)Q_T} = \frac{1}{\frac{1}{C_1}+\frac{1}{C_2}+\frac{1}{C_3}} \qquad (4.11)$$

즉, 캐패시터를 직렬로 접속했을 때의 합성 용량은 각 캐패시터의 정전 용량의 역수의 합의 역수와 같다.

캐패시터 n개를 직렬연결 시 합성 용량

$$\frac{1}{C_T} = \frac{1}{C_1} + \frac{1}{C_2} + \cdots + \frac{1}{C_n} \qquad (4.12)$$

캐패시터 직렬연결에 의한 전압분배

$$V_1 : V_2 : V_3 = \frac{Q_1}{C_1} : \frac{Q_2}{C_2} : \frac{Q_3}{C_3} = \frac{1}{C_1} : \frac{1}{C_2} : \frac{1}{C_3} \qquad (4.13)$$

즉, 캐패시터를 직렬로 연결했을 때, 각 캐패시터에 분배되는 전압의 비는 정전용량의 역수의 비와 같다.

예제 4-4 0.47[μF], 0.1[μF] 2개의 캐패시터를 병렬로 접속할 때와 직렬로 접속할 때의 합성 용량을 구하여라.

〈풀이〉 병렬접속시 합성 용량

$$C_T = C_1 + C_2 = 0.47 + 0.1 = 0.57[\mu\text{F}]$$

직렬접속 시 합성 용량

$$C_T = \frac{1}{\frac{1}{C_1} + \frac{1}{C_2}} = \frac{C_1 C_2}{C_1 + C_2} = \frac{0.47 \times 0.1}{0.47 + 0.1} = 0.082[\mu\text{F}] = 82[\text{nF}]$$

예제 4-5 그림 4.15와 같이 0.003[μF], 0.002[μF], 0.001[μF] 각 1개 씩을 병렬로 하여 50[V]를 가할 때의 합성 용량과 각 캐패시터에 축적되는 전하를 구하여라.

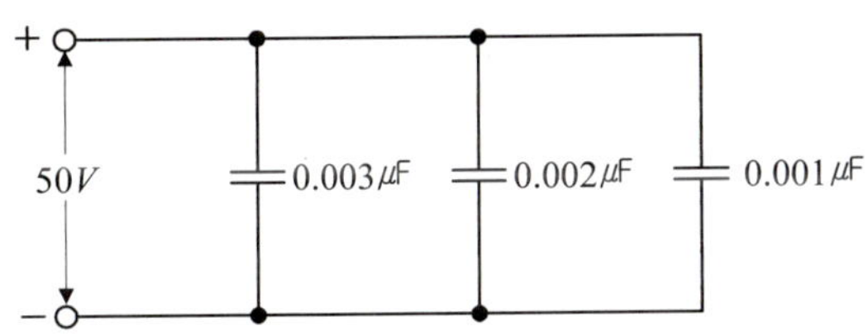

그림 4.15 (예제 4.5)의 회로

〈풀이〉 세 개의 캐패시터가 병렬이므로 합성 용량

$$C = 0.003 + 0.002 + 0.001 = 0.006[\mu\text{F}]$$

0.001[μF]에 축적되는 전하

$$Q_1 = CV = 0.001 \times 10^{-6} \times 50 = 0.05 \times 10^{-6}[\text{C}]$$

0.002[μF]에 축적되는 전하

$$Q_2 = 0.002 \times 10^{-6} \times 50 = 0.1 \times 10^{-6}[\text{C}]$$

0.003[μF]에 축적되는 전하

$$Q_3 = 0.003 \times 10^{-6} \times 50 = 0.15 \times 10^{-6}[\text{C}]$$

4.5 RC 시정수(time constant)

초기에 충전상태에 있지 않은 그림 4.16과 같은 RC 직렬회로의 동작을 살펴보자. 먼저, 스위치를 c에 연결하면, 공급전압 V에 의한 충전전류가 저항 R을 통하여 캐패시터에 흐르기 시작하여, 일정한 시간이 지나면 충전이 끝나게 된다. 충전이 완료되면 공급전압 V와 V_C가 같게 되어 더 이상 전류는 흐르지 않는다. 이 상태를 정상상태라고 한다. 이 때 충전에 걸리는 시간은 R과 C에 의하여 결정된다. 충전이 완료된 상태에서 스위치를 d에 연결하면, 캐패시터 C에 충전된 전압은 저항 R을 통하여 충전 때와 반대의 방향으로 흘러서 캐패시터의 전압이 감소한다. 이것을 방전이라 한다.

정상상태로 가기전의 상태를 과도상태라고 한다. 이것을 그래프로 나타낸 것이 그림 4.17인데, 수평축은 시정수 비를 나타내고, 수직축은 충전전압을 나타낸다.

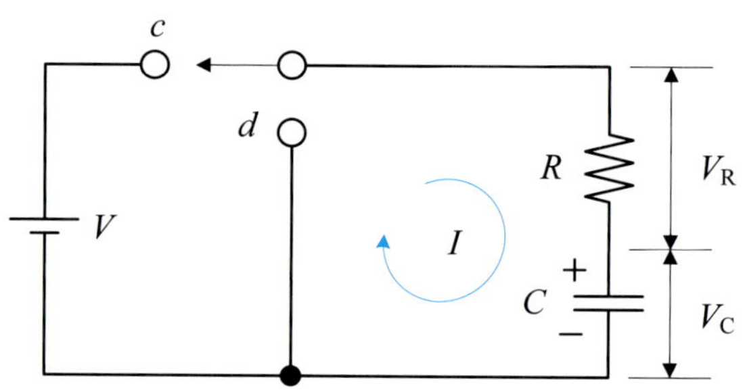

그림 4.16 *RC* 직렬회로

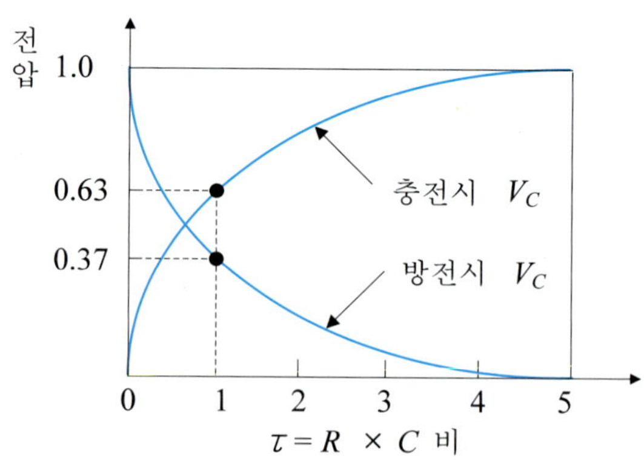

그림 4.17 RC 충전 방전 곡선

이상과 같이 충전과 방전속도는 저항 R 값과 캐패시터 C 값으로 결정되며 그림 4.17에서 보는 바와 같이 충전 시에는 최종 충전 전압 V의 63.2%에 도달하는 데 걸리는 시간을, 방전 시에는 최초전압 V의 36.8%로 떨어지는 데 걸리는 시간을 시정수(time constant: τ로 표기)라고 한다. 시정수 τ는 R과 C의 곱으로 정의하고, 단위는 초(S)이다.

RC 회로에서의 시정수 : $\tau = R \times C$ (S) (4.14 a)

시정수에서 2배의 시간에서는 86%, 3배에서는 95%, 4배에서는 98%까지 충전된다. 시정수 5배인 시간이 되면 거의 완전충전상태인 99% 정도까지 충전된다.

수식으로 표현하면 각각 다음과 같다.

충전하는 경우 : $V_c = V(1-e^{-\frac{t}{RC}}) = V(1-e^{-\frac{t}{\tau}})$

방전하는 경우 : $V_c = Ve^{-\frac{t}{RC}} = Ve^{-\frac{t}{\tau}}$ (4.14 b)

예제 4-6 RC 충전, 방전회로에서 저항 5[MΩ]과 470[nF] 캐패시터가 직렬로 연결되었을 때 회로의 시정수 τ를 계산하여라.

〈풀이〉 $\tau = RC = 5 \times 10^6 \times 470 \times 10^{-9} = 2.35\,[\mathrm{S}]$

예제 4-7 RC 충, 방전회로에서 C 값이 15[μF]일 때 시정수를 3초로 하기위해서는 R 값을 얼마로 하면 되는가?

〈풀이〉 $\tau = RC$ 에서

$$R = \frac{\tau}{C} = \frac{3}{15 \times 10^{-6}} = 200\,[\mathrm{k}\Omega]$$

예제 4-8 그림 4.18회로는 카메라의 플래시 회로이다. 충전시간 및 방전시간을 구하라. 또한 방전을 시작하는 전류를 구하라. 단, 충전시간 및 방전시간은 시정수의 5배이다. r 은 카메라 플래시 전구의 내부저항이다.

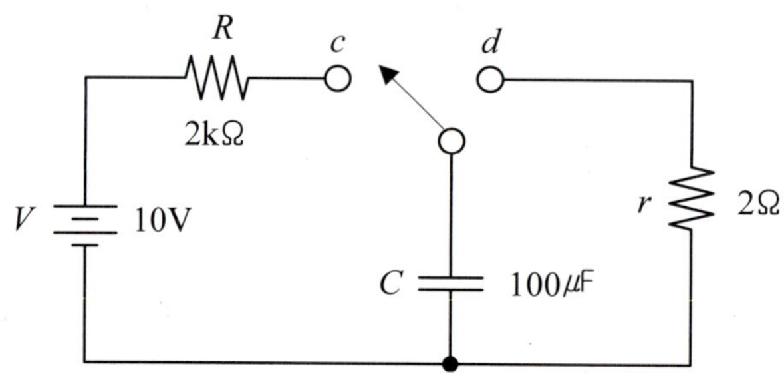

그림 4.18 (예제 4.8)의 회로

〈풀이〉 시정수 $\tau = RC$ 이고, 스위치를 c 위치에 놓으면 충전이 되고, d 에 연결하면 방전이 되어 카메라의 플래시가 터진다.

(1) 충전시정수

$$\tau_1 = R \times C = 2 \times 10^3 \times 100 \times 10^{-6} = 0.2\,[\mathrm{S}]$$

$$\therefore \text{ 충전시간 } \quad 5 \times \tau_1 = 5 \times 0.2 = 1\,[\mathrm{S}]$$

(2) 방전시정수

$$\tau_2 = r \times C = 2 \times 100 \times 10^{-6} = 200\,\mu\mathrm{S} = 0.2\,[\mathrm{mS}]$$

$$\therefore \text{ 방전시간 } \quad 5 \times \tau_2 = 5 \times 0.2 \times 10^{-3} = 1\,[\mathrm{mS}]$$

(3) 방전을 시작하는 순간 전류

충전을 마치면 캐패시터에 걸린 전압은 배터리 전압(10[V])과 같게 되고, 플래시의 저항 2[Ω]으로 방전되므로, 방전을 시작하는 순간 최대전류 i 는

$$\therefore \quad i(0) = \frac{V_C}{r} = \frac{10}{2} = 5\,[\mathrm{A}]$$

(전류 i 는 시간이 경과함에 따라 줄어들어 0이 된다.)

추가사항

카메라의 배터리 전원을 직접 이용하면 이런 대전류를 얻기가 힘들다. 따라서 캐패시터를 충전한 후 전하를 한꺼번에 흘려주는 이런 방식을 사용하면, 배터리를 이용해서도 대전류를 흘려줄 수 있어, 카메라 플래시의 섬광을 얻을 수 있다.

4.6 인덕턴스

인덕터란 코일에 철심을 넣어 만든 2단자 소자를 말한다. 도선에 전류가 흐르면 그 주위에 자장(magnetic field)이 형성되며, 그 자장의 모양을 기하학적으로 표현한 것을 자력선(magnetic line)이라 한다. 전류와 자력선의 방향과의 관계는 "오른 나사의 법칙"이 적용되어 전류의 방향이 나사가 진행하는 방향이라면 자장은 나사가 돌아가는 방향이다. 어떤 단면을 통하는 자력선을 한 묶음하여 자속(magnetic flux)이라 하는데, ϕ로 표시하며 MKS 단위는 웨버(Weber : Wb)이다. 그림 4.19와 같이 전류에 의해서 생기는 자속은 반드시 폐회로를 이루며, 전류와 쇄교(link)한다. 자속이 전류와 쇄교하는 수를 자속쇄교수(number of flux linkage)라 하고, 단위는 웨버-턴(Weber-turn)을 사용한다.

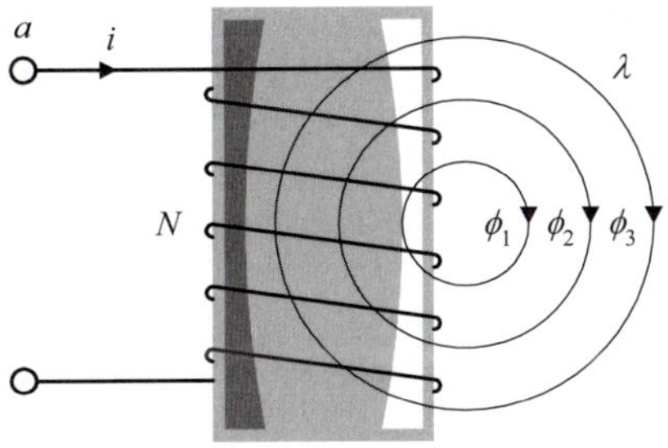

그림 4.19 누설자속

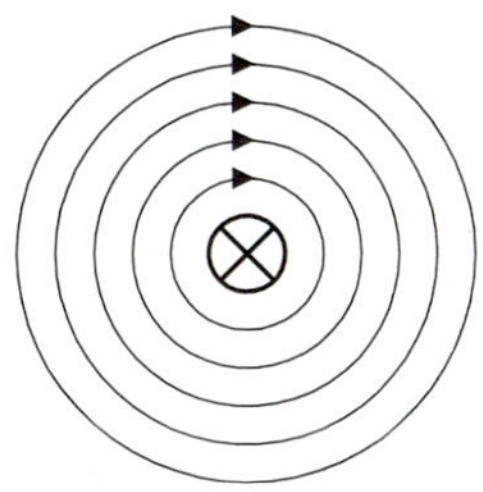

그림 4.20 전류와 자력선의 방향

그림 4.19에서 코일의 권선수를 N, 자속을 ϕ라고 하고, 전자속이 코일과 쇄교할 때, 총 자속쇄교수 λ는

$$\lambda = N\phi\,[\mathrm{Weber-turn}] \tag{4.15}$$

로서 코일의 권선수와 자속의 곱으로 표시된다.

파라데이의 법칙(Faraday's law)에 의해, 자속쇄교수의 시간적 변화율이 기전력이므로

$$v = \frac{d\lambda}{dt}\,[\mathrm{V}] \tag{4.16}$$

이 기전력을 유기기전력 또는 유기전압(induced emf or voltage)이라 한다. 전류에 의하여 자속쇄교수가 직선적으로 변화하는 범위에서는

$$\boxed{\lambda = Li[\text{Weber}-\text{turn}]} \tag{4.17}$$

이다. L은 직선부분의 기울기이고, 전류의 변화에 반발하는 코일의 작용으로서, 회로의 자기인덕턴스(self-inductance) 또는 인덕턴스(inductance)라고 부르며, 단위는 Henry[H]를 사용한다. "1[H]는 1[A]의 전류에 의하여 생기는 자속쇄교수가 1[Wb−T]일 때의 인덕턴스"를 말한다.

$1[\mu H]=10^{-6}[H]$, $1[mH]=10^{-3}[H]$가 사용된다.

식(4.15)와 식(4.16)으로부터

$$\boxed{v = L\frac{di}{dt}[V]} \tag{4.18}$$

여기서 L은 코일에서 단자전압이 전류의 시간적 변화율에 비례함을 의미하고, 이 비례정수가 인덕턴스이다. 식(4.18)에 의하면 "1[H]는 코일의 전류가 매초 1[A]의 비율로 변화할 때 1[V]의 기전력이 유기되는 경우이다."

그러므로 전류는

$$i = \frac{1}{L}\int vdt[A] \tag{4.19}$$

이 소자에 공급된 전기에너지는 자기에너지로 바꾸어 축적된다.

인덕턴스에서의 유도 전압

그림 4.21에서 코일에 흐르는 전류의 변화에 대한 유도전압의 관계에 대하여 알아보기로 하자.

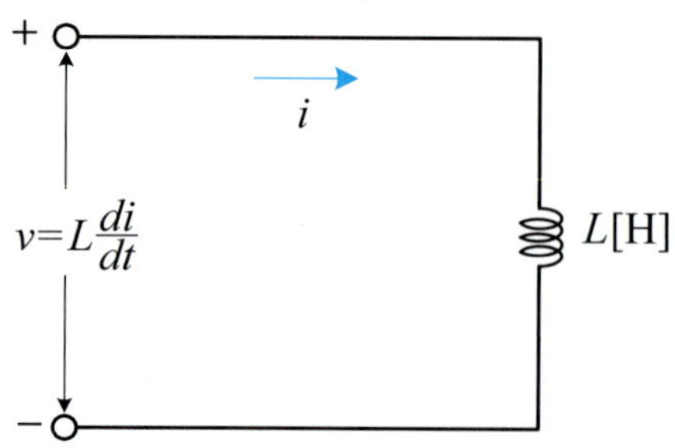

그림 4.21 인덕턴스의 유도전압, 전류의 기준방향

i) 코일을 흐르는 전류가 어느 순간 변화가 일정할 때 $\left(\frac{di}{dt}=0\right)$

코일 양단의 전압은 $\left(\frac{di}{dt}=0\right)$이 되어 유도기전력은 다음과 같아진다.

$$\boxed{v = L\frac{di}{dt} = L(0) = 0[\mathrm{V}]} \tag{4.20}$$

ii) 코일에 흐르는 전류가 어느 순간 증가할 때$\left(\frac{di}{dt}>0\right)$

코일 양단의 전압은 렌츠의 법칙에 의해 전류가 증가하면 코일과의 자속쇄교수도 증가하므로, 자속의 증가를 방해하기 위해서 흐르는 전류의 방향으로 가해진다.

iii) 코일에 흐르는 전류가 어느 순간 감소할 때$\left(\frac{di}{dt}<0\right)$

코일 양단의 전압은 렌츠의 법칙에 의해 전류가 감소하며 코일과의 자속쇄교수도 감소하므로 코일에 흐르는 전류의 감소를 방해하는 방향으로 가해진다.

예제 4-9 어떤 인덕터에 흐르는 전류가 1초 사이에 15[A]에서 20[A]로 변했을 때 전류변화율 $\frac{di}{dt}$는 얼마인가?

〈풀이〉 $$\frac{di}{dt} = \frac{\Delta i}{\Delta t} = \frac{(20-15)[\mathrm{A}]}{1[\mathrm{S}]} = 5\left[\frac{\mathrm{A}}{\mathrm{S}}\right]$$

예제 4-10 인덕터에 흐르는 전류가 1초간에 4[A]에서 7[A]로 변화했을 때 코일에 발생되는 유도기전력은 얼마인가? 코일의 인덕턴스는 60[mH]이다.

〈풀이〉 인덕터에 유도되는 전압은 $v = L\frac{di}{dt}$이므로,

$$v = L\frac{di}{dt} = 60\times10^{-3}\times\frac{(7-4)}{1} = 180\times10^{-3} = 0.18[\mathrm{V}]$$

예제 4-11 인덕터에 흐르는 전류가 8초간 0[A]에서 5[A]로 변화하였을 때, 0.5[V]의 유도 기전력을 발생했다면 인덕터의 자기 인덕턴스 L 은 얼마인가?

〈풀이〉 $v = L\dfrac{di}{dt}$ 이므로,

$$L = v\frac{dt}{di} = 0.5 \times \frac{8}{5} = 0.8\,[\mathrm{H}]$$

4.7 인덕터(코일)의 종류

인덕터는 흔히 코일로 불린다. 또한 트랜스포머(트랜스 혹은 변압기라고도 함)는 코일과 마찬가지로 모두 동선을 감은 것으로 같은 종류에 속한다. 특성과 사용 방법은 크게 다르지만, 모두 인덕턴스라는 단위로 크기를 나타내고, 원리도 전자 유도라는 점은 같다. 즉, 트랜스는 여러 가지 코일을 동일한 철심에 감은 것으로 전압의 변환 기능을 갖는다. 이것을 이용하여 전압을 높이거나 낮추는데 사용한다. 1차 측의 전압(전류)을 2차 측으로 변압하여 전송하는 역할을 한다.

그 특성에 따라 분류한다면 다음과 같다.

고주파 초크 코일(RFC)

고주파에 대하여 저항 작용을 하고 고주파를 감쇠시키는데도 사용한다. 용도는 단순한 고주파 필터용 코일이다.

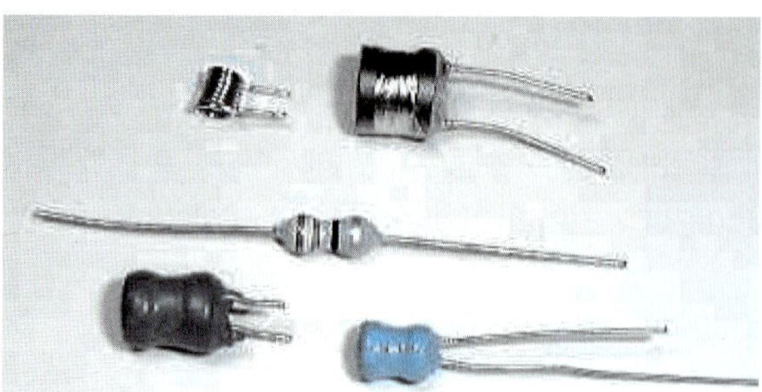

그림 4.22 고주파 초크 코일

종류는 그림 4.22와 같이 다양한 형태의 것이 있으나, 단순한 코일로서 용량 범위는 수 mH로부터 수 H까지 있다. 수 H이하에서는 공심인 것도 있지만 일반적으로는 코어가 사용되고 있다.

고주파 동조용 코일(RTC)

코일과 콘덴서를 병렬접속하고 어느 특정 주파수에 동조하여 신호를 추출하기 위해 사용한다. 용도는 TV나 라디오의 동조 회로 등 고주파 회로의 전달시 효율을 좋게 할 목적으로 쓰이는 코일이다. 주로 사용되는 것에는 FCZ 코일이라고 불리는 것이 있으며, 그림 4.23에서 케이스에 들어가 있는 것이 FCZ 코일이다. 그림 4.23의 왼쪽 것은 특정 주파수용 발진 출력용으로 만들어 것이다. FCZ 코일에는 10㎜ 높이와 7㎜의 2 종류가 있으며 5㎜짜리도 있다.

그림 4.23 고주파 동조용 코일

중간 주파수 동조 코일(IFT)

IFT라고 불리는 코일로 FCZ 코일과 마찬가지로 금속 케이스에 들어가 있다. 차이는 중간 주파수로 쓰여지는 455KHz나 10.7MHz에 동조한 콘덴서가 미리 병렬 접속되어 있다. 그림 4.24는 코일의 밑면으로 좌측은 FCZ 코일이며, 우측이 IFT로 콘덴서가 한가운데 장착되어 있는 것을 볼 수 있다.

그림 4.24 중간 주파수 동조 코일(IFT)

바 안테나 코일

동조용이지만 내부에 코어를 삽입하고, 길게 하여 안테나의 특성을 갖게 한 것으로 휴대용 라디오의 안테나로 사용 된다. 동조 코일로 특히 코어를 크게 하여 라디오의 수신 감도를 향상시킨다. 형태나 크기에는 많은 종류가 있으나 일반적으로 바리콘(가변 콘덴서)과 병렬 접속되어 동조 주파수를 가변할 수 있도록 되어 있어, 라디오 방송 전파를 선택할 수 있다. 그림 4.25는 AM 라디오용 바 안테나이다.

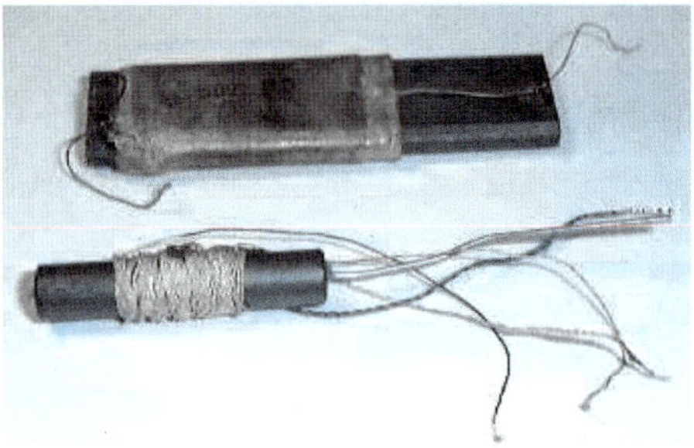

그림 4.25 바 안테나 코일

전원용 초크 코일

저주파에 대해서 특히 큰 저항을 갖도록 하여 전원 노이즈 방지용의 필터나 평활 회로의 필터에 사용한다. 전원 주파수대역에서 충분한 인덕턴스를 갖고 있는 코일로 코어에 동선을 감아서 만들어진다. 입력 전원용 필터나 스위칭 전원의 출력 필터로 사용되고 있다. 그림 4.26의 좌측 2 개는 전원필터용이고, 오른쪽 밑에 2 개는 동조용으로 고주파에도 최근 사용되고 있다.

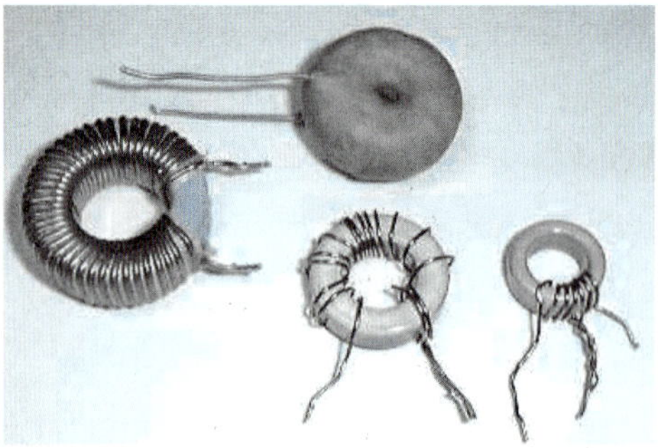

그림 4.26 전원용 초크 코일

전원 트랜스

주파수가 낮고 전류 용량이 큰 대형 코일로 출력 전압과 전류 용량에 따라 많은 종류가 있다. AC 전원을 DC 전원으로 만들 때 필수적인 부품이나, 최근에 시판되는 전원장치의 대부분은 스위칭 전원으로 되어 있어, 무겁고 대형의 전원 트랜스를 사용하는 방식은 점차 감소하는 추세이다. 그러나 간단하고 싸게 제작할 수 있는 전원장치로 전원 트랜스를 이용하고 있어서 아직도 널리 사용된다.

그림 4.27 전원 트랜스

오디오용 트랜스

트랜지스터 회로 등에서 임피던스가 크게 다른 경우 전달 손실을 적게 하기 위해 임피던스 변환용으로 사용되는 트랜스로 최근에는 회로의 발전으로 많이 사용되지 않는다. 주요한 용도로는 트랜지스터 앰프의 출력임피던스와 스피커의 임피던스의 정합에 사용되고 있다.

그림 4.28 오디오용 트랜스

회로도에 쓰이는 기호는 다음과 같은 것이 쓰이지만 다소 다른 형태도 있다.

표 4.3 각종 코일의 회로도 기호

회로도 기호	약 호	명 칭	기 능
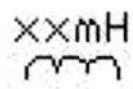	RFC	초크 코일	고주파 저지용 코일, 필터용 코일
	L	동조 코일 I F T	고주파 동조용 일명 F C Z 코일
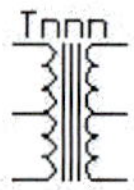	TR	전원 트랜스	전원 전압 변환용

4.8 인덕터의 값 읽기

필터, 초크 코일의 경우 인덕턴스(L) 값이 제품 표면에 컬러코드로 표기되어있다. 읽는 방법은 컬러코드 저항기와 비슷한데 단위가 마이크로 헨리(μH)인 것만 다르다.

가. 일자형(Axial type) 코일　　　나. 원통형(Round type) 코일

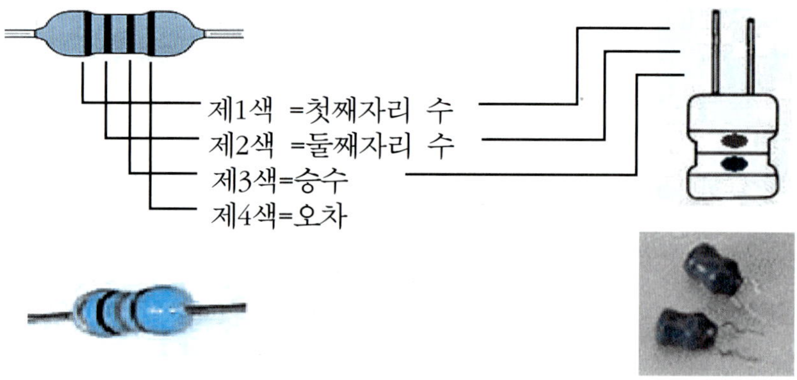

그림 4.29 인덕터의 값 표기

코일의 컬러코드 표기 방법은 표 4.4와 같다.

표 4.4 코일의 컬러코드 표기법

색(Color)	제1숫자	제2숫자	승수	오차(%)
흑색(Black)	–	0	1	
갈색(Brown)	1	1	10	
적색(Red)	2	2	100	
주황(Orange)	3	3		
노랑(Yellow)	4	4		
녹색(Green)	5	5		
파랑(Blue)	6	6		
보라(Violet)	7	7		
회색(Gray)	8	8		
흰색(White)	9	9		
금색(Gold)	–	–		± 5%
은색(Silver)	–	–		± 10%

예제 4-12 다음의 컬러코드를 보고 막대형 인덕터의 규격을 판독하여라.

제1색	2색	3색	4색
적	녹	갈	금

〈풀이〉 적녹갈 = 25×10

= 250[μH], 오차 = ±5[%]

예제 4-13 다음 코일의 4색 컬러코드를 보고 인덕턴스 값과 오차를 판별하여라.

표 4.5

					인덕턴스 값	± 오차%
(1)	갈	흑	갈	금		
(2)	주황	보라	흑	금		
(3)	파랑	회	갈	금		
(4)	회	적	갈	은		
(5)	녹	갈	적	은		
(6)	적	황	흑	은		

〈풀이〉 (1) 100[μH] ± 5% (2) 37[μH] ± 5% (3) 680[μH] ± 5%

(4) 820[μH] ± 10% (5) 5.1[mH] ± 10% (6) 23[μH] ± 10%

예제 4-14 다음 코일의 3색 컬러코드를 보고 인덕턴스 값을 판별하여라.

표 4.6

				인덕턴스 값
(1)	주황	주황	갈	
(2)	파랑	회	적	
(3)	갈	흑	적	
(4)	노랑	보라	갈	

〈풀이〉 (1) 330[μH] (2) 6.8[mH] (3) 1[mH] (4) 470[μH]

4.9 인덕터의 직병렬 연결

인덕터(inductor) 상호간의 전자유도 작용을 무시할 경우의 인덕턴스의 직렬과 병렬접속에 대해 알아보자. 저항과 마찬가지로 인덕턴스도 직렬과 병렬로 접속할 수 있다.

4.9.1 직렬접속

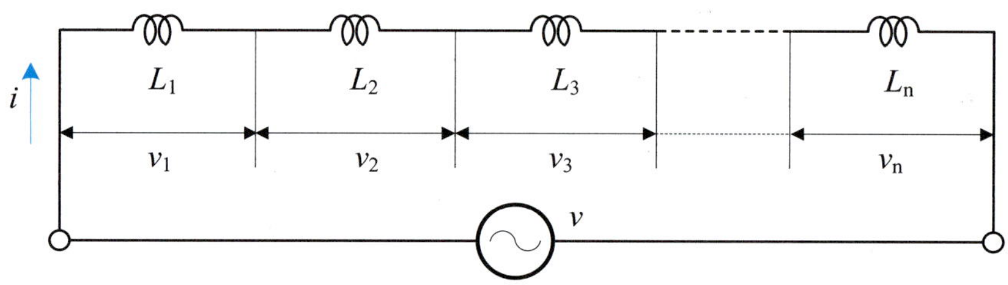

그림 4.30 인덕턴스의 직렬접속

그림 4.30에서 보는 바와 같이 n개의 인덕턴스를 직렬접속하면 인덕턴스를 증가시킨다. 이 때 총 인덕턴스는 저항의 직렬접속에서의 총 저항과 같은 방법으로 구한다.

인덕터의 직렬접속

$$L_T = L_1 + L_2 + L_3 + \cdots + L_n \tag{4.21}$$

4.9.2 병렬접속

n개의 인덕턴스가 그림 4.31과 같이 병렬 접속되면, 전체 인덕턴스는 감소된다. 총 인덕턴스는 병렬 저항기의 총 저항과 같은 방법으로 구하여진다.

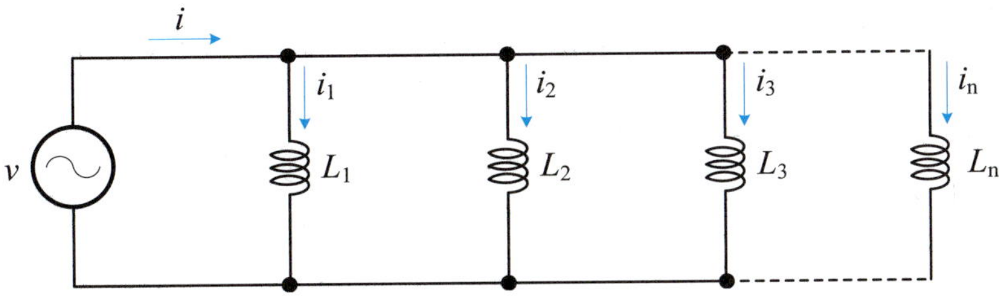

그림 4.31 인덕턴스의 병렬접속

인덕터의 병렬접속

$$\frac{1}{L_T} = \frac{1}{L_1} + \frac{1}{L_2} + \frac{1}{L_3} + \cdots + \frac{1}{L_n} \tag{4.22}$$

$$L_T = \frac{L_1 L_2}{L_1 + L_2} \tag{4.23}$$

예제 4-15 인덕턴스가 각각 40[mH], 20[mH], 15[mH]의 코일이 직렬로 접속된 경우의 합성 인덕턴스는 얼마인가?

〈풀이〉 $L_T = L_1 + L_2 + L_3 = 40 + 20 + 15 = 75\,[\mathrm{mH}]$

예제 4-16 인덕턴스가 각각 60[mH], 20[mH], 30[mH]의 코일이 병렬로 접속된 경우의 합성 인덕턴스는 얼마인가?

〈풀이〉 $$\frac{1}{L_T} = \frac{1}{L_1} + \frac{1}{L_2} + \frac{1}{L_3} = \frac{1}{60} + \frac{1}{20} + \frac{1}{30} = \frac{6}{60}$$

$$\therefore\ L_T = 10\,[\mathrm{mH}]$$

Chapter 04

연습문제

문제 1 캐패시터의 종류와 그 특성에 대해 설명하라.

문제 2 캐패시터의 충전과 방전을 설명하라.

문제 3 시정수 (τ)에 대해 설명하라.

문제 4 인덕터의 종류와 주요 특성에 대해 설명하라.

문제 5 세라믹 콘덴서에 다음과 같이 표기 되었을 때 용량, 내압 및 오차는 각각 얼마인가? (표 4.1과 4.2의 내압코드 및 오차코드를 참조)

(1) 2E 373 J (2) 3D 473K

(3) 2G 562D (4) 2H 784C

문제 6 그림 4.32의 회로에서 등가 캐패시터 C_{ab}를 구하라.

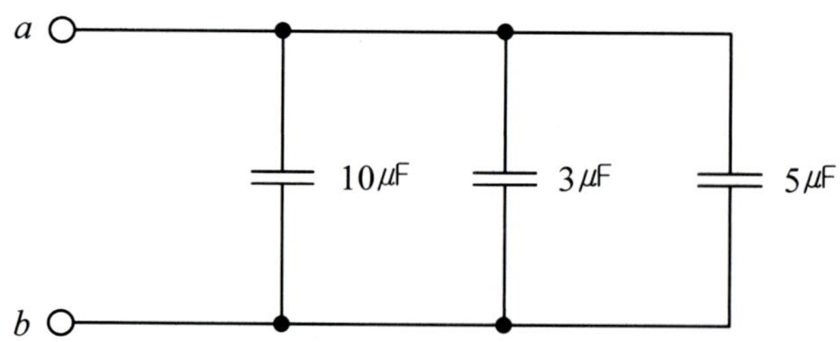

그림 4.32

문제 7 그림 4.33의 캐패시터 직병렬회로에서 a, b 단자에서의 등가 캐패시턴스 C_{eq}를 계산하라.

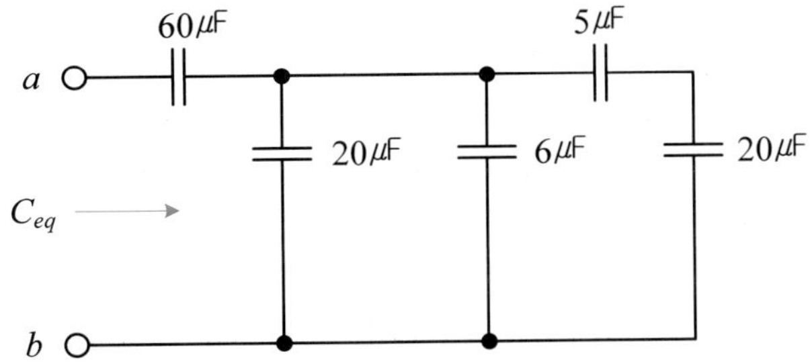

그림 4.33

문제 8 그림 4.34와 같이 캐패시터 직렬회로에서 전압 V_1, V_2를 구하라.

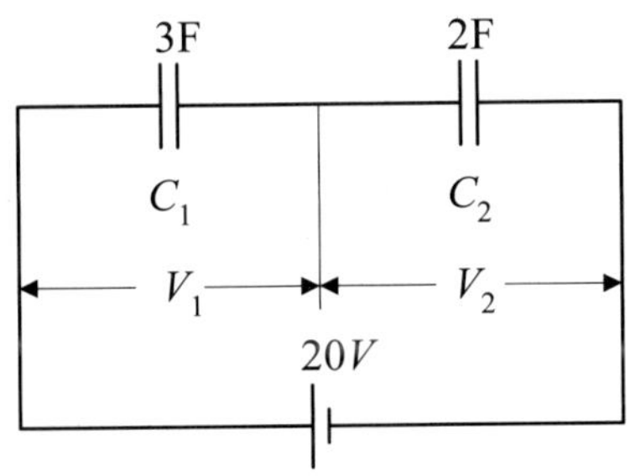

그림 4.34

문제 9 2[μF]의 캐패시터에 100[V]의 직류전압을 인가하면 충전되는 전하량(C)은?

문제 10 그림 4.35 회로에 대해 다음 물음에 답하여라.

(1) 캐패시터의 합성용량 C_{eq}

(2) 각 캐패시터의 단자 전압 V_1, V_2, V_3

(3) 전원으로부터 캐패시터에 유입된 총 전하량

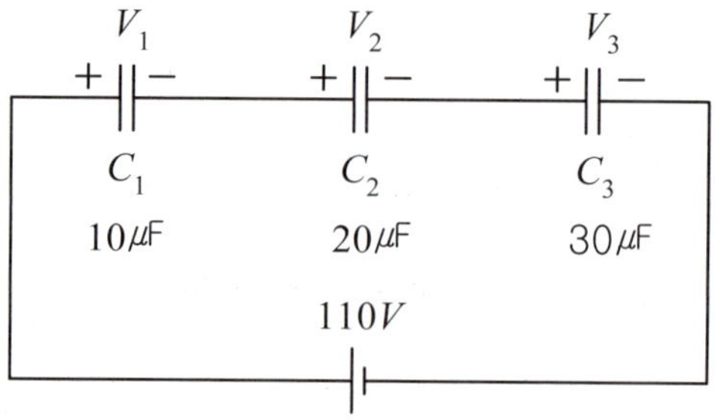

그림 4.35

문제 11 RC 직렬회로의 인가전압은 20[V]이고, 저항을 통하여 캐패시터에 충전되고 있다. 다음을 구하라. 단, $R = 55\,[\text{k}\Omega]$, $C = 10\,[\mu\text{F}]$임.

(1) 시정수(τ)

(2) 충전 시작 후 시정수 시간이 흘렀을 때의 캐패시터 전압

문제 12 코일의 컬러 코드가 다음과 같을 때 코일 값과 오차는 얼마인가?

(1) 적색 흑색 갈색 금색
(2) 녹색 노랑 흑색 은색
(3) 노랑 보라 적색 은색
(4) 보라 녹색 갈색 은색

문제 13 그림 4.36의 코일회로에서 전체 인덕턴스 L_T를 구하라.

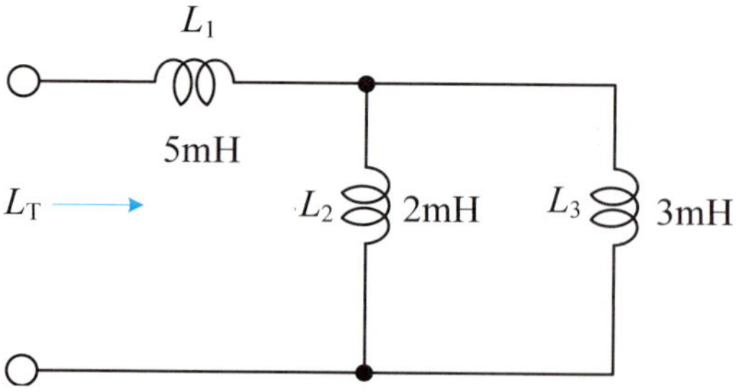

그림 4.36

Chapter

05

정현파 교류

Easy to understand Electric Circuits

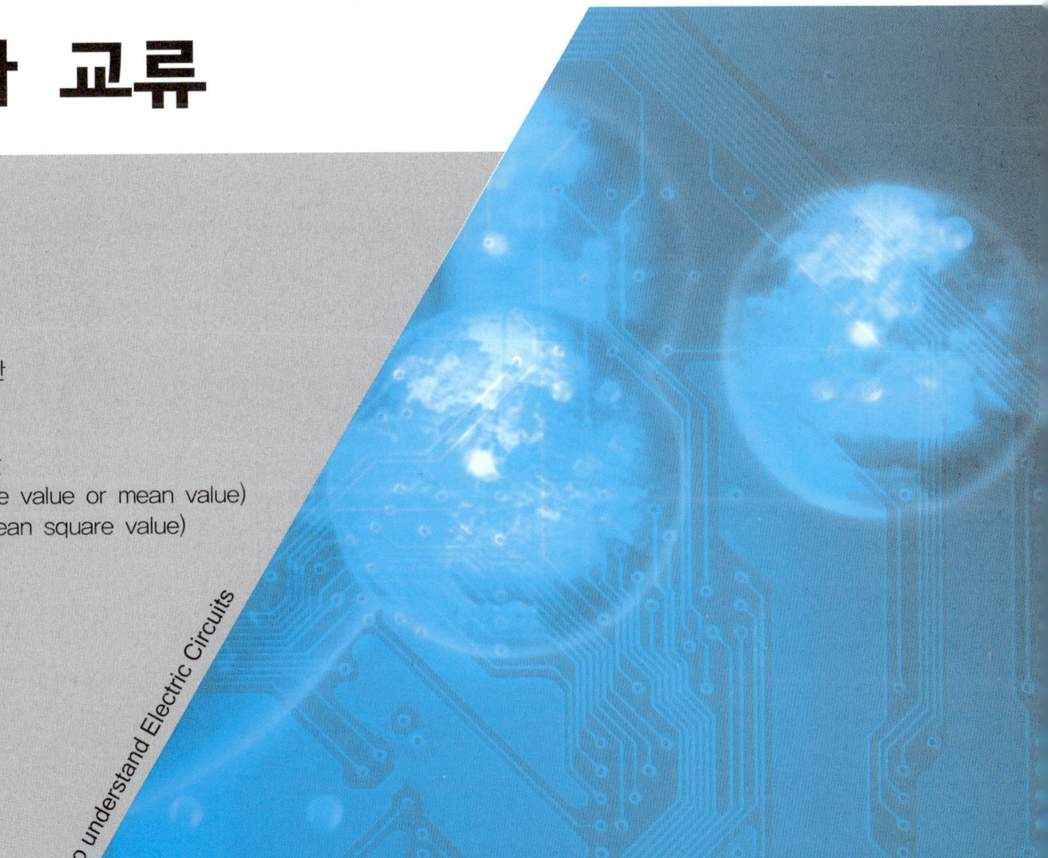

5.1 교류회로(AC)란?

건전지의 전원과 가정의 콘센트에서 사용하는 전원의 모양은 같은가, 다른가? 그림 5.1(a)가 건전지의 전원이고, (b)가 집에서 사용하는 콘센트 전원과 같은 모양의 전원이다. 전기회로에서 전류 또는 전압이 시간에 따라 변화하는 것을 파(wave) 또는 신호(signal)라고 한다. 전원의 기전력, 전압 및 회로의 종류에 따라 시간적으로 변화하는 여러 종류의 전류가 있다. 그림 5.1(a)와 같이 시간의 변화에 따라 전류의 크기와 방향이 항상 일정한 전류나 전압을 직류(direct current : DC)라 하는 데, 건전지, 축전지, DC발전기, 정류기 등이 직류이다. 그림 5.1(b)와 같이 시간의 변화에 따라 전류의 크기와 방향이 주기적으로 변화하는 전류나 전압을 교류(alternating current : AC)라 한다. 교류 중에서도 그림 5.1(b)와 같이 일정시간마다 (+), (−)가 반복되는 등, 주기적인 변화를 일으키며 삼각함수에서 배운 사인파 모양으로 변화하는 교류를 정현파 교류(sine wave AC)라 한다.

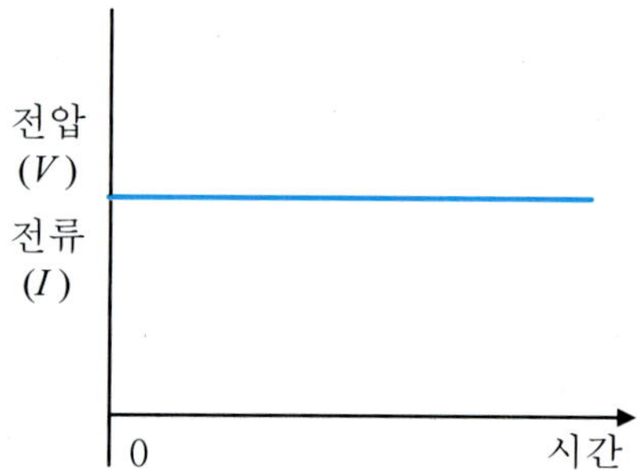

(a) 직류

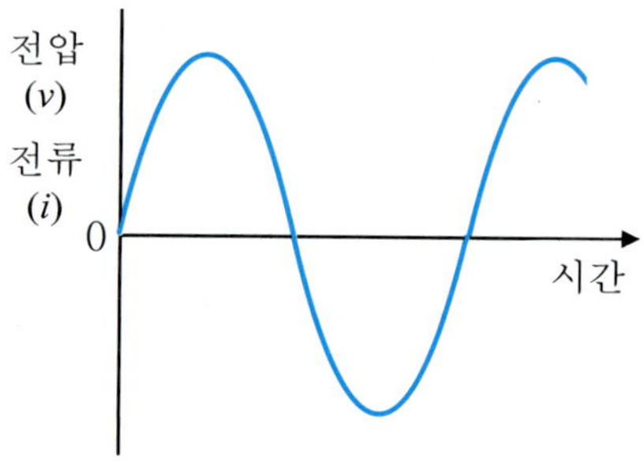

(b) 교류(정현파)

그림 5.1 직류와 교류

일반적으로 교류는 거의 대부분이 정현파 교류를 의미한다. 그러나 교류회로망의 전압과 전류파형은 반드시 정현파라고 할 수 없는 경우도 있는데 이런 파형을 비정현파 교류라고 한다. 이 같은 비정현파에 관해서는 제14장에서 학습한다.

5.2 정현파

5.2.1 교류발전기

정현파 전압은 그림 5.2와 같은 교류발전기에 의하여 발생되며, 수력 · 화력 · 원자력발전소 등에서 발전에 이용된다. 고정자 쪽 원통형 철심 안쪽 면에 슬롯을 만들고, 이들 슬롯에 전기자코일을 넣는다. 회전자 쪽에는 직류로 여자된 자극을 설치하고 이것을 회전시키면, 각상의 코일에는 회전속도에 비례한 주파수의 교류전압이 발생한다. 교류발전기에서 자극을 회전시키는 구조로 된 것을 회전계자형이라 하는데 대부분 이 형식을 취한다. 자극이 고정자 쪽에 있고 회전자 쪽에서 교류전압이 발생되는 코일을 설치한 구조를 회전전기자형이라 한다. 이러한 형식은 소용량 발전기에 적용된다. 영구자석 대신에 계자로 전자석을 사용하거나 회전자와 계자의 역할을 치환하는 등의 다양한 변형이 가능하다.

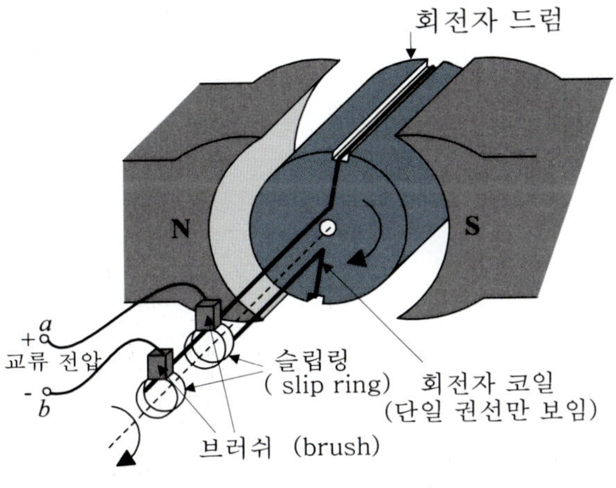

그림 5.2 교류발전기

교류발전기는 강한 직류전자석을 회전시켜 발전한다. 이 전자석은 계자코일에 직류전류를 흐르게 하여 만드는데 이것을 여자라 한다. 여자를 시키는 데에는 직류전원이 필요하기 때문에 여자기라고 하는 직류발전기를 이용한다. 여자기는 주발전기와 같은 축 상에 설치되어, 여자기와 주발전기 계자권선의 접속은 일반적으로 브러시와 슬립링을 통해 행한다. 최근 브러시 없는 교류발전기가 발명되어, 직류발전기의 사용은 줄어들고 있다.

그림 5.2와 같이 두 도체를 직렬 접속한 사각형 코일을 자기장 내에서 회전하는 경우에 대하여 좀 더 살펴보면, 사각형의 코일은 N, S 두 자극에 의한 자기장 내에만 있어야 한다. 각 도체는 슬립 링(slip ring)으로 연결되어 있고, 각 슬립 링은 브러시(brush)를

통하여 외부단자와 전기적으로 연결된다. 자기장 내의 도체가 회전하면, 사각형의 코일이 위치에 따라 자기장과 수직으로 되는 면적이 다르게 되고, 그에 따라 자속쇄교수가 변하게 되어 도체에 유도기전력이 발생한다.

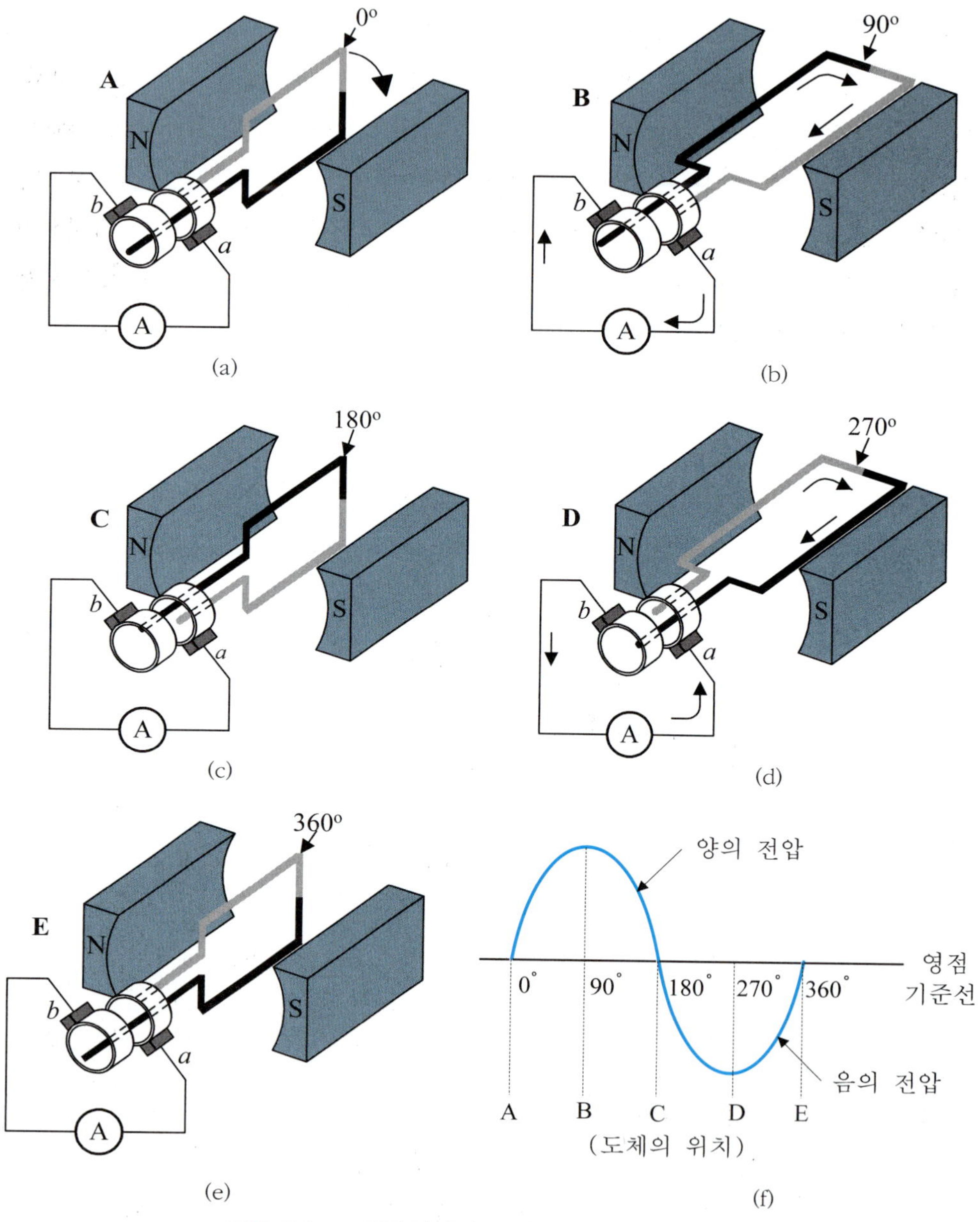

그림 5.3 교류발전기의 동작과 정현파 교류 발생

정현파의 발생과정을 그림 5.3(a)~(e)에서 보여주고 있다. 1회전에 의해 생성되는 정현파 교류전압은 (f)에서 보여주고 있다. 먼저, 회전자 코일이 영구자석의 자계와 평행일 때 유기되는 전력은 0이 되고(A 지점), 90° 위치가 되면 + 최대치가 발생된다(B지점). 계속 회전하여 180° 위치에서는 회전체와 자계가 평행이 되므로 0이 되고(C 지점), 270°가 되면 - 최대치가 된 후(D점), 360° 위치가 되면 다시 0이 된다(E).

이와 같이 회전자가 0°~360°까지 회전하는 시간이 하나의 주기 T가 되고, 이 기간을 1사이클이라 한다. 결국 그림 5.3(f)와 같은 정현파 파형이 발생되게 된다.

5.2.2 호도법

전기이론에서 사용하는 각도는 도(degree 또는 [°])를 사용하거나 각의 크기를 길이의 비율로 측정하는 호도법(rad)으로 나타낸다.

그림 5.4(a)와 같이 1라디안(radian, rad으로 표기)은 반지름 각(radial angle)의 합성어로, 반지름의 길이가 r 인 원에서, 호의 길이가 r 인 부채꼴의 중심각의 크기를 의미한다. 반지름의 길이에 대한 원 전체의 둘레의 길이의 비는 $\frac{2\pi r}{r} = 2\pi$이므로, 360°는 $2\pi\,[\text{rad}]$이고, 180°는 $\pi\,[\text{rad}]$이다.

$$\frac{\text{원둘레}}{\text{반지름}} = \frac{2\pi r}{r} = 2\pi\,[\text{rad}] = 360° \tag{5.1}$$

1 라디안(radian)은 약 57.1745°이며, 호도법에서는 보통 각의 단위인 라디안을 생략한다. 이를테면, π라디안을 간단히 π로 표기한다.

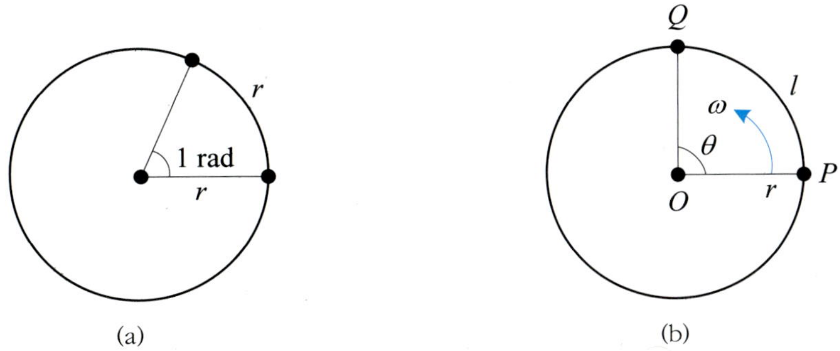

그림 5.4 라디안과 각속도

그림 5.4(b)에서 OP와 OQ가 이루는 각도를 호도법으로 나타내면 다음 식과 같다.

$$\theta = \frac{l}{r}[\text{rad}] \tag{5.2}$$

선분 OP가 한 바퀴 회전하면 360°이고 호도법으로 나타내면

$$360° = \frac{2\pi r}{r} = 2\pi[\text{rad}] \tag{5.3}$$

가 되어, 각도와 라디안의 변환 공식은 다음과 같다.

$$\text{라디안(rad)} = \text{각도} \times \frac{2\pi}{360} = \frac{\text{각도}}{180} \times \pi \tag{5.4}$$

$$\text{각도(°)} = \text{라디안(rad)} \times \frac{180}{\pi} = \frac{\text{라디안(rad)}}{\pi} \times 180 \tag{5.5}$$

표 5.1 각도와 라디안의 관계

도(°)	1	30	45	$\frac{180}{\pi}$ (약 57.1)	60	90	180	360
라디안	$\frac{\pi}{180}$	$\frac{\pi}{6}$	$\frac{\pi}{4}$	1	$\frac{\pi}{3}$	$\frac{\pi}{2}$	π	2π

그림 5.4에서 ω는 각속도라고 하며, 1초 동안에 진행하는 각도를 의미하고, 단위는 [rad/s]가 쓰인다. 전기이론에서는 각속도라는 말보다는 각주파수(angular frequency)가 더 많이 쓰이며 t초 동안 선분 OP가 θ[rad]만큼 회전하였을 때의 각속도 ω는

$$\text{각속도 } \omega = \frac{\theta}{t}[\text{rad/s}]$$
$$\text{각도 } \theta = \omega t\,[\text{rad}] \tag{5.6}$$

또한 원둘레 상을 움직이는 점이 일정한 속도로 회전하고 있고, 1초간에 f 회전하는 경우의 각속도는 1회전의 각도가 2π[rad]이므로, 다음과 같이 된다.

$$\text{각속도 } \omega = 2\pi f \,(\text{rad/s}) \tag{5.7}$$

예제 5-1 135° 와 225° 는 각각 몇 라디안인가?

〈풀이〉 $\text{라디안 [rad]} = \frac{\text{각도}}{180} \times \pi$을 이용하여 계산하면,

$$\frac{135}{180} \times \pi = \frac{3}{4}\pi, \quad \frac{225}{180} \times \pi = \frac{5}{4}\pi$$

예제 5-2 $\frac{\pi}{4}$와 $\frac{\pi}{12}$는 각각 몇 도(°)인가?

〈풀이〉 $\text{각도}(^\circ) = \frac{\text{라디안(rad)}}{\pi} \times 180$을 이용하여 계산하면,

$$\frac{\pi}{4} \times \frac{180}{\pi} = 45^\circ, \quad \frac{\pi}{12} \times \frac{180}{\pi} = 15^\circ$$

예제 5-3 1초에 70회전하는 경우의 각속도는 얼마인가?

〈풀이〉 $\text{각속도 } \omega = 2\pi f \,(\text{rad/s}) = 2\pi \times 70 = 140\pi \,[\text{rad/s}]$

5.3 주파수와 주기

교류파형이 + 사이클에서 − 사이클로 한 번 변화하여 처음의 상태로 되돌아오는데 걸리는 시간을 주기(period)라 하고, $T[\text{sec}]$으로 표시한다. 주기는 [s], [ms], [μs], [ns] 등이 사용된다.

$$1\ \text{ms} = 10^{-3}\text{s}$$
$$1\ \mu\text{s} = 10^{-6}\text{s}$$
$$1\ \text{ns} = 10^{-9}\text{s} \tag{5.8}$$

1초당 사이클의 수를 주파수(frequency)라고 하여 f로 나타내며, 단위는 헤르쯔(Hz)를 사용한다. 그림 5.5에서 (a)의 1사이클 시간에 (b)는 2사이클이므로, 주파수는 (b)가 2배 만큼 빠르다는 것을 알 수 있다.

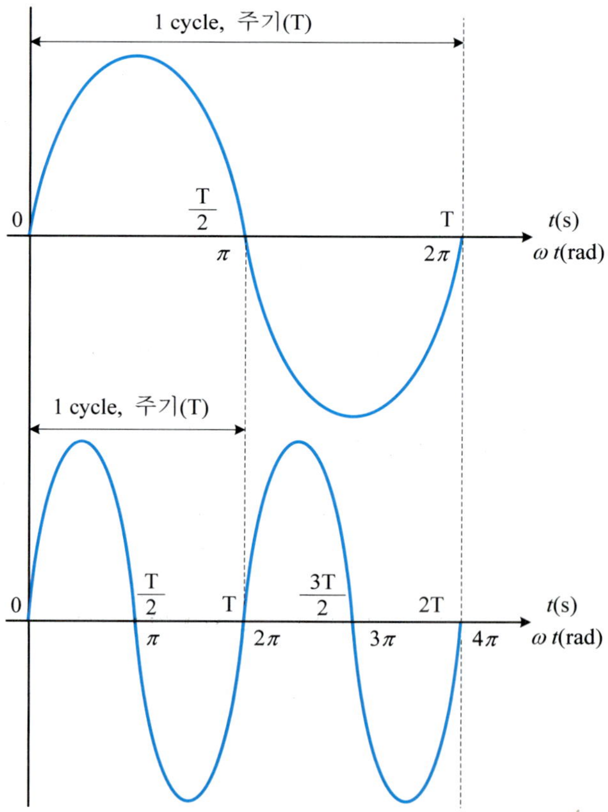

그림 5.5 정현파의 주기 및 사이클

반면에 주기는 (a)파형이 (b)의 주기의 $\frac{1}{2}$이 됨을 알 수 있다.

주파수의 단위로는 Hz외에도 kHz, MHz, GHz 등이 사용되는데 그 관계식은 다음과 같다.

$$\begin{aligned} 1\ \text{kHz} &= 10^3\text{Hz} \\ 1\ \text{MHz} &= 10^6\text{Hz} \\ 1\ \text{GHz} &= 10^9\text{Hz} \end{aligned} \tag{5.9}$$

교류에서는 1주기의 각을 2π[rad]이라 하며, 이것을 전기각(electric angle)이라 한다. 주기 T[sec]와 주파수 f[Hz] 사이에는

$$f = \frac{1}{T} = \frac{\omega}{2\pi}[\text{Hz}] \quad \text{또는} \quad T = \frac{1}{f}[\text{sec}] \tag{5.10}$$

의 관계가 있다. 교류파형 1초 동안에 변화하는 전기각 ω를 각주파수(angular frequency) 또는 각속도(angular velocity)라 한다. 따라서 1주기 동안에 2π[rad]만큼 변하므로 1초 동안에는 $\frac{2\pi}{T}$만큼 변하며 이것을 정리하면,

$$\omega = \frac{2\pi}{T} = 2\pi f[\text{rad/sec}] \tag{5.11}$$

파장은 주기의 변화를 거리에 대해 나타낸 것으로 1 사이클에 포함되는 거리를 말한다. 파장 λ는 전파의 속도를 주파수로 나누어서 구할 수 있다. 라디오전파는 공기 중의 공간을 통해 이동하며 파장은 속도를 주파수로 나눈 값으로 표현한다.

속도가 $C_0 \fallingdotseq 3\times10^8$[m/sec]이므로 파장 λ는 다음 식과 같다.

$$\lambda = \frac{C_0}{f} = \frac{3\times10^8}{f}[\text{m}] \tag{5.12}$$

그림 5.6에서와 같이 교류파형의 주기와 주파수는 오실로스코프를 통하여 측정할 수 있다. 즉, 오실로스코프의 수평눈금은 시간을 알려주는 값이다. 따라서 1 사이클에 해당하

는 파형이 차지하는 눈금수와 눈금의 값을 이용하여 주기 T를 측정한다. 주파수는 $f = \dfrac{1}{T}$에 의해 계산한다. 물론 디지털 오실로스코프는 주파수 값을 계산하여 화면에 나타내주기 때문에 주기와 주파수를 동시에 측정할 수 있다.

$$
\begin{aligned}
&\text{주기}(T) = \text{수평눈금의 수(Div수)} \times \text{눈금당 시간값(Time/Div)} \\
&\text{주파수}(f) = \frac{1}{T}
\end{aligned}
\tag{5.13}
$$

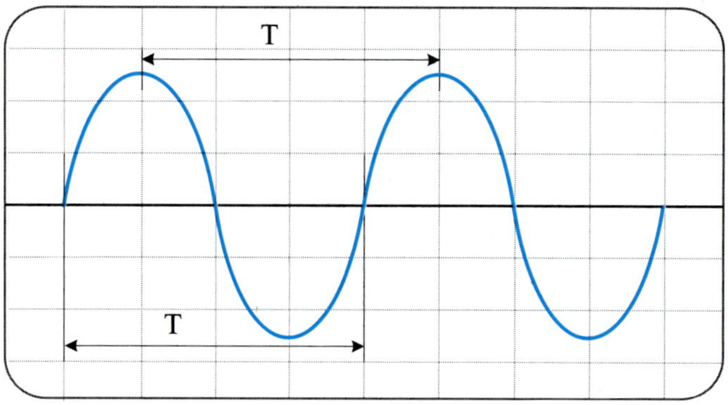

그림 5.6 오실로스코프를 이용한 주기와 주파수 측정

예제 5-4 교류전압의 주파수가 60[Hz]이면 주기 T는 얼마인가?

〈풀이〉 $T = \dfrac{1}{f} = \dfrac{1}{60} = 0.0167\text{s} = 16.7\,[\text{ms}]$

예제 5-5 어떤 교류전류가 2초에 3000사이클을 보이고 있다. 주기(T)와 주파수(f)를 구하라.

〈풀이〉

$$f = \frac{3000}{2} = 1500\,[\text{Hz}]$$

$$T = \frac{1}{f} = 666.7\,[\mu\text{s}]$$

예제 5-6 휴대폰에 사용되는 주파수는 1.8[GHz]이고, 가정에서 사용하는 전기는 60[Hz]이다. 휴대폰과 가정용 전기의 파장을 계산하라. 또한 주파수와 파장과의 관계를 설명하라.

〈풀이〉 휴대폰의 경우(1.8GHz) : $\lambda = \dfrac{C_0}{f} = \dfrac{3\times 10^{10}}{18\times 10^{8}} = \dfrac{300}{18} = 16.7\,[\mathrm{cm}]$

가정의 전기(60Hz) : $\lambda = \dfrac{C_0}{f} = \dfrac{3\times 10^{8}}{60} = 5{,}000\,[\mathrm{km}]$

∴ 주파수가 높을수록 주기가 짧고, 1 사이클의 거리인 파장 역시 짧아진다. 주파수와 파장은 반비례 한다.

예제 5-7 오실로스코프로 측정한 정현파 교류파형의 1사이클이 4눈금(div)이고, 눈금당 0.001 [s/div]일 때 이 파형의 주기와 주파수는 얼마인가?

〈풀이〉 주기(T)= 수평눈금의 수 × 눈금당 시간값(Time/Div)=4×0.001=0.004[s]

주파수(f)$= \dfrac{1}{T} = \dfrac{1}{0.004} = 250\,[\mathrm{Hz}]$

5.4 순시값(instantaneous value), 최대값(maximum value)

정현파 교류전압 v와 전류 i는 다음과 같이 표현되며, 그 파형의 모양은 그림 5.7과 같다.

$$v = V_m \sin\omega t\,[\mathrm{V}]$$
$$i = I_m \sin\omega t\,[\mathrm{A}] \qquad (5.14)$$

그림 5.7에서 v_1, v_2, v_3와 같이 시간에 따라 변하는 전압을 순시값이라 한다. 순간순간의 시간에 따라 그 값이 다르기 때문이다. 순시값 가운데 가장 큰 값을 최대값(maximum value) 혹은 피크 값(peak value)라고 하며, 전압은 V_m, 전류는 I_m으로 각각 표현한다.

또한 파형의 + 최대값에서 − 최대값 사이의 값, 즉, + 피크에서 − 피크 간의 크기를 V_{p-p} 혹은 I_{p-p} 로 각각 표현한다. 이 피크 간 값은 최대값 V_m, I_m 값의 2배가 된다.

피크 간 전압(V_{p-p}) = 2 × V_m (최대전압)
피크 간 전류(I_{p-p}) = 2 × I_m (최대전류) (5.15)

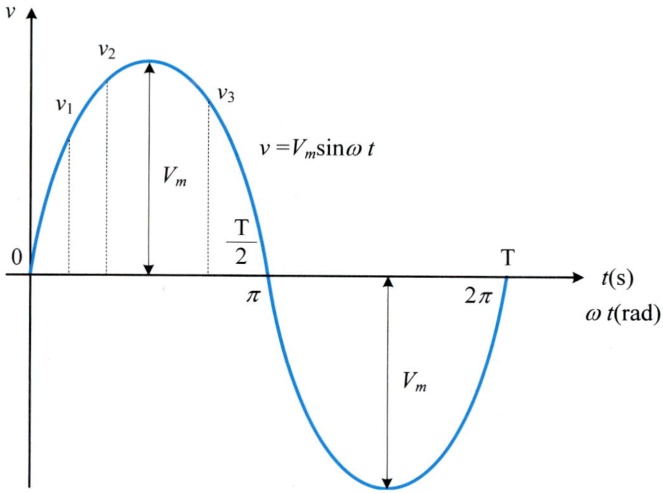

그림 5.7 정현파 교류파형

5.5 평균값(average value or mean value)

정현파 교류전압의 파형은 +파형과 −파형이 서로 대칭이므로, 1주기 값을 평균하면 0이 된다. 따라서 평균값 계산은 반주기 동안의 교류전류 또는 교류전압을 평균하여 구한다. 정현파 교류전압과 교류전류의 평균값은 다음과 같다.

정현파 교류의 평균전압과 평균전류

$$\text{평균전압값}(V_{ave}) = \frac{2 \times \text{최대전압}}{\pi} = \frac{2\,V_m}{\pi} = 0.637\,V_m\,[\mathrm{V}]$$

$$\text{평균전류값}(I_{ave}) = \frac{2 \times \text{최대전류}}{\pi} = \frac{2\,I_m}{\pi} = 0.637\,I_m\,[\mathrm{A}] \quad (5.16)$$

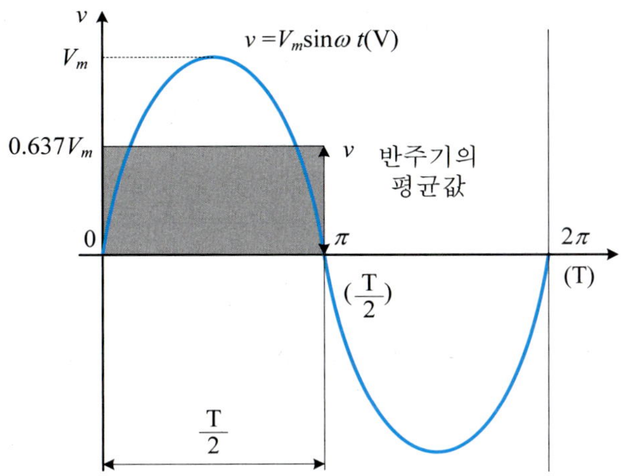

그림 5.8 평균값

즉, 정현파 교류의 평균값은 최대값의 $\frac{2}{\pi}$배가 된다. 평균값의 측정은 오실로스코프를 사용하여 최대값을 측정한 후 식(5.16)을 이용하여 평균값으로 변환한다.

좀 더 알아보기

정현파의 평균값 계산

식(5.16)의 평균값의 계산공식은 그림 5.8에서 다음과 같이 유도된 것이다.

$$V_{ave} = \frac{1}{\pi}\int_0^{\pi} v\,d(\omega t) = \frac{1}{\pi}\int_0^{\pi} V_m \sin\omega t\,d(\omega t)$$

$$= \frac{V_m}{\pi}\Big[-\cos\omega t\Big]_0^{\pi} = \frac{2}{\pi}V_m = 0.637\,V_m$$

예제 5-8 정현파 교류 $v = 9.42\sin\omega t$ [V]의 평균값은 몇 [V]인가?

〈풀이〉 $V_{ave} = \frac{2}{\pi}V_m$에서 $V_m = 9.42$[V]이므로

$$V_{ave} = \frac{2}{\pi}\times 9.42 = 6\,[\mathrm{V}]$$

예제 5-9 어떤 정현파 교류의 평균값이 120[V]이면 최대값은 얼마인가?

〈풀이〉 $V_{ave} = \frac{2}{\pi} V_m$ 에서 $V_m = \frac{V_{ave}}{\frac{2}{\pi}} = 120 \times \frac{\pi}{2} \fallingdotseq 188.4[\mathrm{V}]$

5.6 실효값(rms : root mean square value)

실효값은 "직류가 하는 일과 동일한 열 효과를 나타내는 교류값"을 말하며, 가장 일반적으로 사용되는 값이다. 어떤 저항 R에 순시 교류 전류 i를 흘렸을 때 교류의 평균전력이 같은 저항 R에 직류전류 I를 흘렸을 때의 소비전력과 같다면, 실제로 i와 I는 같은 효과를 가지므로 직류 I의 값을 교류 i의 실효값이라고 부른다. 예를 들어, 실효값 10[A]의 교류전류는 직류 10[A]와 동일한 전력을 공급한다. 실효전압은 V_{rms}, 실효전류는 I_{rms}으로 표기하며, 다음 식과 같이 나타낸다. 즉, 보통 몇 볼트의 전압이라고 할 때 특별히 지정하지 않은 경우 이 실효값을 의미한다.

정현파 교류의 실효전압과 실효전류

$$\text{실효전압}(V_{rms}) = \frac{\text{최대전압}}{\sqrt{2}} = \frac{V_m}{\sqrt{2}} = 0.707\,V_m\,[\mathrm{V}]$$
$$\text{실효전류}(I_{rms}) = \frac{\text{최대전류}}{\sqrt{2}} = \frac{I_m}{\sqrt{2}} = 0.707\,I_m\,[\mathrm{A}] \qquad (5.17)$$

교류측정기기로 측정하는 교류전압이나 전류는 모두 실효값이다. 동일한 파형의 전압을 오실로스코프로 측정한 교류파형의 최대전압(V_m)과 멀티미터로 측정한 교류전압(V_{rms})의 값이 다른 이유가 바로 이점 때문이다. 정현파의 실효값과 최대값은 다음의 관계식을 이용하여 상호 변환할 수 있다.

정현파 교류파형의 상호관계식
실효값(V_{rms}), 최대값(V_m), 평균값(V_{ave}) 및 피이크간 값(V_{p-p})

$$V_{rms} = 0.707\, V_m$$

$$V_{ave} = 0.637\, V_m = 0.901\, V_{rms}$$

$$V_m = 1.414\, V_{rms} = 1.570\, V_{ave}$$

$$V_{p-p} = 2\, V_m \tag{5.18}$$

교류전류의 관계식도 같은 방식으로 적용된다.

실효값의 측정은 일반적으로 디지털멀티미터(DMM : 교류전압 및 교류전류 모두측정가능), VOM(일반적으로 교류전류는 측정불가능) 등을 이용하고, 최대값 및 피크간 전압은 오실로스코프를 이용하여 측정가능하다. 또한 평균값은 측정된 실효값이나 최대값에서 관계식을 통하여 변환이 가능하다. 그림 5.9에서 보는 바와 같이 오실로스코프를 통하여 측정하는 경우, 오실로스코프의 수직눈금은 전압을 알려주는 값이므로 측정하고자 하는 파형이 차지하는 눈금수와 눈금당 값을 이용하여 측정한다.

피크간 전압(V_{p-p})= +피크에서−피크 간의 수직눈금의 수(D iv 수)
× 눈금당 전압값(Volts/Div)
최대전압(V_m)=피크의 수직눈금의 수(Div 수)×눈금당 전압값(Volts/Div)

$$= \frac{V_{p-p}}{2} \tag{5.19}$$

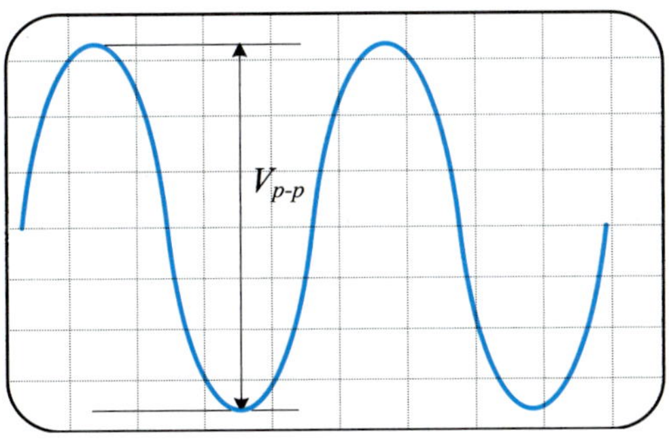

그림 5.9 교류전압의 값 V_{p-p} 측정

예제 5-10 오실로스코프로 측정한 정현파 교류파형의 +파형 피크에서 −파형 피크까지 3.6눈금을 차지하였다. 수직눈금당 1[V/div]일 때 이 파형의 V_{p-p} 와 최대값은 얼마인가?

〈풀이〉

진폭전압 V_{p-p} = +피크에서−피크간의 수직눈금의 수×눈금당 전압값[Volts/Div]

$$= 3.6(\text{Div}) \times 1[\text{V/div}] = 3.6[\text{V}]$$

최대값 $V_m = \dfrac{V_{p-p}}{2} = 1.8[\text{V}]$

예제 5-11 60[Hz], 100[V]의 교류전압의 최대값, 피크 간 전압, 평균값은 각각 얼마인가? 또한 200[Ω]의 전구에 인가할 때 소비되는 전력은 얼마인가?

〈풀이〉 일반적으로 교류전압이라 하면 실효값을 의미한다. 최대값이나 피크간 값, 평균값 등을 지칭할 때만 해당 이름을 사용한다.

최대값 $V_m = 1.414 \times 100 = 141.4[\text{V}]$

피크간 전압 $V_{p-p} = 2 \times V_m = 2 \times 141.4 = 282.8[\text{V}]$

평균값 $V_{ave} = 0.637 \times V_m = 0.637 \times 141.4 = 90.07[\text{V}]$

200[Ω]의 전구의 소비전력 $\dfrac{V^2}{R} = \dfrac{100^2}{200} = 50[\text{W}]$

예제 5-12 최대값이 10[A]인 사인파 교류 전류의 실효값은 몇 [A]인가?

〈풀이〉 $I_{rms}(\text{실효값}) = 0.707 \times \text{최대값} = 0.707 \times 10 = 7.07[\text{A}]$

예제 5-13 교류전압의 평균값이 300[V]일 때 실효값은 몇 [V]인가?

〈풀이〉

$$V_{ave} = \frac{2}{\pi} V_m$$

$$V_m = \frac{\pi}{2} \times V_{ave} = \frac{\pi}{2} \times 300 = 150\pi[\text{V}]$$

$$V_{rms} = \frac{V_m}{\sqrt{2}} = \frac{150\pi}{\sqrt{2}} \fallingdotseq 333.1[\text{V}]$$

좀 더 알아보기

정현파 실효값의 계산

저항 R에 I[A]의 직류전류를 흘렸을 때 소비전력은 $P = I^2 R$[W]가 되며, 같은 저항 R[Ω]에 교류전류 i[A]를 흘릴 때 평균전력은 1주기 동안의 평균전력이므로

$$P_{ave} = \frac{1}{2\pi}\int_0^{2\pi} i^2 R d\omega t \,[\mathrm{W}]$$

가 된다. 따라서 소비전력 P와 평균전력 P_{ave}가 같다면

$$P_{ave} = I^2 R = \frac{1}{2\pi}\int_0^{2\pi} i^2 R d\omega t = \left(\frac{1}{2\pi}\int_0^{2\pi} i^2 d\theta\right) R$$

$$\therefore\ I^2 R = \frac{1}{2\pi}\int_0^{2\pi} i^2 d\omega t \cdot R$$

$$\therefore\ I = \sqrt{i^2\text{의 1주기간 평균}} = \sqrt{\frac{1}{2\pi}\int_0^{2\pi} i^2 d\omega t}$$

$$= \text{교류의 실효값}$$

즉, 교류의 실효값은 각 순시값 제곱의 1주기간 평균의 평방근 RMS(root mean square)으로 정의된다. 그러므로 교류전류의 순시값이 식 $i = I_m \sin\omega t$[A]일 때 실효값 $I(= I_{rms})$는 $\omega t = \theta$일 때, 2배각의 공식 $\cos 2\theta = 1 - \sin^2\theta$를 이용하면

$$I = \sqrt{\frac{1}{2\pi}\int_0^{2\pi} i^2 d\omega t} = \sqrt{\frac{1}{2\pi}\int_0^{2\pi} I_m^2 \sin^2\theta\, d\theta}$$

$$I = \sqrt{\frac{I_m^2}{2\pi}\int_0^{2\pi} \frac{1-\cos 2\theta}{2} d\theta} = I_m\sqrt{\frac{1}{4\pi}\left[\theta - \frac{1}{2}\sin 2\theta\right]_0^{2\pi}}$$

$$= \frac{1}{\sqrt{2}} I_m = 0.707\, I_m$$

즉, 정현파 교류의 실효값은 최대값의 $\frac{1}{\sqrt{2}}$배가 된다.

5.7 위상(phase), 위상차(phase difference)

각 또는 시간의 기점을 사인파가 0을 지나 +로 되기 시작하는 점으로 택하였기 때문에 사인파의 표시식을 $v = V_m \sin\omega t$[V]로 나타내었다.

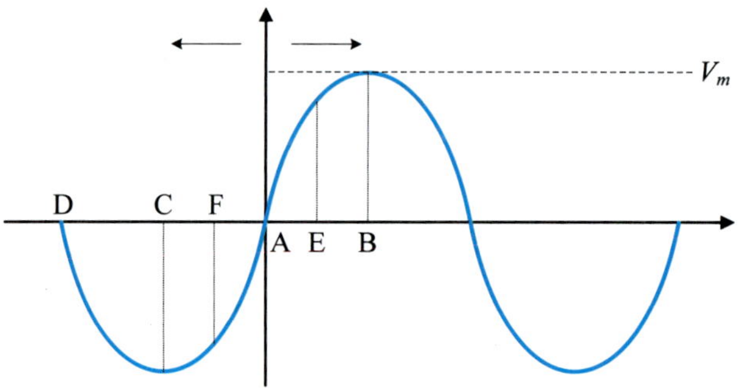

그림 5.10 정현파에서 시간 기준점 선택

그러나 이 기점을 그림 5.10에서와 같이 여러 점에 대하여 나타내면

$$\text{점 A}: \ v = V_m \sin\omega t \,[\mathrm{V}]$$

$$\text{점 B}: \ v = V_m \cos\omega t = V_m \sin\left(\omega t + \frac{\pi}{2}\right)[\mathrm{V}]$$

$$\text{점 C}: \ v = -V_m \cos\omega t = V_m \sin\left(\omega t - \frac{\pi}{2}\right)[\mathrm{V}]$$

$$\text{점 D}: \ v = -V_m \sin\omega t = V_m \sin(\omega t \pm \pi)[\mathrm{V}]$$

$$\text{점 E}: \ v = V_m \sin\left(\omega t + \frac{\pi}{4}\right)[\mathrm{V}]$$

$$\text{점 F}: \ v = V_m \sin\left(\omega t - \frac{\pi}{6}\right)[\mathrm{V}]$$

와 같이 나타날 것이다. 따라서 일반적인 사인파는

$$v = V_m \sin \underline{(\omega t + \theta)} \tag{5.20}$$

↑ 순시값 ↑ 최대값 ↑ 위상각

와 같이 나타낸다. 위의 식에서 $(\omega t + \theta)$를 시간 t에 있어서의 위상(phase) 또는 위상각(phase angle)이라 하며, $t = 0$일 때의 위상 θ를 초기위상(initial phase) 또는 초기위상각(initial phase angle)이라 한다.

식(5.20)으로부터 사인파는 진폭 V_m, 각속도 ω, 위상 θ의 세 가지 값으로 규정됨을 알 수 있다. 그리고 ωt와 θ의 단위는 동일한 것을 써야 하지만 ωt가 라디안이더라도 편의상 θ를 도[°]로 표시하는 경우가 많다.

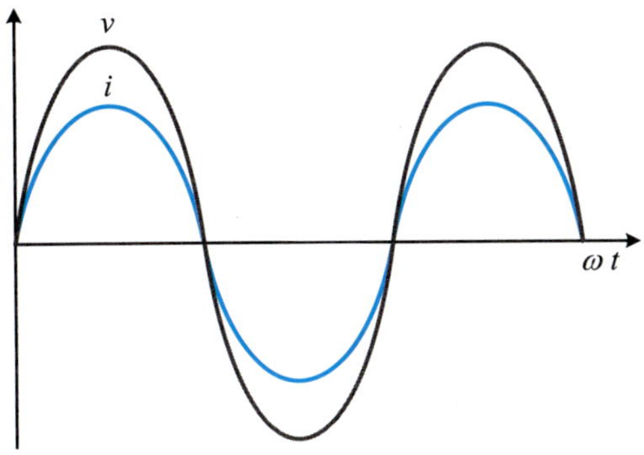

(a)

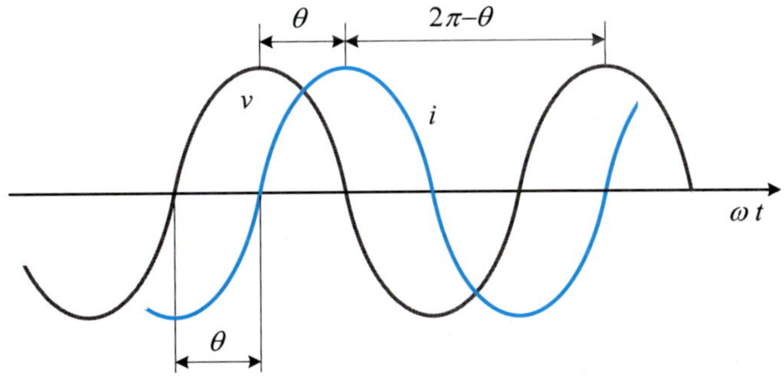

(b)

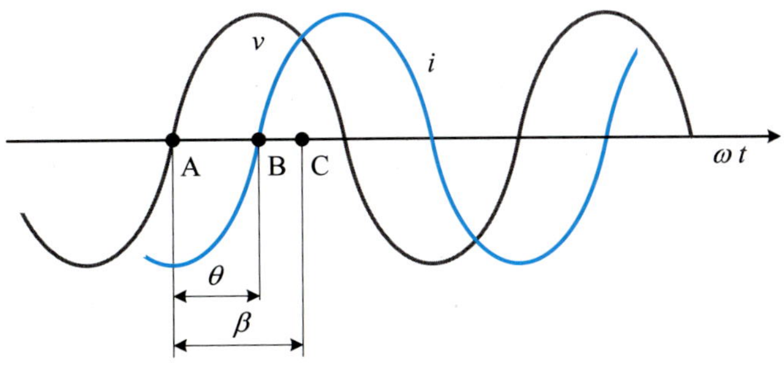

(c)

그림 5.11 두 정현파의 위상차

그림 5.11은 주파수가 동일한 두 사인파의 상대적 위치를 나타내었다. 그림 5.11(a)에서 v와 i는 같은 순간에 영점 및 최대점에 도달하며, 이 두 파를 동위상(in phase)이라고 한다. 그림 5.11(b)에서는 v, i가 각각 다른 순간에 영점 또는 최대점에 도달하므로 이 두 파는 위상 차이가 나며 이상(out of phase)이라고 한다. 여기서, v는 i보다 θ 만큼 앞서서 영점 또는 최대점에 도달하므로 v는 i보다 θ 만큼 위상이 앞선다(빠르다, lead)고 하며, 역으로 i는 v보다 θ 만큼 위상이 뒤진다(늦다, lag)고 말한다.

i가 v보다 θ 만큼 위상이 뒤진다는 것은 시간적으로는 $t = \dfrac{\theta}{\omega}$초 만큼 뒤지면서 v의 파형을 좇아간다는 것을 의미한다.

시간 또는 각의 기점을 그림 5.11(c)의 점 A로 택하면

$$v = V_m \sin \omega t [\mathrm{V}]$$
$$i = I_m \sin(\omega t - \theta)[\mathrm{A}] \tag{5.21}$$

점 B를 기점으로 택하면

$$v = V_m \sin(\omega t + \theta)[\mathrm{V}]$$
$$i = I_m \sin \omega t [\mathrm{A}] \tag{5.22}$$

또, 임의의 기점 C를 택하여 v가

$$v = V_m \sin(\omega t + \beta)[\mathrm{V}] \tag{5.23}$$

와 같이 표시된다면(β는 이 때의 v의 위상각), i는

$$i = I_m \sin(\omega t + \beta - \theta)[\mathrm{A}] \tag{5.24}$$

가 된다. 모든 경우에서 v와 i의 위상차는 항상 θ이다. 따라서 θ를 이 두 정현파의 위상차 또는 단순히 상차(phase difference)라 한다. 이와 같이 위상차는 시간 원점의 선택과 관계없이 "위상차 = 큰 위상−작은 위상"이다.

그림 5.11(b)에서와 같이 v가 i보다 위상이 θ 만큼 앞서는 경우 v는 또한 i보다 $(2\pi - \theta)$ 만큼 위상이 뒤진다고도 할 수 있다.

그러나 보통 위상의 뒤짐과 앞섬 또는 위상차를 논할 때는 π[rad](180°)보다 적은 각을 말하며, π[rad]의 상차가 있는 경우에는 위상의 뒤짐과 앞섬을 구별할 수 없다.

또한 동일한 주파수의 정현파들에 한해서만 상호간의 위상차를 나타낼 수 있다.

두 교류파형의 위상차는 오실로스코프로 측정가능하며, 주기와 주파수 측정과 같은 방법으로 하면 된다.

$$\text{위상차}(^\circ) = \text{두 신호간의 수평눈금 수 차이 (Div 수)} \times \text{눈금당 각도}(^\circ) \tag{5.25}$$

예제 5-14 다음의 전류 i는 전압 v보다 몇 [rad]위상이 앞서 있는가, 또는 뒤져 있는가?

$$v = V_m \sin\left(\omega t + \frac{\pi}{3}\right)[\text{V}]$$

$$i = I_m \sin\left(\omega t - \frac{\pi}{3}\right)[\text{A}]$$

〈풀이〉 v와 i의 위상차 θ는

$$\theta = \frac{\pi}{3} - \left(-\frac{\pi}{3}\right)$$

$$= \frac{2\pi}{3}[\text{rad}]$$

즉, 전압 v가 i보다 $\dfrac{2\pi}{3}$ 앞선다.

예제 5-15 $i = 20\sin\left(\omega t - \dfrac{2\pi}{3}\right)[\text{A}]$로 표시되는 전류파보다 위상이 $\dfrac{\pi}{4}$만큼 앞서고, 진폭이 50[V]인 전압 v를 식으로 나타내라.

〈풀이〉 $$v = 50\sin\left(\omega t - \frac{2\pi}{3} + \frac{\pi}{4}\right) = 50\sin\left(\omega t - \frac{5\pi}{12}\right)[\text{V}]$$

예제 5-16 $i = 60\sin\left(\omega t - \dfrac{\pi}{3}\right)$[A]인 전류파보다 위상이 80° 만큼 앞선 전압파형이 있다. 이 전압파형의 진폭이 25[V]라고 할 때, 전압 v의 표시식을 쓰고, v, i의 파형을 그려라. 단, v, i의 주파수는 동일하다고 한다.

〈풀이〉 $80° = \dfrac{4\pi}{9}$[rad]에 해당하므로, 전압 v는

$$v = 25\sin\left(\omega t - \frac{\pi}{3} + \frac{4\pi}{9}\right) = 25\sin\left(\omega t + \frac{\pi}{9}\right)[\mathrm{V}]$$

두 파형의 그래프는 아래 그림 5.12와 같다.

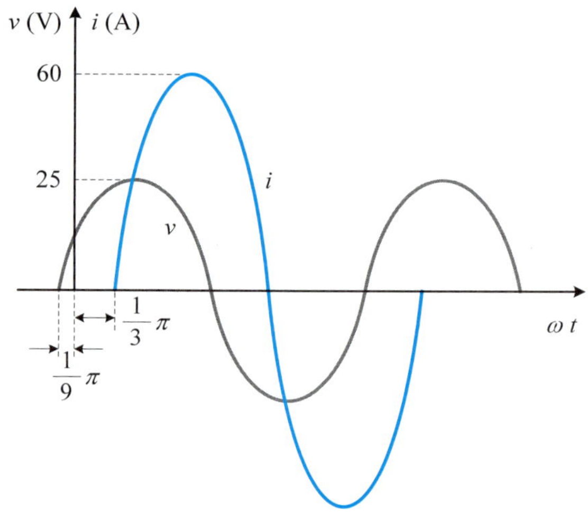

그림 5.12 (예제 5.16)의 파형

Chapter 05

연 습 문 제

문제 1 다음 각도는 몇 라디안인가?

(1) $35°$ (2) $80°$ (3) $120°$ (4) $220°$

문제 2 다음 라디안을 각도(°)로는 얼마인가?

(1) $\frac{1}{9}\pi$ (2) $\frac{3}{4}\pi$ (3) $\frac{7}{4}\pi$ (4) $\frac{8}{3}\pi$

문제 3 1초에 40회전하는 경우의 각속도는 얼마인가?

문제 4 다음 주파수에 대한 주기파형의 주기(T)를 구하여라.

(1) 60[Hz] (2) 1000[Hz]

문제 5 그림 5.13과 같은 파형의 주파수와 주기를 구하라.

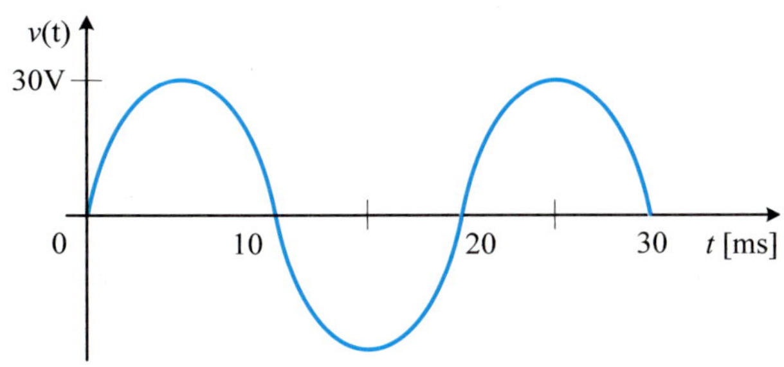

그림 5.13

문제 6 가정용 전원의 실효전압은 220[V]이다. 다음 물음에 답하여라.

(1) 이 전압의 최대값(V_m)과 피크 간 전압(V_{p-p})

(2) 이 전원에 48.4[Ω]의 저항을 가지는 전기다리미를 연결한 경우 다리미에서 소비하는 전력

문제 7 정현파교류 $v = 20\sin\omega t$ [V]의 평균값과 실효값은 몇 [V]인가?

문제 8 어떤 정현파 교류 전압의 평균값이 80[V]이면 최대값은 얼마인가?

문제 9 $v = 50\sin 200\pi t$ [V]인 파형의 주파수와 주기를 구하라.

문제 10 $v_1 = 30\sin(\omega t + 30°)$와 $v_2 = 40\sin(\omega t + 60°)$인 두 전압 파형의 위상차는 얼마인가?

문제 11 $v = 141\sin\left(377t - \dfrac{\pi}{6}\right)$인 파형의 주파수는?

문제 12 $v = 100\cos\left(120\pi t + \dfrac{\pi}{3}\right)$ [V]인 교류에서 $t = 0$일 때의 순시전압은 몇 [V]인가?

(참고, $\cos 60° = \dfrac{1}{2}$)

문제 13 그림 5.14와 같은 정현파 전압의 순시값은?

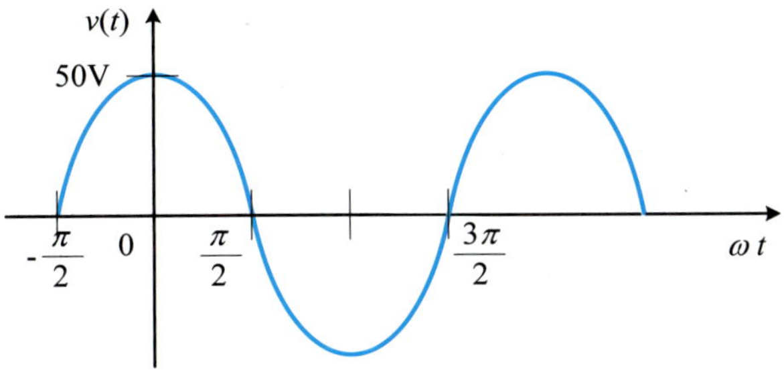

그림 5.14

Chapter

06

R, *L*, *C* 소자와 정현파 교류

Easy to understand Electric Circuits

이 장에서는 저항 R, 인덕터 L, 캐패시터 C와 $R-L$ 및 $R-C$ 직렬회로에서의 전압, 전류 위상 관계를 학습한다.

6.1 저항회로

그림 6.1과 같이 저항 $R\,[\Omega]$인 저항만의 회로에

$$v = Ri = V_m \sin\omega t\,[\mathrm{V}]$$

정현파전압을 가하였을 때 흐르는 순시전류 i는 옴의 법칙(Ohm's law)에 의하여

$$i = \frac{v}{R} = \frac{V_m}{R}\sin\omega t = I_m \sin\omega t\,[\mathrm{A}] \tag{6.1}$$

가 된다. 이 때, 전류의 최대값은

$$I_m = \frac{V_m}{R}\,[\mathrm{A}] \tag{6.2}$$

이 되며, 이것을 파형으로 표시하면 그림 6.1(b)와 같이 되어 전압과 전류는 위상차가 없는 동위상이 된다.

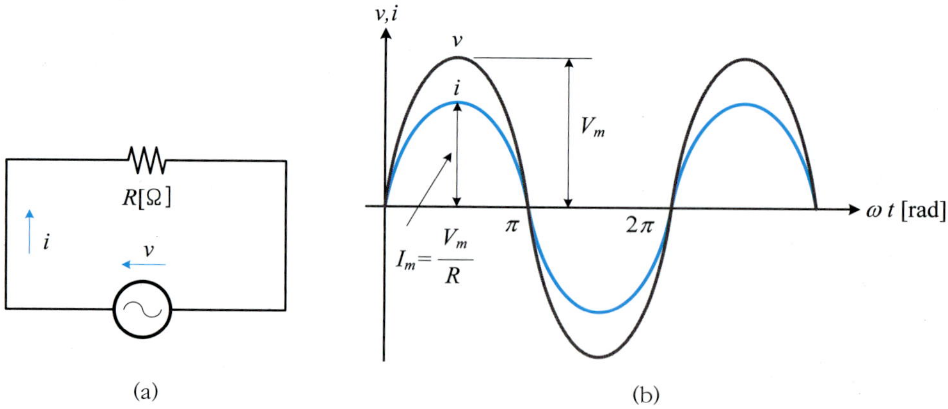

그림 6.1 저항회로의 전압과 전류

전압과 전류의 실효값을 V 및 I라 하고, $V_m = \sqrt{2}\,V$, $I_m = \sqrt{2}\,I$의 관계를 식 (6.2)에 대입하면 다음 식이 성립한다.

$$\sqrt{2}\,I = \frac{\sqrt{2}\,V}{R} \quad \Rightarrow \quad I = \frac{V}{R}\,[\mathrm{A}]$$

저항의 전류	: $I = \frac{V}{R}\,[\mathrm{A}]$
저항 전압	: $V = IR\,[\mathrm{V}]$

(6.3)

따라서 저항만의 교류회로에 정현파가 인가되면 다음의 성질을 갖는다.

(1) 전압과 전류는 동일주파수의 정현파이다.
(2) 전압과 전류는 동위상이다.
(3) 전압과 전류의 최대치(실효치)의 비는 R이다.

예제 6-1 저항 $R_1 = 30\,[\Omega]$, $R_2 = 20\,[\Omega]$이 직렬로 연결된 회로에 100[V], 60[Hz]인 교류 전압을 인가할 때, 이 회로에 흐르는 전류 및 R_1, R_2 양단의 전압을 구하라.

〈풀이〉 교류 100[V]라 함은 실효값이므로, 전압방정식은

$$v = \sqrt{2}\,100\sin\omega t = \sqrt{2}\,100\sin 2\pi 60t = \sqrt{2}\,100\sin 377t\,[\mathrm{V}]$$

따라서 전류 i는

$$i = \frac{v}{R_1 + R_2} = \frac{\sqrt{2}\,100}{50}\sin 377t = \sqrt{2}\,2\sin 377t\,[\mathrm{A}]$$

R_1, R_2 양단의 전압 v_1, v_2는

$$v_1 = R_1 i = 30\sqrt{2}\,2\sin 377t = \sqrt{2}\,60\sin 377t\,[\mathrm{V}]$$
$$v_2 = R_2 i = 20\sqrt{2}\,2\sin 377t = \sqrt{2}\,40\sin 377t\,[\mathrm{V}]$$

$$\text{실효값} = \frac{\text{최대값}}{\sqrt{2}} \text{이므로}$$

$$I = \frac{2\sqrt{2}}{\sqrt{2}} = 2[\text{A}]$$

$$V_1 = \frac{60\sqrt{2}}{\sqrt{2}} = 60[\text{V}]$$

$$V_2 = \frac{40\sqrt{2}}{\sqrt{2}} = 40[\text{V}]$$

6.2 인덕턴스 회로

그림 6.2와 같이 인덕턴스(Inductance) $L[\text{H}]$만인 유도 회로에 정현파 전류

$$i = I_m \sin\omega t[\text{A}] \tag{6.4}$$

가 흐른다면, L에 전자기유도 작용에 생기는 전압강하 v는

$$\begin{aligned} v &= L\frac{di}{dt} = L\frac{d}{dt}(I_m \sin\omega t) = L I_m \frac{d\sin\omega t}{dt} \\ &= \omega L I_m \cos\omega t = \omega L I_m \sin\left(\omega t + \frac{\pi}{2}\right) \\ &= V_m \sin\left(\omega t + \frac{\pi}{2}\right)[\text{V}] \end{aligned} \tag{6.5}$$

가 되어, 그림 6.2와 같이 전압 v는 전류 i의 위상보다 $\frac{\pi}{2}$ [rad] 앞선다.

그림 6.2와 같은 인덕턴스만의 교류회로에서는

(1) 전압과 전류는 동일주파수의 정현파이다.
(2) 전압은 전류보다 위상이 90°앞선다.
(3) 전압과 전류의 최대치(또는 실효치)의 비는 ωL이다.

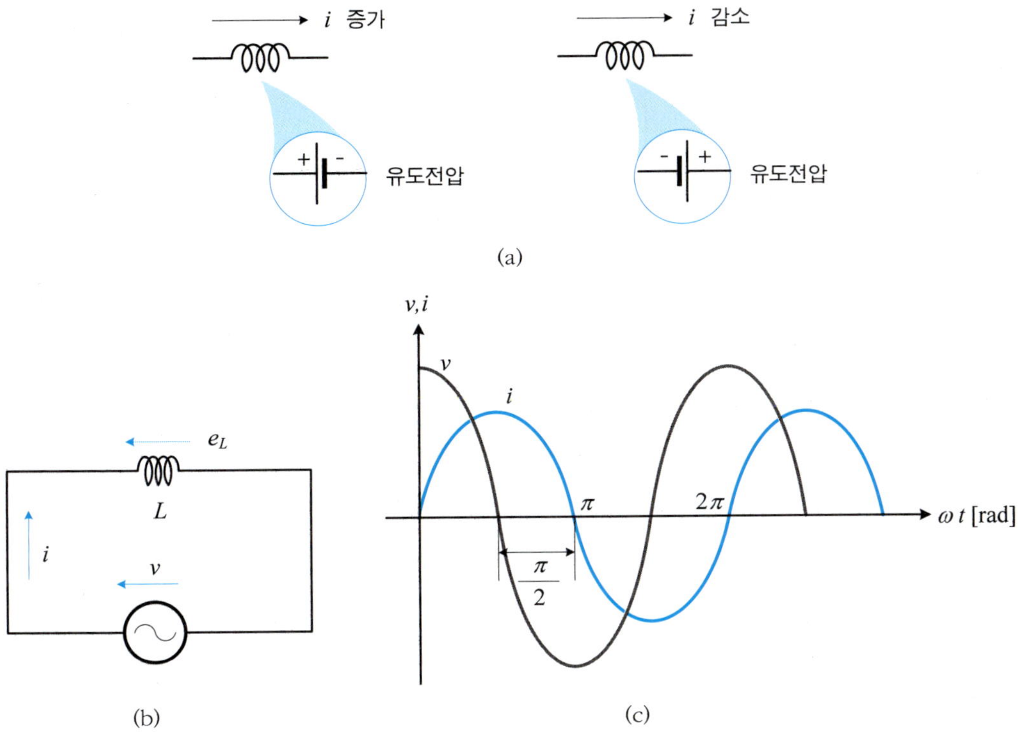

그림 6.2 인덕턴스 회로의 전압과 전류

또한 전압과 전류의 실효값을 각각 V[V] 및 I[A]라 하면 $V_m = \sqrt{2}\,V$, $I_m = \sqrt{2}\,I$의 관계가 있으므로,

코일전압 : $V = X_L I = \omega L I$[V]

코일전류 : $I = \dfrac{V}{\omega L} = \dfrac{V}{X_L}$[A]

유도성 리액턴스 : $X_L = \omega L = 2\pi f L$[Ω] (6.6)

이 때 $X_L = \omega L$을 유도 리액턴스(inductive reactance)라 하고, 단위는 오옴[Ω]을 사용한다. 전류와 주파수 특성은 그림 6.3과 같다.

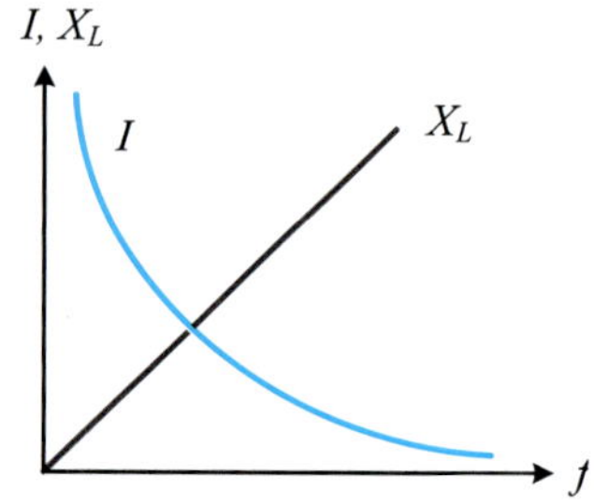

그림 6.3 유도 리액턴스와 전류의 주파수 특성

식 (6.6)에서 유도 리액턴스 X_L은 인덕턴스 L과 각 주파수 ω에 비례하므로 일정전압이 인가된 경우는 X_L이 클수록 회로 전류는 감소한다.

결국 주파수 f가 높아질수록 전류는 코일을 통한 흐름이 어려워지므로, 여러 주파수의 신호전압이 인가되는 회로에서 고주파의 신호전류가 흐르는 것을 억제하는데 유도 코일을 사용할 수 있다. 또한 직류가 유도 코일에 흐르는 경우 $\frac{di}{dt} = 0$이므로 전압 강하는 0이다. 즉, $v_L = L\frac{di}{dt} = 0$이 된다.

예제 6-2 20[mH]인 인덕턴스에 100[V], 60[Hz]의 교류전압을 인가하였다. 코일의 리액턴스 및 전류의 실효값과 전압과 전류의 순시값을 구하라. 단, 유도 리액턴스 X_L, 전류의 실효값과 최대값을 I, I_m이라 한다.

〈풀이〉

$$X_L = \omega L = 2\pi f L = 2\times3.14\times60\times20\times10^{-3} = 7.54\,[\Omega]$$

$$I = \frac{V}{X_L} = \frac{100}{7.54} = 13.26\,[\mathrm{A}]$$

$$V_m = \sqrt{2}\,V = \sqrt{2}\times100 = 141.4\,[\mathrm{V}]$$

$$I_m = \sqrt{2}\,I = \sqrt{2}\times13.26 = 18.75\,[\mathrm{A}]$$

$$\omega = 2\pi f = 2\pi\times60 = 120\pi = 377\,[\mathrm{rad/s}]$$

$$v = 141.4\sin 377t\,[\mathrm{V}]$$

$$i = 18.75\sin\left(377t - \frac{\pi}{2}\right)[\mathrm{A}]$$

6.3 캐패시턴스 회로

그림 6.4(a)와 같이 정전용량(capacitance) C[F : farad]만으로 구성된 회로에

$$v = V_m \sin\omega t[\mathrm{V}] \tag{6.7}$$

의 정현파 교류전압을 가하였을 때 C에 흐르는 전류를 구하여 보자. 이 때 정전용량 C[F]에 축적되는 전하 q[C]는

$$q = C \cdot v = C \cdot V_m \sin\omega t[\mathrm{C}] \tag{6.8}$$

이고 $i = \dfrac{dq}{dt}$이므로

$$\begin{aligned} i &= \frac{dq}{dt} = \frac{dCv}{dt} = \frac{dC}{dt} V_m \sin\omega t = \frac{dCV_m \sin\omega t}{dt} \\ &= \omega C V_m \cos\omega t = \omega C V_m \sin\left(\omega t + \frac{\pi}{2}\right) \\ &= I_m \sin\left(\omega t + \frac{\pi}{2}\right)[\mathrm{A}] \end{aligned} \tag{6.9}$$

가 된다. 따라서 그림 6.4와 같이 전류는 전압보다 $\dfrac{\pi}{2}$[rad]위상이 앞선다. 전압이 0이면, 전류는 최대가 되고, 전압이 최대일 때는 전류가 0이 되며, 콘덴서는 반복하여 충전과 방전을 하게 된다.

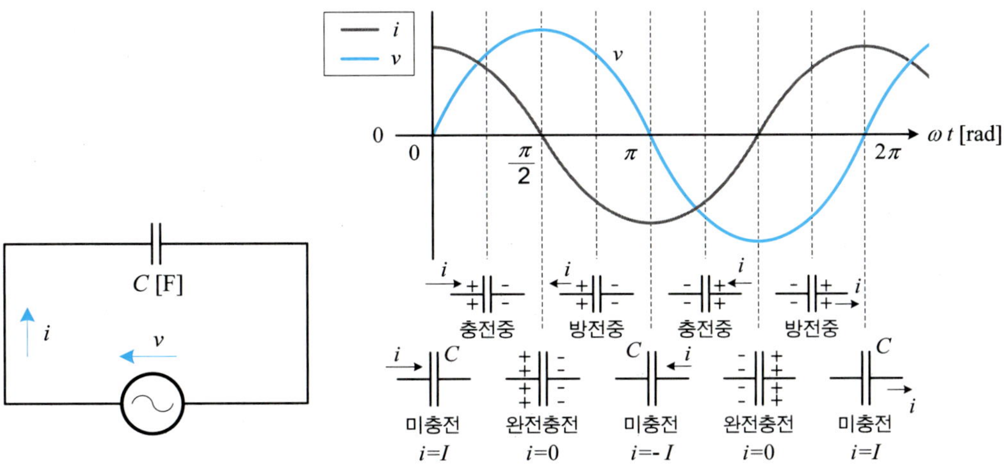

그림 6.4 정전용량회로의 전압과 전류

그림에서 전압과 전류의 실효값은 다음과 같다.

$$\text{콘덴서전압} \quad : V = X_C \cdot I = \frac{I}{\omega C}[\mathrm{V}]$$

$$\text{콘덴서전류} \quad : I = \frac{V}{\dfrac{1}{\omega C}} = \omega C V[\mathrm{A}]$$

$$\text{용량성 리액턴스} : X_C = -\frac{1}{\omega C} = -\frac{1}{2\pi f C}[\Omega] \qquad (6.10)$$

이 $\frac{1}{\omega C}$를 용량성 리액턴스(capacitive reactance)라 하고, X_C로 표현하지만 전압이 전류보다 위상이 $\frac{\pi}{2}$ [rad] 뒤지게 하는 효과가 있으며, 유도 리액턴스와 구별하기 위하여 용량성 리액턴스의 부호는 부(−)로 한다. 즉

$$X_C = -\frac{1}{\omega C} = -\frac{1}{2\pi f C}[\Omega], \quad I = \frac{V}{|X_C|}[\mathrm{A}]$$

로 하며, 단위는 저항의 단위 오옴[Ω]을 사용한다.

그림 6.4와 같은 콘덴서만으로 구성된 회로에서는

(1) 전압과 전류는 동일 주파수의 정현파이다.

(2) 전압은 전류보다 위상이 90° 늦다.

(3) 전압과 전류의 최대값(또는 실효값)의 비는 $\frac{1}{\omega C}$이다.

식 (6.10)에서 용량성 리액턴스 X_C는 캐패시턴스가 클수록, 또는 주파수가 높을수록 전류는 증가한다. 주파수가 낮을수록 전류는 콘덴서를 통하여 흐르기가 어렵기 때문에 콘덴서는 저주파 신호전류의 흐름을 억제하는데 이용된다.

$\frac{1}{\omega C}$은 ωL과 마찬가지로 캐패시턴스 회로의 전류를 제한하는 교류저항으로서 작용하지만, 인덕턴스와 달리 전압이 전류보다 위상이 $\frac{\pi}{2}$ [rad]뒤지게 되므로 유도성 리액턴스

X_L을 정(+), 용량성 리액턴스 X_C를 부(−)로 정한다.

캐패시터에는 직류가 통과할 수 없다.

이는 정상상태의 직류회로에서는 양단의 전위차가 일정하므로 $\frac{dV}{dt} = 0$이 되어 $i_c = C\left(\frac{dV}{dt}\right) = 0$으로 콘덴서에는 직류가 흐르지 못한다.

예제 6-3 정전용량 0.01[μF]인 콘덴서에 100[V], 60[Hz]의 교류전압을 가했을 때 용량리액턴스 및 전류의 실효값을 구하여라.

〈풀이〉

$$|X_C| = \frac{1}{2\pi f C} = \frac{1}{2 \times 3.14 \times 60 \times 0.01 \times 10^{-6}}$$

$$= 265392.5\,[\Omega]$$

$$I = \frac{V}{|X_C|} = \frac{100}{265 \times 10^3} = 0.377\,[\text{mA}]$$

6.4 R–L 직렬회로

지금까지 R, L, C 개별 수동소자에서의 전압-전류의 관계를 구하였으나, 수동소자가 두 개 이상 직렬로 접속된 회로의 전압-전류 관계를 구하여 보기로 한다. 그림 6.5(a)에 $R-L$ 직렬회로를 나타내었다.

이 그림은 직렬회로이므로 R과 L에는 크기와 위상이 같은 전류 $i = I_m \sin\omega t$[A]가 흐르게 된다. 이 때 각 수동소자에 i의 방향으로 생기는 전압강하를 v_R, v_L이라 하고 전체 전압강하 v를 구하면 KVL에 의하여

$$v = v_R + v_L \tag{6.11}$$

$$v_R = Ri = RI_m \sin\omega t$$

$$v_L = L\frac{di}{dt} = \omega L I_m \sin\left(\omega t + \frac{\pi}{2}\right) = X_L I_m \cos\omega t$$

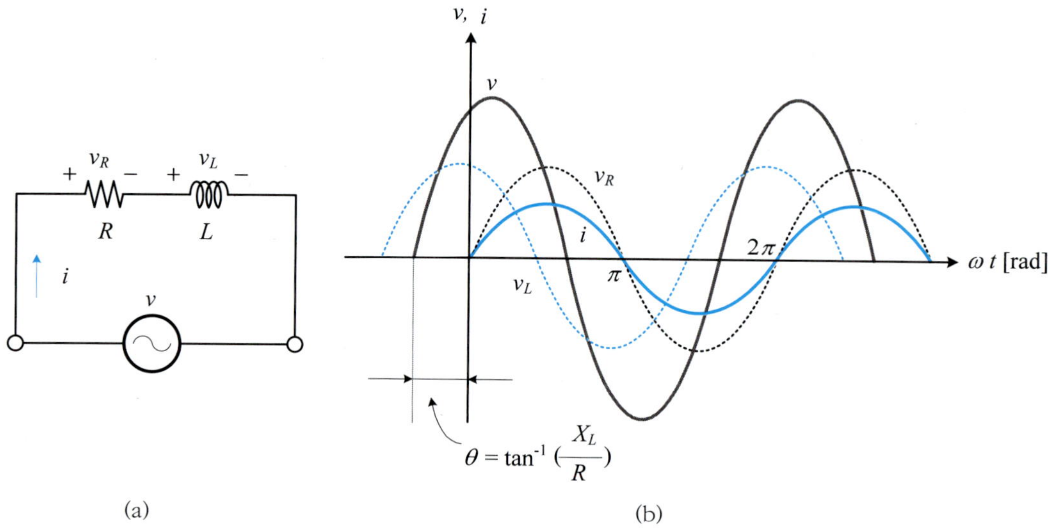

그림 6.5 R−L 직렬회로의 해석

이 식을 식(6.11)에 대입하면

$$v = v_R + v_L = I_m(R\sin\omega t + X_L\cos\omega t) \tag{6.12}$$

그림 6.6의 삼각함수식으로부터 식(6.13)이 유도된다.

$$\begin{aligned} x\sin a + y\cos a &= \sqrt{x^2+y^2}\left(\sin a\frac{x}{\sqrt{x^2+y^2}} + \cos a\frac{y}{\sqrt{x^2+y^2}}\right) \\ &= \sqrt{x^2+y^2}\,(\sin a\cos\theta + \cos a\sin\theta) \\ &= \sqrt{x^2+y^2}\,\sin(a+\theta) \end{aligned} \tag{6.13}$$

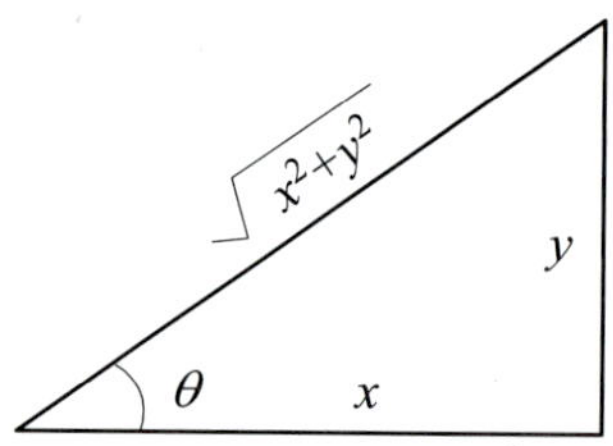

그림 6.6 삼각함수식

식(6.13)을 이용하여 식(6.12)는 다음과 같이 정리할 수 있다.

$$v = v_R + v_L = I_m \cdot \sqrt{R^2 + X_L^2}\left(\frac{R}{\sqrt{R^2 + X_L^2}} \cdot \sin\omega t + \frac{X_L}{\sqrt{R^2 + X_L^2}} \cdot \cos\omega t\right)$$

$$\boxed{v = I_m\sqrt{R^2 + {X_L}^2}\,\sin(\omega t + \theta)[\mathrm{V}]} \tag{6.14}$$

$$\text{단,} \quad \theta = \tan^{-1}\frac{V_L}{V_R} = \tan^{-1}\frac{\omega L}{R} \tag{6.15}$$

식(6.14)으로부터 v의 최대치는

$$\boxed{V_m = I_m\sqrt{R^2 + X_L^2}} \tag{6.16}$$

여기서 전압과 전류의 실효값과의 관계는

$$\boxed{\begin{aligned} V &= \sqrt{V_R^2 + V_L^2} = \sqrt{(IR)^2 + (I\omega L)^2} \\ &= I\sqrt{R^2 + (\omega L)^2} = I\sqrt{R^2 + X_L^2}\,[\mathrm{V}] \end{aligned}} \tag{6.17}$$

또는

$$I = \frac{V}{\sqrt{R^2 + X_L^2}} = \frac{V}{Z}[\mathrm{A}] \tag{6.18}$$

위의 식에서 단자전압과 전류의 비와 위상차는 회로해석에서 매우 중요한 양이며, 그림 6.6에서 빗변 부분은 임피던스의 크기 Z를 나타내며 단위는 옴[Ω]이다. 임피던스는 전압과 전류의 관계를 결정짓는 교류저항의 일종이다. 또한 θ를 임피던스 각이라 하며 전압과 전류의 위상차를 나타낸다.

$$Z = \frac{V}{I} = \frac{I\sqrt{R^2 + X_L^2}}{I} = \sqrt{R^2 + {X_L}^2}\ [\Omega]$$

$$\theta = \text{전압의 위상} - \text{전류의 위상} = \tan^{-1}\frac{X_L}{R} \qquad (6.19)$$

$R-L$ 직렬회로의 전압, 전류, 임피던스 및 위상관계

$$\text{전압} : V = IZ[\mathrm{V}]$$

$$\text{전류} : I = \frac{V}{Z}[\mathrm{A}]$$

$$\text{임피던스} : Z = \frac{V}{I} = \sqrt{R^2 + X_L^2}\ [\Omega]$$

$$\text{전압전류 위상차} : \theta = \tan^{-1}\frac{X_L}{R} = \tan^{-1}\frac{\omega L}{R} \qquad (6.20)$$

어떤 회로의 임피던스(impedance)의 크기와 각을 알고, v와 i의 크기와 위상을 알면 다른 쪽의 크기와 위상을 구할 수 있다. 이상의 결과로 볼 때 그림 6.5(b)는 이때의 i, v, v_R, v_L 사이의 파형 관계를 보여준다.

예제 6-4 그림 6.5에서 $i = 14.14\sin 157t[\mathrm{A}]$, $R = 5[\Omega]$, $L = 40[\mathrm{mH}]$일 때, 합성 임피던스 Z와 회로의 전압 V를 구하라.

〈풀이〉

$$X_L = \omega L = 2\pi f L = 157 \times 40 \times 10^{-3} = 6.28[\Omega]$$

$$\therefore\ Z = \sqrt{R^2 + X_L^2} = \sqrt{5^2 + 6.28^2} = 8.027[\Omega]$$

$$I = \frac{I_m}{\sqrt{2}} = \frac{14.14}{\sqrt{2}} = 10[\mathrm{A}]$$

$$\therefore\ V = IZ = 10 \times 8.027 = 80.27[\mathrm{V}]$$

예제 6-5 저항 $R\,[\Omega]$과 유도 리액턴스 $X_L\,[\Omega]$을 직렬로 접속하고 $100\,[\mathrm{V}]$의 교류전압을 가했을 때, 전류가 $10\,[\mathrm{A}]$ 흘렀다. 여기에 $15\,[\Omega]$의 무유도 저항을 직렬로 연결하여 동일전압을 가했을 때, 전류는 $5\,[\mathrm{A}]$로 감소되었다. R 및 X_L의 값을 구하라.

〈풀이〉 R과 X_L의 직렬회로에서 $10\,[\mathrm{A}]$의 전류가 흐르므로

$$10 = \frac{100}{\sqrt{R^2 + X_L^2}}$$

$$\therefore\ R^2 + X_L^2 = 100\,[\Omega] \tag{1}$$

다음 $15\,[\Omega]$의 무유도 저항을 접속한 경우 $5\,[\mathrm{A}]$의 전류가 흐르므로

$$5 = \frac{100}{\sqrt{(R+15)^2 + X_L^2}}$$

$$\therefore\ R^2 + 30R + X_L^2 = 175 \tag{2}$$

(1), (2)에서

$$\therefore\ R = 2.5\,[\Omega],\quad X_L = 9.68\,[\Omega]$$

6.5 R-C 직렬회로

그림 6.7(a)와 같이 $R-C$ 직렬회로에 $i = I_m \sin\omega t$가 흐르고 있는 경우 각 회로소자의 단자전압과 전류의 파형은 그림 6.7(b)와 같다.

저항 R의 단자전압 v_R과 전류는 동위상이고 캐패시턴스 C를 흐르는 전류는 단자전압 v_C보다 위상이 $\frac{\pi}{2}\,[\mathrm{rad}]$ 앞선다.

따라서 회로에 인가되는 전압 v는

$$v = v_R + v_C \tag{6.21}$$

여기서

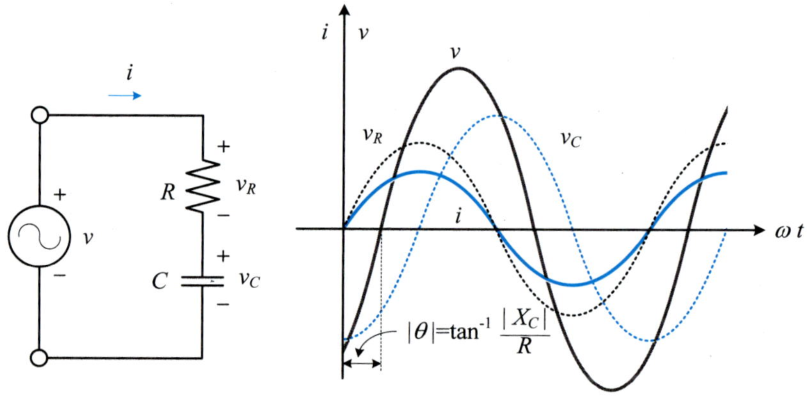

(a) (b)

그림 6.7 R−C 직렬회로의 해석

$$v_R = iR = RI_m \sin\omega t$$

$$v_C = \frac{1}{C}\int i\,dt = \frac{1}{C}\int I_m \sin\omega t\,dt = -\frac{1}{\omega C}I_m \cos\omega t = X_C I_m \cos\omega t$$

이므로

$$\begin{aligned} v &= v_R + v_C = RI_m \sin\omega t + X_C I_m \cos\omega t \\ &= I_m (R\sin\omega t + X_C \cos\omega t) \\ &= I_m \sqrt{R^2 + {X_C}^2}\,\sin(\omega t + \theta)[\text{V}] \end{aligned} \tag{6.22}$$

$$\theta = \tan^{-1}\frac{V_C}{V_R} = \tan^{-1}\frac{X_C}{R} = \tan^{-1}\frac{-1}{\omega CR}$$

이 되며 $R-C$ 직렬회로에서는 항상 전류는 전압보다 θ 만큼 위상이 앞선다. 식 (6.22)에서 V의 최대값을 V_m이라 하면

$$V_m = I_m \sqrt{R^2 + X_C^2} \tag{6.23}$$

전압과 전류의 실효값 관계는

$$V = \sqrt{V_R^2 + V_C^2} = \sqrt{(IR)^2 + (I\frac{1}{\omega C})^2}$$
$$= I\sqrt{R^2 + (\frac{1}{\omega C})^2} = I\sqrt{R^2 + X_C^2} = IZ \qquad (6.24)$$

또는

$$I = \frac{V}{\sqrt{R^2 + X_C^2}} = \frac{V}{Z} \qquad (6.25)$$

인 관계가 성립한다.

식(6.24), (6.25)에서 전압과 전류의 비를 구하면

$$\frac{V}{I} = \sqrt{R^2 + X_C^2} = Z[\Omega] \qquad (6.26)$$

이 되며, $Z = \sqrt{R^2 + X_C^2}$을 $R - C$ 직렬회로의 합성 임피던스라 한다.

$$\theta = \tan^{-1}\frac{X_C}{R} = \tan^{-1}\frac{-\frac{1}{\omega C}}{R} = \tan^{-1}\frac{-1}{\omega CR} \qquad (6.27)$$

$R - C$ 직렬회로의 전압, 전류, 임피던스 및 위상관계

전압 : $V = IZ[\mathrm{V}]$

전류 : $I = \frac{V}{Z}[\mathrm{A}]$

임피던스 : $Z = \frac{V}{I} = \sqrt{R^2 + X_C^2}[\Omega]$

전압전류 위상차 : $\theta = \tan^{-1}\frac{X_C}{R} = \tan^{-1}\frac{-1}{\omega CR}$ (6.28)

예제 6-6 $R=80[\Omega]$, $C=1[\mu F]$의 직렬회로에 $v=10\sin(10000t+30^\circ)[V]$로 표시되는 전압을 걸었을 때 흐르는 순시전류를 구하라.

〈풀이〉 용량 리액턴스

$$\boldsymbol{X}_C = \frac{-1}{\omega C} = \frac{-1}{10000\times 1\times 10^{-6}} = \frac{-10^6}{10^4} = -100[\Omega]$$

$$\therefore Z = \sqrt{80^2+(-100)^2} \fallingdotseq 128[\Omega]$$

전압과 전류 사이의 위상각 θ 는

$$\theta = \tan^{-1}\frac{-100}{80} \fallingdotseq -51.3^\circ$$

즉, 전류가 전압보다 51.3°만큼 앞선다.

$$i = \frac{10}{128}\sin\{(10000t + 30^\circ) + 51.3^\circ\}$$

$$\therefore\ i = 0.078\sin(10000t+81.3^\circ)[A]$$

예제 6-7 $R=100[\Omega]$, $C=10[\mu F]$인 직렬 회로에 $V=100[V]$, $f=50[Hz]$인 전압을 가했을 때 흐르는 전류의 실효값 I 및 위상차 θ를 구하여라.

〈풀이〉

$$Z = \sqrt{R^2+\left(\frac{-1}{\omega C}\right)^2} = \sqrt{100^2+\left(\frac{-1}{2\pi\times 50\times 10\times 10^{-6}}\right)^2} = 333.5[\Omega]$$

$$\therefore\ I = \frac{V}{Z} = \frac{100}{333.5} = 0.3[A]$$

위상차 θ 는

$$\tan\theta = \frac{-1}{\omega CR} = \frac{-1}{2\pi\times 50\times 10\times 10^{-6}\times 100} = -3.18$$

에서

$$\therefore \theta = \tan^{-1}(-3.18) = -72.54^\circ$$

Chapter 06 연습문제

문제 1 저항 $R_1 = 10\,[\Omega]$, $R_2 = 40\,[\Omega]$이 직렬로 연결된 회로에 $100[\mathrm{V}]$, 60[Hz]인 전압이 인가될 때, 회로의 전류(I) 및 R_2 양단의 전압 (V)를 구하라.

문제 2 $L = 40\,[\mathrm{mH}]$인 코일에 $v = \sqrt{2} \cdot 100\sin 100\pi t\,[\mathrm{V}]$의 전압을 인가할 때, 이 코일의 리액턴스 X_L, 전류의 실효값 I 및 순시값 i를 구하라.

문제 3 정전용량이 $50[\mu\mathrm{F}]$인 캐패시터가 있다.
이 캐패시터에 $v = \sqrt{2} \cdot 100\sin 377t\,[\mathrm{V}]$의 교류전압을 인가했을 때, 회로의 리액턴스 X_C, 전류의 실효값 및 순시값을 구하라.

문제 4 $1[\mu\mathrm{F}]$인 캐패시터에 60[Hz]인 전원을 인가했을 때 용량 리액턴스(X_C)의 값은?

문제 5 60[Hz], $100[\mathrm{V}]$의 교류 전압을 어떤 콘덴서에 가할 때 $1[\mathrm{A}]$의 전류가 흐른다면, 이 콘덴서의 정전용량$[\mathrm{C}]$은 얼마인가?

문제 6 $0.1[\mathrm{H}]$인 코일의 리액턴스가 $377[\Omega]$일 때 주파수는 얼마인가?

문제 7 $R = 10\,[\Omega]$, $L = 20\,[\mathrm{mH}]$인 $R-L$ 직렬회로에 주파수 $f = 60\,[\mathrm{Hz}]$, 전압 220 $[\mathrm{V}]$인 교류전압을 인가했을 때, 리액턴스(X_L), 임피던스(Z), 전류(I), 저항과 코일 양단에 걸리는 전압 V_R, V_L을 구하라.

문제 8 $R = 10\,[\mathrm{k}\Omega]$, $C = 1\,[\mu\mathrm{F}]$인 $R-C$ 직렬회로에 주파수 $f = 60\,[\mathrm{Hz}]$, 전압 220 $[\mathrm{V}]$ 교류전압을 인가했을 때, 리액턴스(X_C), 임피던스(Z), 전류(I)를 구하라.

Chapter

07

복소수와 페이저

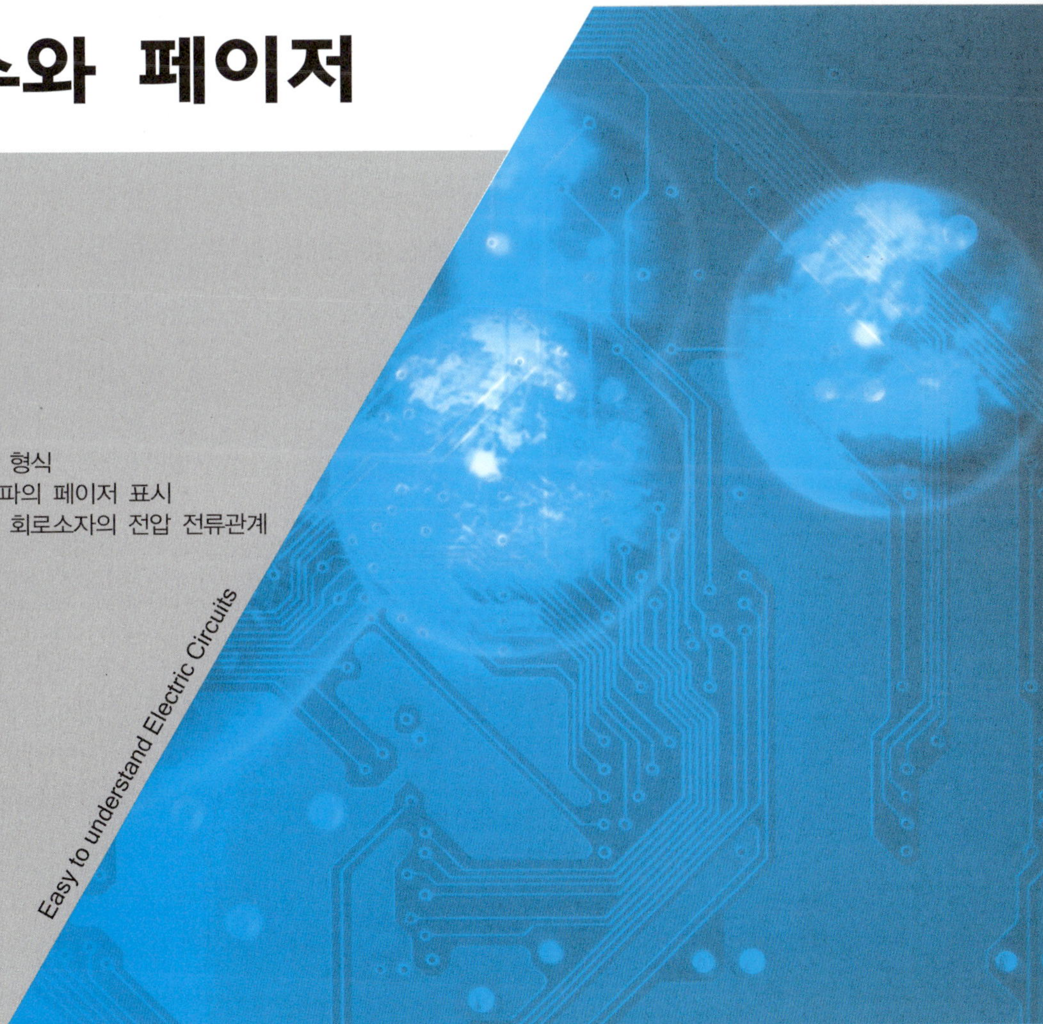

Easy to understand Electric Circuits

교류회로를 해석하기 위해서는 정현파의 연산을 수행하여야 한다. 그런데, 순시값으로 표현하고 삼각함수 형태로 표현된 교류파형을 옴의 법칙이나 키르히호프 법칙을 적용하면 복잡한 연산이 된다. 바로 이 같은 문제를 피하기 위해 교류회로를 복소수로 표현하는 것이다.

정현파를 복소수로 바꾸면 정현파의 가감이 복소수의 가감이 되며, 교류회로를 직류회로와 같이 대수적인 방법으로 취급할 수 있어 해석이 간편해진다.

7.1 복소수

지금까지 우리는 4, $\frac{5}{7}$, $\sqrt{3}$과 같은 실수만을 다루어 왔다.

그러나 $x^2 = -16$과 같은 방정식을 풀기 위해서는 허수연산자를 도입하여야 한다. 허수연산자는 j로 표현하며 다음과 같이 정의한다.

$$j^2 = -1 \tag{7.1}$$

그러므로

$$j = \sqrt{-1} \tag{7.2}$$

이 된다. 따라서 $x^2 = -16$의 해를 $x = \pm j4$로 표시할 수 있다.

이와 같이 실수와 허수연산자 j의 곱으로 표시되는 수를 허수(imaginary number)라 하고, 실수(real number)와 허수의 합으로 표시되는 수를 복소수(complex number)라 한다.

복소수는 대문자위에 점을 찍거나($\dot{A}$, $\dot{B}$, $\dot{C}$, $\cdots$) 또는 굵은 대문자($\boldsymbol{A}$, $\boldsymbol{B}$, $\boldsymbol{C}$, $\cdots$)로 표시하는데, 본 서에서는 굵은 대문자를 사용하여 표시하기로 한다. 복소수로 표현된 $\boldsymbol{A} = a + jb$에서 a를 실수성분(real component) 혹은 실수부(real part)라 하고, b를 허수성분(imaginary component) 혹은 허수부(imaginary part)라고 한다.

$$\underset{\text{복소수}}{\boldsymbol{A}} = \underset{\text{실수부}}{a} + \underset{\text{허수부}}{jb} \tag{7.3}$$

실수부와 허수부는 각각 다음과 같이 표현할 수 있다.

$$a = Re[\boldsymbol{A}], \qquad b = Im[\boldsymbol{A}] \tag{7.4}$$

7.2 복소평면

복소수는 직각좌표계에서 그림 7.1과 같이 나타낼 수 있는 데, 이와 같이 가로축은 실수축이고, 세로축은 허수축으로 되어 있는 평면을 복소평면(complex plane)이라 한다.

예를 들어 $\boldsymbol{A} = 2 + j3$를 복소평면 상에 나타내면, 그림 7.1(a)와 같이 나타내거나 그림 7.1(b)와 같이 원점에서 점까지 화살표를 그어 나타내는 경우도 있다. 이와 같이 하면, 복소수의 가감시 그림으로 쉽게 표현할 수 있기 때문이다.

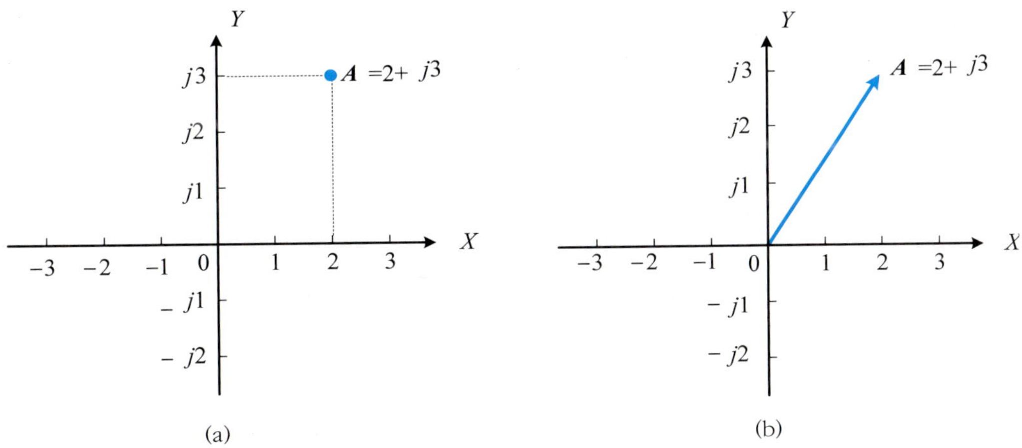

그림 7.1 복소평면

복소수를 $\boldsymbol{A} = a + jb$와 같이 실수와 허수의 합으로 나타낸 것을 직각좌표 형식이라고 한다.

7.3 복소수의 연산

두 복소수에 관한 여러 가지 연산은 실수연산을 복소수의 특수한 경우의 하나로 포함하도록 정의한다. 복소수 $\boldsymbol{A}_1 = a_1 + jb_1$와 $\boldsymbol{A}_2 = a_2 + jb_2$의 연산에서 $b_1 = 0$, $b_2 = 0$인 경우에는 실수의 사칙연산이 성립한다.

가. 상등의 정리

두 복소수 $\boldsymbol{A}_1 = a_1 + jb_1$와 $\boldsymbol{A}_2 = a_2 + jb_2$는 $a_1 = a_2$이고, $b_1 = b_2$인 경우에 한하여 서로 같다고 정의한다. 따라서 $a_1 = 0$이고 $b_1 = 0$인 경우에 한하여 $\boldsymbol{A}_1 = a_1 + jb_1 = 0$이다. 즉, 복소평면상의 원점을 의미한다.

나. 복소수의 덧셈과 뺄셈

두 복소수 $\boldsymbol{A}_1$, $\boldsymbol{A}_2$가

$$\boldsymbol{A}_1 = a_1 + jb_1, \ \boldsymbol{A}_2 = a_2 + jb_2 \tag{7.5}$$

라고 할 때 두 복소수의 가법과 감법에 있어서 실수부는 실수부끼리 허수부는 허수부끼리 더하거나 빼주면 된다.

$$\begin{aligned} \boldsymbol{A} &= \boldsymbol{A}_1 + \boldsymbol{A}_2 = (a_1 + jb_1) + (a_2 + jb_2) \\ &= (a_1 + a_2) + j(b_1 + b_2) \end{aligned} \tag{7.6}$$

$$\begin{aligned} \boldsymbol{B} &= \boldsymbol{A}_1 - \boldsymbol{A}_2 = (a_1 + jb_1) - (a_2 + jb_2) \\ &= (a_1 - a_2) + j(b_1 - b_2) \end{aligned} \tag{7.7}$$

예제 7-1 복소수 $\boldsymbol{A} = 5 + j7$과 $\boldsymbol{B} = 4 - j9$의 합을 구하라.

〈풀이〉 $\boldsymbol{A} + \boldsymbol{B} = (5 + 4) + j(7 - 9) = 9 - j2$

예제 7-2 복소수 $\boldsymbol{A} = 5 - j3$ 과 $\boldsymbol{B} = 2 + j2$ 의 차를 구하라.

〈풀이〉 $$\boldsymbol{A} - \boldsymbol{B} = (5-2) + j(-3-2) = 3 - j5$$

다. 복소수의 곱셈

두 복소수의 곱은 허수단위 j 의 관계에 유의하여 대수적으로 계산하면 된다. 직각좌표형식인 경우

$$\begin{aligned} \boldsymbol{A}_1 \times \boldsymbol{A}_2 &= (a_1 + jb_1)(a_2 + jb_2) \\ &= (a_1 a_2 - b_1 b_2) + j(a_1 b_2 + b_1 a_2) \end{aligned} \tag{7.8}$$

단, $j \cdot j = j^2 = -1$이다.

라. 복소수의 나눗셈

직각좌표형식의 복소수의 나누기인 경우 분모를 유리화하기 위하여 분모의 공액수를 분모와 분자에 곱하여 계산한다.

$$\begin{aligned} \boldsymbol{A} &= \frac{\boldsymbol{A}_1}{\boldsymbol{A}_2} = \frac{a_1 + jb_1}{a_2 + jb_2} = \frac{(a_1 + jb_1)(a_2 - jb_2)}{(a_2 + jb_2)(a_2 - jb_2)} \\ &= \frac{a_1 a_2 + b_1 b_2}{a_2^2 + b_2^2} + j\frac{a_2 b_1 - a_1 b_2}{a_2^2 + b_2^2} \end{aligned} \tag{7.9}$$

예제 7-3 복소수 $\boldsymbol{A} = 5 - j3$ 과 $\boldsymbol{B} = 2 + j2$ 의 곱을 구하라.

〈풀이〉 $$\boldsymbol{A} \times \boldsymbol{B} = (5 - j3)(2 + j2) = (10 + 6) + j(10 - 6) = 16 + j4$$

예제 7-4 복소수 $\boldsymbol{A} = 5 + j3$ 과 $\boldsymbol{B} = 1 + j2$ 일 때 $\dfrac{\boldsymbol{A}}{\boldsymbol{B}}$ 를 구하라.

〈풀이〉 $$\frac{\boldsymbol{A}}{\boldsymbol{B}} = \frac{5 + j3}{1 + j2} = \frac{(5 + j3)(1 - j2)}{(1 + j2)(1 - j2)} = \frac{11 - j7}{5} = 2.2 - j1.4$$

마. 공액복소수(complex conjugate)

실수부와 허수부의 크기는 같고 허수부의 부호가 반대인 두 복소수를 공액복소수라 한다.

$$\text{공액복소수} \quad a + jb \;\rightarrow\; a - jb \tag{7.10}$$

그림 7.2에서 $a-jb$의 공액복소수는 $a+jb$가 된다. 공액복소수끼리의 합과 차 또는 곱의 결과는 실수 또는 허수가 되기 때문에 복소수의 계산에서 자주 이용된다. 즉,

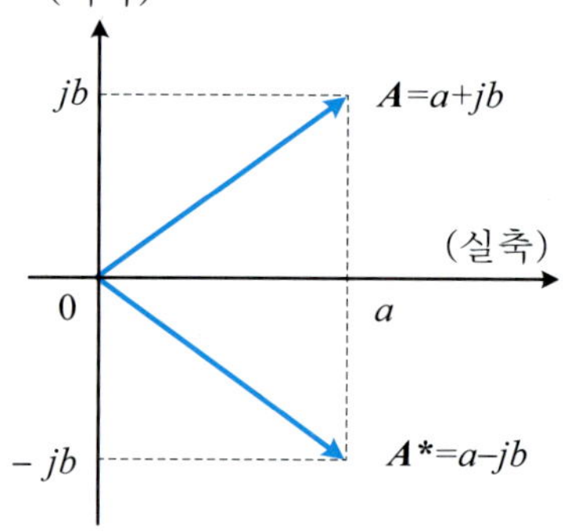

그림 7.2 공액복소수

$$\begin{aligned} \boldsymbol{A} + \boldsymbol{A}^* &= (a + jb) + (a - jb) = 2a \\ \boldsymbol{A} - \boldsymbol{A}^* &= (a + jb) - (a - jb) = j2b \\ \boldsymbol{A}\boldsymbol{A}^* &= (a + jb)(a - jb) = a^2 + b^2 \end{aligned} \tag{7.11}$$

어떤 복소수와 그 공액복소수와의 곱이 실수가 된다는 것은 두 복소수의 나눗셈에서 분모를 유리화하는데 쓰인다. 서로 공액인 두 복소수는 복소평면 위에서 실수축에 대하여 대칭이 된다.

예제 7-5 복소수 $\boldsymbol{A} = 5 + j7$ 의 공액복소수 $\boldsymbol{A}^*$ 와, $\boldsymbol{A} + \boldsymbol{A}^*$, $\boldsymbol{A} - \boldsymbol{A}^*$, $\boldsymbol{A}\boldsymbol{A}^*$ 를 각각 구하여라.

〈풀이〉 $\boldsymbol{A}^* = 5 - j7, \quad \boldsymbol{A} + \boldsymbol{A}^* = (5 + j7) + (5 - j7) = 10$

$$\boldsymbol{A} - \boldsymbol{A}^* = (5 + j7) - (5 - j7) = j14$$

$$\boldsymbol{A}\boldsymbol{A}^* = (5 + j7)(5 - j7) = 25 + 49 = 74$$

바. 기하학적 방법에 의한 복소수의 덧셈과 뺄셈

복소수의 덧셈, 뺄셈은 복소평면 상에서 기하학적으로 매우 쉽게 할 수 있다. 그림 7.3에서처럼 두 복소수를 기하학적으로 합하는데 있어서는 벡터 가법에서의 평행사변형 법을 그대로 적용하거나, 또는 그림 7.3(b)와 같이 삼각형법을 써도 된다. 특히 여러 개의 복소수를 더할 때에는 삼각형법이 더 유리하다.

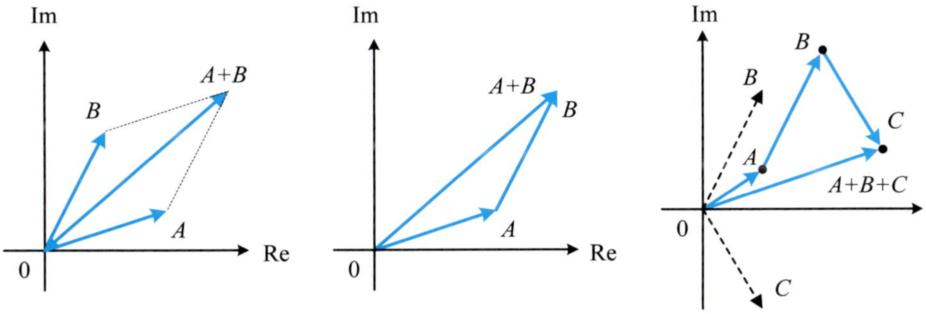

(a) 평행사변형법 (b) 삼각형법 (c) 다각형법

그림 7.3 복소수의 기하학적 덧셈법

그림 7.3에서 복소수 뺄셈의 경우도 $\boldsymbol{A} - \boldsymbol{B}$를 기하학적으로 구하려면, $\boldsymbol{A}$에 $-\boldsymbol{B}$와의 합성 $\boldsymbol{A} + (-\boldsymbol{B})$로 생각하여 먼저 점 $-\boldsymbol{B}$(원점에 대하여 점 $\boldsymbol{B}$와 대칭이 되는 점)를 구한 후 이것과 $\boldsymbol{A}$를 위와 같은 방법으로 해결할 수 있다.

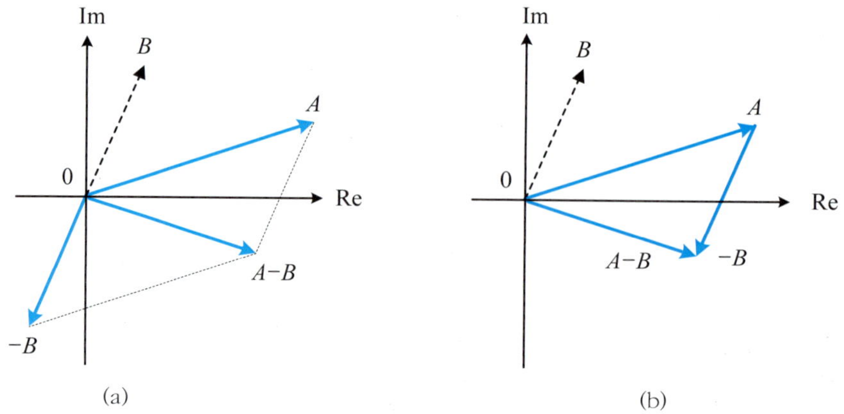

그림 7.4 복소수의 기하학적 뺄셈법

사. 복소수와 j와의 곱

복소수 $\boldsymbol{A} = a + jb$에 j와 $-j$를 곱하면 어떻게 변하는가를 계산해 보자.

(1) j 곱하기

$$j\boldsymbol{A} = j(a + jb) = ja + j^2 b$$
$$= ja + (-1) \times b$$
$$= -b + ja$$

∴ 시계 반대 방향으로 90°를 회전시킨 것과 같음.

(2) $-j$ 곱하기

$$(-j)\boldsymbol{A} = (-j)(a + jb)$$
$$= -ja - j^2 b$$
$$= -ja - (-1) \times b$$
$$= b - ja$$

∴ 시계 방향으로 90°를 회전시킨 것과 같음.

(3) j로 나누기

$$\frac{\boldsymbol{A}}{j} = -j\boldsymbol{A} = b - ja$$

∴ 시계 방향으로 90°를 회전시킨 것과 같음.

(4) $-j$로 나누기

$$\frac{\boldsymbol{A}}{-j} = j\boldsymbol{A} = -b + ja$$

$\therefore$ 시계 반대 방향으로 90°를 회전시킨 것과 같음.

이와 같이 복소수 $\boldsymbol{A} = a + jb$에 j와 $-j$를 곱해주면 시계 반대 방향 90° 혹은 시계 방향으로 90° 회전시킨 것과 같게 된다.

이상과 같은 결과로부터 알 수 있듯이 복소수 $\boldsymbol{A}$에 허수단위인 j를 곱해주거나 또는 $\boldsymbol{A}$를 j로 나누면, j는 그 복소수를 원점을 중심으로 시계 반대 방향 또는 시계 방향으로 90°회전시켜주는 것과 같게 된다. 이런 의미에서 j를 회전연산자(rotational operator)라고 한다.

$$\begin{aligned} &j = \sqrt{-1}, \quad (+1)\times j = j, \quad j^2 = -1, \quad j^3 = j^2\times j = -j, \\ &j^4 = j^2\times j^2 = (-1)\times(-1) = 1, \quad j^5 = j^2\times j^2\times j = j \end{aligned} \tag{7.12}$$

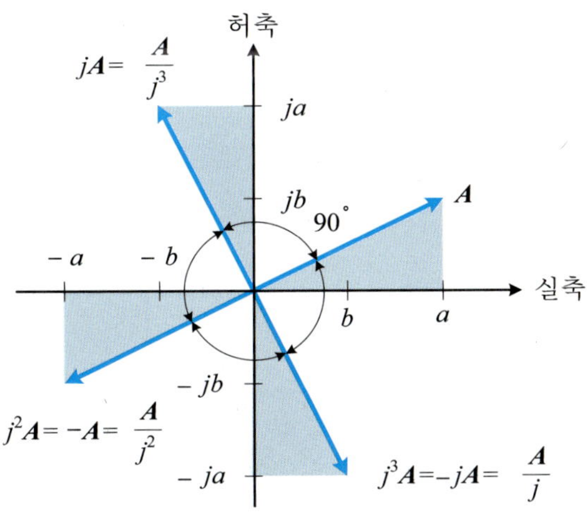

그림 7.5 회전연산자 j

예제 7-6 복소수 $\boldsymbol{A} = 6 - j8$에 j, $-j$, $\frac{1}{j}$, $\frac{1}{-j}$을 곱하여라.

〈풀이〉

$$j\boldsymbol{A} = j(6 - j8) = j6 - j^2 8 = 8 + j6$$

$$-j\boldsymbol{A} = (-j)(6-j8) = -j6 + j^2 8 = -8 - j6$$

$$\frac{\boldsymbol{A}}{j} = \frac{6-j8}{j} = \frac{j6-j^2 8}{j^2} = -8-j6$$

$$\frac{\boldsymbol{A}}{-j} = \frac{6-j8}{-j} = \frac{j6-j^2 8}{-j^2} = 8+j6$$

7.4 복소수의 표시 형식

복소수는 실수부와 허수부로서 $a+jb$와 같은 직각좌표 형식(rectangular form)으로 나타낸다. 그러나 복소평면에서 보면 어떤 점에 대응하는 복소수는 크기와 각을 갖는 양이라고 볼 수 있으므로, 크기와 각을 갖는 형식인 극좌표 형식(polar form), 삼각함수 형식(trigonometric form), 지수함수 형식(exponential form) 등으로의 표현이 가능하다.

직각좌표 형식 : $\boldsymbol{A} = a + jb$ (복소수 = 실수부 + 허수부) (7.13)

극좌표 형식 : $\boldsymbol{A} = A \angle \theta$ (복소수 = 크기, 편각) (7.14)

삼각함수 형식 : $\boldsymbol{A} = A(\cos\theta + j\sin\theta)$ (복소수 = 크기, 삼각함수) (7.15)

지수함수 형식 : $\boldsymbol{A} = A\epsilon^{j\theta}$ (복소수 = 크기, 지수함수) (7.16)

7.4.1 극좌표 형식

극좌표란 복소평면에서 양의 실수축으로부터 반시계 방향으로 이루어지는 각도와 원점으로부터의 거리를 한 점으로 표현하는 좌표형식을 말한다. 그림 7.6은 극좌표 형식의 복소수를 나타낸 것으로, 직각좌표 형식의 실수부와 허수부 사이에는 다음과 같은 관계가 있다.

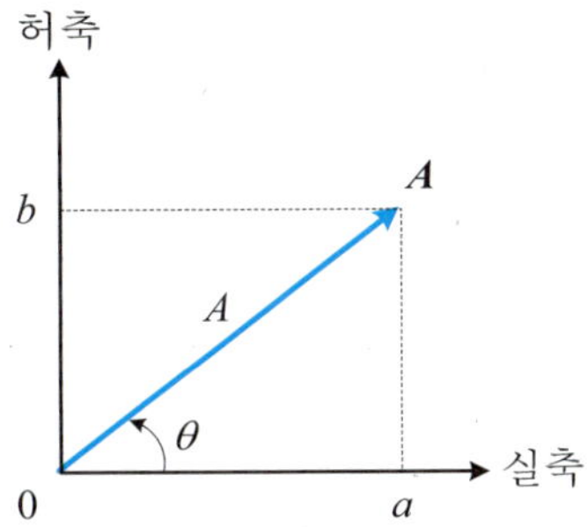

그림 7.6 복소수의 극좌표 형식

$$\boldsymbol{A} = a + jb = A \angle \theta$$

$$A = \sqrt{a^2 + b^2}, \quad \theta = \tan^{-1}\frac{b}{a} \tag{7.17}$$

여기서 A를 복소수의 절대값이라고도 하며, $|\boldsymbol{A}|$라고 표현할 때도 있다. 참고로, 본서에서는 굵은 대문자는 복소수를 나타내고, 일반 대문자인 경우에는 단순히 크기를 나타내는 것으로 사용한다.

극좌표 형식의 복소수 곱셈과 나눗셈

복소수를 극좌표 형식으로 나타낸 경우 복소수의 곱셈과 나눗셈의 계산은 매우 쉽게 된다.

$\boldsymbol{A} = A\underline{/\alpha}, \quad \boldsymbol{B} = B\underline{/\beta}$일 때

$$\boldsymbol{AB} = (A\angle\alpha)(B\angle\beta) = AB\,\underline{/\alpha+\beta}$$

$$\frac{\boldsymbol{A}}{\boldsymbol{B}} = \frac{A\angle\alpha}{B\angle\beta} = \frac{A}{B}\underline{/\alpha-\beta} \tag{7.18}$$

예제 7-7 다음 복소수를 극좌표 형식으로 나타내어라.

(1) $3+j5$ (2) $2-j5$ (3) $-3-j6$

〈풀이〉 $\boldsymbol{A} = a+jb \rightarrow \boldsymbol{A} = \sqrt{a^2+b^2}\ \underline{/\tan^{-1}\frac{b}{a}}$

(1) $A = \sqrt{3^2+5^2} = \sqrt{34} = 5.8$

$\theta = \tan^{-1}\left(\frac{5}{3}\right) = 59.0^\circ$

$\therefore\ \boldsymbol{A} = 5.8\underline{/59.0^\circ}$

(2) $A = \sqrt{2^2+(-5)^2} = \sqrt{29} = 5.39$

$\theta = \tan^{-1}\left(\frac{-5}{2}\right) = -68.2^\circ$

$\therefore\ \boldsymbol{A} = 5.39\underline{/-68.2^\circ}$

(3) $A = \sqrt{(-3)^2+(-6)^2} = \sqrt{45} = 6.7$

$\theta = \tan^{-1}\left(\frac{-6}{-3}\right) = 63.4^\circ$

$\therefore\ \boldsymbol{A} = 6.7\underline{/63.4^\circ} = 6.7\underline{/180+63.4} = 6.7\underline{/243.4^\circ}$

예제 7-8 복소수 $\boldsymbol{A} = 10\angle 30^\circ$ 를 직각좌표 형식으로 나타내어라.

〈풀이〉 $a = A\cos\theta,\ b = A\sin\theta \rightarrow \boldsymbol{A} = a+jb$

$a = 10\cos 30^\circ = 10\frac{\sqrt{3}}{2} = 5\sqrt{3} = 8.66$

$b = 10\sin 30^\circ = 10\frac{1}{2} = 5$

$\therefore\ \boldsymbol{A} = 8.66+j5$

예제 7-9 $\boldsymbol{A} = 4+j3,\ \boldsymbol{B} = 20\underline{/\frac{\pi}{3}}$ 일 때 $\boldsymbol{A}+\boldsymbol{B}$를 직각좌표 형식으로 나타내어라.

〈풀이〉 $\boldsymbol{B} = 20\underline{/60^\circ} = 20\left(\cos\frac{\pi}{3} + j\sin\frac{\pi}{3}\right) = 20\left(\frac{1}{2} + j\frac{\sqrt{3}}{2}\right)$

$= 10 + j10\sqrt{3} = 10 + j17.32$

$$\therefore\ \boldsymbol{A} + \boldsymbol{B} = (4 + j3) + (10 + j17.32) = 14 + j20.32$$

7.4.2 삼각함수 형식

복소수 $\boldsymbol{A} = a + jb$에 대한 그림 7.6에서 원점에서의 크기는 A가 되고, 수평축과의 편각을 θ라고 하면, 다음과 같이 삼각함수 형식으로 표현할 수 있다.

$$|\boldsymbol{A}| = A = \sqrt{a^2 + b^2} \tag{7.19}$$

$$\theta = \tan^{-1}\frac{b}{a} \tag{7.20}$$

$a = A\cos\theta$, $b = A\sin\theta$이므로 복소수 $\boldsymbol{A} = a + jb$는

$$\boldsymbol{A} = a + jb = A(\cos\theta + j\sin\theta) \tag{7.21}$$

와 같이 나타낼 수 있으며, 이와 같은 표현식을 삼각함수 형식이라 한다. 이는 복소수 $\boldsymbol{A}$를 직각좌표 또는 극좌표 형식으로의 변환에 쓰인다.

예제 7-10 $\boldsymbol{A}_1 = 25\left(\cos\frac{\pi}{3} + j\sin\frac{\pi}{3}\right)$, $\boldsymbol{A}_2 = 4\left(\cos\frac{\pi}{6} + j\sin\frac{\pi}{6}\right)$로 표시되는 두 복소수가 있다. $\boldsymbol{A}_1\boldsymbol{A}_2$와 $\dfrac{\boldsymbol{A}_1}{\boldsymbol{A}_2}$를 극좌표 형식으로 구하여라.

〈풀이〉 $\boldsymbol{A}_1 = 25\angle\frac{\pi}{3}$, $\boldsymbol{A}_2 = 4\angle\frac{\pi}{6}$ 이므로

$$\boldsymbol{A}_1\boldsymbol{A}_2 = \left(25\angle\frac{\pi}{3}\right)\left(4\angle\frac{\pi}{6}\right) = 25 \times 4\angle\frac{\pi}{3} + \frac{\pi}{6} = 100\angle\frac{\pi}{2}$$

$$\frac{\boldsymbol{A}_1}{\boldsymbol{A}_2} = \left(25\angle\frac{\pi}{3}\right) / \left(4\angle\frac{\pi}{6}\right) = \frac{25}{4}\angle\frac{\pi}{3} - \frac{\pi}{6} = 6.25\angle\frac{\pi}{6}$$

7.4.3 지수함수 형식

정현파를 취급함에 있어서 또 하나의 유용한 형식인 복소수를 지수함수 형식으로 표현하기 위해서는 다음의 오일러의 공식(Euler's formula)을 이용한다.

$$\text{오일러의 공식} \quad \epsilon^{j\theta} = \cos\theta + j\sin\theta \tag{7.22}$$

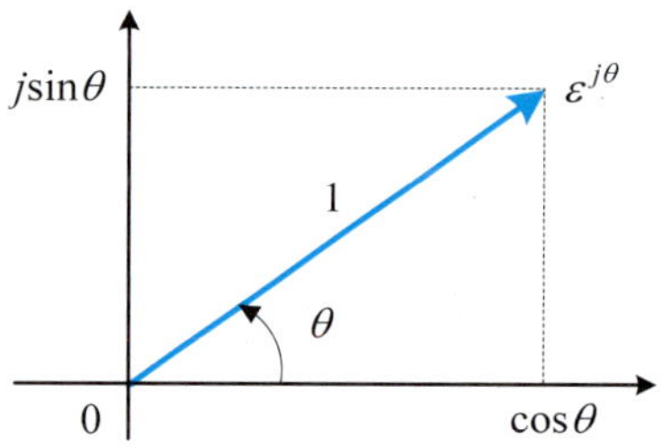

그림 7.7 오일러 공식의 표현

여기서 크기가 A 이고 각이 θ 인 복소수를 지수함수 형식으로 표현하면 다음과 같은 복소수의 지수함수 형식표현이 된다.

$$\boldsymbol{A} = A\underline{/\theta} = A(\cos\theta + j\sin\theta) = A\epsilon^{j\theta} \tag{7.23}$$

$\epsilon^{j\theta}$ 는 $A = 1$인 경우로서 크기가 1이고, 각이 θ 인 복소수를 말한다.

여기서 $\epsilon^{j\theta}$ 의 절대값은

$$|\epsilon^{j\theta}| = |\cos\theta + j\sin\theta| = \sqrt{\cos^2\theta + \sin^2\theta} = 1 \tag{7.24}$$

이므로 오일러의 공식을 극좌표 형식으로 표현하면

$$\epsilon^{j\theta} = \cos\theta + j\sin\theta = 1\underline{/\theta} \tag{7.25}$$

가 된다.

7.5 페이저 : 정현파의 페이저 표시

$v = V_m \sin(\omega t + \theta)$인 정현파 교류가 있을 때, 그림 7.8(a)와 같이 이 교류의 최대값 V_m과 크기가 같은 페이저 $0\boldsymbol{A}$가 있다.

이것을 X축에서 일정 각속도 ω[rad]로 $t = 0$을 중심으로 하여 반시계 방향으로 θ[rad]만큼 회전할 때, $V_m = 0\boldsymbol{A}$의 Y축상에 투영이 전압의 순시값을 나타낸다. 그림 7.8(a)에서 $v(0)$는 $t=0$에서 순시값, $v(t_1)$은 t_1초 후의 $v = V_m \sin(\omega t + \theta)$ 교류의 순시값을 나타낸다. 그러므로 횡축에 임의의 시각 t 때의 회전각 ωt를 나타내고, 종축에 회전하는 페이저 V_m의 Y축상의 투영을 그리면, 그림 7.8(b)의 정현파형 $v = V_m \sin(\omega t + \theta)$가 된다. 이와 같이 회전하는 페이저를 회전페이저(rotating phasor)라 한다. 즉, 정현파 교류는 $t = 0$인 때의 위상 θ의 위치를 기점으로 하여, 각속도 ω로 반시계방향으로 회전하는 최대치(V_m)의 회전페이저로 나타낼 수 있고, 이것의 Y축상의 투영은 교류의 순시값을 나타낸다. 따라서 정현파 전압과 전류를 페이저도로 나타내면 그림 7.8과 같다.

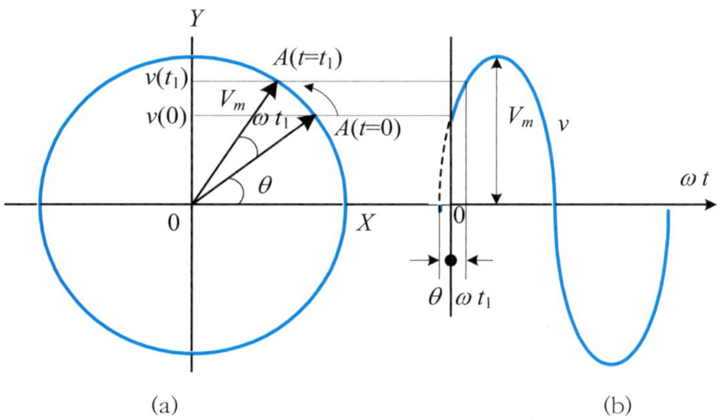

그림 7.8 정현파의 복소수 표시

페이저(phasor)란 위상(phase)에서 유래된 말로 정현파 교류신호를 실효값과 위상각을 사용하여 복소수로 나타낸 것을 말한다.

순시값 (삼각함수로 표시)
: 최대값(실효값), 주파수, 시간, 위상으로 표현

$$i = \sqrt{2}I\sin(\omega t + \alpha)$$

$$v = \sqrt{2}V\sin(\omega t + \beta)$$

$$i = I_m\sin(\omega t + \alpha)$$

$$v = V_m\sin(\omega t + \beta)$$

페이저 (복소수로 표시)
: 실효값, 위상으로 표현

(1) $\boldsymbol{I} = I\angle\alpha$

(2) $\boldsymbol{V} = V\angle\beta$

(3) $\boldsymbol{I} = \dfrac{I_m}{\sqrt{2}}\angle\alpha$

(4) $\boldsymbol{V} = \dfrac{V_m}{\sqrt{2}}\angle\beta$

이와 같이 페이저로 변환하여 분석하면, 교류회로의 해석을 저항회로와 같이 간단한 대수적 연산으로 처리할 수 있다.

예제 7-11 다음 각 정현파를 페이저로 변환하고, 복소평면상에 페이저도를 나타내어라.

(1) $v_1 = 60\sin\omega t$

(2) $i_2 = 7\sin(\omega t - 30°)$

(3) $i_3 = \sqrt{2}\,15\cos(\omega t + \dfrac{3\pi}{8})$

(4) $v_4 = -141.4\sin(\omega t + \dfrac{\pi}{3})$

〈풀이〉 (1) $\boldsymbol{V}_1 = \dfrac{60}{\sqrt{2}}\angle 0°$

(2) $\boldsymbol{I}_2 = \dfrac{7}{\sqrt{2}}\angle -30°$

(3) $\boldsymbol{I}_3 = 15\underline{/\dfrac{3\pi}{8} + \dfrac{\pi}{2}} = 15\angle\dfrac{7\pi}{8}$

(4) $v_4 = 141.4\sin\left(\omega t + \dfrac{\pi}{3} + \pi\right)$이므로

$\boldsymbol{V}_4 = 100\underline{/\dfrac{\pi}{3} + \pi} = -100\angle\dfrac{\pi}{3}$

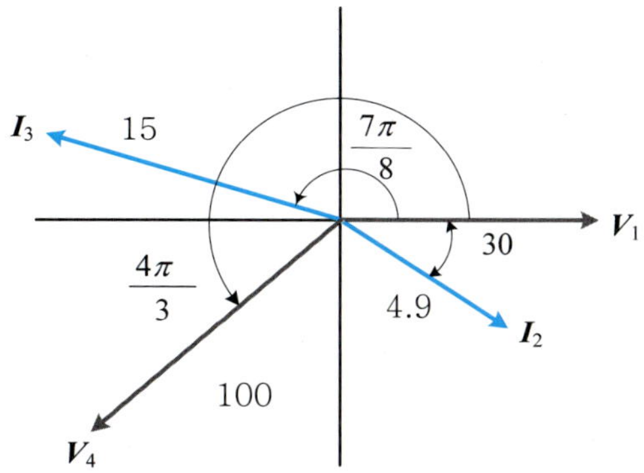

7.6 페이저에 의한 회로소자의 전압 전류관계

회로 해석에 있어서 회로의 기본 소자에 대하여 전압·전류 관계를 페이저로 나타내 보기로 한다. 아래 그림과 같은 R, L, C 소자에

$$i = \sqrt{2}\, I \sin(\omega t + \theta) \tag{7.26}$$

의 순시전류가 흐르면, 각 소자에는 v_R, v_L, v_C 의 전압강하가 생긴다.

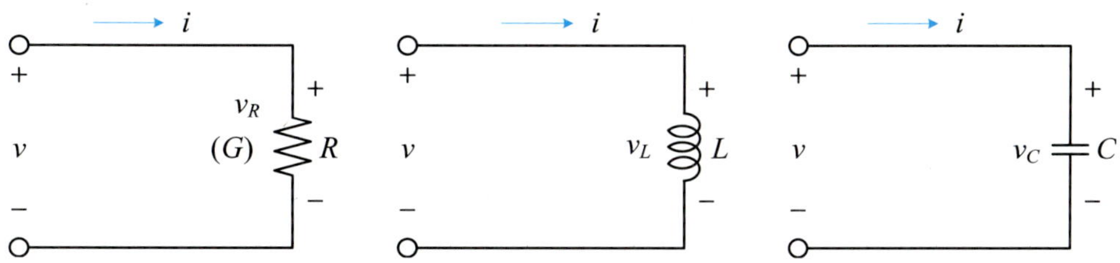

그림 7.9 R, L, C 소자의 전압강하(순시값)

$$v_R = Ri = \sqrt{2}\, RI \sin(\omega t + \theta), \left(i = \frac{v}{R} = Gv\right) \tag{7.27}$$

$$v_L = L\frac{di}{dt} = \sqrt{2}\,\omega L I \sin\left(\omega t + \theta + \frac{\pi}{2}\right), \quad \left(i = \frac{1}{L}\int v dt\right) \tag{7.28}$$

$$
\begin{aligned}
v_C &= \frac{1}{C}\int i\,dt = \frac{1}{C}\int \sqrt{2}\,I\sin(\omega t+\theta)\,dt \qquad (7.29)\\
&= -\frac{\sqrt{2}}{\omega C}I\cos(\omega t+\theta) = -\frac{\sqrt{2}}{\omega C}I\sin\left[\frac{\pi}{2}-(\omega t+\theta)\right]\\
&= \frac{\sqrt{2}\,I}{\omega C}\sin\left[(\omega t+\theta)-\frac{\pi}{2}\right], \quad \left(i = C\frac{dv}{dt}\right)
\end{aligned}
$$

이 전압과 전류를 페이저로 표시하면 다음과 같다.

(1) 저항 R에서의 페이저

$$
\boldsymbol{V}_R = RI\underline{/\theta} = R\boldsymbol{I}, \quad \boldsymbol{I} = \frac{\boldsymbol{V}}{R} = G\boldsymbol{V} \qquad (7.30)
$$

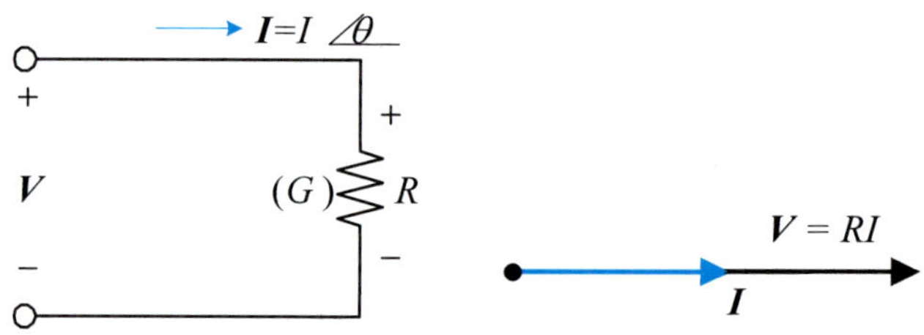

그림 7.10 R에서의 페이저도

예제 7-12 5[Ω]의 저항회로에 $v(t) = 10\sqrt{2}\sin(20t - 60°)$[V]의 전압을 인가할 때 흐르는 전류를 페이저와 순시값으로 구하라.

〈풀이〉 $v(t)$를 페이저로 표시하면,

$$\boldsymbol{V} = V\angle\theta = 10\angle -60° \text{ [V]}$$

따라서 페이저전류 $\boldsymbol{I}$는

$$\therefore \boldsymbol{I} = \frac{\boldsymbol{V}}{R} = \frac{10\angle -60°}{5} = 2\angle -60° \text{ [A]}$$

순시전류는 페이저전류와 주파수가 같고, 페이저전류의 실효값을 최대값으로 변환하기 위한 $\times\sqrt{2}$하고, 위상을 이용하여 구한다.

$$\therefore i(t) = 2\sqrt{2}\sin(20t - 60°)\text{[A]}$$

(2) 인덕터 L에서의 페이저

$$V_L = \omega L I \angle \theta + \frac{\pi}{2} = j\omega L \boldsymbol{I}, \quad \boldsymbol{I} = \frac{1}{j\omega L}\boldsymbol{V} \tag{7.31}$$

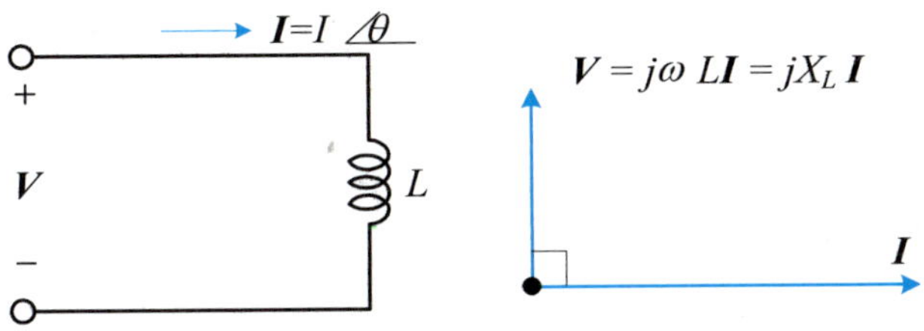

그림 7.11 L에서의 페이저도

예제 7-13 2[H]의 인덕터에 $v(t) = 10\sqrt{2}\sin(50t - 80°)$[V]의 전압을 인가할 때 흐르는 전류를 페이저와 순시값으로 구하라.

〈풀이〉 $v(t)$를 페이저로 표시하면,

$$\boldsymbol{V} = V\angle\theta = 10\angle -80° \text{ [V]}$$

따라서 페이저전류 $\boldsymbol{I}$는

$$\therefore \boldsymbol{I} = \frac{\boldsymbol{V}}{j\omega L} = \frac{10\angle -80°}{j(50)(2)} = -j\,0.1\angle -80° \text{ [A]} = 0.1\angle -170° \text{ [A]}$$

순시전류는 페이저전류와 주파수가 같고, 페이저전류의 실효값을 최대값으로 변환($\times\sqrt{2}$)하고, 위상을 이용하여 구한다.

$$\therefore i(t) = 0.1\sqrt{2}\sin(50t - 170°) \text{ [A]}$$

(3) 캐패시터 C에서의 페이저

$$\boldsymbol{V}_c = \frac{1}{\omega C} I \angle \theta - \frac{\pi}{2}$$

$$= \frac{1}{j\omega C}\boldsymbol{I}, \quad \boldsymbol{V}_c = -j\frac{1}{\omega C}\boldsymbol{I}, \quad \boldsymbol{I} = j\omega C\boldsymbol{V} \tag{7.32}$$

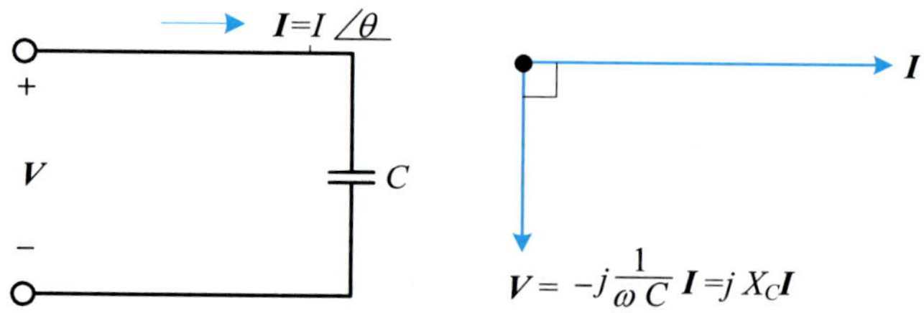

그림 7.12 C에서의 페이저도

예제 7-14 2[F]의 캐패시터에 $v(t) = 10\sqrt{2}\sin(50t - 80°)$ [V] 전압을 인가할 때 흐르는 전류를 페이저와 순시값으로 구하라.

〈풀이〉 $v(t)$를 페이저로 표시하면,

$$\boldsymbol{V} = V\angle\theta = 10\angle -80° \text{ [V]}$$

따라서 페이저전류 I는

$$\boldsymbol{I} = j\omega C\boldsymbol{V} = j(50)(2)10\angle -80°$$
$$= j1000\angle -80° \text{ [A]} = 1000\angle 10° \text{ [A]}$$

순시전류는 페이저전류와 주파수가 같고, 페이저전류의 실효값을 최대값으로 변환($\times\sqrt{2}$)하고, 위상을 이용하여 구한다.

$$\therefore i(t) = 1000\sqrt{2}\sin(50t + 10°) \text{ [A]}$$

이상에서 페이저를 이용한 교류회로를 해석하기 위한 여러 가지 방법을 알아보았다. 그런데 순시값의 표시식과 페이저 표시식 간에는 다음과 같은 변환 관계가 있음을 알 수 있다.

표 7.1 순시값에서 페이저로의 변환표

순시값 표시	페이저 (복소수) 표시
$R,\ L,\ C$	$R,\ L,\ C$
$v,\ i$	$\boldsymbol{V},\ \boldsymbol{I}$
$\frac{d}{dt}$	$j\omega$
$\int(\cdots)dt$	$\frac{1}{j\omega} = -j\frac{1}{\omega}$
$i = \sqrt{2}\, I \sin(\omega t + \theta)$	$\boldsymbol{I} = I\angle\theta$
$v_L = L \cdot \frac{di}{dt} = \sqrt{2}\ \omega LI\cos(\omega t + \theta)$ $= \sqrt{2}\ \omega LI\sin(\omega t + \theta + \frac{\pi}{2})$	$\boldsymbol{V_L} = \omega LI\angle\theta + \frac{\pi}{2}$ $= j\omega LI\angle\theta = j\omega L\boldsymbol{I}$
$v_c = \frac{1}{C}\int i\,dt = \frac{\sqrt{2}}{\omega C} I[-\cos(\omega t + \theta)]$ $= \frac{\sqrt{2}}{\omega C} I\sin(\omega t + \theta - \frac{\pi}{2})$	$\boldsymbol{V_C} = \frac{I}{\omega C}\angle\theta - \frac{\pi}{2}$ $= \frac{I}{j\omega C}\angle\theta = \frac{\boldsymbol{I}}{j\omega C}$
$v = Ri + L\frac{di}{dt} + \frac{1}{C}\int i\,dt$	$\boldsymbol{V} = R\boldsymbol{I} + j\omega L\boldsymbol{I} + \frac{1}{j\omega C}\boldsymbol{I}$

7.7 복소 임피던스

직류회로에서는 저항만 존재하지만, 교류회로에서는 저항 외에도 코일에 의한 유도성 리액턴스($X_L = 2\pi f L$), 캐패시터에 의한 용량성 리액턴스 ($X_C = \frac{1}{2\pi f C}$)가 존재한다. 이와 같이 교류회로에서의 저항을 임피던스(impedance)라고 한다는 것을 앞에서 배웠다. 임피던스의 표기는 Z로 한다.

여기서는 그림 7.13과 같은 교류회로에서 전압과 전류를 $\boldsymbol{V}$, $\boldsymbol{I}$로 페이저인 복소수로 표시했을 때, 전압과 전류의 비인 $\boldsymbol{Z}$ 역시 복소수가 된다. 이것을 복소 임피던스라고 한다.

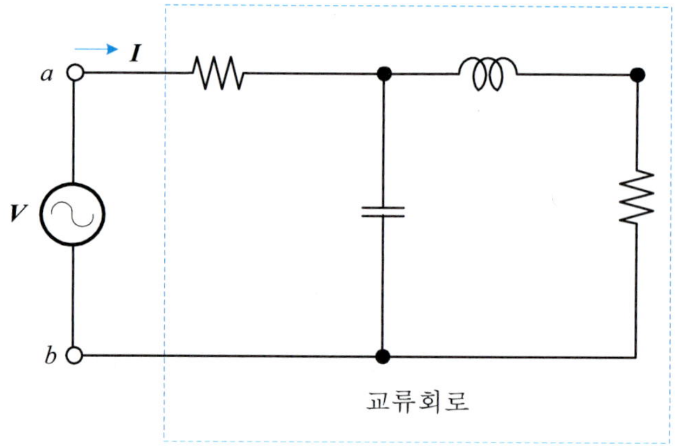

그림 7.13 리액턴스 소자(L, C)를 포함한 교류회로

임피던스의 크기는 페이저로 표현된 전류, 전압의 실효치의 비로 구할 수 있고, 임피던스 위상각 역시 전압 페이저와 전류 페이저의 위상차로 구할 수 있다. 교류회로는 이 임피던스 따라 회로의 동작특성이 결정되기 때문에, 교류회로 해석 및 설계에 임피던스 계산이 중요한 부분의 하나이다.

$$\boldsymbol{Z} = \frac{\boldsymbol{V}}{\boldsymbol{I}}, \quad \boldsymbol{I} = \frac{\boldsymbol{V}}{\boldsymbol{Z}}, \quad \boldsymbol{V} = \boldsymbol{ZI} \tag{7.33}$$

임피던스 크기 :

$$Z = \frac{V}{I}, \quad I = \frac{V}{Z}, \quad V = ZI \tag{7.34}$$

전압 $\boldsymbol{V} = V\angle\theta_1$, 전류 $\boldsymbol{I} = I\angle\theta_2$ 로 각각 극좌표 형식으로 표기하면, 식(7.34)로부터 다음과 같은 임피던스의 크기와 위상을 구할 수 있다.

임피던스 위상각 : $$\theta = \theta_1 - \theta_2 \tag{7.35}$$

임피던스(극좌표) : $$\boldsymbol{Z} = Z\angle\theta \tag{7.36}$$

이와 같은 임피던스를 직각좌표로 표시하면

$$\text{임피던스(직각좌표)}: \boxed{\boldsymbol{Z} = R + jX} \tag{7.37}$$

실수부 R: 저항, 허수부 X: 리액턴스

임피던스 복소수를 다음과 같이 직각삼각형으로 표기하면, 크기와 위상을 구하는 데 편리하다. 이것을 임피던스 삼각도라고 한다.

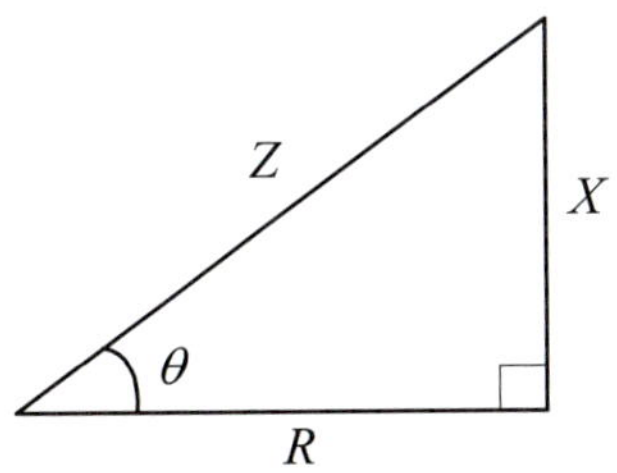

그림 7.14 임피던스 삼각도

임피던스 삼각도를 이용하여 다음과 같이 크기와 위상을 구할 수 있다.

$$\text{임피던스 크기}: \boxed{Z = \sqrt{R^2 + X^2}} \tag{7.38}$$

$$\text{임피던스 위상각}: \boxed{\theta = \tan^{-1}\frac{X}{R}} \tag{7.39}$$

다음의 R, L, C의 소자에 걸리는 페이저 전압과 페이저 전류로 임피던스 Z를 계산해 볼 수 있다.

가. 저항 R 회로에서의 임피던스

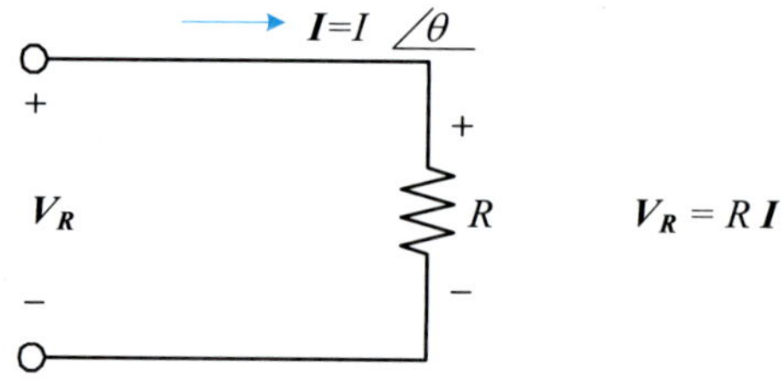

그림 7.15 저항회로의 임피던스

$$\therefore \; \boldsymbol{Z}_R = \frac{\boldsymbol{V_R}}{\boldsymbol{I}} = R \tag{7.40}$$

나. 인덕터 L에서의 임피던스와 리액턴스

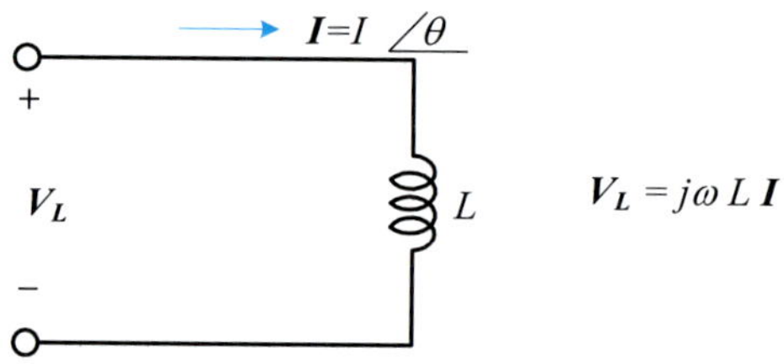

그림 7.16 인덕터회로의 임피던스

$$\therefore \; \boldsymbol{Z}_L = \frac{\boldsymbol{V_L}}{\boldsymbol{I}} = j\omega L$$

$$X_L = \omega L \tag{7.41}$$

다. 캐패시터 C의 회로에서의 임피던스와 리액턴스

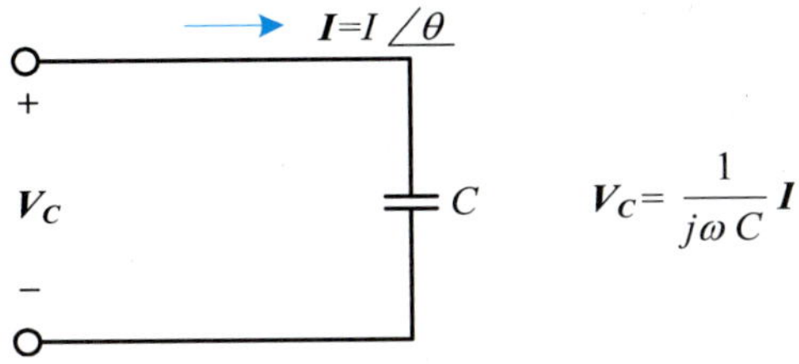

그림 7.17 캐패시터 회로의 임피던스

$$\therefore\ \boldsymbol{Z}_C=\frac{\boldsymbol{V_C}}{\boldsymbol{I}}=-j\frac{1}{\omega C}$$

$$X_C=\frac{-1}{\omega C} \tag{7.42}$$

Chapter 07

연 습 문 제

문제 1 다음을 직각좌표 형식으로 나타내어라.

(1) $5\angle 30°$ (2) $10e^{-j60}$

(3) $5\angle 30° - 10e^{-j60}$ (4) $\dfrac{2}{3-j4} + \dfrac{1}{j2}$

문제 2 다음을 극좌표 형식으로 나타내어라.

(1) $6+j8$ (2) $4\angle -130° - j3$

문제 3 $\boldsymbol{V} = 96 + j28$, $\boldsymbol{I} = 4 - j3$ 일 때, $\dfrac{\boldsymbol{V}}{\boldsymbol{I}}$를 구하라.

문제 4 $\boldsymbol{V} = 4 + j3 = 5\angle 36.9°$, $\boldsymbol{I} = 3 + j4 = 5\angle 53.1°$일 때 다음을 구하라.

(1) $\boldsymbol{V} \times \boldsymbol{I}$ (2) $\dfrac{\boldsymbol{V}}{\boldsymbol{I}}$

문제 5 다음 각 정현파를 페이저로 나타내고, 복소 평면상에 페이저도를 그려라.

(1) $v_1 = 100\sin\omega t$ (2) $i_2 = 5\sin(\omega t - 45°)$

(3) $v_2 = 10\sqrt{2} sin(\omega t + 30°)$ (4) $i_4 = 14.14\cos(\omega t + \dfrac{\pi}{6})$

문제 6 $10[\Omega]$의 저항회로에 $v(t) = 30\sqrt{2}\sin(100t + 30°)[\mathrm{V}]$의 전압을 인가할 때 흐르는 전류를 페이저와 순시값으로 구하라.

문제 7 어떤 회로의 전압과 전류가 $\boldsymbol{V} = 10\angle 60°[\mathrm{V}]$, $\boldsymbol{I} = 5\angle 30°[\mathrm{A}]$일 때, 회로의 임피던스 Z를 구하라.

문제 8 $\boldsymbol{I}_1 = 5\left(\cos\frac{\pi}{6} + j\sin\frac{\pi}{6}\right)$와 $\boldsymbol{I}_2 = 4\left(\cos\frac{\pi}{3} + j\sin\frac{\pi}{3}\right)$의 곱은?

문제 9 $0.1[\mathrm{H}]$의 인덕터 회로에 $v = 12\sqrt{2}\sin(60t + 45°)$전압을 인가하였을 때, 흐르는 전류를 페이저와 순시값으로 나타내어라.

Chapter

08

교류회로 해석

이 장에서는 R, L, C의 직렬 및 병렬회로에 정현파가 인가될 때, 앞에서 공부한 페이저를 이용하여 교류회로의 기본적인 해석방법을 학습한다. 7장에서 학습한 개별소자인 R, L, C 의 페이저를 바탕으로 $R-L$, $R-C$, $R-L-C$직렬, 병렬회로의 전류, 전압, 임피던스, 리액턴스 및 위상관계에 대한 이해를 하도록 한다.

8.1 R–L 직렬회로

그림 8.1(a)와 저항 $R[\Omega]$과 인덕턴스 $L[\mathrm{H}]$가 직렬 연결된 회로에 전압 $V[\mathrm{V}]$의 교류전압을 인가하였을 때, R, L의 임피던스는 $\boldsymbol{Z}_R = R$, $\boldsymbol{Z}_L = j\omega \boldsymbol{L} = j\boldsymbol{X}_L$가 되고, 임피던스의 페이저도는 그림 8.1(c)와 같다.

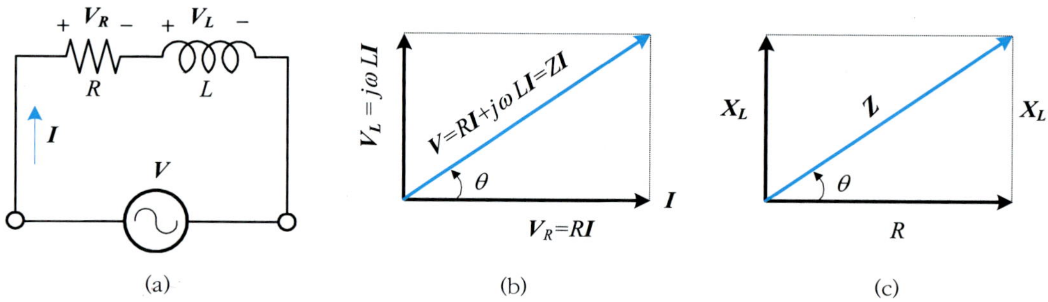

그림 8.1 $R-L$ **직렬회로**

그림 8.1(a)에서 합성전압 키르히호프의 전압법칙(KVL)과 옴의 법칙을 이용하면, $\boldsymbol{V}$는

$$\boldsymbol{V} = \boldsymbol{V_R} + \boldsymbol{V_L} = \boldsymbol{I}R + j\boldsymbol{I}X_L = \boldsymbol{I}(R + j\omega L) = \boldsymbol{IZ}[\mathrm{V}] \tag{8.1}$$

가 된다. 회로의 합성 임피던스 $\boldsymbol{Z}$는

$$\boldsymbol{Z} = R + j\omega L = \sqrt{R^2 + (\omega L)^2} \angle\theta = Z\angle\theta[\Omega] \tag{8.2}$$

$$\theta = \tan^{-1}\frac{X_L}{R} = \tan^{-1}\frac{\omega L}{R} = \cos^{-1}\frac{R}{Z} \tag{8.3}$$

따라서 회로에 흐르는 전류를 $\boldsymbol{I}$[A], $\boldsymbol{V} = V\angle 0°$ [V]라 하면

$$\boldsymbol{I} = \frac{\boldsymbol{V}}{\boldsymbol{Z}} = \frac{V\angle 0°}{Z\angle\theta} = \frac{V}{Z}\angle -\theta[\mathrm{A}] \tag{8.4}$$

그림 8.1(b)는 전압 페이저도, 8.1(c)는 임피던스에 대한 페이저도를 각각 보여주고 있다. 즉, 전류는 크기가 $\frac{V}{Z}$이고, 전압보다 위상이 θ 만큼 뒤진다. 또한 저항에 의한 전압 강하 $\boldsymbol{V_R}$은 전류와 동위상이고, 인덕턴스에 의한 전압강하 $\boldsymbol{V_L}$은 전류보다 90°위상이 앞서게 되어, 그림 8.1(b)와 같은 페이저도가 얻어진다. 직렬회로에서의 전류는 모든 소자에서 동일하므로, $R-L$ 회로에서 인가전압 $\boldsymbol{V}$, $\boldsymbol{V_L}$, $\boldsymbol{V_R}$의 위상관계를 관찰할 때 기준 페이저로 사용한다. 병렬회로인 경우에는 전압이 모든 소자에 같기 때문에, 전압을 기준 페이저로 사용한다.

그림 8.1(b)의 전압 페이저와 8.1(c)의 임피던스 페이저도를 요약하면 다음과 같다.

R–L 직렬회로의 간추림

R–L 직렬회로의 임피던스

(1) 임피던스 Z는 R과 X_L의 페이저 합이며, R과 X_L의 위상차는 90°이다.

(2) 임피던스 Z값은 그림 8.1(c)의 직각삼각형에서 피타고라스정리를 이용하여 구할 수 있다.
즉, $Z = \sqrt{R^2 + X_L^2}$ 이다.

(3) 임피던스 Z와 R의 위상차는 $\theta = \tan^{-1}\left(\frac{X_L}{R}\right)$이다.

(4) θ와 R을 알고 있으면, 임피던스 Z를 다음 식으로 구할 수 있다.

$$Z = \frac{R}{\cos\theta}$$

R-L 직렬회로의 전압관계

(1) 전류 I와 인가전압 V는 θ 만큼의 위상차가 있다.
(2) 전압 V와 전류 I의 위상차 θ는 Z와 R의 위상차와 동일하다.
(3) 위상차 θ는 X_L, R, L값에 따라 변한다. $\left(\because\ \theta = \tan^{-1}\dfrac{X_L}{R}\right)$
(4) 인덕터 L에서의 전압강하 V_L은 저항의 전압강하 V_R과 90°의 위상차가 발생한다.
(5) V_R과 V_L의 페이저 합은 인가전합 V이다.
(6) 인가전압 V, V_R, V_L은 다음의 관계가 있다.

$$V = \sqrt{V_R^2 + V_L^2}$$

(7) V, R, X_L, Z가 주어지면, V_R과 V_L을 다음 식에 계산할 수 있다.

$$V_R = V \times \frac{R}{Z}, \qquad V_L = V \times \frac{X_L}{Z}$$

R-L 직렬회로의 해석순서

(1) 저항 R을 구한다. (2개 이상인 경우에는 합성저항 값을 구함)
(2) 유도성 리액턴스 $X_L(=2\pi f L)$을 주파수와 코일값을 이용하여 계산한다.
(3) 임피던스 $Z\,(=\sqrt{R^2 + X_L^2})$를 구한다.
(4) 전류 $I\left(=\dfrac{V}{Z}\right)$를 구한다.
(5) 저항의 전압 $V_R(=IR)$, 코일양단의 전압 $V_L(=I X_L)$을 구한다.
(6) 전체전압 $V = \sqrt{V_R^2 + V_L^2}$를 구한다.
(7) 전압과 전류의 위상차 $\theta \left\{= \tan^{-1}\left(\dfrac{X_L}{R}\right)\right\}$를 구한다.
(8) 순시값 전압 v_R, v_L, v 및 순시전류 i를 구한다.

예제 8-1 $R-L$ 직렬회로에서 $R = 60\,[\Omega]$, $X_L = 30\,[\Omega]$인 임피던스 Z를 구하라.

〈풀이〉 (방법 1)

$$\theta = \tan^{-1}\left(\frac{X_L}{R}\right) = \tan^{-1}\left(\frac{30}{60}\right) \fallingdotseq 26.6\,°$$

$$\therefore\ Z = \frac{R}{\cos\theta} = \frac{60}{\cos 26.6} = 67.1\,[\Omega]$$

(방법 2)

$$Z = \sqrt{R^2 + (X_L)^2} = \sqrt{60^2 + 30^2} = 67.1\,[\Omega]$$

예제 8-2 그림 8.2와 같은 $R-L$ 직렬회로가 있다. 전류 I, 위상각 θ를 구하라. 또한 V_R, V_L은 각각 얼마인가?

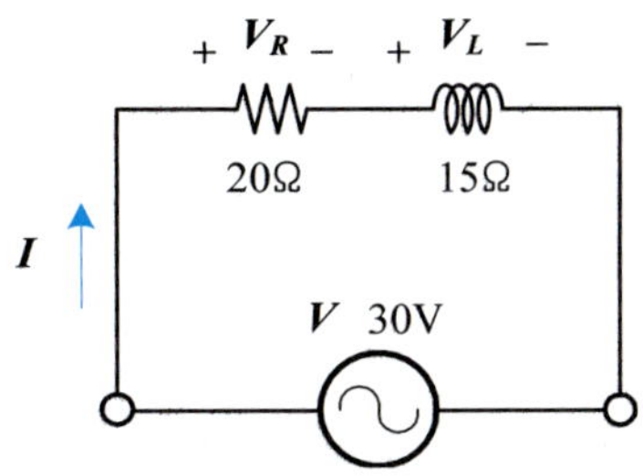

그림 8.2 $R-L$ 직렬회로

〈풀이〉 $\theta = \tan^{-1}(\frac{X_L}{R}) = \tan^{-1}(\frac{15}{20}) \fallingdotseq 36.9°$

$$Z = \frac{R}{\cos\theta} = \frac{20}{\cos 36.9} \fallingdotseq 25\,[\Omega]$$

따라서 $V_R = V \times \frac{R}{Z} = 30 \times \frac{20}{25} = 24\,[\mathrm{V}]$

$$V_L = V \times \frac{X_L}{Z} = 30 \times \frac{15}{25} = 18\,[\mathrm{V}]$$

$$I = \frac{V}{Z} = \frac{30}{25} = 1.2\,[\mathrm{A}]$$

예제 8-3 $R-L$ 직렬회로에서 $R = 30\,[\Omega]$, $X_L = 30\,[\Omega]$일 때 위상각 θ를 구하라.

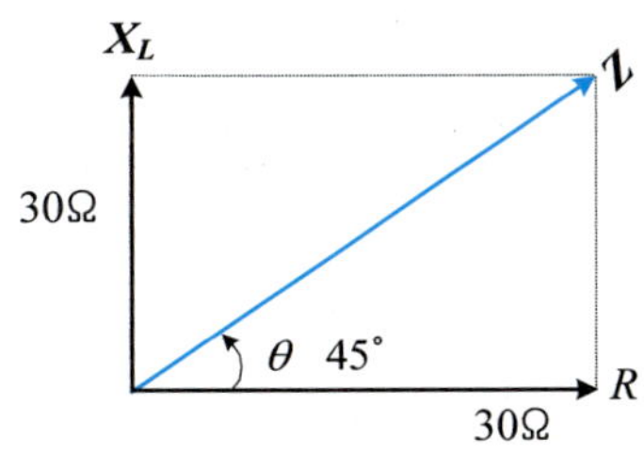

그림 8.3 (예제 8.3)의 회로

〈풀이〉 위상각 $\theta = \tan^{-1}(\frac{X_L}{R}) = \tan^{-1}(\frac{30}{30}) = \tan^{-1}(1) = 45°$

주의사항

유도성 리액턴스 $X_L[\Omega]$값이 주어져 직접 사용하는 경우와, 코일 값 L과 주파수 f가 주어져 $2\pi f L[\Omega]$을 계산하여 사용하는 경우가 있다.

예제 8-4 $R-L$ 직렬회로에서 $i = 14.14\sin 157t[\text{A}]$, $R = 5[\Omega]$, $L = 40[\text{mH}]$일 때, 합성 임피던스 Z와 회로의 전압 V를 구하라.

〈풀이〉

$$X_L = \omega L = 2\pi f L = 157 \times 40 \times 10^{-3} = 6.28[\Omega]$$

$$\therefore\ Z = \sqrt{R^2 + X_L^2} = \sqrt{5^2 + 6.28^2} = 8.027[\Omega]$$

$$I = \frac{I_m}{\sqrt{2}} = \frac{14.14}{\sqrt{2}} = 10[\text{A}]$$

$$\therefore\ V = IZ = 10 \times 8.027 = 80.27[\text{V}]$$

예제 8-5 $R-L$ 직렬회로에서 $R = 10[\Omega]$, $L = 20[\text{mH}]$일 때 전압 V_R, V_L과 전류 I, 위상각 θ를 구하라. 단, 전압 220[V], 주파수 $f = 60[\text{Hz}]$이다. 또한 임피던스 페이저도를 그려라.

〈풀이〉

$$X_L = \omega L = 2\pi f L = 6.28 \times 60 \times 20 \times 10^{-3} = 7.536[\Omega]$$

$$\therefore\ Z = \sqrt{R^2 + X_L^2} = \sqrt{10^2 + 7.536^2} = 12.5[\Omega]$$

$$I = \frac{V}{Z} = \frac{220}{12.5} \fallingdotseq 17.6[\text{A}]$$

$$V_R = IR \fallingdotseq 17.6 \times 10 \fallingdotseq 176[\text{V}]$$

$$V_L = IX_L \fallingdotseq 17.6 \times 7.536 \fallingdotseq 133[\text{V}]$$

$$\theta = \tan^{-1}\left(\frac{X_L}{R}\right) = \tan^{-1}\left(\frac{7.536}{10}\right) \fallingdotseq 37°$$

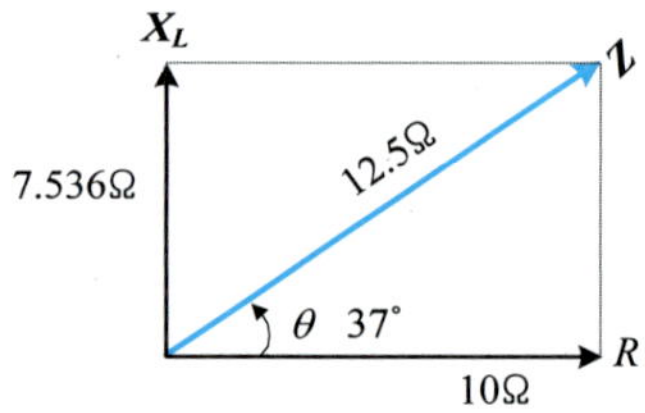

그림 8.4 (예제 8.5)의 풀이

예제 8-6 저항 $R[\Omega]$과 유도 리액턴스 $X_L[\Omega]$을 직렬로 접속하고 100[V]의 교류전압을 가했을 때, 전류가 10[A] 흘렀다. 여기에 20[Ω]의 무유도 저항을 직렬로 연결하여 동일전압을 가했을 때, 전류는 4[A]로 감소되었다. R 및 X_L의 값을 구하라.

〈풀이〉 R과 X_L의 직렬회로에서 10[A]의 전류가 흐르므로

$$10 = \frac{100}{\sqrt{R^2+X_L^2}} \qquad \therefore \ R^2+X_L^2 = 100[\Omega] \tag{1}$$

다음 20[Ω]의 무유도저항을 접속한 경우 4[A]의 전류가 흐르므로

$$4 = \frac{100}{\sqrt{(R+20)^2+X_L^2}} \qquad \therefore \ R^2+40R+X_L^2 = 225 \tag{2}$$

(1), (2)에서

$$\therefore R \doteqdot 3.13[\Omega], \ \mathrm{X_L} \doteqdot 9.50[\Omega]$$

8.2 R-C 직렬회로

그림 8.5(a)와 같이 저항 $R[\Omega]$과 커패시턴스 $C[\mathrm{F}]$가 직렬 연결된 회로에 전압 $V[\mathrm{V}]$의 교류 전압을 인가하였을 때,

$$Z_R = R, \quad Z_C = \frac{1}{j\omega C} = -j\frac{1}{\omega C} \tag{8.5}$$

그림 8.5(b)에서 합성 전압 V는

$$\boldsymbol{V} = \boldsymbol{V}_R + \boldsymbol{V}_C = \boldsymbol{I}R + \frac{\boldsymbol{I}}{j\omega C} = \boldsymbol{I}\left(R - j\frac{1}{\omega C}\right) = \boldsymbol{IZ}[\mathrm{V}] \tag{8.6}$$

이므로 회로의 합성 임피던스 Z는

$$\boldsymbol{Z} = \frac{\boldsymbol{V}}{\boldsymbol{I}} = R + jX_C = Z\angle\theta \tag{8.7}$$

$$\boldsymbol{Z} = R - j\frac{1}{\omega C} = \sqrt{R^2 + \left(-\frac{1}{\omega C}\right)^2}\angle\theta = Z\angle\theta \tag{8.8}$$

$$\theta = \tan^{-1}\frac{X_C}{R} = \tan^{-1}\left(\frac{-\frac{1}{\omega C}}{R}\right) = \tan^{-1}\left(\frac{-1}{\omega CR}\right) \tag{8.9}$$

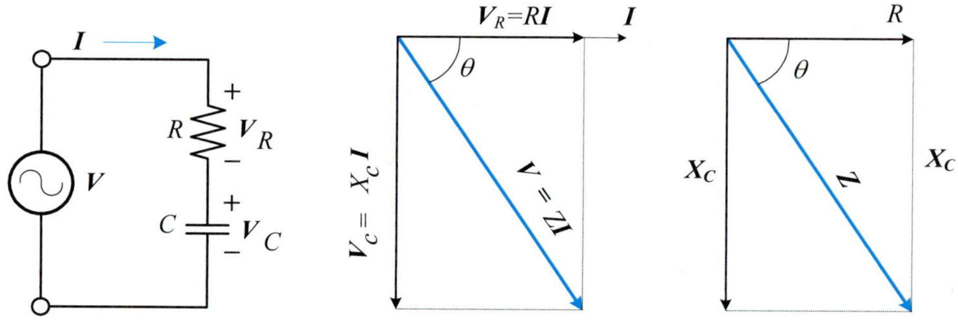

(a) (b) (c)

그림 8.5 $R-C$ **직렬회로**

그림 8.5 (b)는 전압 페이저도, 8.5(c)는 임피던스 페이저도를 각각 보여주고 있다. 전류는 크기가 $\frac{V}{Z}$이고 전압보다 위상이 θ만큼 차이가 생긴다. 또한 $\theta < 0$이므로 전류는 전압보다 θ만큼 위상이 앞선다.

그림 8.5(b)의 전압 페이저와 8.5(c)의 임피던스 페이저도를 요약하면 다음과 같다.

R-C 직렬회로의 간추림

R-C 직렬회로의 임피던스

(1) 임피던스 Z는 R과 X_C의 페이저 합이며, R과 X_C의 위상차는 90°이다.

(2) 임피던스 Z값은 그림 8.5(c)의 직각삼각형에서 피타고라스정리를 이용하여 구할 수 있다.
즉, $Z = \sqrt{R^2 + X_C^2}$ 이다.

(3) 임피던스 Z와 R의 위상차는 $\theta = \tan^{-1}(\frac{X_C}{R})$이다.

(4) θ와 R을 알고 있으면, 임피던스 Z를 다음 식으로 구할 수 있다.

$$Z = \frac{R}{\cos\theta}$$

R-C 직렬회로의 전압관계

(1) 전류 I와 인가전압 V는 θ 만큼의 위상차가 있다.

(2) 전압 V와 전류 I의 위상차 θ는 Z와 R의 위상차와 동일하다.

(3) 위상차 θ는 X_C, R, L값에 따라 변한다. ($\because$ $\theta = \tan^{-1}\frac{X_C}{R}$)

(4) 캐패시터 C에서의 전압강하 V_C는 저항의 전압강하 V_R과 90°의 위상차가 발생한다.

(5) V_R과 V_C의 페이저 합은 인가전합 V이다.

(6) 인가전압 V, V_R, V_C는 다음의 관계가 있다.

$$V = \sqrt{V_R^2 + V_C^2}$$

(7) V, R, X_C, Z가 주어지면, V_R과 V_C를 다음 식으로 계산할 수 있다.

$$V_R = V \times \frac{R}{Z}, \qquad V_C = V \times \frac{X_C}{Z}$$

R-C 직렬회로의 해석순서

(1) 저항 R을 구한다. (2개 이상인 경우에는 합성저항 값을 구함)

(2) 용량성 리액턴스 $X_C\left(=\dfrac{-1}{2\pi f C}\right)$를 주파수와 콘덴서값을 이용하여 계산한다.

(3) 임피던스 $Z(=\sqrt{R^2+X_C^2})$를 구한다.

(4) 전류 $I\left(=\dfrac{V}{Z}\right)$를 구한다.

(5) 저항의 전압 $V_R(=IR)$, 콘덴서양단의 전압 $V_C(=IX_C)$를 구한다.

(6) 전체전압 $V=\sqrt{V_R^2+V_C^2}$ 를 구한다.

(7) 전압과 전류의 위상차 $\theta\left\{=\tan^{-1}(\dfrac{X_C}{R})\right\}$를 구한다.

(8) 순시값 전압 v_R, v_C, v 및 순시전류 i를 구한다.

예제 8-7 그림 8.6과 같은 $R-C$ 직렬회로에서, 회로의 임피던스 Z를 구하는 방법을 이용하여 θ, X_C, R의 관계를 확인하여라.

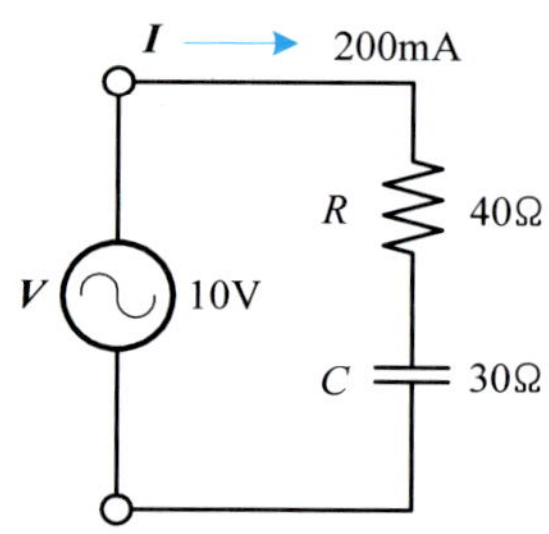

그림 8.6 $R-C$ 회로

〈풀이〉 임피던스 Z는 다음과 같이 여러 가지 방법으로 구할 수 있다.

(방법 1) $$Z=\sqrt{R^2+X_C^2}=\sqrt{40^2+(-30)^2}=50\,[\Omega]$$

(방법 2) 옴의 법칙을 이용하여, $$Z=\frac{V}{I}=\frac{10\,[\mathrm{V}]}{200\,[\mathrm{mA}]}=50\,[\Omega]$$

(방법 3) $$\theta=\tan^{-1}(\frac{X_C}{R})=\tan^{-1}(\frac{-30}{40})=-36.9^\circ$$

$$Z=\frac{R}{\cos\theta}=\frac{40\,[\Omega]}{\cos(-36.9)}=\frac{40}{0.799}\fallingdotseq 50\,[\Omega]$$

예제 8-8 $R-C$ 직렬회로에서 $R=30\,[\Omega]$, $X_C=-60\,[\Omega]$이며 인가전압은 16[V]이다. 이 때 V, I의 위상차, 저항에 걸린 전압 V_R, 캐패시터에 걸린 전압 V_C를 구하라.

〈풀이〉 $$\theta=\tan^{-1}\left(\frac{X_C}{R}\right)=\tan^{-1}\left(\frac{-60}{30}\right)\fallingdotseq-63.4^{\circ}$$

$$Z=\frac{R}{\cos\theta}=\frac{30}{\cos(-63.4^{\circ})}\fallingdotseq 67\,[\Omega]$$

따라서 $$V_R=V\times\frac{R}{Z}=16\times\frac{30}{67}\fallingdotseq 7.2\,[\mathrm{V}]$$

$$V_C=V\times\frac{|X_C|}{Z}=16\times\frac{60}{67}\fallingdotseq 14.3\,[\mathrm{V}]$$

다음과 같이 V_R, V_C, V의 관계식을 이용하여 결과를 검증할 수 있다.

$$V=\sqrt{V_R^2+V_C^2}=\sqrt{7.2^2+14.3^2}\fallingdotseq 16.01\,[\mathrm{V}]$$

예제 8-9 $R-C$ 직렬회로에서 $R=10\,[\mathrm{K}\Omega]$, $C=1\,[\mu F]$일 때의 전류 I를 구하라. 전압 220[V], 주파수 $f=60\,[\mathrm{Hz}]$이다.

〈풀이〉 $$X_C=\frac{-1}{\omega C}=\frac{-1}{2\pi fC}=\frac{-1}{(6.28\times60\times1\times10^{-6})}$$

$$=\frac{-1}{(0.3768\times10^{-3})}\fallingdotseq-2.65\times10^{3}\,[\Omega]$$

$$Z=\sqrt{R^2+X_C^2}=\sqrt{(10\times10^3)^2+(-2.65\times10^3)^2}$$

$$\fallingdotseq 10.35\times10^3=10.35\,[\mathrm{K}\Omega]$$

$$I=\frac{V}{Z}=\frac{220}{10.35\times10^3}\fallingdotseq 21.3\,[\mathrm{mA}]$$

예제 8-10 $R=80\,[\Omega]$, $C=1\,[\mu\mathrm{F}]$의 직렬회로에 $v=10\sin(10000t+30^{\circ})$로 표시되는 전압을 걸었을 때 흐르는 순시전류를 구하라.

〈풀이〉 용량 리액턴스 $$|X_C|=\frac{1}{\omega C}=\frac{1}{10000\times1\times10^{-6}}=\frac{10^6}{10^4}=100\,[\Omega]$$

$$\therefore\ Z=\sqrt{80^2+100^2}\fallingdotseq 128\,[\Omega]$$

전압과 전류 사이의 위상각 θ는

$$\theta = \tan^{-1}\frac{-100}{80} \fallingdotseq -51.3^\circ$$

즉, 전류가 전압보다 51.3°만큼 앞선다.

$$i = \frac{10}{128}\sin\{(10000t + 30^\circ) + 51.3^\circ\}$$

$$\therefore\ i = 0.078\sin(10000t + 81.3^\circ)[\mathrm{A}]$$

예제 8-11 $R = 100[\Omega]$, $C = 10[\mu\mathrm{F}]$인 $R-C$ 직렬회로에 $V = 100[\mathrm{V}]$, $f = 50[\mathrm{Hz}]$인 전압을 가했을 때 흐르는 전류의 실효값 I와 위상차 θ를 구하여라.

〈풀이〉

$$Z = \sqrt{R^2 + \left(\frac{-1}{\omega C}\right)^2} = \sqrt{100^2 + \left(\frac{-1}{2\pi \times 50 \times 10 \times 10^{-6}}\right)^2} = 333.5[\Omega]$$

$$\therefore\ I = \frac{V}{Z} = \frac{100}{333.5} = 0.3[\mathrm{A}]$$

위상차 θ는

$$\tan\theta = \frac{-1}{\omega CR} = \frac{-1}{2\pi \times 50 \times 10 \times 10^{-6} \times 100} = -3.18$$

에서

$$\therefore\ \theta = \tan^{-1}(-3.18) = -72.56^\circ$$

8.3 R-L-C 직렬회로

그림 8.7과 같이 R, L, C가 직렬로 접속된 회로에서 전압, 전류의 파형과 페이저도를 표시하면 다음과 같다.

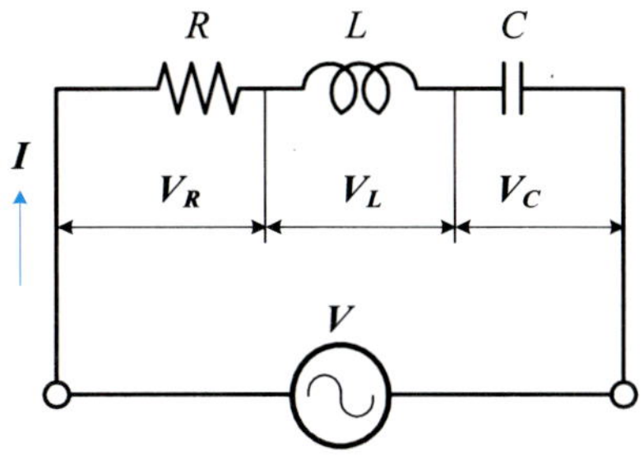

(a) $R-L-C$ 직렬회로

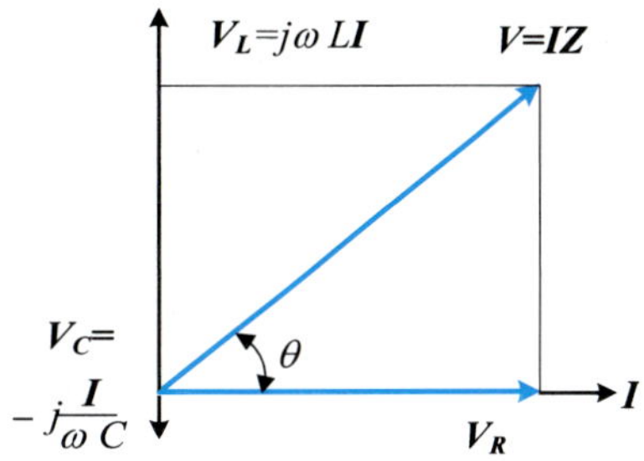

(b) 유도성($X_L > |X_C|$)

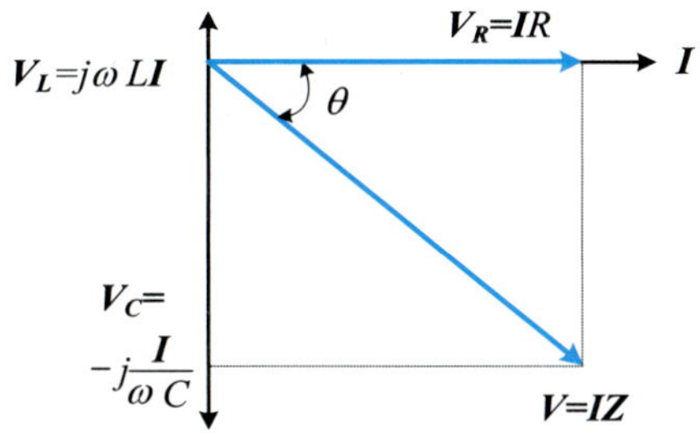

(c) 용량성($X_L < |X_C|$)

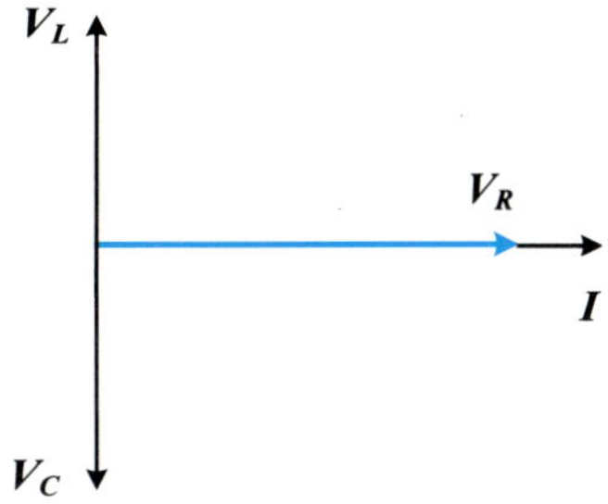

(d) 무유도성($X_L = X_C$)

그림 8.7 $R-L-C$ **직렬회로**

전류를 기준 방향으로 하였을 때 키르히호프의 전압법칙에 의하여 전체 회로의 전압 $\boldsymbol{V}$[V]는

$$\boldsymbol{V} = \boldsymbol{V_R} + \boldsymbol{V_L} + \boldsymbol{V_C}[\mathrm{V}] \tag{8.10}$$

여기서

$$\boldsymbol{V_R} = R\boldsymbol{I} \text{ (}\boldsymbol{V_R}\text{과 }\boldsymbol{I}\text{는 동위상이다.)}$$

$$\boldsymbol{V_L} = j\omega L\boldsymbol{I} \text{ (}\boldsymbol{V_L}\text{은 }\boldsymbol{I}\text{보다 위상이 90°앞선다.)} \tag{8.11}$$

$$\boldsymbol{V_C} = -j\frac{\boldsymbol{I}}{\omega C} \text{(}\boldsymbol{V_C}\text{는 }\boldsymbol{I}\text{ 보다 위상이 90°늦다.)}$$

따라서

$$\boldsymbol{V} = \boldsymbol{I}R + j\omega L\boldsymbol{I} - j\frac{\boldsymbol{I}}{\omega C} = \boldsymbol{I}\left\{R + j\left(\omega L - \frac{1}{\omega C}\right)\right\} = \boldsymbol{IZ} \tag{8.12}$$

그러므로 회로의 합성 임피던스 $\boldsymbol{Z}[\Omega]$은

$$\boldsymbol{Z} = R + j\left(\omega L - \frac{1}{\omega C}\right) = R + j(X_L + X_C) = R + jX$$
$$= \sqrt{R^2 + X^2}\angle\theta = Z\angle\theta\,[\Omega] \qquad (8.13)$$

임피던스 각 $\theta = \tan^{-1}\dfrac{X}{R}$이므로 $\boldsymbol{V} = V\angle 0^\circ$이고, 회로에 흐르는 전류를 $\boldsymbol{I}[\mathrm{A}]$이라 하면,

$$\boldsymbol{I} = \frac{\boldsymbol{V}}{\boldsymbol{Z}} = \frac{V\angle 0^\circ}{Z\angle\theta} = \frac{V}{Z}\angle -\theta\,[\mathrm{A}] \qquad (8.14)$$

임피던스의 관계를 페이저로 그리면 그림 8.8과 같은 복소 임피던스(complex impedance)가 됨을 알 수 있다.

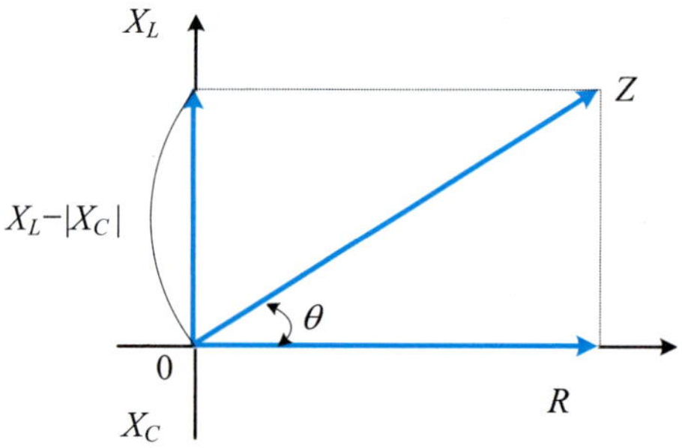

그림 8.8 복소 임피던스

합성 리액턴스 X의 값이 (+), (−) 또는 0으로 변화하므로, 전류의 크기와 위상도 변화된다. 즉, 다음과 같은 관계가 성립한다.

① $X_L > |X_C|$일 때 : 유도성회로(inductive circuit)가 되어, 전류는 전압보다 θ만큼 뒤진다 ($\theta > 0$).

② $X_L < |X_C|$일 때 : 용량성회로(capacitive circuit)가 되어, 전류는 전압보다 θ만큼 앞선다 ($\theta < 0$).

③ $X_L = |X_C|$ 즉, $X = 0$일 때 : 직렬공진회로(series resonance circuit)가 되어, 전류와 전압은 동위상($\theta = 0$).

R-L-C 직렬회로의 임피던스

(1) 인덕터 L과 캐패시터 C는 교류회로에서 서로 반대효과를 나타낸다. 인덕터는 전압의 위상이 앞서고, 캐패시터에서는 전류의 위상이 앞선다.
(2) 직렬 $R-L-C$ 총 리액턴스 X는 X_L과 X_C의 차이다.
(3) X_L이 X_C보다 큰 경우에는 회로는 유도성이 되고, 전압이 위상각 θ만큼 전류를 앞선다.
(4) X_C가 X_L보다 크다면, 회로는 용량성이며, 전류가 위상각 θ만큼 전압을 앞선다.
(5) X_L이 X_C보다 큰 경우에는 θ는 양수이고, X_C가 X_L보다 큰 경우에는 θ는 음수이다.
(6) $R-L-C$ 직렬회로에서의 임피던스는 다음 식과 같다.
$Z = \sqrt{R^2 + X^2}$ 이다.
(7) 임피던스는 다음 식으로도 구할 수 있다.

$$\theta = \tan^{-1}\left(\frac{X}{R}\right), \quad Z = \frac{R}{\cos\theta}$$

$R-L-C$ 직렬회로의 해석순서는 $R-L$ 및 $R-C$ 직렬회로의 순서와 동일하다.

예제 8-12 $R-L-C$ 직렬회로에서 $R = 5\,[\Omega]$, $X_L = 30\,[\Omega]$, $X_C = -30\,[\Omega]$일 때의 전류의 크기 I를 구하라. 단, 전압 $V = 250\,[\mathrm{V}]$이다.

〈풀이〉

$$X = X_L + X_C = 30 - 30 = 0$$

$$Z = \sqrt{R^2 + X^2} = \sqrt{5^2 + 0^2} = 5\,[\Omega]$$

$$I = \frac{V}{Z} = \frac{250}{5} = 50\,[\mathrm{A}]$$

예제 8-13 $R-L-C$ 직렬회로에서 교류전압 220[V], $R = 25.6\,[\Omega]$, $L = 54\,[\mathrm{mH}]$, $C = 41\,[\mu\mathrm{F}]$일 경우, 전류 I, 임피던스 각 θ를 구하라. 단, 주파수 $f = 60\,[\mathrm{Hz}]$이다.

〈풀이〉 전류를 구하기 위해서는 임피던스를 먼저 구하기 위해, 유도성 리액턴스와 용량성 리액턴스를 먼저 구한다.

$$X_L = \omega L = 2\pi fL = 6.28 \times 60 \times 54 \times 10^{-3} = 20.35\,[\Omega]$$

$$X_C = -\frac{1}{\omega C} = \frac{-1}{2\pi fC} = \frac{-1}{(6.28 \times 60 \times 41 \times 10^{-6})} = -64.73\,[\Omega]$$

$$X = X_L + X_C = 20.35 - 64.73 = -44.38\,[\Omega]$$

$$Z = \sqrt{R^2 + X^2} = \sqrt{25.62^2 + (-44.38)^2} = \sqrt{2625.97} \fallingdotseq 51.2\,[\Omega]$$

$$I = \frac{V}{Z} = \frac{220}{51.2} \fallingdotseq 4.3\,[\mathrm{A}]$$

$$\text{위상각 } \theta = \tan^{-1}\frac{X}{R} = \tan^{-1}\left(\frac{-44.38}{25.6}\right) \fallingdotseq -60^\circ$$

8.4 R-L 병렬회로

그림 8.9(a)의 $R-L$ 병렬회로에서 접속점 a에는 KCL에 의해 $\boldsymbol{I} = \boldsymbol{I}_R + \boldsymbol{I}_L$인 전류가 흐른다.

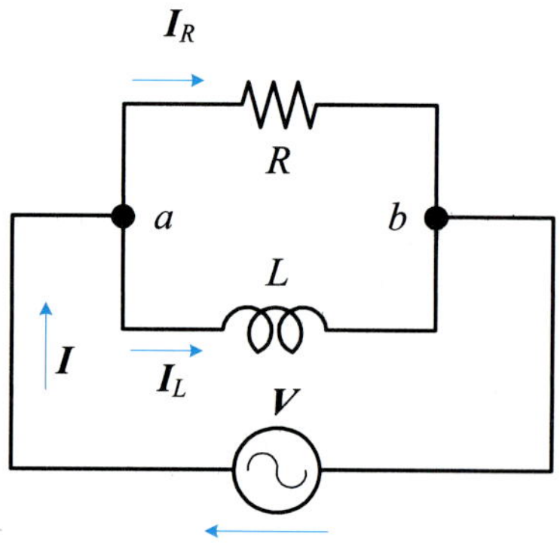

(a)

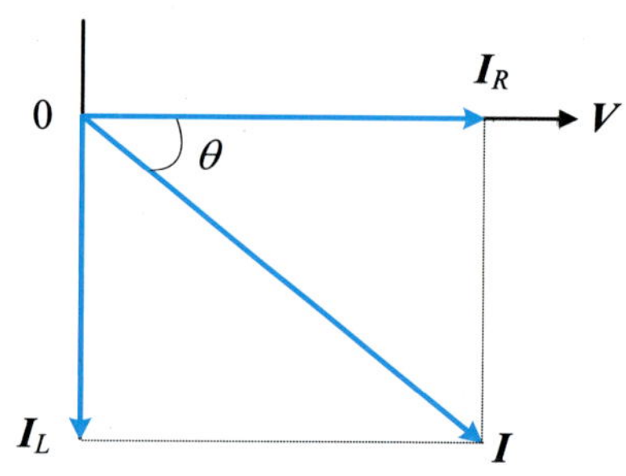

(b)

그림 8.9 $R-L$ 병렬회로

이 회로는 전원에 직렬로 연결된 소자가 없는 병렬회로이므로 각 병렬 소자 사이의 단자전압은 모두 $\boldsymbol{V}$가 된다. 이 때 저항 R에 흐르는 전류 $\boldsymbol{I}_R$은 $\boldsymbol{V}$와 동위상이고, 단자전압 $\boldsymbol{V}$는 인덕턴스 L에 흐르는 전류 $\boldsymbol{I}_L$보다 90°앞선 위상이므로 두 전류 $\boldsymbol{I}_R$, $\boldsymbol{I}_L$은 그림 8.9(b)의 페이저도와 같이 합해야 하며, 이에 관한 식은 다음과 같다.

$$\boldsymbol{I}_R = \frac{\boldsymbol{V}}{R}, \quad \boldsymbol{I}_L = \frac{\boldsymbol{V}}{jX_L} = -j\frac{\boldsymbol{V}}{\omega L} \tag{8.15}$$

$\boldsymbol{I} = \boldsymbol{I}_R + \boldsymbol{I}_L$이므로

$$\begin{aligned} I &= \sqrt{{I_R}^2 + {I_L}^2} = \sqrt{\left(\frac{V}{R}\right)^2 + \left(\frac{-V}{\omega L}\right)^2} = V\sqrt{\left(\frac{1}{R}\right)^2 + \left(\frac{-1}{\omega L}\right)^2} \\ &= \frac{V}{\dfrac{1}{\sqrt{\left(\dfrac{1}{R}\right)^2 + \left(\dfrac{-1}{\omega L}\right)^2}}} = \frac{V}{Z}[\mathrm{A}] \end{aligned} \tag{8.16}$$

따라서 $R-L$ 병렬회로의 합성 임피던스 Z는

$$Z = \frac{1}{\sqrt{\left(\dfrac{1}{R}\right)^2 + \left(\dfrac{-1}{\omega L}\right)^2}} = \frac{1}{\sqrt{\left(\dfrac{1}{R}\right)^2 + \left(\dfrac{-1}{X_L}\right)^2}} \; [\Omega] \tag{8.17}$$

이다. 또, 전압과 전류의 위상차 θ는

$$\theta = \tan^{-1}\frac{I_L}{I_R} = \tan^{-1}\frac{-R}{\omega L} = \tan^{-1}\frac{-R}{X_L} \tag{8.18}$$

이 되며, $R-L$ 병렬회로의 합성 전류 I는 항상 전압 V보다 위상이 θ만큼 뒤진다.

$R-L$ 병렬회로를 요약하면 다음과 같다.

R–L 병렬회로의 간추림

(1) $R-L$ 병렬회로에서 각 소자에 걸린 전압은 동일하다.
(2) 총 전류 $\boldsymbol{I}$는 $\boldsymbol{I}_R$과 $\boldsymbol{I}_L$의 페이저 합과 같다.
(3) $R-L$ 병렬회로의 기준 페이저는 인가전압이다.
(4) $R-L$ 병렬회로에서 L에 흐르는 전류는 R에 흐르는 전류보다 90°위상이 뒤쳐진다. 총 전류는 다음과 같다.

$$I = \sqrt{I_R^2 + I_L^2}$$

(5) $R-L$ 병렬회로에서 총 전류와 인가전압은 θ만큼 위상차가 생긴다.

$$\theta = \tan^{-1}\left(\frac{I_L}{I_R}\right)$$

(6) $R-L$ 병렬회로에서 임피던스는 인가전압 V와 총 전류 I를 사용하여, 다음 식으로 구한다.

$$Z = \frac{V}{I}$$

예제 8-14 $R-L$ 병렬회로에서 $R = 150[\Omega]$, $X_L = 60[\Omega]$이고, 인가전압이 $300[\mathrm{V}]$일 때 회로의 전류를 구하라.

〈풀이〉 병렬회로이므로 회로에 흐르는 전류는 $I = \sqrt{I_R^2 + I_L^2}$ 이 되므로,

$$I_R = \frac{V}{R} = \frac{300}{150} = 2[\mathrm{A}], \quad I_L = \frac{V}{X_L} = \frac{300}{60} = 5[\mathrm{A}]$$

$$\therefore \ I = \sqrt{I_R^2 + I_L^2} = \sqrt{2^2 + 5^2} = \sqrt{29} \fallingdotseq 5.39\ [\mathrm{A}]$$

예제 8-15 $R = 25[\Omega]$, $\omega L = \dfrac{100}{3}[\Omega]$의 병렬회로에 $V = 100[\mathrm{V}]$의 전압을 가할 때, 전원 전류 I의 크기와, 전류 I와 전압 V의 위상차를 구하여라.

〈풀이〉

$$I_R = \frac{V}{R} = \frac{100}{25} = 4[\mathrm{A}], \quad I_L = \frac{V}{\omega L} = \frac{100}{\frac{100}{3}} = 3[\mathrm{A}]$$

$$\therefore \ I = \sqrt{{I_R}^2 + {I_L}^2} = \sqrt{4^2 + 3^2} = 5[\mathrm{A}]$$

$$\theta = \tan^{-1}\frac{I_L}{I_R} = \tan^{-1}\frac{3}{4} = 37°$$

(전류는 전압보다 위상이 37°뒤쳐진다)

8.5 R–C 병렬회로

그림 8.10(a)와 같은 $R-C$ 병렬회로의 전압, 전류 관계는 $R-L$ 병렬회로와 같은 방법으로 구하면 된다. 그러나 콘덴서 C에 흐르는 전류 I_C는 항상 전원 전압 V보다 위상이 90°앞서게 되어 전원을 흐르는 합성 전류 I는 항상 전압보다 위상이 앞서게 된다.

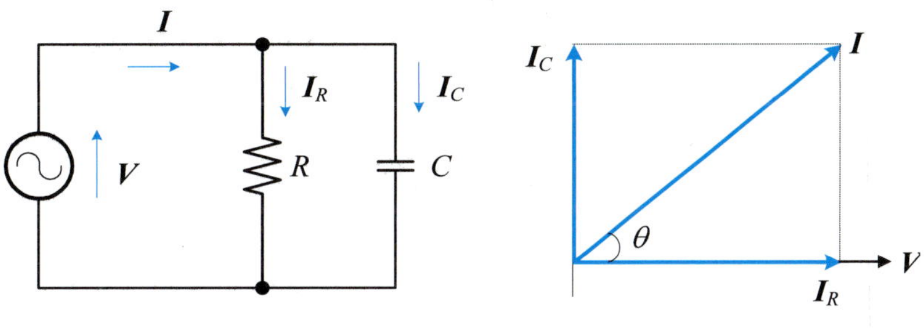

그림 8.10 $R-C$ 병렬회로

따라서 KCL을 적용하면

$$\boldsymbol{I} = \boldsymbol{I}_R + \boldsymbol{I}_C, \qquad \boldsymbol{I}_R = \frac{\boldsymbol{V}}{R}, \qquad \boldsymbol{I}_C = \frac{\boldsymbol{V}}{\dfrac{1}{jwC}} = j\omega C\boldsymbol{V}$$

$$\begin{aligned} \therefore \quad I &= \sqrt{I_R^{\ 2} + I_C^{\ 2}} = \sqrt{\left(\frac{V}{R}\right)^2 + (\omega CV)^2} \\ &= V\sqrt{\left(\frac{1}{R}\right)^2 + (\omega C)^2} = \frac{V}{Z}[\mathrm{A}] \end{aligned} \tag{8.19}$$

$$\therefore \quad Z = \frac{V}{I} = \frac{1}{\sqrt{\left(\dfrac{1}{R}\right)^2 + (\omega C)^2}}[\Omega] \tag{8.20}$$

$$\theta = \tan^{-1}\frac{I_C}{I_R} = \tan^{-1}\frac{\omega CV}{\dfrac{V}{R}} = \tan^{-1}\omega CR \tag{8.21}$$

$R-C$ 병렬회로를 요약하면 다음과 같다.

R–C 병렬회로의 간추림

(1) $R-C$ 병렬회로에서 각 소자에 걸린 전압은 동일하다.

(2) 총 전류 $\boldsymbol{I}$는 $\boldsymbol{I}_R$과 $\boldsymbol{I}_C$의 페이저 합과 같다.

(3) $R-C$ 병렬회로의 기준 페이저는 인가전압이다.

(4) $R-C$ 병렬회로에서 C에 흐르는 전류 I_C는 R에 흐르는 전류 I_R 보다 90°위상이 앞선다.

총 전류는 다음과 같다.

$$I=\sqrt{I_R^2+I_C^2}$$

(5) $R-C$ 병렬회로에서 총 전류와 인가전압은 θ 만큼 위상차가 생긴다.

$$\theta=\tan^{-1}\left(\frac{I_C}{I_R}\right)$$

(6) $R-C$ 병렬회로에서 임피던스는 인가전압 V와 총 전류 I를 사용하여, 다음 식으로 구한다.

$$Z=\frac{V}{I}$$

예제 8–16 $R=20\,[\Omega]$, $C=210\,[\mu\mathrm{F}]$의 $R-C$ **병렬회로에 주파수** $f=60[\mathrm{Hz}]$, **크기** $V=100[\mathrm{V}]$**의 사인파 전압을 가할 때** I_R, I_C, $I\,[\mathrm{A}]$**를 구하여라.**

〈풀이〉

$$\therefore\ I_R=\frac{V}{R}=\frac{100}{20}=5[\mathrm{A}]\ (\text{전압과 동위상})$$

$$I_C=\omega CV=2\pi fCV=2\times\pi\times60\times210\times10^{-6}\times100\fallingdotseq8\,[\mathrm{A}]$$

$$I=\sqrt{{I_R}^2+{I_C}^2}=\sqrt{5^2+8^2}\fallingdotseq9.43\,[\mathrm{A}]$$

$$\theta=\tan^{-1}\frac{I_C}{I_R}=\tan^{-1}\frac{8}{5}=58^\circ\ (\text{용량성})$$

예제 8–17 그림 8.11과 같이 저항 $R = 15\,[\Omega]$과 용량성 리액턴스 $X_C = 20\,[\Omega]$을 병렬로 접속하고, 그 양단에 240[V]를 인가할 때 회로에 흐르는 전류 $I\,[\mathrm{A}]$와 위상각을 구하라.

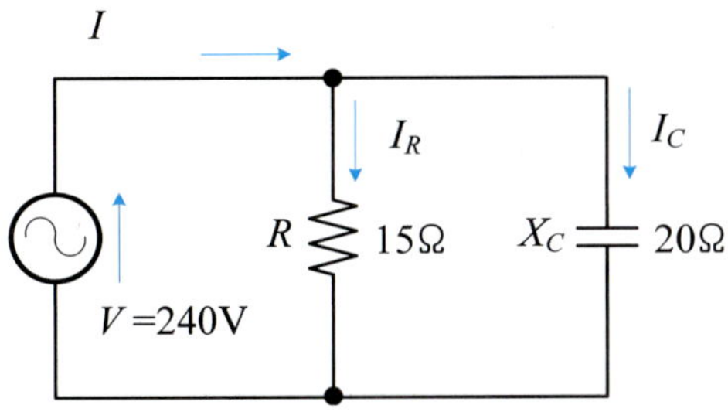

그림 8.11 $R-C$ 병렬회로

〈풀이〉 합성 임피던스 Z는

$$Z = \frac{1}{\sqrt{\left(\frac{1}{R}\right)^2 + \left(\frac{1}{X_C}\right)^2}} = \frac{1}{\sqrt{\left(\frac{1}{15}\right)^2 + \left(\frac{1}{20}\right)^2}} = \frac{1}{\frac{1}{12}} = 12\,[\Omega]$$

$$I = \frac{V}{Z} = \frac{240}{12} = 20\,[\mathrm{A}]$$

$$\theta = \tan^{-1}\frac{R}{|X_C|} = \tan^{-1}\frac{15}{20} \fallingdotseq 36.9^\circ$$

예제 8–18 그림 8.12와 같은 회로에 있어서 전류 $I\,[\mathrm{A}]$를 구하라. 단, $f = 60\,[\mathrm{Hz}]$이다.

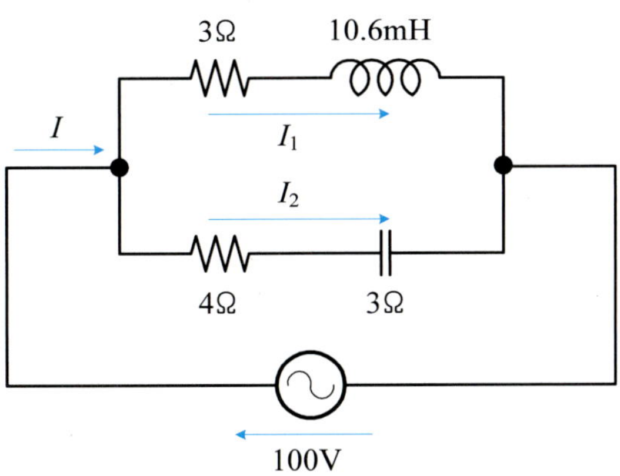

그림 8.12

〈풀이〉 병렬가지전류를 구한 후 전체전류는 식 $I = \sqrt{I_1^{\,2} + I_2^{\,2}}$을 사용한다.

$$X_L = \omega L = 2\pi \times 60 \times 10.6 \times 10^{-3} = 4[\Omega]$$

$$I_1 = \frac{V}{Z_1} = \frac{100}{3+j4} = 12 - j16[\text{A}]$$

$$I_2 = \frac{V}{Z_2} = \frac{100}{4-j3} = 16 + j12[\text{A}]$$

$$\therefore \; I = I_1 + I_2 = 12 - j16 + 16 + j12 = 28 - j4$$

$$|I| = \sqrt{28^2 + 4^2} = 28.3[\text{A}]$$

8.6 R–L–C 병렬회로

그림 8.13(a)와 같은 R, L, C를 병렬회로의 각 소자에 흐르는 전류 $\boldsymbol{I}_R$, $\boldsymbol{I}_L$, $\boldsymbol{I}_C$라 하면 KCL에 의해

$$\boldsymbol{I}_R = \frac{\boldsymbol{V}}{R}, \quad \boldsymbol{I}_L = \frac{\boldsymbol{V}}{j\omega L}, \quad \boldsymbol{I}_C = \frac{\boldsymbol{V}}{\dfrac{1}{j\omega C}} = j\omega C\boldsymbol{V}$$

$$\boldsymbol{I} = \boldsymbol{I}_R + \boldsymbol{I}_X = \boldsymbol{I}_R + (\boldsymbol{I}_C + \boldsymbol{I}_L) \tag{8.22}$$

여기서 $\boldsymbol{I}_L$과 $\boldsymbol{I}_C$는 단순한 대수적 뺄셈 즉, $\boldsymbol{I}_X = \boldsymbol{I}_C - \boldsymbol{I}_L$만 하면 된다.

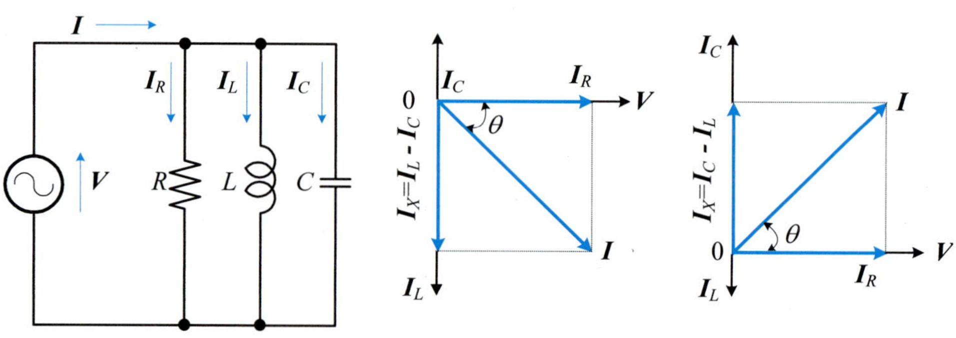

(a) (b) $\omega C < \dfrac{1}{\omega L}$인 경우 (c) $\omega C > \dfrac{1}{\omega L}$인 경우

그림 8.13 $R-L-C$ 병렬회로

즉,

$$\left.\begin{aligned} I &= \sqrt{I_R^2 + (I_C - I_L)^2} = \sqrt{\left(\frac{V}{R}\right)^2 + \left(\frac{V}{X_C} - \frac{V}{X_L}\right)^2} \\ &= \sqrt{\left(\frac{1}{R}\right)^2 + \left(\omega C - \frac{1}{\omega L}\right)^2}\, V[\mathrm{A}] \end{aligned}\right\} \tag{8.23}$$

이 회로의 합성 임피던스 Z와 위상각 θ는 다음식과 같다.

$$Z = \frac{V}{I} = \frac{1}{\sqrt{\left(\frac{1}{R}\right)^2 + \left(\omega C - \frac{1}{\omega L}\right)^2}}\,[\Omega]$$

$$\theta = \tan^{-1}\frac{I_C - I_L}{I_R} = \tan^{-1}\frac{\left(\omega C - \frac{1}{\omega L}\right)V}{\frac{V}{R}} = \tan^{-1}\left(\omega C - \frac{1}{\omega L}\right)R \tag{8.24}$$

이 경우 $I_X = I_C - I_L$의 부호가 (+)이면 θ의 부호는 (+)가 되어 전류가 전압보다 앞선 위상이 되고, I_X의 부호가 (−)이면 그 반대가 된다.

$R-L-C$ 병렬회로에서 전체 전류 I와 공급전압 V사이의 위상은 다음과 같은 관계가 있다.

$\omega C < \frac{1}{\omega L}$ $(I_C < I_L)$ 인 경우 : I는 V보다 θ만큼 뒤진다.(그림 8.13(b))

$\omega C > \frac{1}{\omega L}$ $(I_C > I_L)$ 인 경우 : I는 V보다 θ만큼 앞선다.(그림 8.13(c))

$\omega C = \frac{1}{\omega L}$ $(I_C = I_L)$ 인 경우 : I와 V는 동위상이다.

R-L-C 병렬회로의 임피던스

(1) 각 소자의 임피던스를 옴의 법칙을 이용하여 구한다.
(2) 각 소자에 흐르는 전류를 구하고, 인가전압과의 위상차를 구한다.
이때 캐패시터와 인덕터의 위상은 서로 부호가 반대이다.
(3) 모든 소자의 전류 페이저 합을 구한다.
(4) 다음 공식에 의해 총 전류와 위상차를 구할 수 있다.

$$I_T = \sqrt{I_R^2 + I_X^2}\,, \qquad \theta = \tan^{-1}\left(\frac{I_X}{I_R}\right)$$

(5) $R-L-C$ 병렬회로에서 임피던스는 인가전압 V와 총 전류 I를 사용하여, 다음 식으로 구한다.

$$Z = \frac{V}{I}$$

예제 8-19 60[Hz]의 사인파 교류에 대해서, $X_L = 20\,[\Omega]$, $X_C = 24\,[\Omega]$을 병렬로 접속한 회로에 100[V]의 교류 전압을 가했다. 회로에 흐르는 전류 I 의 크기와 전압과의 위상차를 구하여라.

〈풀이〉 $L-C$ 병렬회로이므로

$$I_L = \frac{V}{X_L} = \frac{100}{20} = 5\,[\mathrm{A}], \qquad I_C = \frac{V}{X_C} = \frac{100}{24} = 4.17\,[\mathrm{A}]$$

이다. 또, I_L과 I_C는 180°의 위상차(반대 방향)를 가지므로 전체 합성 전류 I는

$$I = I_L - I_C = 5 - 4.17 = 0.83\,[\mathrm{A}]$$

이고 전압보다 위상이 90° 늦게 된다.
또는 $X_L < X_C$ 이므로

$$Z = \frac{1}{\dfrac{1}{\omega L} - \omega C} = \frac{1}{\dfrac{1}{20} - \dfrac{1}{24}} = 120\,[\Omega]$$

$$\therefore \quad I = \frac{V}{Z} = \frac{100}{120} = 0.83\,[\mathrm{A}]$$

전압보다 위상이 90° 뒤진다.

8.7 어드미턴스

병렬회로의 계산은 직렬회로의 계산에 비하여 매우 복잡하므로 임피던스의 역수인 어드미턴스를 이용하는 것이 편하다.

$$\boldsymbol{Y} = \frac{1}{\boldsymbol{Z}} = \frac{\boldsymbol{I}}{\boldsymbol{V}} = G + jB[\mho] \tag{8.25}$$

단위는 임피던스의 역수인 Y를 어드미턴스(admittance)라 하고, 단위로는 mho[℧] 또는 siemens[S]를 쓴다.

실수부 G를 컨덕턴스(conductance)라 하며, 리액턴스 X의 역수인 허수부 B를 서셉턴스(susceptance), 유도성 리액턴스 X_L의 역수 B_L를 유도성 서셉턴스(inductive susceptance), 용량성 리액턴스 X_C의 역수 B_C를 용량성 서셉턴스(capacitive susceptance)라 하며, 단위는 모두 mho[℧]를 쓴다.

이러한 관계를 식으로 나타내면, 그림 8.14 (b)의 병렬회로에서 다음 식이 성립한다.

$$\begin{aligned} \boldsymbol{I} &= \boldsymbol{I}_G + \boldsymbol{I}_C + \boldsymbol{I}_L = G\boldsymbol{V} + j\omega C\boldsymbol{V} + \frac{1}{j\omega L}\boldsymbol{V} \\ &= \left[G + j\left(\omega C - \frac{1}{\omega L}\right)\right]\boldsymbol{V} = \left[G + j(B_C + B_L)\right]\boldsymbol{V} \end{aligned} \tag{8.26}$$

그러므로 이 회로의 어드미턴스는

$$\begin{aligned} &\boldsymbol{Y} = G + jB = G + j\left(\omega C - \frac{1}{\omega L}\right) \\ &G = \frac{1}{R}, \quad B = B_C + B_L = \omega C - \frac{1}{\omega L} \end{aligned} \tag{8.27}$$

$R-L-C$ 병렬회로의 합성 임피던스 Z를 어드미턴스 Y로 표시하면

$$\text{어드미턴스 크기 } Y = \frac{1}{Z} = \sqrt{G^2 + B^2}, \text{ 위상각 } \theta = \tan^{-1}\frac{B}{G} \tag{8.28}$$

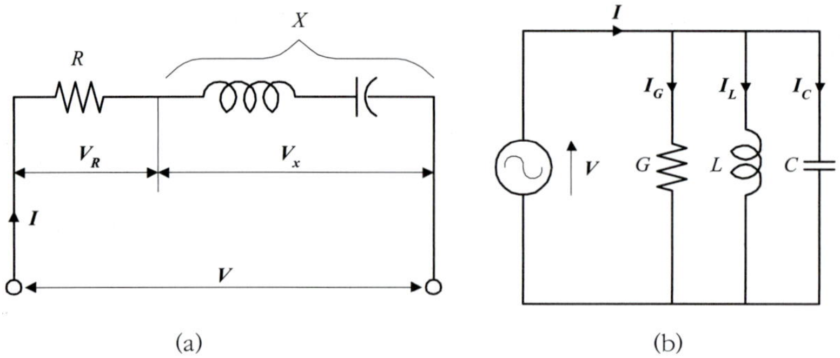

그림 8.14 직렬 및 병렬회로

직렬회로의 임피던스를 그림 8.15(a)와 같은 페이저로 표시하면, 그림 8.14(b)와 같은 병렬회로도인 경우 임피던스로 계산하는 것보다 어드미턴스로 계산하는 것이 그림 8.15(b)와 같이 간편한 경우도 있다.

$$\boldsymbol{Y} = \frac{1}{\boldsymbol{Z}} = \frac{1}{R+jX} = \frac{R-jX}{(R+jX)(R-jX)} \tag{8.29}$$

$$= \frac{R}{R^2+X^2} - j\frac{X}{R^2+X^2} = G+jB$$

$$G = \frac{R}{R^2+X^2} = \frac{R}{Z^2}\ [\mho], \quad B = \frac{-X}{R^2+X^2} = \frac{-X}{Z^2}\ [\mho] \tag{8.30}$$

$$I = \frac{V}{Z} = YV = \sqrt{G^2+B^2}\ V\,[\mathrm{A}] \tag{8.31}$$

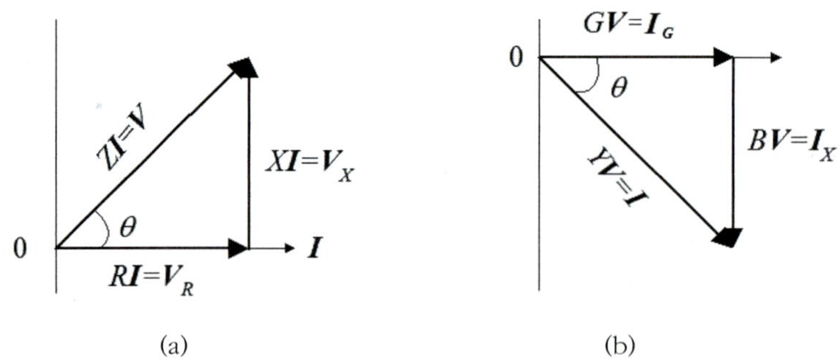

그림 8.15 (그림 8.14)의 페이저도

예제 8-20 그림 8.16에서 컨덕턴스와 서셉턴스를 구하라.(단, $f = 60$[Hz])

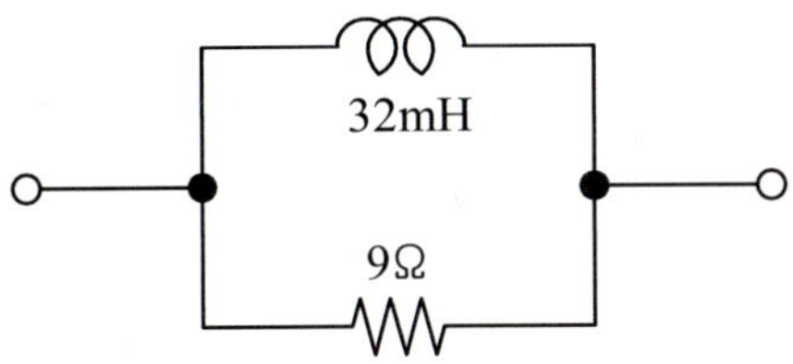

그림 8.16

〈풀이〉

$$\boldsymbol{Y} = G + jB = \frac{1}{R} + \frac{1}{j\omega L} = \frac{1}{9} - \frac{j}{377 \times 32 \times 10^{-3}}$$

$$= 0.111 - j\,0.083$$

$$\therefore\ G = 0.111\,[\mho],\quad B = -0.083\,[\mho]$$

예제 8-21 $R-L-C$ 직렬회로의 서셉턴스를 구하여라.

〈풀이〉 $R-L-C$ 직렬회로의 임피던스는

$$\boldsymbol{Z} = R + j\left(\omega L - \frac{1}{\omega C}\right)$$

어드미턴스 Y는

$$\boldsymbol{Y} = \frac{1}{\boldsymbol{Z}} = G + jB = \frac{1}{R + j\left(\omega L - \dfrac{1}{\omega C}\right)}$$

$$= \frac{\omega C}{\omega CR + j(\omega^2 LC - 1)} = \frac{\omega C\{\omega CR - j(\omega^2 LC - 1)\}}{\omega^2 C^2 R^2 + (\omega^2 LC - 1)^2}$$

$$\therefore\ G = \frac{\omega^2 C^2 R}{\omega^2 C^2 R^2 + (\omega^2 LC - 1)^2}\,[\mho]$$

$$\therefore\ B = \frac{-\omega C(\omega^2 LC - 1)}{\omega^2 C^2 R^2 + (\omega^2 LC - 1)^2}\,[\mho]$$

8.8 임피던스 직렬회로

그림 8.17과 같이 여러 개의 임피던스를 $\boldsymbol{Z}_1$, $\boldsymbol{Z}_2$, $\boldsymbol{Z}_3$, …, $\boldsymbol{Z}_n$을 직렬로 접속하여 양단에 교류전압 V를 가했을 때 회로에 흐르는 전류를 $\boldsymbol{I}$ 라고 하면, 각 임피던스의 양단에 걸리는 전압 $\boldsymbol{V}_1$, $\boldsymbol{V}_2$, $\boldsymbol{V}_3$, …, $\boldsymbol{V}_n$은

$$\boldsymbol{V}_1 = \boldsymbol{Z}_1\boldsymbol{I}, \quad \boldsymbol{V}_2 = \boldsymbol{Z}_2\boldsymbol{I}, \quad \cdots, \quad \boldsymbol{V}_n = Z_n\boldsymbol{I}$$

가 된다. 그리고 회로 전체에 걸리는 전압은 키르히호프의 전압 법칙에 의하여 각 임피던스에 걸리는 전압의 총합이 되므로

$$\begin{aligned}\boldsymbol{V} &= \boldsymbol{V}_1 + \boldsymbol{V}_2 + \boldsymbol{V}_3 + \cdots + \boldsymbol{V}_n \\ &= \sum \boldsymbol{V}_i = (\boldsymbol{Z}_1 + \boldsymbol{Z}_2 + \boldsymbol{Z}_3 + \cdots + \boldsymbol{Z}_n)I = \boldsymbol{ZI}[\mathrm{V}]\end{aligned} \tag{8.32}$$

이다. 회로 전체의 합성 임피던스 $\boldsymbol{Z}$는 다음과 같다.

$$\boldsymbol{Z} = \boldsymbol{Z}_1 + \boldsymbol{Z}_2 + \cdots + \boldsymbol{Z}_n = R + jX[\Omega] \tag{8.33}$$

그러므로 임피던스를 직렬로 접속하였을 때 각 임피던스의 전압 분포는 다음과 같이 각 벡터 임피던스에 비례함을 알 수 있다.

$$\boldsymbol{V}_1 = \frac{\boldsymbol{Z}_1}{\boldsymbol{Z}}\boldsymbol{V}, \quad \boldsymbol{V}_2 = \frac{\boldsymbol{Z}_2}{\boldsymbol{Z}}\boldsymbol{V}, \quad \cdots, \quad \boldsymbol{V}_n = \frac{\boldsymbol{Z}_n}{\boldsymbol{Z}}\boldsymbol{V}[\mathrm{V}] \tag{8.34}$$

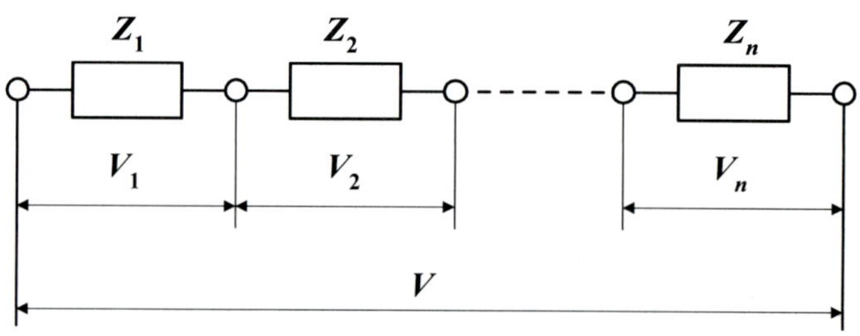

그림 8.17

8.9 임피던스 병렬회로

그림 8.18와 같이 여러 개의 임피던스를 병렬로 접속하여 양 단자 사이에 전압교류 V를 가했을 때 회로에 흐르는 전류를 I_1, I_2, I_3, $\cdots$, I_n이라고 하면 전체 전류 I는

$$I_1 = \frac{V}{Z_1},\ I_2 = \frac{V}{Z_2},\ I_3 = \frac{V}{Z_3},\ \cdots,\ I_n = \frac{V}{Z_n}\,[\mathrm{A}] \tag{8.35}$$

이므로

$$\begin{aligned} I &= I_1 + I_2 + I_3 + \cdots + I_n = \frac{V}{Z_1} + \frac{V}{Z_2} + \frac{V}{Z_3} + \cdots + \frac{V}{Z_n} \\ &= V\left(\frac{1}{Z_1} + \frac{1}{Z_2} + \frac{1}{Z_3} + \cdots + \frac{1}{Z_n}\right) = \frac{V}{Z}\,[\mathrm{A}] \end{aligned} \tag{8.36}$$

따라서 병렬회로의 합성 임피던스 Z는

$$Z = \frac{1}{\dfrac{1}{Z_1} + \dfrac{1}{Z_2} + \cdots + \dfrac{1}{Z_n}} = \frac{1}{\sum \dfrac{1}{Z_i}}\,[\Omega] \tag{8.37}$$

이 되고 어드미턴스 Y는

$$Y = G + jB = Y_1 + Y_2 + Y_3 + \cdots + Y_n\,[\mho] \tag{8.38}$$

으로 되어 각 분기 회로에 흐르는 전류는

$$\begin{aligned} &I_1 = Y_1 V = \frac{Z}{Z_1} I,\quad I_2 = Y_2 V = \frac{Z}{Z_2} I, \\ &I_3 = Y_3 V = \frac{Z}{Z_3} I,\quad \cdots,\quad I_n = Y_n V = \frac{Z}{Z_n} I\,[\mathrm{A}] \end{aligned} \tag{8.39}$$

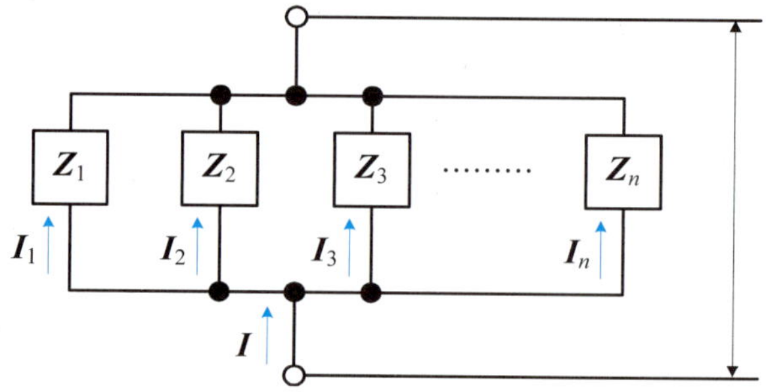

그림 8.18

예제 8-22 그림 8.19와 같은 직렬회로에 있어서 전류 I, 각 부분회로에 걸리는 전압과 전체 전력을 구하여라.

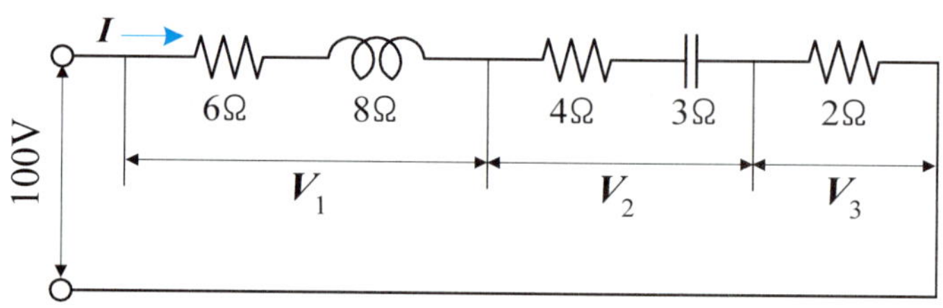

그림 8.19

〈풀이〉

$$Z = (6+j8)+(4-j3)+2 = 12+j5\,[\Omega]$$

$$\therefore\ I = \frac{100+j0}{12+j5} = \frac{100(12-j5)}{(12+j5)(12-j5)} = 7.10-j2.96\,[\text{A}]$$

$$V_1 = IZ_1 = (7.10-j2.96)(6+j8) = 66.28+j39.04\,[\text{V}]$$

$$V_2 = IZ_2 = (7.10-j2.96)(4-j3) = 19.52-j33.14\,[\text{V}]$$

$$V_3 = IZ_3 = (7.10-j2.96)(2+j0) = 14.2-j5.92\,[\text{V}]$$

$$P = I^2R = I^2(R_1+R_2+R_3) = (\sqrt{7.10^2+2.96^2})^2\times(6+4+2)$$

$$= 7.70^2\times 12 = 711.48\,[\text{W}]$$

예제 8-23 그림 8.20(a)와 같은 병렬회로에 있어서 각 임피던스의 전류와 전체전류를 구하고, 또 페이저도를 구하라.

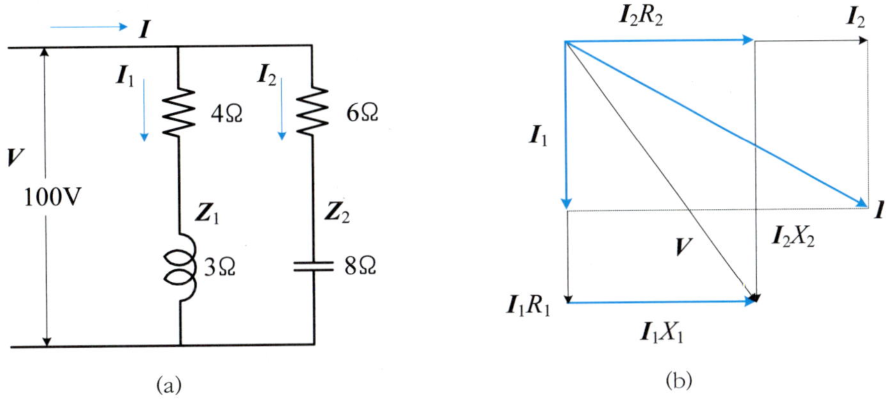

그림 8.20

〈풀이〉

$$Y_1 = \frac{1}{Z_1} = \frac{1}{4+j\,3} = \frac{4-j\,3}{4^2+3^2} = 0.16-j\,0.12\,[\mho]$$

$$Y_2 = \frac{1}{Z_2} = \frac{1}{6-j\,8} = \frac{6+j\,8}{6^2+8^2} = 0.06+j\,0.08\,[\mho]$$

$$Y = Y_1 + Y_2 = 0.22-j\,0.04\,[\mho]$$

$$\therefore I_1 = Y_1 V = (0.16-j0.12)(100+j0) = 16-j12 = 20\underline{/-36.9^\circ}\,[\mathrm{A}]$$

$$I_2 = Y_2 V = (0.06+j0.08)(100+j0) = 6+j8 = 10\underline{/53.2^\circ}\,[\mathrm{A}]$$

$$I = I_1 + I_2 = (Y_1+Y_2)V = YV = 22-j4 = 22.35\underline{/-10.3^\circ}\,[\mathrm{A}]$$

Chapter 08

연 습 문 제

문제 1 $R-L$ 직렬회로에서 $R = 30\,[\Omega]$, $X_L = 20\,[\Omega]$일 때, 다음을 구하라.

(1) 임피던스 Z (2) 전류 I

(3) 전압 V_R, V_L (4) 전압 및 임피던스 페이저도

단, 공급전압은 220[V], 주파수 $f = 60\,[\mathrm{Hz}]$

문제 2 $R-L$ 직렬회로에서 $R = 10\,[\Omega]$, $L = 20[\mathrm{mH}]$일 때, 다음을 구하라.

(1) 임피던스 Z (2) 전류 I

(3) 전압 V_R, V_L (4) 전압 및 임피던스 페이저도

단, 공급전압은 220[V], 주파수 $f = 60\,[\mathrm{Hz}]$

문제 3 $R-L$ 직렬회로에서 $R = 30\,[\Omega]$, $X_L = 30\,[\Omega]$일 때, 위상각 θ를 구하라.

문제 4 $R-C$ 직렬회로에서 $R = 10\,[\mathrm{k}\Omega]$, $C = 1\,[\mu\mathrm{F}]$일 때, 다음을 구하라.

(1) 임피던스 Z (2) 전류 I

(3) 전압 V_R, V_C (4) 전압 및 임피던스 페이저도

단, 공급전압은 220[V], 주파수 $f = 60\,[\mathrm{Hz}]$

문제 5 $R-L-C$ 직렬회로에서 $R = 10\,[\Omega]$, $X_L = 15\,[\Omega]$, $X_C = 15\,[\Omega]$ 임피던스 Z와 전류 I를 구하여라. 단, 전압 $V = 200\,[\mathrm{V}]$

문제 6 $R-L-C$ 직렬회로에서 $R = 25.6\,[\Omega]$, $L = 54[\mathrm{mH}]$, $C = 41\,[\mu\mathrm{F}]$일 때 전류 I, 임피던스 각 θ를 구하라. 단, 전압은 220[V]이고, 주파수 $f = 60\,[\mathrm{Hz}]$이다.

문제 7 $R-L$ 병렬회로에서 $R = 100\,[\Omega]$, $X_L = 50\,[\Omega]$일 때, 회로전류 I를 구하라. 단, 교류전압은 200[V]이다.

문제 8 $R-C$ 병렬회로에서 $R = 20\,[\Omega]$, $X_C = 10\,[\Omega]$일 때, 회로전류 I를 구하라. 단, 교류전압은 200[V]이다.

문제 9 $R-L$ 병렬회로에서 $R = 20\,[\Omega]$, $X_L = 45\,[\Omega]$, $V = 15\,[\mathrm{V}]$이다. 임피던스 Z, 전체전류 I, 전압과 전류의 위상차 θ를 구하라.

문제 10 $R-L$ 직렬회로에서 $R = 40\,[\Omega]$, $X_L = 25\,[\Omega]$이고, 전압 15[V]를 인가했을 때, 전류 I, V_R, V_L, 위상각 θ를 구하라.

Chapter

09

교류회로의 전력

Easy to understand Electric Circuits

직류 저항 회로의 소비전력은 전압×전류이지만, 교류에서는 부하의 특성에 따라 전압과 위상이 달라지므로 교류전력 역시 부하에 따라 변한다.

교류에서의 전력은 회로의 순시전압과 순시전류를 곱하고, 이를 한주기 동안 평균하여 구한다. 교류전력을 살펴보면 다음과 같다.

9.1 저항부하의 전력과 에너지

저항 R 인 부하에 전압

$$v = \sqrt{2}\, V\sin\omega t\,[\mathrm{V}] \tag{9.1}$$

의 정현파 교류전압이 인가될 때 흐르는 전류는 전압과 동상이므로 $i = \sqrt{2}\, I\sin\omega t$로 표시된다. 따라서 저항에서 소비되는 순시전력 p는

$$p = vi = 2\,VI\sin^2\omega t = VI(1 - \cos 2\omega t)\,[\mathrm{W}] \tag{9.2}$$

(참고 : $\because\ \cos 2\alpha = 1 - 2\sin^2\alpha$, [부록 참조])

가 된다. 이 식을 정리하면, 다음과 같이 된다.

저항에서의 평균전력 :

$$\boxed{P = VI = I^2R\,[\mathrm{W}]} \tag{9.3}$$

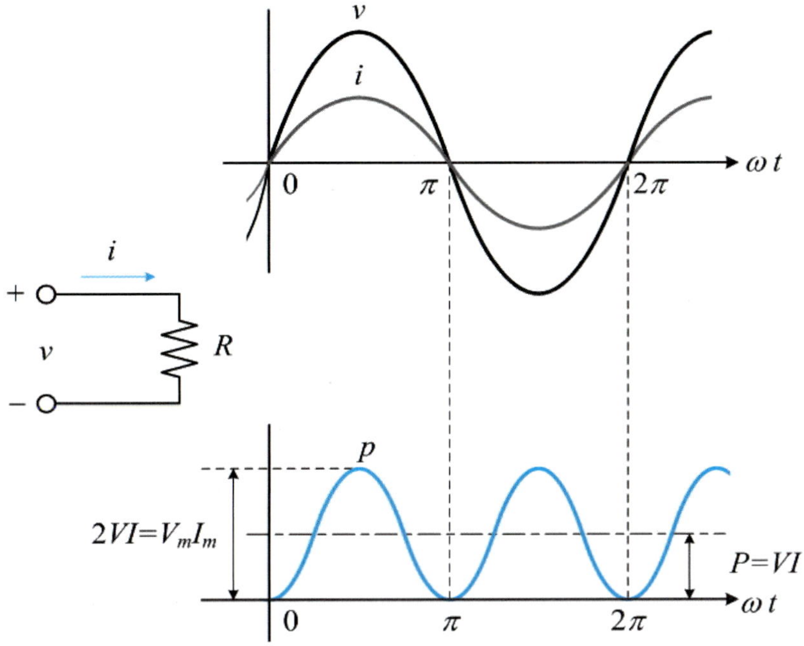

그림 9.1 저항에서의 전압, 전류 및 전력

일반적으로 전력이라 함은 이러한 평균전력을 의미하며, 순시전력과 구별하기 위하여 대문자 P를 쓴다. 그림 9.1은 저항에서의 전압, 전류 및 전력을 보여 준다

또, t[s] 동안에 저항에서 소비되는 에너지 W_R은

저항에서의 소비되는 에너지:

$$W_R = P \cdot t\,[\mathrm{W \cdot s}]\ \ (= [\mathrm{J}]) \tag{9.4}$$

이 되며 [W・s]보다는 [KW・h] (=1000×3600 [W・s])가 많이 쓰인다.

9.2 인덕턴스 부하의 전력과 에너지

인덕턴스 L만인 부하에서의 순시전류, 순시전압이 다음과 같다.

정현파 순시전류 $i = \sqrt{2}I\sin\omega t\,[\mathrm{A}]$

$$\text{정현파 순시전압 } v = \sqrt{2}\,V\sin(\omega t + 90°) = \sqrt{2}\,V\cos\omega t\,[\mathrm{V}] \tag{9.5}$$

순시전력 p는

$$p = vi = 2\,VI\sin\omega t \cdot \cos\omega t = VI\sin 2\omega t\,[\mathrm{W}] \tag{9.6}$$

가 된다. 그러나 $\sin 2\omega t$의 한 주기 동안의 평균값은 0이므로, 인덕턴스에 공급되는 평균전력은 0이 된다. 즉,

인덕터에서의 평균전력 :

$$\boxed{P = 0} \tag{9.7}$$

인덕터에서 축적되는 에너지 :

$$\begin{aligned} W_L &= \frac{1}{2}Li^2 = \frac{1}{2}L(\sqrt{2}\,I\sin\omega t)^2 \\ &= \frac{1}{2}LI^2(1 - \cos 2\omega t) = \frac{1}{2}LI^2 \end{aligned}$$

$$\boxed{\therefore\ W_L = \frac{1}{2}LI^2\,[\mathrm{J}]} \tag{9.8}$$

그림 9.2(a)와 같이 전압은 전류보다 90°위상이 앞서 있고, 순시전력 p는 그림 9.2(b)와 같이 v, i의 주파수의 2배가 되는 각 주파수 2ω의 정현파로서 (+), (−)의 값으로 주기적으로 변한다.

$p>0$ 즉, (+)일 때의 P는 전원으로부터 인덕터에 에너지가 공급되고 있으며, $p<0$ 즉, (−)인 경우는 전원으로 에너지가 반환된다고 할 수 있다.

즉, 인덕터에 전류가 흐르면 전원과 인덕터 사이에 에너지를 주고 받음으로써 인덕터 자체에서는 에너지 소모가 없음을 알 수 있다.

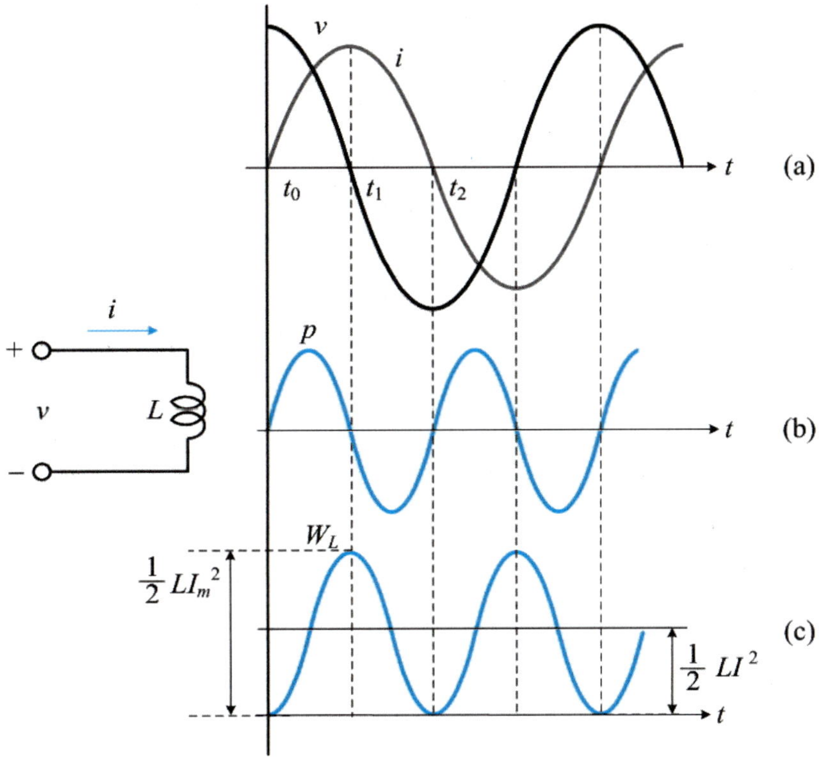

그림 9.2 인덕터에서의 전력과 에너지의 변화

9.3 캐패시턴스 부하의 전력과 에너지

정현파 교류전압 $v = \sqrt{2}\,V\sin\omega t[\mathrm{V}]$

정현파 교류전류 $i = \sqrt{2}I\sin(\omega t + 90^\circ) = \sqrt{2}I\cos\omega t\,[\mathrm{A}]$ (9.9)

따라서 캐패시터에서의 순시전력 p

$$p = v \cdot i = 2VI\sin\omega t \cdot \cos\omega t = VI\sin 2\omega t[\mathrm{W}] \tag{9.10}$$

평균전력 P는 0이 된다.

캐패시터에서의 평균전력 : $\boxed{P = 0}$ (9.11)

캐패시터에서 축적되는 에너지:

$$W_C = \frac{1}{2}Cv^2 = \frac{1}{2}C[\sqrt{2}\ V\sin\omega t]^2$$
$$= CV^2\sin^2\omega t = \frac{1}{2}CV^2(1-\cos 2\omega t)$$

$$\therefore W_C = \frac{1}{2}CV^2\,[\mathrm{J}] \tag{9.12}$$

그림 9.3(a)와 같이 전류가 전압보다 90° 앞선 위상이다. 즉, 캐패시터에서도 그림 9.3(b)와 같이 $p > 0$ 즉, (+)일 때는 전원으로부터 캐패시터에 에너지가 공급되고 있으며, $p < 0$ 즉, (−)일 경우는 전원으로 에너지가 반환되어 캐패시터 자체에서는 에너지의 소모가 없음을 알 수 있다.

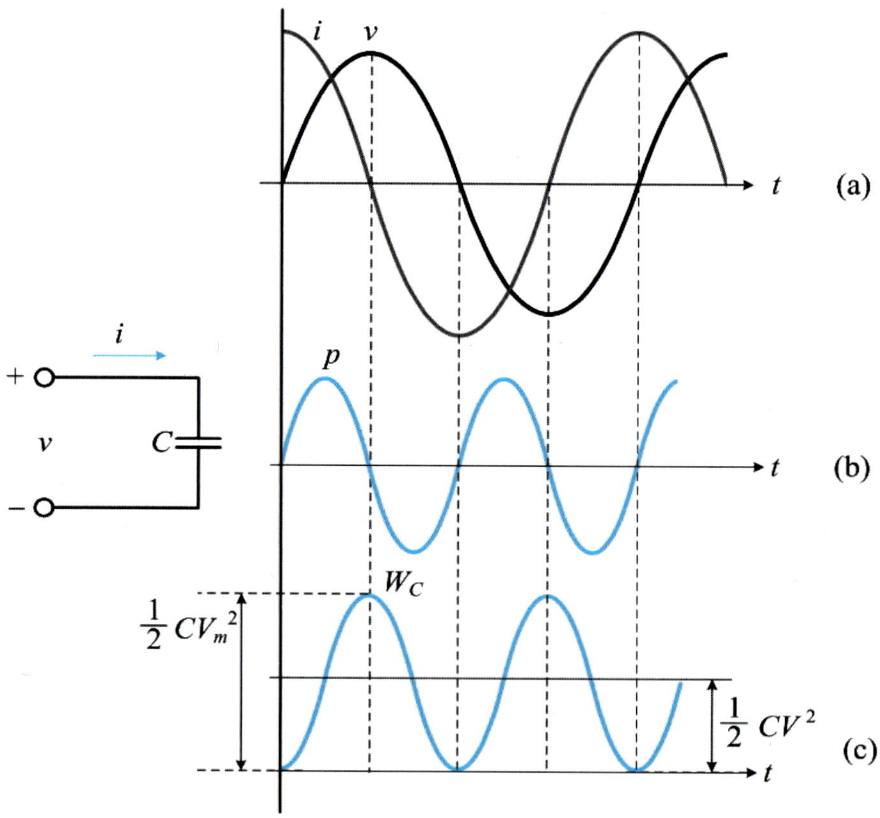

그림 9.3 캐패시터에서의 전력과 에너지의 변화

9.4 일반 교류회로에서의 순시전력과 평균전력

일반 교류회로에서는 순시전력은

정현파 전압 $v = V_m \sin \omega t$

정현파 전류 $i = I_m \sin(\omega t - \theta)$이므로,

순시전력 값 p

$$
\begin{aligned}
p &= vi = V_m I_m \sin \omega t \cdot \sin(\omega t - \theta) \\
&= 2\,VI\{\sin \omega t \cdot \sin(\omega t - \theta)\} \\
&= VI\{\cos\theta - \cos(2\omega t - \theta)\}
\end{aligned}
\tag{9.13}
$$

(참고 : $\because\ \sin\alpha \sin\beta = -\frac{1}{2}\{\cos(\alpha+\beta) - \cos(\alpha-\beta)\}$ [부록 참조])

평균전력 P : $\boxed{P = VI\cos\theta}$ (9.14)

그림 9.4에 나타낸 바와 같이 $p = v \cdot i$의 그래프를 그리면, 그림 9.4(b)와 같이 시간에 무관한 일정량 $VI\cos\theta$의 직류성분과 그림 9.4(c)와 같이 2배의 주파수로 변하는 정현파 전원과 부하사이의 전력 $VI\cos\theta(2\omega t - \theta)$의 항으로 이루어진다.

즉, 전류가 전압보다 θ 만큼 앞서거나 늦음에 관계없이 $\cos(-\theta) = \cos\theta$이므로 평균전력은 $VI\cos\theta$이다.

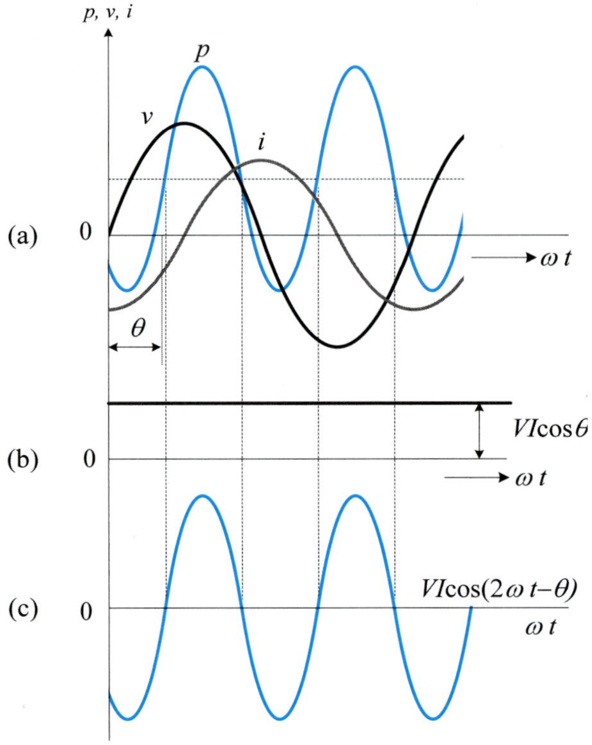

그림 9.4 교류전력의 파형

전력의 단위는 [W] (watt), [J/S](Joule/sec)을 쓴다. 어떤 시간에 대한 소비되는 전력량 $\boldsymbol{W}$는 전력에 시간(H)를 곱하여 $\boldsymbol{W} = \boldsymbol{PH}$[WH]을 쓴다.

9.5 역률과 피상전력

9.5.1 역률(power factor)

직류회로의 전력은 전압 × 전류이나 정현파 교류의 전력은 전압과 전류의 실효값의 곱에 정수 $\cos\theta$를 곱해야 한다. 이때의 계수를 회로의 역률(power factor)이라고 하며 pf로 나타낸다.

역률 : $pf = \dfrac{P}{VI} = \dfrac{VI\cos\theta}{VI} = \cos\theta$ (9.15)

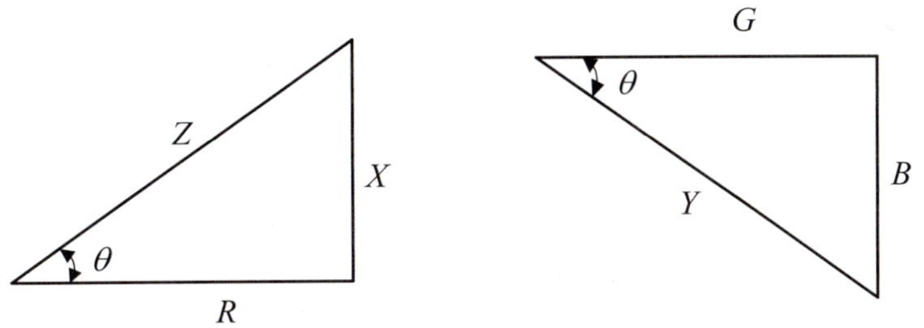

그림 9.5 임피던스 및 어드미턴스 삼각도

그림 9.5로부터 부하의 임피던스가 $\boldsymbol{Z} = R + jX$

$$pf = \cos\theta = \frac{R}{Z} = \frac{G}{Y} \tag{9.16}$$

이러한 관계식을 이용하면 평균전력은 다음과 같이 정리할 수 있다.

$$P = VI\cos\theta = VI \times \frac{R}{Z} = RI^2 = VI \times \frac{G}{Y} = GV^2\,[\mathrm{W}] \tag{9.17}$$

역률을 백분율로 표현하여 85% 이상이면 좋은 경우라고 한다.

θ는 전압과 전류의 위상차이고, 수동회로에서는 $-90° \le \theta \le 90°$ 가 되어, 역률은 $0 \le \cos\theta(pf) \le 1$가 된다. 역률은 부하에서 소비되는 전력량을 결정하는 척도이다.

- $\theta = 0\,(pf = 1)$인 경우 : 부하에 걸리는 전압과 전류의 위상이 같은 경우로서, 리액턴스 성분이 없는 저항만의 부하가 있는 경우이다. 저항에서의 전력이 모두 에너지로 바뀐다는 의미이므로 가장 쓸모 있는 유효전력을 발생하는 경우이다.
- $\theta = \pm 90°\,(pf = 0)$인 경우 : 저항성분은 없고, 리액턴스만 있고, 전류와 전압의 위상차가 90°인 경우를 의미하며, 이때는 부하에서 전혀 유효전력을 발생하지 않는다.
- $\theta > 0\,(0 < pf < 1)$인 경우 : 전류가 전압보다 늦으므로, 지상역률(lagging power factor).
- $\theta < 0\,(0 < pf < 1)$인 경우 : 전류가 전압보다 앞서므로, 진상역률(leading power factor).

9.5.2 피상전력(apparent power)

전압과 전류의 실효값의 곱을 피상전력이라 하며, 단위는 볼트-암페어[Volt- Ampere : VA]를 사용한다. 유효전력 P와 무효전력 P_r과 피상전력 P_a와의 관계는

$$P = VI\cos\theta, \quad P_r = VI\sin\theta, \quad P_a = VI$$

유효전력(평균전력)	:	$P = VI\cos\theta\,[\mathrm{W}]$
무효전력	:	$P_r = VI\sin\theta\,[\mathrm{Var}]$
피상전력	:	$P_a = VI\,[\mathrm{VA}]$

(9.18)

$$P_a^{\,2} = P^2 + P_r^{\,2} = (VI\cos\theta)^2 + (VI\sin\theta)^2 = (VI)^2$$

$$\therefore\ P_a = \sqrt{P^2 + P_r^{\,2}} = VI = ZI^2\,[\mathrm{VA}] \tag{9.19}$$

따라서 유효전력 P는

$$P = VI\cos\theta = VI\cdot\frac{R}{Z} = I^2R\,[\mathrm{W}] \tag{9.20}$$

발전기, 변압기, 케이블, 냉장고, 세탁기 등의 가전제품 등의 정격 또는 용량 VA로써 표시된다. 이 기기들의 전기적 용량이 최대허용열손실 ($pf = 1$)일 때의 전압×전류에 의해 결정되기 때문이다.

9.5.3 무효전력(reactive power)

유효전력 $P = VI\cos\theta$ 의 식을 그림 9.6과 같이 $P = V(I\cos\theta) = (V\cos\theta)I$로 생각하고, $I\cos\theta = I_R$, $V\cos\theta = V_R$이라고 하면

$$P = VI_R = V_R I \tag{9.21}$$

가 된다. I_R과 V_R은 유효전력의 성분으로서 유효전류(active current) $I\cos\theta$, 유효전압(active voltage) $V\cos\theta$라 한다.

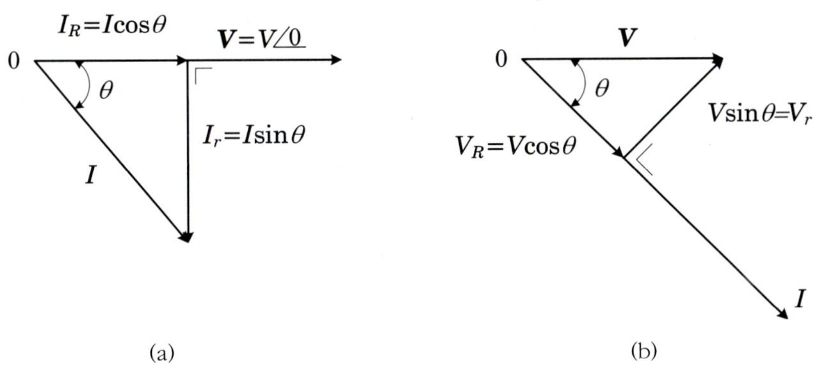

그림 9.6 전압, 전류의 유효분과 무효분

여기서 $I\sin\theta$, $V\sin\theta$는 유효전력에는 전혀 관계가 없는 성분이므로 이들을 각각 무효전류(reactive current), 무효전압(reactive voltage)이라 하고, I_r, V_r로 표기한다.

$P = VI\cos\theta$를 유효전력(active power)이라 하면

$$P_r = VI\sin\theta = VI\frac{X}{Z} = XI^2\ [\mathrm{Var}] \tag{9.22}$$

를 무효전력(reactive power)이라고 하며, 단위는 [Var] (volt-ampere reactive)이다. 따라서 $\cos\theta$, $\sin\theta$를 각각 유효율과 무효율이라 한다.

피상전력	:	$P_a = \sqrt{P^2 + P_r^{\ 2}} = VI[\mathrm{VA}]$
유효율(역률)	:	$\cos\theta = \dfrac{P}{P_a} = \dfrac{P}{\sqrt{P^2 + P_r^{\ 2}}}$
무효율	:	$\sin\theta = \dfrac{P_r}{P_a} = \dfrac{P_r}{\sqrt{P^2 + P_r^{\ 2}}} = \dfrac{P_r}{VI} = \dfrac{X}{Z}$
유효전류	:	$I_R = I\cos\theta = \dfrac{VI\cos\theta}{V} = \dfrac{P}{V}[\mathrm{A}]$
무효전류	:	$I_r = I\sin\theta = \dfrac{VI\sin\theta}{V} = \dfrac{P_r}{V}[\mathrm{A}]$

9.5.4 복소전력

벡터량으로 표시한 값, 즉 기호법에 의하여 주어진 전압과 전류를 곱한 값은 피상전력을 나타낸다. 전압과 전류의 위상차(θ)를 구하기 위해 공액복소수를 이용한다.

$$\boldsymbol{V}^*\boldsymbol{I} = (V_1 - jV_2)\boldsymbol{I} = P - jP_r \tag{9.23}$$

$$\boldsymbol{V}\boldsymbol{I}^* = P + jP_r \tag{9.24}$$

$\boldsymbol{V}^*$, $\boldsymbol{I}^*$는 $\boldsymbol{V}$, $\boldsymbol{I}$의 공액복소수(conjugated complex number)이다.

$$\boldsymbol{V} = V_1 + jV_2 \tag{9.25}$$

$$\boldsymbol{I} = I_1 - jI_2 \tag{9.26}$$

그러므로 전압의 공액복소수 $\boldsymbol{V}^* = V_1 - jV_2$ 또는 전류의 공액복소수 $\boldsymbol{I}^* = I_1 + jI_2$를 취하면 식 (9.27)과 같이 실수부를 유효전력, 허수부를 무효전력으로 나타낼 수 있다.

$$\left.\begin{aligned} \boldsymbol{V}^*\boldsymbol{I} &= (V_1 - jV_2)(I_1 - jI_2) = (V_1I_1 - V_2I_2) - j(V_2I_1 + V_1I_2) = P - jP_r \\ \boldsymbol{V}\boldsymbol{I}^* &= (V_1 + jV_2)(I_1 + jI_2) = (V_1I_1 - V_2I_2) + j(V_2I_1 + V_1I_2) = P + jP_r \end{aligned}\right\} \tag{9.27}$$

9.6 역률개선

역률 $I = \dfrac{P}{V\cos\theta}$의 관계식에서 보는 바와 같이 어떤 부하에 일정한 전력을 공급해야 할 경우, 부하의 역률이 낮으면 같은 전압으로 큰 전류를 흘려주어야 한다. 즉, 피상전력이 크게 되어 큰 전류가 흐르게 되면, 송전선, 변압기, 전동기 등을 포함한 송전계통에서의 열 손실이 많아지므로 기기의 용량이 큰 것이 요구된다.

또한 송전선로의 전압 강하가 증가하여 전압 변동율이 나쁘게 된다. 따라서 부하의 역률을 1에 근접되도록 개선하는 것이 경제적으로 유익하게 된다.

전력계통의 부하는 대부분 유도성 부하이므로 늦은 역률이 된다. 이러한 늦은 역률을 갖는 부하와 병렬로 콘덴서를 접속함으로써, 전류가 전압보다 위상이 상당히 앞서는 역률의 진상전류가 콘덴서에 흘러 부하전류의 위상은 전압위상과 근접하게 되어 역률을 개선할 수 있다. 이와 같이 역률이 $pf = \cos\theta \fallingdotseq 1$이 되도록 하는 시도를 역률개선이라 한다.

9.7 교류전력의 측정

교류전력의 측정은 전력계를 이용하거나 전압-전류 측정방법을 이용한다. 전력계를 이용하는 방법은 4개의 입력단자를 통해 측정하는 데, 2개 단자는 전류, 2단자는 전압이 전력계에 입력되어 측정된다.

전류-전압 방법은 전압계를 이용하여 저항에 걸린 전압과 인가전압을 측정한다. 측정한 결과를 이용하여 역률 pf를 같이 구한다.

$$pf = \frac{V_R}{V} \tag{9.28}$$

저항에 흐르는 전류는

$$I = \frac{V_R}{R} \tag{9.29}$$

이므로 다음 식에 대입하여 실제 소비전력을 구할 수 있다.

$$P = \frac{V_R^2}{R} \tag{9.30}$$

전력측정방법은 매우 간단하며 계산도 간단하다.

교류전력의 간추림

(1) 교류회로에서 전력의 소비는 저항에서만 이루어진다.

(2) 교류에서 피상전력 P_a는 인가전압과 전류의 곱 즉, $P_a = V \times I$로 표현된다.

(3) 회로에서 소비된 실제전력은 전압 V와 전류 I 그리고 역률 pf의 곱으로 표현되며, 역률 pf는 전압과 전류의 위상차의 코사인 값과 같다.

$$P = V \times I \times \cos\theta$$

(4) 실제 소비전력은

$$P = I^2 R = \frac{V_R^2}{R}$$

으로도 표현되는 데, 여기서 I는 전류이고, R은 회로의 총 저항이고, V_R은 저항에 걸린 전압이다.

(5) 교류회로의 역률($\cos\theta$)은 전압과 전류의 위상차 θ를 측정하여 $\cos\theta$를 계산하면 구할 수 있다.

(6) 역률은 다음의 식에서도 구할 수 있다.

$$pf = \cos\theta = \frac{R}{Z} = \frac{V_R}{V} = \frac{P}{P_a}$$

(7) 전력계를 사용하여 소비전력을 직접 측정할 수 있다.

예제 9-1 그림 9.7의 회로에서 전원에 의해 공급된 유효전력과 피상전력, 역률 pf, 전류와 전압의 위상차를 구하여라.

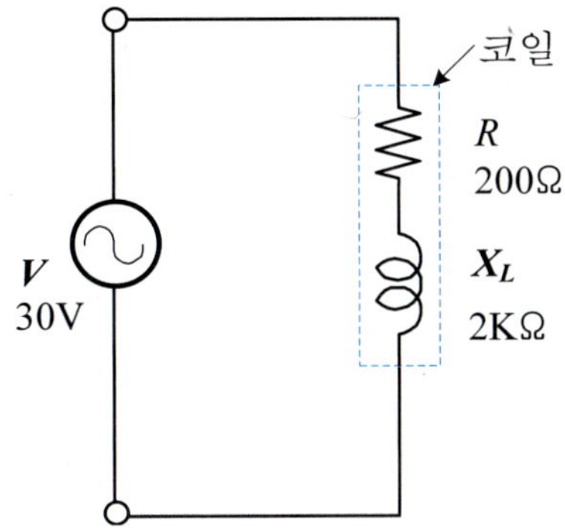

그림 9.7

〈풀이〉 회로의 임피던스는

$$Z = \sqrt{R^2 + X_L^2} = \sqrt{(200)^2 + (2000)^2} \fallingdotseq 2.01\,[\mathrm{k}\Omega]$$

$$I = \frac{V}{Z} = \frac{30}{2.01 \times 10^3} = 14.93\,[\mathrm{mA}]$$

$$\theta = \tan^{-1}\left(\frac{X_L}{R}\right) = \tan^{-1}\left(\frac{2000}{200}\right) = \tan^{-1}(10) = 84.29^\circ$$

RL 회로이므로 전압이 전류보다 84.29°만큼 앞선다.

피상전력 P_a는

$$P_a = VI = 30\,[\mathrm{V}] \times 14.92\,[\mathrm{mA}] \fallingdotseq 0.448\,[\mathrm{VA}]$$

유효전력 P는

$$P = I^2R = (14.92 \times 10^{-3})^2 \times 200 \fallingdotseq 44.5\,[\mathrm{mW}]$$

역률 $pf = \frac{R}{Z} = \frac{200}{2.01 \times 10^3} = 0.0995$ 또는 9.95[%]

예제 9-2 그림 9.8의 직렬 RC 회로에서 피상전력 P_a, 유효전력 P, 역률 pf, 위상각 θ 를 각각 계산하여라.

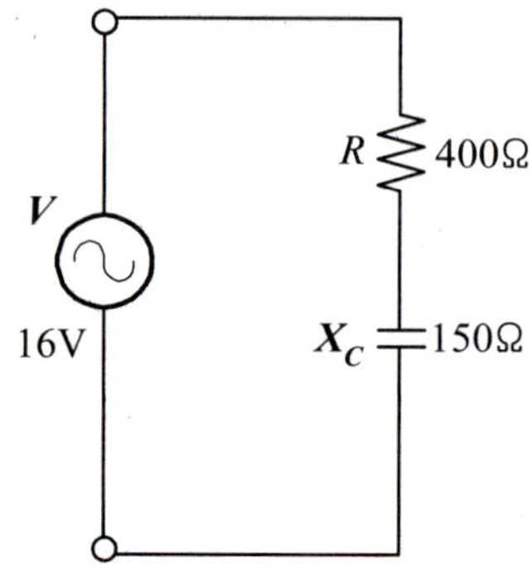

그림 9.8

〈풀이〉 위상각 $\theta = \tan^{-1}\left(\frac{-X_C}{R}\right) = \tan^{-1}\left(\frac{-150}{400}\right) = -20.56°$

따라서

임피던스 : $Z = \frac{R}{\cos\theta} = \frac{400}{\cos(-20.56)} = 427.21\ [\Omega]$

전 류 : $I = \frac{16[\mathrm{V}]}{427.21\ [\Omega]} = 37.45\ [\mathrm{mA}]$

피상전력 : $P_a = VI = 16\ V \times 37.45 \times 10^{-3}\mathrm{A} = 0.599\ [\mathrm{VA}]$

유효전력 : $P = P_a \times \frac{R}{Z} = 0.599 \times \frac{400}{427.35} = 0.560\ [\mathrm{W}]$이 된다.

또는 유효전력은 $P = I^2R = (37.44\times10^{-3})^2 \times 400[\Omega] = 0.561\ [\mathrm{W}]$로 동일한 결과를 구할 수 있다.

역률 $pf = \frac{R}{Z} = \frac{400}{427.35} \fallingdotseq 0.936$, $93.6[\%]$ 또는

다른 공식인 $pf = \frac{P}{P_a} = \frac{0.560}{0.598} \fallingdotseq 0.9364$, $93.65\ [\%]$가 되는데, 이 계산법에 따른 pf 값의 0.0005 정도의 차이는 계산 중 발생한 오차이다.

예제 9-3 한 코일의 임피던스를 측정하기 위하여 직류전압 100[V]를 가했더니 500[W]가 소비되고, 교류전압 150[V]를 가했을 때는 720[W]를 소비했다. 코일의 저항과 리액턴스를 계산하라.

〈풀이〉

$$R = \frac{V^2}{P_d} = \frac{100^2}{500} = 20\,[\Omega]$$

$$P = VI\cos\theta = V \cdot \frac{V}{Z} \cdot \frac{R}{Z} = \frac{V^2 R}{Z^2} = \frac{V^2 R}{R^2 + X^2}$$

$$\therefore\ X = \sqrt{\frac{V^2 R}{P} - R^2} = \sqrt{\frac{150^2 \times 20}{720} - 20^2} = 15\,[\Omega]$$

예제 9-4 $R-L-C$ 직렬회로에 있어서 $R = 8\,[\Omega]$, $L = 0.0638\,[\mathrm{H}]$, $C = 228\,[\mu\mathrm{F}]$이고 50[Hz], 110[V]의 교류전압을 가했을 때 역률, 유효전력, 무효전력을 구하라.

〈풀이〉

$$\omega L = 2\pi f L = 2 \times 3.14 \times 50 \times 0.0638 = 20\,[\Omega]$$

$$\frac{1}{\omega C} = \frac{1}{2\pi f C} = \frac{1}{2 \times 3.14 \times 50 \times 228 \times 10^{-6}} = 14\,[\Omega]$$

$$\therefore\ Z = \sqrt{R^2 + \left(\omega L - \frac{1}{\omega C}\right)^2} = \sqrt{8^2 + 6^2} = 10\,[\Omega]$$

이 회로에 흐르는 전류의 실효치는

$$I = \frac{V}{Z} = \frac{110}{10} = 11\,[\mathrm{A}]$$

역 률 : $\cos\theta = \frac{R}{Z} = \frac{8}{10} = 0.8$

유효전력 : $P = VI\cos\theta = 110 \times 11 \times 0.8 = 968\,[\mathrm{W}]$

무효전력 : $P_r = VI\sin\theta = 110 \times 11 \times 0.6 = 726\,[\mathrm{Var}]$

예제 9-5 페이저 전압, 전류가 $\boldsymbol{V} = 173.2 + j100\,[\mathrm{V}]$, $\boldsymbol{I} = 5 + j8.66\,[\mathrm{A}]$일 때, 유효전력, 무효전력을 구하라.

〈풀이〉

$$\boldsymbol{V}^{*}\boldsymbol{I} = (173.2 - j100)(5 + j8.66) = 1732 + j1000$$

$$\therefore \quad P = 1732\,[\mathrm{W}], \qquad P_r = 1000\,[\mathrm{Var}]$$

여기서 $+j$ 이므로 용량성 무효전력이다.

Chapter 09 연습문제

문제 1 100[mH]의 인덕터에 정현파 전류 $i(t) = 2\sqrt{2}\cos 1000t\,[\mathrm{A}]$가 흘렀을 경우, 이 인덕터에서 소비되는 전력을 구하고, 축적되는 에너지는?

문제 2 $6 + j8\,[\Omega]$인 임피던스에 $26 + j40\,[\mathrm{V}]$인 전압을 가할 때 유효전력[W]은?

문제 3 어떤 회로에 $v = 70.7\sqrt{2}\sin(\omega t + \theta)\,[\mathrm{V}]$를 인가했을 때,
$i = 5.7\sqrt{2}\sin(\omega t + \theta - 30°)\,[\mathrm{A}]$가 흘렀다면 유효전력[W]는 얼마인가?

문제 4 $R = 20\,[\Omega]$, $L = 0.1\,[\mathrm{H}]$의 직렬회로에 60[Hz], 100[V]의 교류전압을 인가하였을 때, 이 회로의 역률과 유효전력을 구하라.

문제 5 어떤 소자에 걸리는 전압 $v = 100\sqrt{2}\cos\left(377t - \frac{\pi}{6}\right)[\mathrm{V}]$,
$i = \sqrt{2}\cos\left(377t + \frac{\pi}{6}\right)[\mathrm{A}]$일 때 소비되는 전력은 몇 [W]인가?

문제 6 부하에 $\boldsymbol{V} = 100 + j50$을 가했을 때, $\boldsymbol{I} = 4 - j3$의 전류가 흐른다. 부하에서의 유효전력, 무효전력, 피상전력을 구하라.

문제 7 그림 9.9와 같은 회로의 역률(pf)을 구하라.

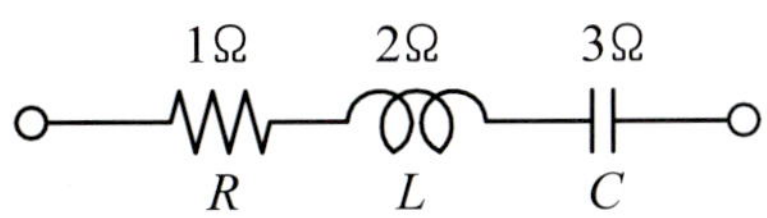

그림 9.9

문제 8 어떤 소자에 걸리는 전압 $v = 100\sin\omega t$[V], $i = 6\sin\omega t$[A]일 때 소비되는 평균 전력은 몇 [W]인가?

문제 9 전압 200[V], 전류 50[A]로 6[kW]의 전력을 소비하는 회로의 리액턴스는 몇 [Ω]인가?

문제 10 50[μF]의 콘덴서에 100[V], 60[Hz]의 교류전압을 가할 때 무효전력은?

문제 11 그림 9.10의 회로에서 $R = 3$[Ω], 유도리액턴스 $X = 4$[Ω]이다. 이 회로의 역률은 얼마인가? (Hint : $pf = \dfrac{G}{Y}$를 이용)

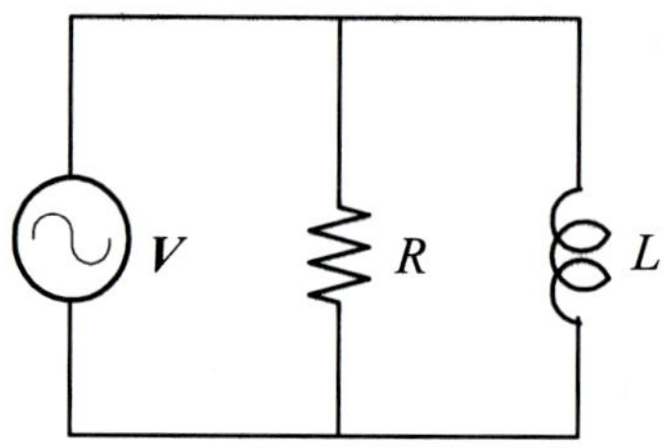

그림 9.10

Chapter

10

유도 결합회로

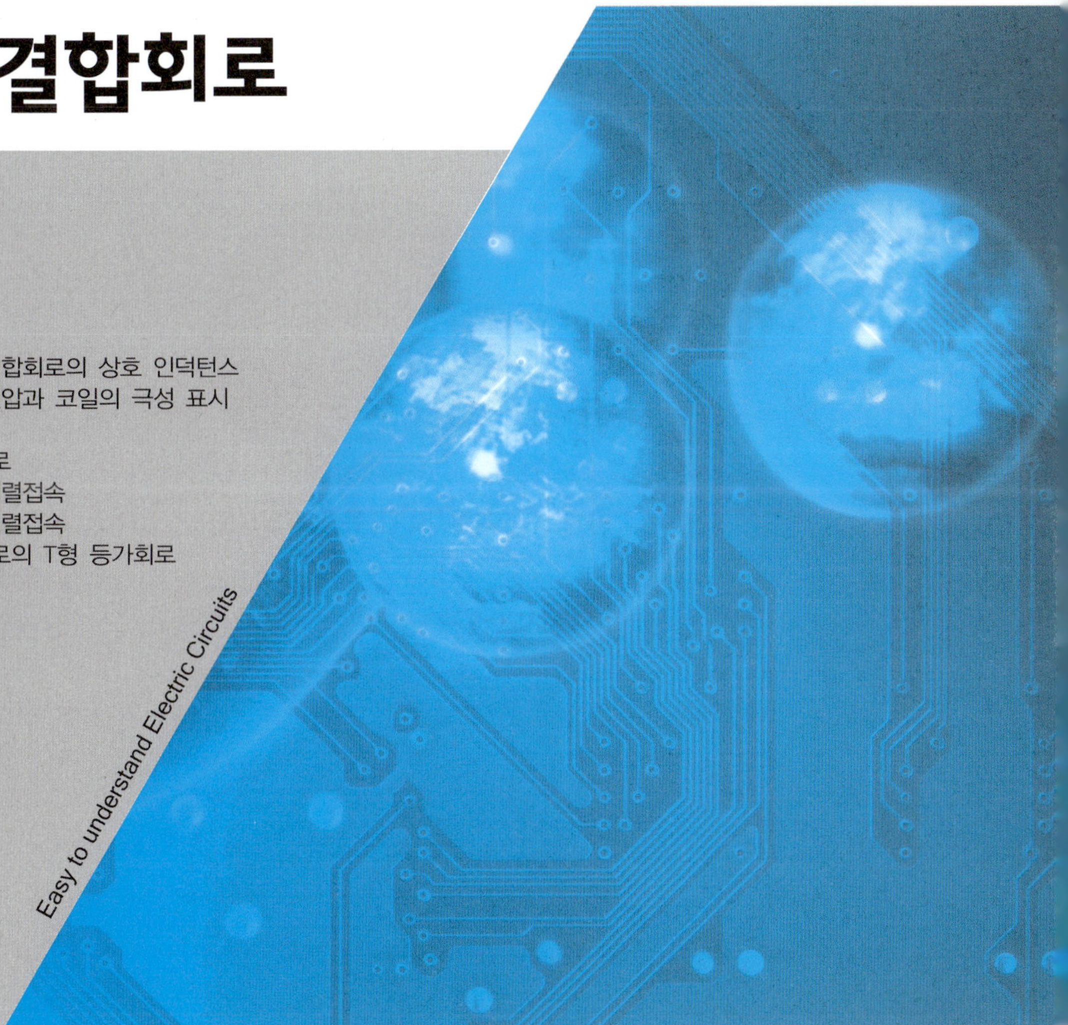

Easy to understand Electric Circuits

10.1 상호 유도 결합회로와 상호 인덕턴스

그림 10.1과 같이 두 코일이 서로 가까이 있는 유도 결합회로(inductively coupled circuit)의 코일 1에 전류 i_1을 흘리면 그 주위에는 자기장이 생기고, 자력선의 일부는 코일 2와 쇄교한다. 만일 전류 i_1이 시간에 따라 변화하게 되면 패러데이(Faraday)의 전자 유도법칙에 의하여 코일 2의 양단에는 자속쇄교수의 시간적 변화율에 비례하여 전압 $v = N\dfrac{d\phi}{dt}$ [V]가 유도될 것이다.

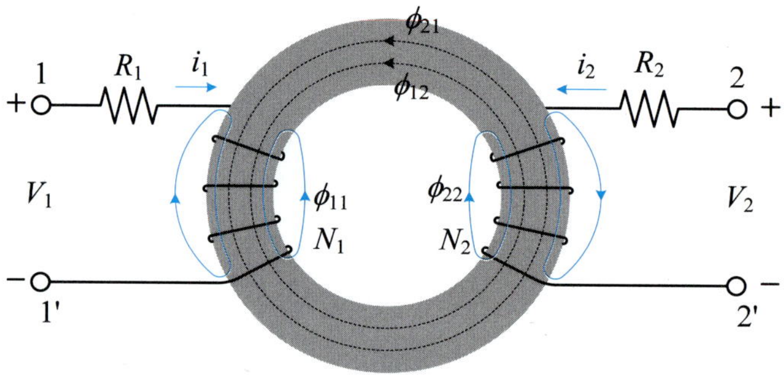

그림 10.1 유도 결합회로

이것을 상호 유도작용(mutual induction)이라 한다.

이러한 회로의 해석을 위해서는 R, L, C의 정수 외에 자기 인덕턴스와 비슷한 두 회로와의 사이에 또 하나의 회로정수인 상호 유도계수 즉, 상호 인덕턴스(mutual inductance) M[H]을 도입해야 한다. 이것은 전자유도 작용을 고려하면 원리적으로 자기 인덕턴스와 상호 인덕턴스는 같다고 볼 수 있다.

이 때 코일에 발생하는 자속은 다음 식과 같이 된다.

$$\phi_1 = \phi_{11} + \phi_{12} \tag{10.1}$$

$$\phi_2 = \phi_{22} + \phi_{21} \tag{10.2}$$

단,

ϕ_1 : 전류 i_1에 의해 만들어진 자속

ϕ_2 : 전류 i_2에 의해 만들어진 자속

ϕ_{11}, ϕ_{22} : 각각 코일 1, 2만을 쇄교하는 자속(누설자속 : leakage flux)

ϕ_{12}, ϕ_{21} : 코일 1, 2에 서로 쇄교하는 자속(상호자속 : mutual flux)

다음에 전류 i_1에 의하여 코일 1, 2에 생기는 자속을 ϕ_1, ϕ_2라 하고 각 코일의 권수를 N_1, N_2라고 하면, 각각의 자기 인덕턴스 L_1, L_2는 아래와 같은 관계가 성립한다. 여기서, L_1, L_2를 자기 인덕턴스(self inductance), M_{12}, M_{21}를 상호 인덕턴스(mutual inductance)라 한다.

자기 인덕턴스

$$L_1 = \frac{N_1 \phi_1}{i_1} = \frac{\Phi_1}{i_1}$$: 단위 전류 i_1에 의해 발생되는 코일 1의 자속 쇄교수

$$L_2 = \frac{N_2 \phi_2}{i_2} = \frac{\Phi_2}{i_2}$$: 단위 전류 i_2에 의해 발생되는 코일 2의 자속 쇄교수

상호 인덕턴스

$$M_{12} = \frac{N_2 \phi_{12}}{i_2}$$: 단위 전류 i_2에 의해 발생되는 코일 1의 자속 쇄교수

$$M_{21} = \frac{N_1 \phi_{21}}{i_1}$$: 단위 전류 i_1에 의해 발생되는 코일 2의 자속 쇄교수

자기회로의 저항은 $R_{12} = R_{21}$이므로 주위 매질의 투자율이 일정한 경우

$$M_{12} = M_{21} = M \tag{10.3}$$

이 되며 M의 단위는 [henry, H]를 사용한다. 두 코일의 상호 인덕턴스의 크기는 두 코일의 크기, 각 권수, 두 코일축의 거리, 두 코일축의 상대적 위치 및 주위 매질의 투자율에 의해 결정된다.

10.2 상호 유도 전압과 코일의 극성표시

그림 10.2는 유도 결합회로로서, 두 코일은 유도적으로 결합되어 있으며, 변압기의 회로이다. 1차 측에는 전원이, 2차 측에는 구동할 부하가 연결되어 있다. 1, 2차 측에 흐르는 전류에 의해 앞에서 살펴 본 자속 쇄교(magnetic flux linkage)가 발생되어, 1차 측에 v_1, 2차 측에 v_2의 전압강하가 발생되는 데, 이것을 식으로 표현하면, 다음과 같다.

$$\begin{aligned} v_1 &= L_1 \frac{di_1}{dt} \pm M_{12} \frac{di_2}{dt} \\ v_2 &= L_2 \frac{di_2}{dt} \pm M_{21} \frac{di_1}{dt} \end{aligned} \tag{10.4}$$

자기 인덕턴스 및 상호 인덕턴스에 의해 동시에 전압이 유기되므로 유도 결합회로의 해석에서 상호 유도전압의 방향은 매우 중요하다. 따라서 상호 유도전압의 방향은 권선의 방향과 흐르는 전류의 방향에 따라 결정된다.

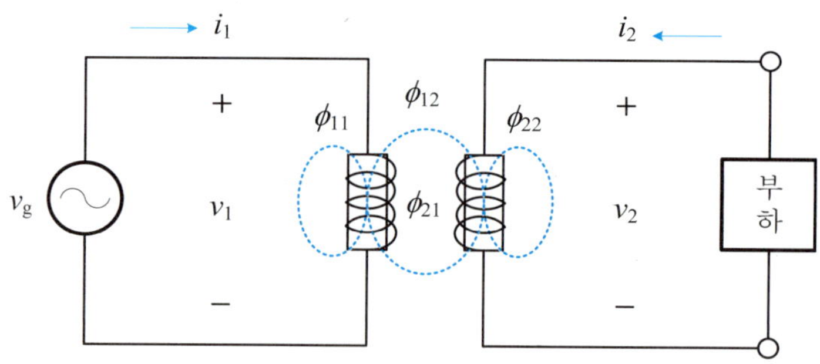

그림 10.2 유도 결합회로

회로계산에 있어서는 이 두 전압의 상대적 극성을 결정해야만 한다. 상호 인덕턴스에 대한 극성은 두 코일의 전류의 방향에 의하여 결정되는데, 자기 및 상호 인덕턴스에 의해 나타나는 전압이 서로 더하여지는 경우에는 (+)를 취하고, 그 반대일 경우에는 (−)를 취한다.

유도 결합된 두 코일의 권선방향을 표시하기 위하여 그림 10.3과 같이 점을 찍어 표시한다. 이것을 유도코일의 극성표시라고 한다. 유도 결합 회로에서 두 코일 모두 점을 찍은 단자에서 전류가 들어오거나 나간다면 상호 인덕턴스 M은 +로 하고, 한쪽 코일은 점이 찍힌 단자에서 들어오고, 다른 한 쪽은 점이 찍힌 단자에서 나갔다면 M은 −가 된다. 그림 10.4와 그림 10.5는 코일의 극성과 전류의 방향에 따라서 변압기에서의 전압-전류 관계식이 어떻게 달라지는가를 보여 주고 있다.

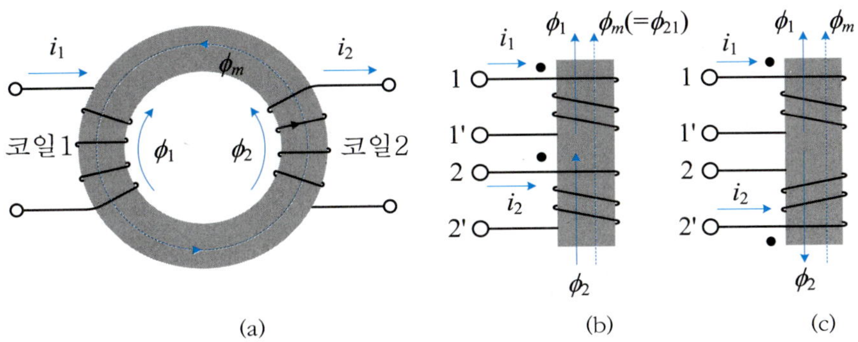

그림 10.3 결합회로

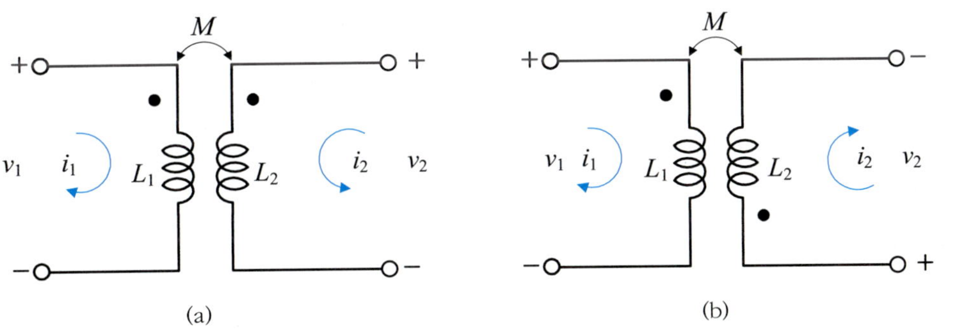

$$v_1 = L_1\frac{di_1}{dt} + M\frac{di_2}{dt} \qquad (10.5)$$

$$v_2 = L_2\frac{di_2}{dt} + M\frac{di_1}{dt} \qquad (10.6)$$

그림 10.4 M이 +인 경우

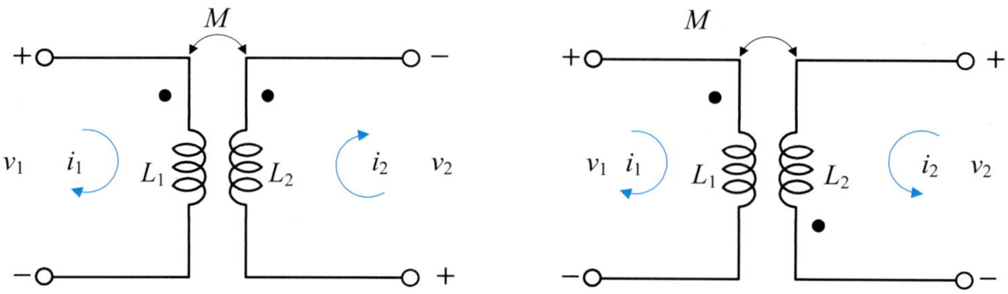

(c) (d)

$$v_1 = L_1\frac{di_1}{dt} - M\frac{di_2}{dt} \tag{10.7}$$

$$v_2 = L_2\frac{di_2}{dt} - M\frac{di_1}{dt} \tag{10.8}$$

그림 10.5 M이 −인 경우

10.3 결합계수

코일 사이의 유도결합의 정도를 표시하는 k를 결합계수라고 하며 다음과 같이 정의한다.

$$k = \frac{M}{\sqrt{L_1 L_2}} \tag{10.9}$$

k는 0과 1 사이의 값을 갖는다. 즉,

$$0 \leqq k \leqq 1 \tag{10.10}$$

$k = 0$인 경우에는 상호자속이 전혀 없어 유도결합이 없는 경우이고, $k = 1$은 누설 자속이 전혀 없는 완전결합(perfect coupling)의 경우이다. k가 1에 가까우면 밀결합(close coupling)이라 하고, 0에 가까우면 소결합(loose coupling)이라 한다.

예제 10-1 코일 $L_1 = 30\,[\mathrm{mH}]$, $L_2 = 40\,[\mathrm{mH}]$가 상호 인덕턴스 $5.6\,[\mathrm{mH}]$로 결합되어 있다. 두 코일의 결합계수를 구하여라.

〈풀이〉

결합계수 k는

$$k = \frac{M}{\sqrt{L_1 L_2}} = \frac{5.6}{\sqrt{30 \times 40}} \fallingdotseq 0.162$$

10.4 상호 유도회로

그림 10.6과 같이 정현파 전원을 가진 유도결합 된 두 회로에서 같은 방향으로 전류가 흐를 때는 다 같이 점이 찍힌 쪽으로 유입하므로 $M > 0$이다.

$\boldsymbol{Z}_L = R + j\omega L$이라 할 때, 이 회로의 전압 방정식을 세우면

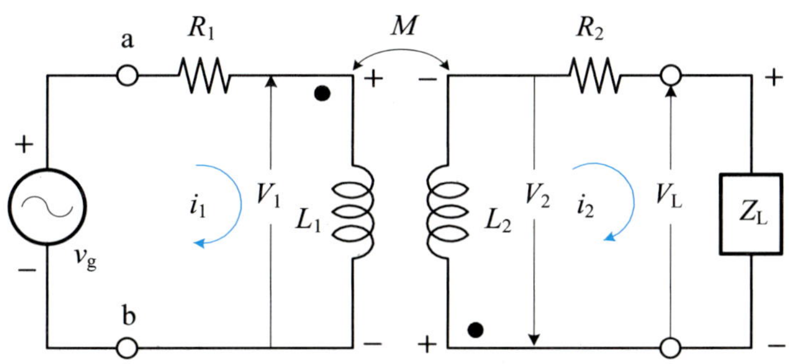

그림 10.6 상호 유도회로

$$\begin{cases} j\omega L_1 \boldsymbol{I}_1 + R_1 \boldsymbol{I}_1 + j\omega M \boldsymbol{I}_2 = V_g \\ j\omega L_2 \boldsymbol{I}_2 + R_2 \boldsymbol{I}_2 + j\omega M \boldsymbol{I}_1 + Z_L \boldsymbol{I}_2 = 0 \end{cases} \tag{10.11}$$

와 같이 표시할 수 있다. 그러나 여기서 다른 각도에서 살펴보면 식 (10.11)은 다음과 같이 된다.

$$\begin{cases} j\omega L_1 \boldsymbol{I_1} + j\omega M \boldsymbol{I_2} = V_1 \\ j\omega M \boldsymbol{I_1} + (R_2 + j\omega L_2 + Z_L)\boldsymbol{I_2} = 0 \end{cases} \tag{10.11}$$

$$\begin{cases} \boldsymbol{Z}_{11} = j\omega L_1, \qquad \boldsymbol{Z}_{22} = R_2 + j\omega L_2 + Z_L \\ \boldsymbol{Z}_M = \boldsymbol{Z}_{12} = \boldsymbol{Z}_{21} = j\omega M \end{cases} \tag{10.12}$$

으로 놓으면 식 (10.11)은

$$\begin{cases} \boldsymbol{Z}_{11}\boldsymbol{I}_1 + \boldsymbol{Z}_{12}\boldsymbol{I}_2 = \boldsymbol{V}_1 \\ \boldsymbol{Z}_{21}\boldsymbol{I}_1 + \boldsymbol{Z}_{22}\boldsymbol{I}_2 = 0 \end{cases} \tag{10.13}$$

이 된다. 그러므로 I_1, I_2를 구하면

$$\boldsymbol{I}_1 = \frac{\boldsymbol{Z}_{22}\boldsymbol{V}_1}{\boldsymbol{Z}_{11}\boldsymbol{Z}_{22} - \boldsymbol{Z}_M^2}, \qquad \boldsymbol{I}_2 = \frac{-\boldsymbol{Z}_M\boldsymbol{V}_1}{\boldsymbol{Z}_{11}\boldsymbol{Z}_{22} - \boldsymbol{Z}_M^2} \tag{10.14}$$

이 식들을 정리하면 다음과 같다.

구동 임피던스 : $\boldsymbol{Z}_{ab} = \dfrac{\boldsymbol{V}_1}{\boldsymbol{I}_1} = \boldsymbol{Z}_{11} - \dfrac{\boldsymbol{Z}_M^2}{\boldsymbol{Z}_{22}} = \boldsymbol{Z}_{11} + \dfrac{\omega^2 M^2}{\boldsymbol{Z}_{22}}$

결합 임피던스 또는 반사 임피던스 : $\dfrac{(\omega M)^2}{Z_{22}}$

2차 전류와 1차 전류의 비 : $\dfrac{\boldsymbol{I}_2}{\boldsymbol{I}_1} = -\dfrac{\boldsymbol{Z}_M}{\boldsymbol{Z}_{22}}$

전원전압과 부하전압의 비 : $\dfrac{\boldsymbol{V}_L}{\boldsymbol{V}_1} = \dfrac{-\boldsymbol{Z}_M\boldsymbol{Z}_L}{\boldsymbol{Z}_{11}\boldsymbol{Z}_{22} - \boldsymbol{Z}_M^2}$ (10.15)

예제 10-2 다음 그림 10.7에서 저항 R_2에 걸리는 전압 V_2를 구하여라.

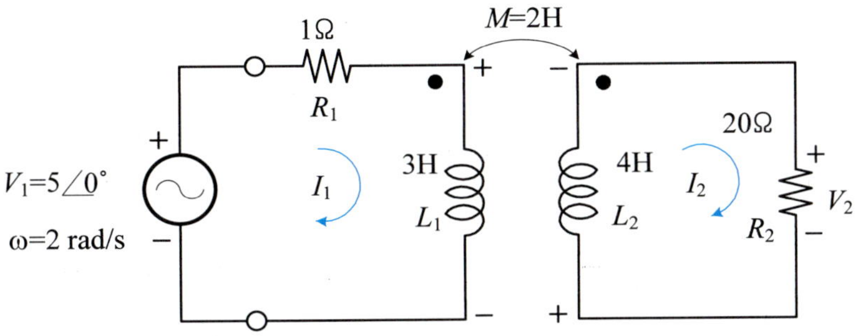

그림 10.7 (예제 10.2)의 회로

〈풀이〉

상호 인덕턴스 M은 −가 되고, 망로 1과 2에 대한 키르히호프 전압방정식을 쓰면,

$$(R_1 + j\omega L_1)\boldsymbol{I_1} - j\omega M\boldsymbol{I_2} = \boldsymbol{V_1}$$

$$-j\omega M\boldsymbol{I_1} + (R_2 + j\omega L_2)\boldsymbol{I_2} = 0$$

위 식에 저항과 코일 값을 넣고, 식을 정리하면 다음과 같다.

망로 1 : $(1+j6)\boldsymbol{I_1} - j4\boldsymbol{I_2} = 5\angle 0^\circ$

망로 2 : $-j4\boldsymbol{I_1} + (20+j8)\boldsymbol{I_2} = 0$

$$\boldsymbol{I_2} = \frac{\begin{vmatrix} 1+j6 & 5 \\ -j4 & 0 \end{vmatrix}}{\begin{vmatrix} 1+j6 & -j4 \\ -j4 & 20+j8 \end{vmatrix}} = \frac{j20}{-12 + j128} = 0.16\angle -5.4^\circ \ [\mathrm{A}]$$

$$\therefore\ \boldsymbol{V_2} = R_2 \cdot \boldsymbol{I_2} = 20\boldsymbol{I_2} = 3.2\angle -5.4^\circ \ [\mathrm{V}]$$

10.5 두 코일의 직렬접속

그림 10.8(a), (b)와 같이 직렬 접속한 경우 두 코일의 자기 인덕턴스는 각각 L_1, L_2 이고 상호 인덕턴스는 M 이다. 이 두 코일의 개방단자에서의 합성 인덕턴스를 구해보자.

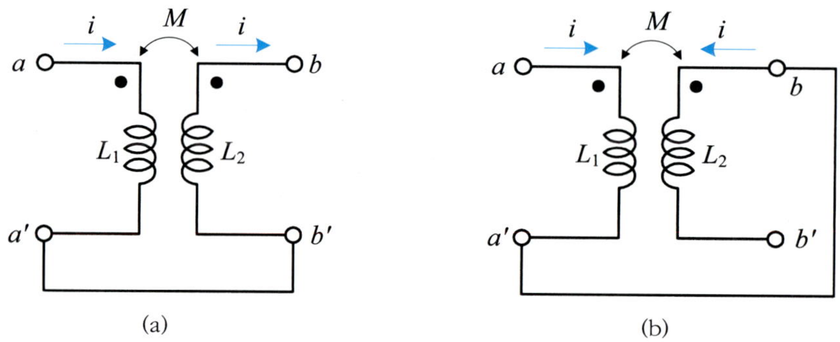

그림 10.8 두 코일의 직렬접속

10.5.1 전류의 방향이 서로 반대인 경우 ($M < 0$인 경우)

각 코일에서 발생하는 전압강하는

$$\begin{cases} v_1 = L_1\dfrac{di}{dt} - M\dfrac{di}{dt} \\ v_2 = L_2\dfrac{di}{dt} - M\dfrac{di}{dt} \end{cases} \tag{10.16}$$

가 되고, 단자 a에서 b방향으로의 전압강하를 v_{ab}라 하면

$$\begin{aligned} v_{ab} &= v_1 + v_2 \\ &= \left(L_1\frac{di}{dt} - M\frac{di}{dt}\right) + \left(L_2\frac{di}{dt} - M\frac{di}{dt}\right) \\ &= (L_1 + L_2 - 2M)\frac{di}{dt} \end{aligned} \tag{10.17}$$

가 된다. 이것은 개방단자 $a-b$ 에서의 합성 인덕턴스가 (L_1+L_2-2M)임을 의미하므로 이것을 L_T^-이라 하면

$$L_T^- = L_1 + L_2 - 2M \tag{10.18}$$

10.5.2 전류의 방향이 서로 같은 경우 ($M>0$인 경우)

각 코일에서 발생하는 전압강하는

$$\begin{cases} v_1 = L_1\dfrac{di}{dt} + M\dfrac{di}{dt} \\ v_2 = L_2\dfrac{di}{dt} + M\dfrac{di}{dt} \end{cases} \tag{10.19}$$

이 된다. 따라서

$$v_{ab}{'} = v_1 + v_2 = (L_1 + L_2 + 2M)\frac{di}{dt} \tag{10.20}$$

따라서 개방단자 $a-b'$에서의 합성 인덕턴스를 $L_T{^+}$라 하면

$$L_T^+ = L_1 + L_2 + 2M \tag{10.21}$$

상호결합된 직렬연결 코일의 합성 인덕턴스

$$L_T = L_1 + L_2 \pm 2M \tag{10.22}$$

식(10.18)과 (10.21)로부터

$$M = \frac{L_T^+ - L_T^-}{4} \tag{10.23}$$

가 된다. 이 식은 두 코일간의 상호 인덕턴스를 측정하는데 이용할 수 있다.

예제 10-3 그림 10.9에서 $R_1 = 1.0\,[\Omega]$, $R_2 = 6.0\,[\Omega]$, $L_1 = 9.0\,[\mathrm{mH}]$, $L_2 = 4.0\,[\mathrm{mH}]$, $M = 3\,[\mathrm{mH}]$, $V = 40.5\,[\mathrm{V}]$, $\omega = 1000\,[\mathrm{rad/sec}]$일 때, 결합계수, 등가 임피던스 및 전류를 구하라.

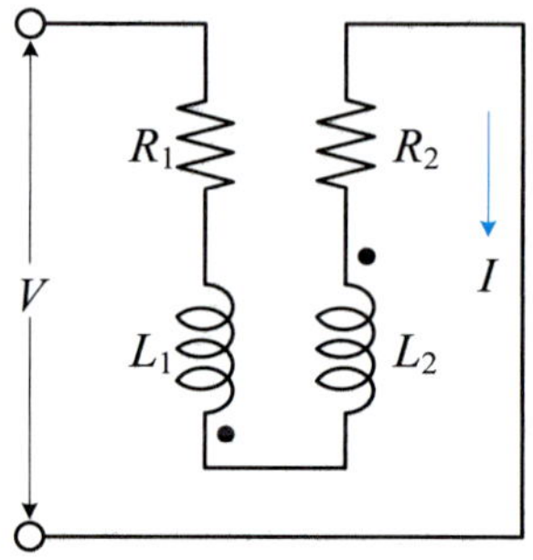

그림 10.9

〈풀이〉

$$k = \frac{M}{\sqrt{L_1 L_2}} = \frac{3}{\sqrt{4 \times 9}} = +0.5$$

$$\boldsymbol{Z} = (R_1 + R_2) + j\omega(L_1 + L_2 + 2M) = 7 + j \cdot 1000 \times 19 \times 10^{-3}$$

$$= 7 + j19\,[\Omega]$$

$$I = \frac{40.5}{\sqrt{7^2 + 19^2}} \doteqdot 2.0\,[\mathrm{A}]$$

10.6 두 코일의 병렬접속

그림 10.10(a), (b)와 같이 병렬 접속한 경우, 두 코일의 자기 인덕턴스는 각각 L_1, L_2이고 상호 인덕턴스는 M일 때, 이 두 코일의 합성 인덕턴스는 다음과 같다.

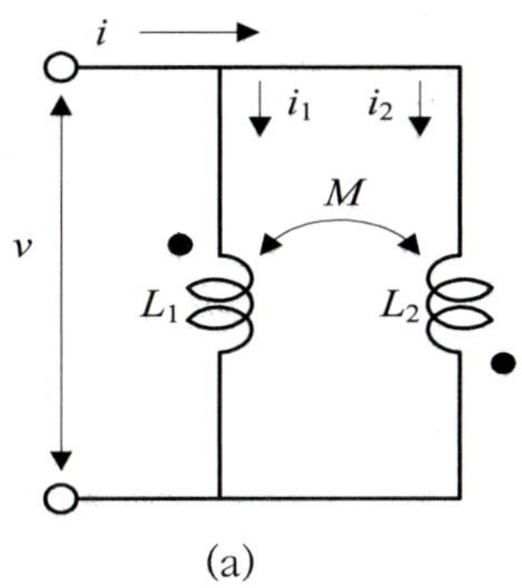

그림 10.10 두 코일의 병렬접속

10.6.1 전류의 방향이 서로 반대인 경우 ($M < 0$인 경우)

각 코일에서 발생하는 전압강하는 병렬회로이므로

$$\begin{cases} v = L_1 \dfrac{di_1}{dt} - M\dfrac{di_2}{dt} \\ \quad = -M\dfrac{di_1}{dt} + L_2\dfrac{di_2}{dt} \end{cases} \tag{10.24}$$

가 되고, 다음 식과 같이 정리할 수 있다.

$$(L_1 + M)\frac{di_1}{dt} = (L_2 + M)\frac{di_2}{dt}$$

$$\frac{di_2}{dt} = \frac{(L_1 + M)}{(L_2 + M)}\frac{di_1}{dt} \tag{10.25}$$

병렬연결 코일의 합성인덕턴스 L_T는 아래와 같이 정리할 수 있다.

$$v = L_T\frac{di}{dt} = L_T\left(\frac{di_1}{dt} + \frac{di_2}{dt}\right) \tag{10.26}$$

식(10.25)와 (10.26)으로부터

$$L_T = \frac{v}{\frac{di_1}{dt} + \frac{di_2}{dt}} = \frac{L_1\frac{di_1}{dt} - M\frac{di_2}{dt}}{\frac{di_1}{dt} + \frac{di_2}{dt}} = \frac{L_1\frac{di_1}{dt} - M\frac{(L_1+M)}{(L_2+M)}\frac{di_1}{dt}}{\frac{di_1}{dt} + \frac{(L_1+M)}{(L_2+M)}\frac{di_1}{dt}} \tag{10.27}$$

$$= \frac{L_1(L_2+M) - M(L_1+M)}{(L_2+M) + (L_1+M)} = \frac{L_1 L_2 - M^2}{L_1 + L_2 + 2M}$$

10.6.2 전류의 방향이 서로 같은 경우 ($M > 0$인 경우)

이때는 $M > 0$이 되므로,

$$\begin{cases} v = L_1\frac{di_1}{dt} + M\frac{di_2}{dt} \\ \quad = +M\frac{di_1}{dt} + L_2\frac{di_2}{dt} \end{cases} \tag{10.28}$$

가 되고, 다음 식과 같이 정리할 수 있다.

$$(L_1 - M)\frac{di_1}{dt} = (L_2 - M)\frac{di_2}{dt}$$

$$\frac{di_2}{dt} = \frac{(L_1 - M)}{(L_2 - M)}\frac{di_1}{dt} \tag{10.29}$$

가 되므로, 식(10.26) 및 (10.27)과 동일한 방식으로 정리하면, 다음과 같다.

$$L_T = \frac{L_1 L_2 - M^2}{L_1 + L_2 - 2M} \tag{10.30}$$

상호결합된 병렬연결 코일의 합성 인덕턴스

$$L_T = \frac{L_1 L_2 - M^2}{L_1 + L_2 \pm 2M} \tag{10.31}$$

예제 10-4 $L_1 = 75\,[\mathrm{mH}]$, $L_2 = 55\,[\mathrm{mH}]$, $M = 22.5\,[\mathrm{mH}]$인 두 코일이 상호 결합되어, 그림 10.10(a)와 그림 10.10(b)와 같이 병렬연결 되었을 때 합성인덕턴스를 각각 구하라.

〈풀이〉

식 (10.31)로부터,

$M < 0$인 경우 :

$$L_T = \frac{L_1 L_2 - M^2}{L_1 + L_2 + 2M} = \frac{75 \times 55 - 22.5^2}{75 + 55 + 2 \times 22.5} \fallingdotseq 20.67\,[\mathrm{mH}]$$

$M > 0$인 경우 :

$$L_T = \frac{L_1 L_2 - M^2}{L_1 + L_2 - 2M} = \frac{75 \times 55 - 22.5^2}{75 + 55 - 2 \times 22.5} \fallingdotseq 42.57\,[\mathrm{mH}]$$

10.7 유도 결합회로의 T형 등가회로

유도 결합회로에서 변압기 부분을 등가적인 T 형 회로로 대치하여 회로를 해석하면 편리하다. 그림 10.11(a)와 같은 상호 인덕턴스 M으로 결합된 회로의 등가회로(T 형)를 구한다. 지금 전류의 방향을 그림과 같이 취하면 M의 부호는 +가 되며 그림 10.11(a)에서,

$$\begin{cases} j\omega L_1 \boldsymbol{I}_1 + j\omega M \boldsymbol{I}_2 = \boldsymbol{V}_1 \\ j\omega L_2 \boldsymbol{I}_2 + j\omega M \boldsymbol{I}_1 = \boldsymbol{V}_2 \end{cases} \tag{10.32}$$

따라서 그림 10.11(b)와 같은 T 형 회로의 좌우측 단자의 전압-전류 관계는

$$\boldsymbol{V}_1 = j\omega(L_1 - M)I_1 + j\omega M(I_1 + I_2) = j\omega L_1 I_1 + j\omega M I_2$$
$$\boldsymbol{V}_2 = j\omega(L_2 - M)I_2 + j\omega M(I_1 + I_2) = j\omega L_2 I_2 + j\omega M I_1 \tag{10.33}$$

따라서 이 두 회로는 서로 등가가 되어, 회로 그림 10.11(a)는 10.11b)와 같고, 그림 10.11(c)는 그림 10.11(d)로 각각 T형 등가회로로 대치할 수 있다.

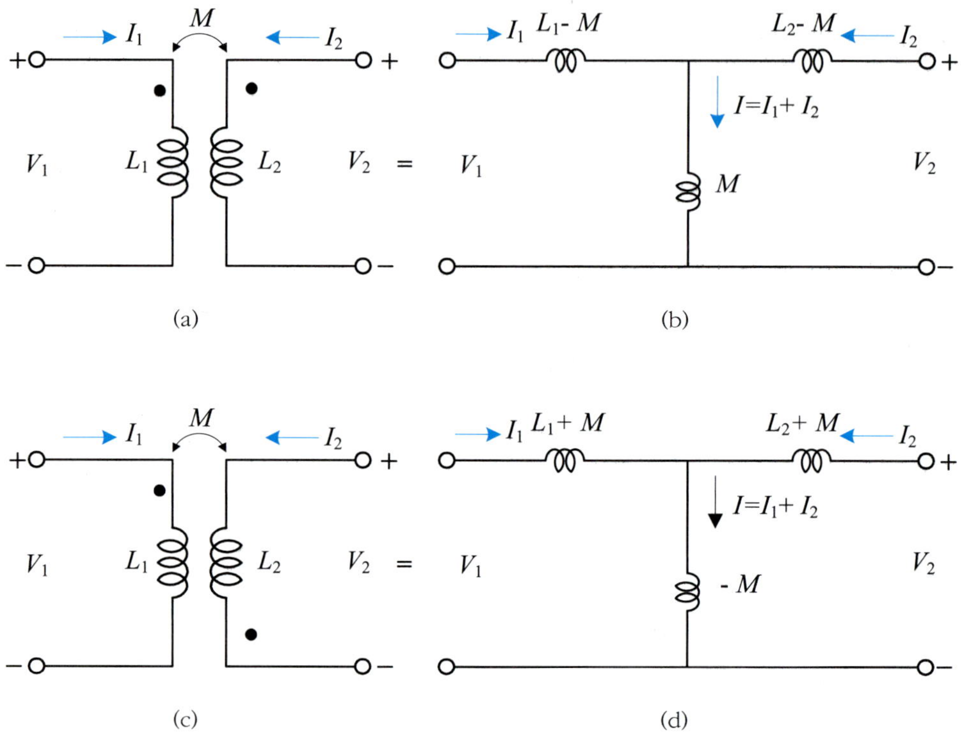

그림 10.11 변압기의 T 형 등가회로

예제 10-5 그림 10.12(a)의 변압기를 T형 등가 회로로 변환하여라.

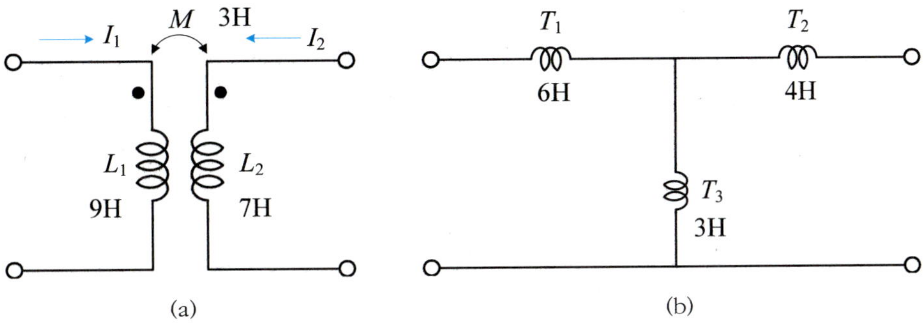

그림 10.12 (예제 10.5)의 회로

〈풀이〉 전류의 방향에 의해, M은 +. 따라서 다음의 T 형 등가회로의 각 인덕턴스는 $T_1 = 9-3 = 6\,[\mathrm{H}]$, $T_2 = 7-3 = 4\,[\mathrm{H}]$, $T_3 = M = 3\,[\mathrm{H}]$가 되어, 그림 10.12(b)와 같은 등가회로가 된다.

예제 10-6 그림 10.13(a)의 변압기를 T형 등가 회로로 변환하여라.

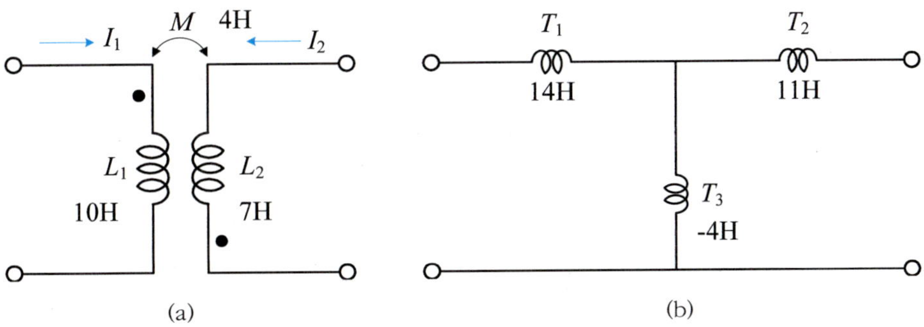

그림 10.13 (예제 10.6)의 회로

〈풀이〉 전류의 방향에 의해, M 은 −가 되므로, 그림 10.13(b)의 T형 등가회로의 각 인덕턴스는 다음과 같고, 그림 10.13(b)와 같은 T형 회로가 된다.

$$T_1 = 10+4 = 14\,[\mathrm{H}]$$
$$T_2 = 7+4 = 11\,[\mathrm{H}]$$
$$T_3 = -M = -4\,[\mathrm{H}]$$

10.8 이상변압기(ideal transformer)

변압기는 전원과 부하의 교류전력을 연결시키는 소자로 그림 10.14와 같이 1차 코일단에 전원을, 2차 코일단에는 부하를 연결시킨다. 1차 측의 전압, 전류와 2차 측에 유도되는 전압, 전류는 코일의 감은 횟수, 변압기의 구조 등에 의해 달라진다. 변압기의 종류 중 철심변압기는 전력용으로 전압을 승압시키는 데 사용하며, 통신용으로는 임피던스 변환용으로 사용되는 임피던스 정합용변압기가 사용된다.

전력을 송신할 때는 전선에서 도선저항에 의한 열(I^2R)로 에너지 손실이 많이 발생하기 때문에 승압변압기(step-up transformer)를 사용하여 전류는 작게, 전압은 높게 하여 송전한다. 실제로 전력을 사용할 때는 안전과 절연문제 등으로 강압변압기(step-down transformer)를 써서 저전압, 대전류로 변화시켜 사용한다.

이상변압기(Ideal transformer)의 특성

(1) 결합계수 $k = 1$이다.
(2) 코일과 관련한 손실이 0이다.
(3) 코일의 인덕턴스가 무한대이다.

참고로, 19세기 후반기에 가정 및 사업장에 공급될 전류의 유형에 관하여 격렬한 논쟁이 있었다. 에디슨(Edison)은 직류를 지지한 반면에 테슬러(Tesler)가 발명한 교류모터와 발전기와 특허권을 소유한 웨스팅하우스는 교류를 주장하였다. 결국 원거리 전송시 직류보다 손실이 적고, 전압을 바꾸는 데 변압기를 사용할 수 있다는 이유로 웨스팅하우스가 분쟁에 이겨 교류를 사용하게 되었다.

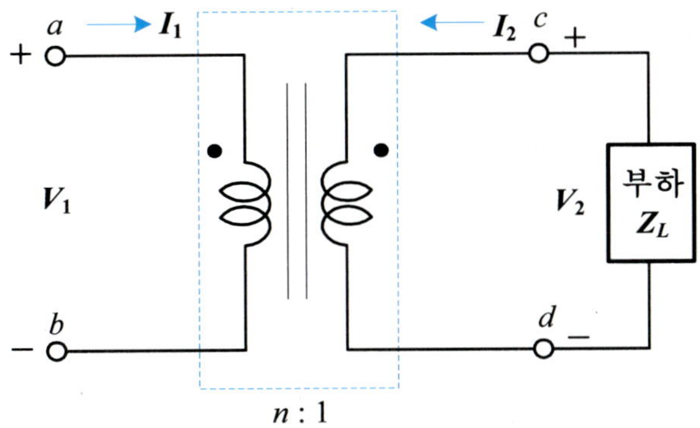

그림 10.14 이상적인 변압기를 갖는 회로

그림 10.14와 같은 이상변압기에서 권수비를 $n = \dfrac{N_1}{N_2}$ 이라 하고, 단자 전압-전류의 기준 방향을 그림과 같이 정하면 다음과 같은 식이 성립한다.

변압기의 전압, 전류 :

$$\frac{\boldsymbol{V}_2}{\boldsymbol{V}_1} = \frac{1}{n} = \frac{N_2}{N_1}, \quad \boldsymbol{V}_1 N_2 = \boldsymbol{V}_2 N_1$$

$$\frac{\boldsymbol{I}_2}{\boldsymbol{I}_1} = n = \frac{N_1}{N_2}, \quad \frac{\boldsymbol{V}_2}{\boldsymbol{V}_1} = \frac{\boldsymbol{I}_1}{\boldsymbol{I}_2} \tag{10.34}$$

손실 없는 변압기의 입력단의 전압과 출력단의 전압비는 일차코일의 감은 수 N_1 과 출력단의 감은 수 N_2 의 권선비와 같다. 입력전류와 출력전류의 전류비는 권선비의 역수와 같다. 따라서, 1차 코일에 에너지가 공급되는 비율은 2차 코일에 공급되는 에너지의 비율과 같다 ($P_1 = P_2$). 식 (10.34)에서 보는 바와 같이 각 코일에 흐르는 전류의 비율은 기전력의 비율을 거꾸로 한 것과 같다.

예제 10-7 내부저항이 2000[Ω]의 전력증폭기와 임피던스가 5[Ω]인 스피커 사이에 변압기를 사용하여 연결하려고 한다. 1차 측과 2차 측의 권선비 $\dfrac{N_1}{N_2}=20$이다. 1차 측에 흐르는 전류는 20[mA]이다. 다음을 각각 구하라.

(1) 2차 측의 전류 I_2
(2) 스피커에 전달되는 전력
(3) 전력증폭기에 의하여 변압기에 전달되는 전력

〈풀이〉

(1) 전류 : $I_2 = I_1 \times \dfrac{N_1}{N_2} = 20 \times 20\text{mA} = 400\,[\text{mA}]$

(2) 스피커에 전달되는 전력 : $P = I_2{}^2 R_2 = (0.4)^2 \times 5 = 0.8\,[\text{W}]$

(3) 변압기에서 전달되는 전력 : $P = I_1{}^2 R_1 = (0.02)^2 \times 2000 = 0.8\,[\text{W}]$

이상적인 변압기는 전력을 발생시키거나 소비하지 않는다는 것을 알 수 있다.

예제 10-8 $N_1 : N_2 = 5 : 1$인 이상 변압기에서 1차 전압이 10[V]일 때 2차 전압은 얼마인가?

〈풀이〉

$\dfrac{\boldsymbol{V}_2}{\boldsymbol{V}_1} = \dfrac{N_2}{N_1} = \dfrac{1}{5}$ 이므로,

$$V_2 = V_1 \times \frac{1}{5} = 10 \times \frac{1}{5} = 2\,[\text{V}]$$

10.9 브리지 회로

브리지 회로의 기본회로인 휘트스톤 브리지(Wheatstone bridge)는 저항을 측정하는 장치이며, 그림 10.15의 G는 검류계 또는 수화기이다.

G를 흐르는 전류가 영이 되도록 조정하여 G에 전류가 흐르지 않는 상태, 즉 브리지가 평형되었다고 하면 G 양단의 전위차는 영이 되고 다음과 같은 관계식이 성립한다.

$$\boldsymbol{Z}_1\boldsymbol{I}_1 = \boldsymbol{Z}_2\boldsymbol{I}_2, \qquad \boldsymbol{Z}_3\boldsymbol{I}_1 = \boldsymbol{Z}_4\boldsymbol{I}_2 \tag{10.35}$$

이 두 식으로부터

$$\frac{\boldsymbol{Z}_2}{\boldsymbol{Z}_1} = \frac{\boldsymbol{Z}_4}{\boldsymbol{Z}_3} \quad \text{또는} \quad \boldsymbol{Z}_1\boldsymbol{Z}_4 = \boldsymbol{Z}_2\boldsymbol{Z}_3 \tag{10.36}$$

의 관계가 성립한다. 이것이 브리지의 평형조건이다.

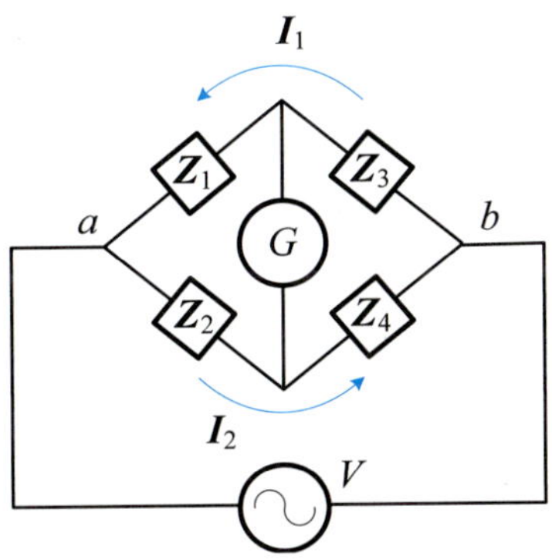

그림 10.15 휘트스톤브리지 회로

예제 10-9 그림 10.16은 주파수를 측정하는 장치인 윈(Wien) 브리지 회로에서 R_4, C_4는 미지 콘덴서의 등가저항 및 등가용량이다. 이 값을 구하는 식을 구하여라.

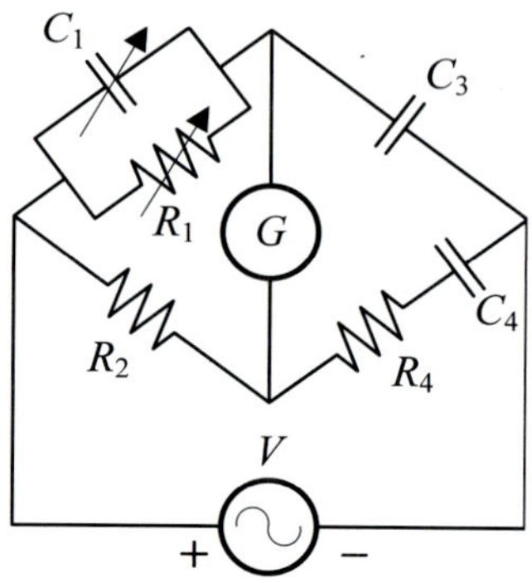

그림 10.16

〈풀이〉

R_1과 C_1을 조정하여 브리지를 평형시키면

$$Z_1 = \frac{1}{\left(\frac{1}{R_1}\right) + j\omega C_1}, \qquad Z_2 = R_2,$$

$$Z_3 = \frac{1}{j\omega C_3}, \qquad Z_4 = R_4 - j\frac{1}{\omega C_4}$$

이므로 평형조건 $\dfrac{Z_2}{Z_1} = \dfrac{Z_4}{Z_3}$ 로부터

$$R_2\left(\frac{1}{R_1} + j\omega C_1\right) = j\omega C_3\left(R_4 - j\frac{1}{\omega C_4}\right)$$

에서 양변의 실수부와 허수부가 각각 같아야 한다. 즉,

$$\frac{R_2}{R_1} = \frac{C_3}{C_4}, \qquad R_2\omega C_1 = \omega C_3 R_4$$

$$\therefore \quad C_4 = \frac{R_1}{R_2}C_3, \qquad R_4 = \frac{C_1}{C_3}R_2$$

예제 10-10 그림 10.17은 미지 인덕턴스 L_X를 표준 인덕턴스 L_S와 비교하여 측정하는 맥스웰브리지(Maxwell bridge)이다. 이 인덕턴스를 측정하는 브리지의 미지의 값 L_X, R_X를 구하는 식을 만들어라.

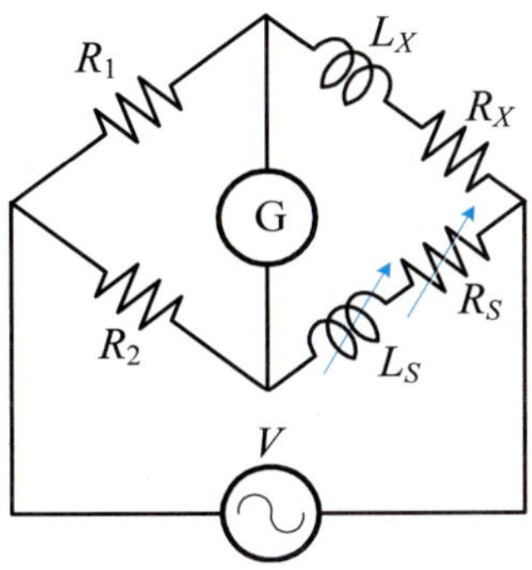

그림 10.17 맥스웰브리지

〈풀이〉

브리지 각 변의 임피던스는

$$\boldsymbol{Z}_1 = R_1,\quad \boldsymbol{Z}_2 = R_2,\quad \boldsymbol{Z}_3 = R_X + j\omega L_X,\quad \boldsymbol{Z}_4 = R_S + j\omega L_S$$

브리지가 평형되었을 때, 평형조건 $\boldsymbol{Z}_1\boldsymbol{Z}_4 = \boldsymbol{Z}_2\boldsymbol{Z}_3$으로부터,

$$R_1(R_S + j\omega L_S) = R_2(R_X + j\omega L_X)$$
$$R_1 R_S = R_2 R_X$$
$$R_1 \omega L_S = R_2 \omega L_X$$
$$\therefore\quad L_X = \frac{R_1}{R_2}L_S,\quad R_X = \frac{R_1}{R_2}R_S$$

Chapter 10

연 습 문 제

문제 1 $L_1 = 60\,[\mathrm{mH}]$, $L_2 = 40\,[\mathrm{mH}]$, $M = 10\,[\mathrm{mH}]$이라면 두 코일간의 결합계수 k는 얼마인가?

문제 2 두 개의 코일 L_1, L_2를 같은 방향으로 직렬로 접속했더니 합성 인덕턴스가 $68\,[\mathrm{mH}]$이고, 극성을 반대로 접속했더니 합성 인덕턴스가 $12\,[\mathrm{mH}]$이었다. $L_1 = 30\,[\mathrm{mH}]$일 때, L_2, M, k를 구하라.

문제 3 자기 인덕턴스 L_1, L_2가 각각 $4\,[\mathrm{mH}]$, $9\,[\mathrm{mH}]$인 두 코일이 완전결합($k = 1$)이 되었다면, 상호 인덕턴스 M은 얼마인가?

문제 4 그림 10.18과 같은 회로에서 a, b간의 합성 인덕턴스 L_T를 구하라.

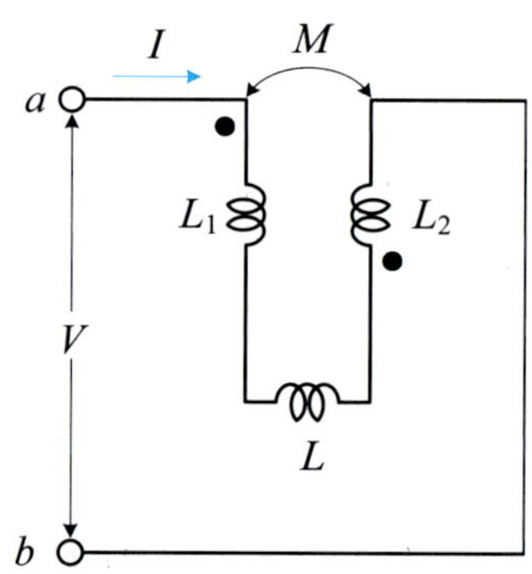

그림 10.18

문제 5 그림 10.19의 회로에서 $L_1 = 2[\mathrm{H}]$, $L_2 = 3[\mathrm{H}]$, $M = 1[\mathrm{H}]$일 때, a, b 간의 합성 인덕턴스 L_T를 구하라.

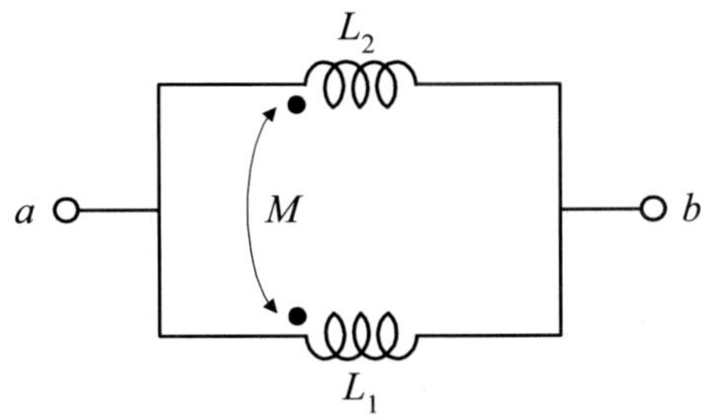

그림 10.19

문제 6 그림 10.20의 회로에서 $R_1 = 4[\Omega]$, $L_1 = 4[\mathrm{mH}]$, $R_2 = 6[\Omega]$, $L_2 = 9[\mathrm{mH}]$, $M = 3[\mathrm{mH}]$, $\omega = 1000[\mathrm{rad/s}]$, $V = 64.5[\mathrm{V}]$일 때, 결합 계수, 등가 직렬 임피던스 및 직렬 전류를 구하여라.

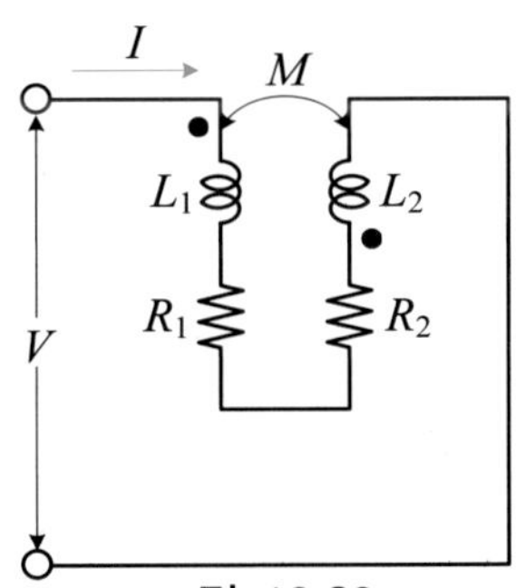

그림 10.20

문제 7 그림 10.21의 인덕턴스 브리지에서 $R_4[\Omega]$, $L_4[\mathrm{mH}]$를 구하라.

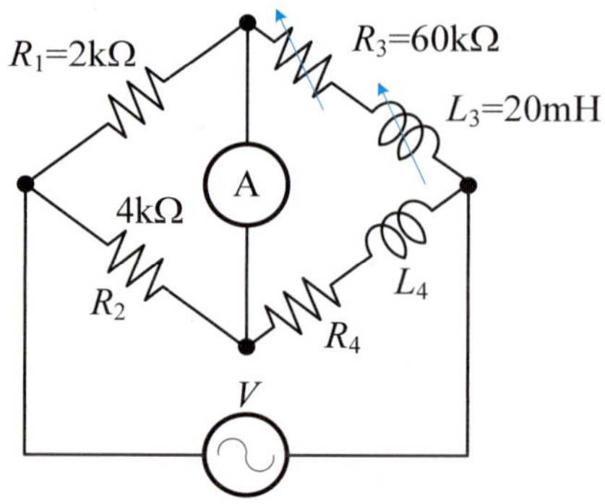

그림 10.21

Chapter

11

공진회로

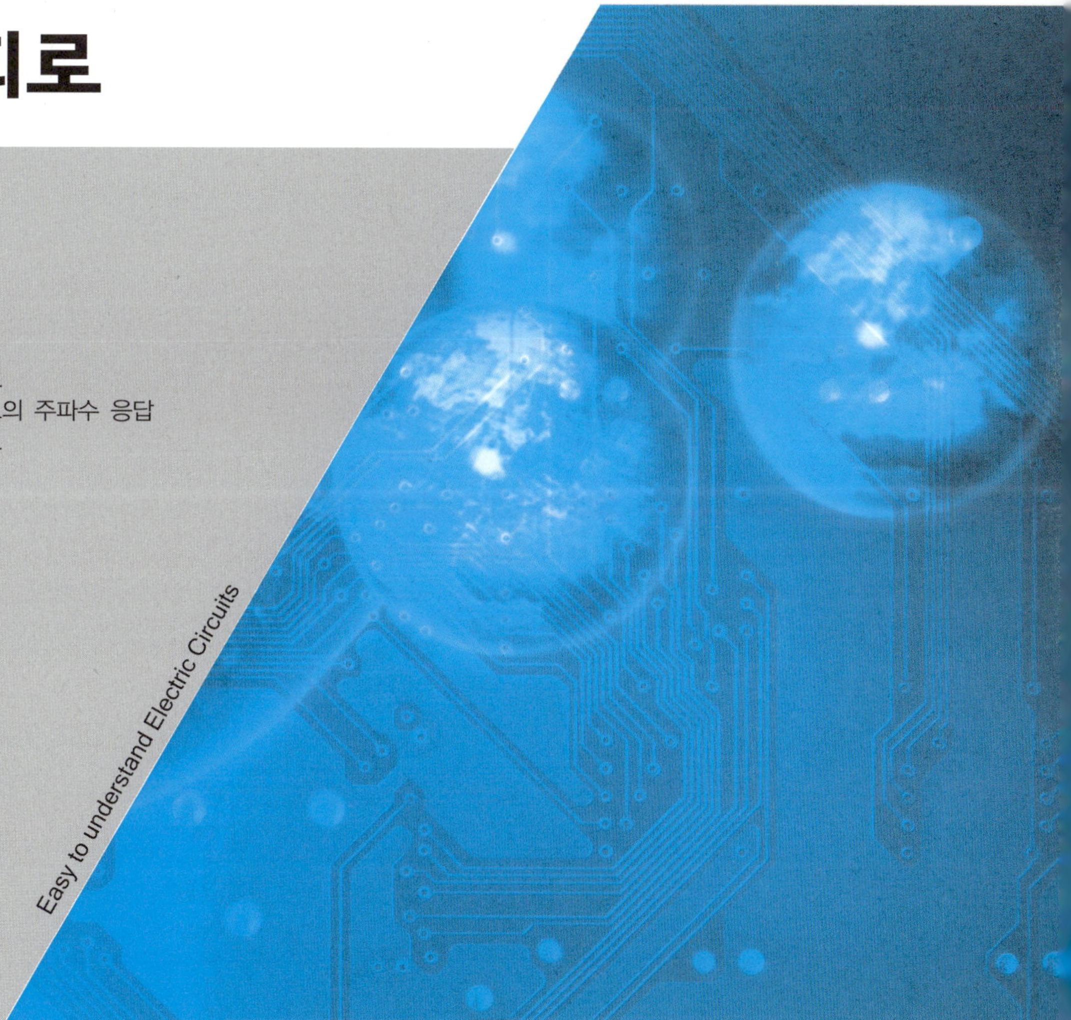

Easy to understand Electric Circuits

11.1 공진(resonance)이란?

일정한 주기로 진동하는 물체가 그 고유의 진동수와 같은 진동수를 가진 외부의 힘을 주기적으로 받아 진폭이 크게 증가하는 현상을 공진이라 한다. 소리에 관한 공진은 특히 공명이라고 한다. 전기회로에도 이와 같은 공진현상이 존재하는 데, 회로에 인가되는 전원 주파수와 회로자체의 고유 주파수가 일치하면 회로에는 큰 전기적 진동이 발생된다. 전기적 공진회로에는 L과 C가 동시에 사용된 회로에서 발생하고, 연결방법에 따라 직렬공진, 병렬공진 등으로 나누어진다. 공진회로의 중요한 응용은 라디오나 TV 등에서 원하는 방송 주파수를 맞추고자 할 때 또는 무선 통신기기의 송신기와 수신기가 서로 통화를 하기 위한 주파수 동조 등에 사용된다.

11.2 직렬공진(series resonance)회로

그림 11.1과 같은 RLC 직렬회로에서 입력 주파수를 가변하였을 때 임피던스, 전압 및 전류 등이 어떻게 달라지는가를 살펴보기로 한다.

제8장의 교류회로 해석에서 학습한 바와 같이 RLC 직렬회로에서의 임피던스는 다음과 같다.

복소 임피던스 : $$\boldsymbol{Z} = R + j\left(\omega L - \frac{1}{\omega C}\right) = R + jX \tag{11.1}$$

임피던스 크기 : $$Z = \sqrt{R^2 + X^2} = \sqrt{R^2 + \left(\omega L - \frac{1}{\omega C}\right)^2} \tag{11.2}$$

전류와 전압의 위상차 : $$\theta = \tan^{-1}\frac{X}{R} \tag{11.3}$$

리액턴스 : $$X = \omega L - \frac{1}{\omega C} \tag{11.4}$$

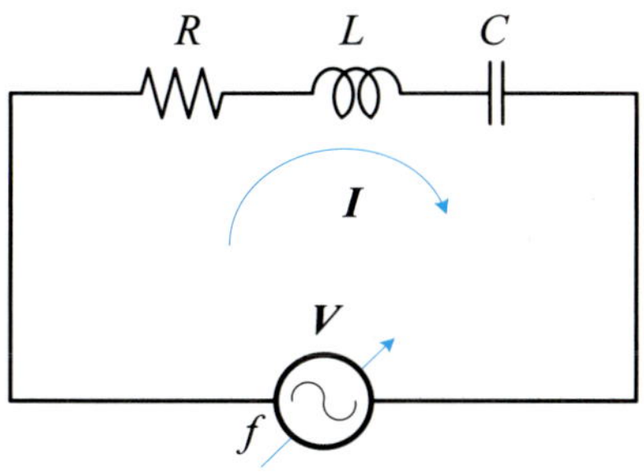

그림 11.1 RLC 직렬회로 그림

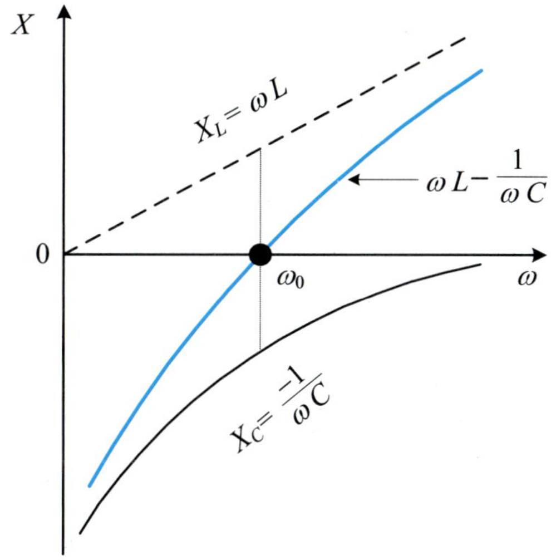

그림 11.2 주파수에 따른 리액턴스의 변화

주파수를 가변시켰을 때 유도성 리액턴스 X_L, 용량성 리액턴스 X_C 및 리액터스 X가 ω에 따라 어떻게 변화하는 가를 나타낸 것이 그림 11.2이다.

즉, $X_L = \omega L$, $X_C = -\dfrac{1}{\omega C}$이 되므로 유도성 리액턴스 X_L은 주파수에 비례하여 커지고, 용량성 리액턴스 X_C는 주파수에 비례하여 작아진다.

주파수를 변화시켜 리액턴스가 $X = \omega L - \dfrac{1}{\omega C} = 0$ 이 되는 경우,

즉 $\omega L = \dfrac{1}{\omega C}$에는 임피던스 $Z = R$이 되어 순수 저항만의 회로로 동작한다. 이 때 전류는 최대가 된다. 위상차는 0이 되어 전류와 전압이 동위상이 된다. 이와 같이 "유도성 리액턴스 = 용량성 리액턴스"의 경우를 공진상태에 있다고 한다.

$$\text{공진조건 :} \quad X_L = -X_C, \quad \text{혹은} \quad \omega L = \frac{1}{\omega C} \tag{11.5}$$

공진 주파수(ω_0 혹은 f_0)라고 하면, $\omega_0 L = \dfrac{1}{\omega_0 C}$이 되어,

RLC 직렬공진 주파수

$$\omega_0 = \frac{1}{\sqrt{LC}}, \quad f_0 = \frac{1}{2\pi\sqrt{LC}} \tag{11.6}$$

여기서, ω_0 : 공진각 주파수(resonance angular frequency)[rad/s]
(간단히 공진주파수라고 함)
f_0 : 공진 주파수(resonance frequency)[Hz]

RLC 직렬공진시의 전류 I와 위상각 θ는 $Z = R$, $\theta = \tan^{-1}\dfrac{X}{R} = \tan^{-1}0$ 되어, 식 (11.7)과 같게 된다. 여기서 공진 주파수 f_0는 회로의 L, C의 크기에 따라서 결정되며, 회로에 가한 전원 주파수 f를 일정하게 하고 L 또는 C만을 변화시켜 $\omega L = \dfrac{1}{\omega C}$이 되도록 조정하여 공진을 일으키게 하는 것을 동조(tuning)한다고 한다.

RLC 직렬공진시의 전류 I와 위상각 θ

$$\boldsymbol{I} = \frac{\boldsymbol{V}}{\boldsymbol{Z}} = \frac{V}{\sqrt{R^2 + \left(\omega L - \dfrac{1}{\omega C}\right)^2}} = \frac{V}{R}$$

$$\theta = \tan^{-1}\frac{\left(\omega L - \dfrac{1}{\omega C}\right)}{R} = \tan^{-1}\frac{0}{R} = 0^{\circ} \tag{11.7}$$

식 (11.7)에서 보는 바와 같이 직렬공진시에 전류는 최대값이 된다. 주파수에 따라 임피던스, 전류 등의 변화를 그린 곡선을 공진곡선이라고 하는데 그림 11.3과 같다.

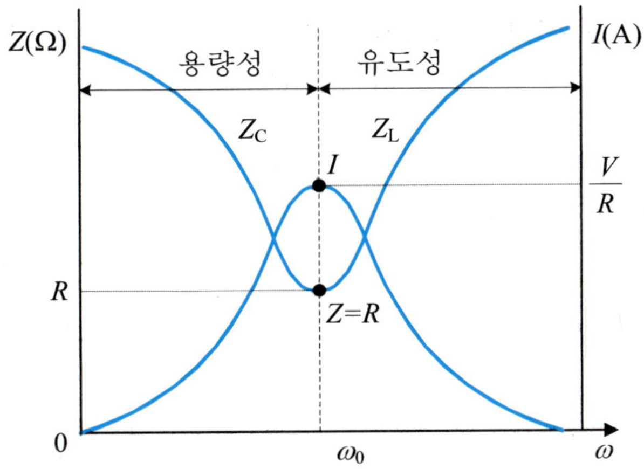

그림 11.3 주파수에 따른 임피던스와 전류의 변화

그림 11.3에서 보는 바와 같이 주파수 ω가 공진 주파수 ω_0보다 큰 값으로 증가할 때는 X_C는 감소하고, X_L이 증가하여, 회로는 인덕턴스 회로처럼 동작한다. 반대로 주파수가 ω_0 이하로 감소될 때는 X_C는 증가하고, X_L은 감소하여 캐패시턴스 회로처럼 동작한다.

공진 주파수 ω_0에서는 임피던스 $Z = R$이 되어 최소가 되고, 전류는 $I = \frac{V}{R}$이 최대가 됨을 그림 11.3에서 확인할 수 있다.

예제 11-1 $R = 20\,[\Omega]$, $L = 1\,[\text{mH}]$, $C = 0.4\,[\mu\text{F}]$인 RLC 직렬회로의 공진 주파수 f_0, ω_0를 구하라.

〈풀이〉

$$f_0 = \frac{1}{2\pi\sqrt{LC}} = \frac{1}{2\times 3.14\times\sqrt{1\times 10^{-3}\times 0.4\times 10^{-6}}} \fallingdotseq 7.96\,[\text{KHz}]$$

$$\omega_0 = \frac{1}{\sqrt{LC}} = \frac{1}{\sqrt{1\times 10^{-3}\times 0.4\times 10^{-6}}} = 50\,[\text{krad/s}]$$

공진 주파수 계산에는 저항 값 R이 사용되지 않는다.

11.3 직렬공진회로의 주파수 응답

직렬공진회로에서 중요한 의미를 갖는 수치로서 Q(quality factor)가 있는 데, 이는 직렬공진의 양호도 또는 인덕터의 경우 단순히 코일의 Q라고 한다. 양호도의 정의는 "인가전압 V에 대한 공진시의 인덕터 또는 캐패시터에 걸리는 전압의 비"이다. 다른 표현으로 전압확대율이라고도 한다.

직렬공진시 코일에 걸리는 전압을 $\boldsymbol{V_L}$, 캐패시터에 걸리는 전압을 $\boldsymbol{V_C}$라고 할 때, 이 전압과 공급전압 $\boldsymbol{V}$ 에 대해 식으로 표현하면,

$$Q_L = \frac{V_L}{V} = \frac{\omega_0 L I_0}{R I_0} = \frac{\omega_0 L}{R}$$

$$Q_C = \frac{V_C}{V} = \frac{\dfrac{I_0}{\omega_0 C}}{R I_0} = \frac{1}{R\omega_0 C} \tag{11.8}$$

이 되며 공진 시에는 $\omega_0 L = \dfrac{1}{\omega_0 C}$의 관계가 있으므로 $Q_L = Q_C = Q_0$로 되어

$$Q_0 = \frac{\omega_0 L}{R} = \frac{1}{R\omega_0 C} = \frac{1}{R}\sqrt{\frac{L}{C}} \tag{11.9}$$

일반적으로, Q_0의 값은 공진회로의 저항 R에 비하여 $\omega_0 L$ 및 $\dfrac{1}{\omega_0 C}$이 클수록 커진다. 따라서 V_L과 V_C는 V보다 크다. 즉, 공진시 L 또는 C 양단의 전압은 인가전압 V의 Q_0배가 되므로, Q가 큰 값인 경우에는 전압증폭기의 역할을 한다.

> 직렬공진의 양호도 : $Q_0 = \dfrac{\omega_0 L}{R} = \dfrac{1}{R\omega_0 C} = \dfrac{1}{R}\sqrt{\dfrac{L}{C}}$
>
> 직렬공진 시 코일 및 콘덴서에 걸리는 전압 :
>
> $\boldsymbol{V_L} = -\boldsymbol{V_C} = j\,Q_0 \boldsymbol{V}$ (11.10)

RLC 직렬회로에 주파수가 다르고 크기가 같은 전압을 인가하면 공진 주파수 ω_0의 전압에 의한 전류가 가장 큰 공진전류 I_0가 됨을 알 수 있다. 따라서 주파수 ω_0의 전압만이 Q배로 확대되어 L과 C의 양단에 나타나지만 다른 주파수의 전압은 매우 작다. 즉, RLC 직렬회로에서는 공진 주파수 ω_0의 전압만이 선택되어 확대된다.

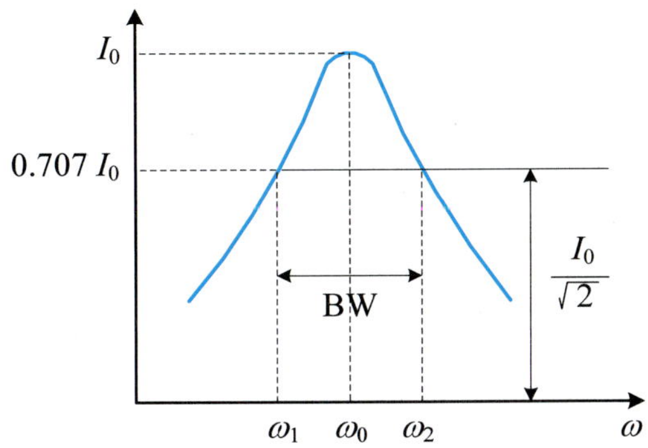

그림 11.4 직렬공진회로에서의 주파수 대역폭과 반전력 주파수

이 선택성은 공진곡선이 뾰족할수록 크다. 일반적으로 공진곡선의 뾰족함의 정도는 그림 11.4의 공진곡선에서 f_0에 매우 가까운 곳에 같은 전류 I에 대한 주파수 f_1, f_2를 사용하여

$$S = \frac{f_0}{f_2 - f_1} = \frac{\omega_0}{\omega_2 - \omega_1} \tag{11.11}$$

를 구하고, 이 S가 클수록 공진곡선은 뾰족하여진다.

이 때 S를 첨예도(sharpness) 또는 선택도(selectivity)라고 한다. 일반적으로 S는 $I = \frac{I_0}{\sqrt{2}}$일 때의 주파수(ω_1, ω_2)가 되어, 최대값의 70.7% 해당하는 값의 주파수이다. 이 점을 반($\frac{1}{2}$)전력 주파수라고 한다.

또한 두 주파수의 차($\omega_2 - \omega_1$)를 대역폭(BW : bandwidth)이라고 한다.

직렬공진회로의 반전력 대역폭 :

$$BW = \Delta\omega = \omega_2 - \omega_1$$

$$\omega_1 = \omega_0 - \frac{BW}{2} = \omega_0 - \frac{\Delta\omega}{2}$$

$$\omega_2 = \omega_0 + \frac{BW}{2} = \omega_0 + \frac{\Delta\omega}{2} \qquad (11.12)$$

그림 11.5는 대역폭과 Q의 관계를 보여 주고 있다. 즉, Q가 클수록 대역폭은 작아져, 주파수 선택성은 좋아진다.

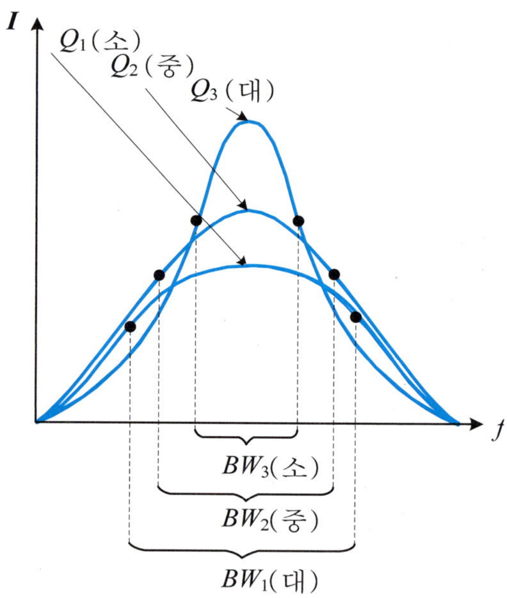

그림 11.5 직렬공진회로에서의 Q와 대역폭의 관계

대역폭 BW와 Q_0와는 관계를 다음 식과 같은 유도를 할 수 있다.
RLC 직렬회로에 인가전압이 $\boldsymbol{V} = V_m \sin\omega t$ 이면,

$$
\begin{aligned}
&\text{공진 주파수 } \omega_0 \text{의 소비전력 : } P(\omega_0) = I_0{}^2 R = \frac{1}{2}\frac{V_m^2}{R} \\
&\text{반전력 주파수 } \omega_1, \omega_2 \text{에서의 소비전력 :} \\
&\quad P(\omega_1) = P(\omega_2) = \frac{1}{2}P(\omega_0) = \frac{1}{4}\frac{V_m^2}{R} \\
&\text{반전력 주파수에서의 임피던스 : } Z = \sqrt{2}\,R \\
&(\because \text{ 반전력 주파수의 전류} = \frac{I_0}{\sqrt{2}} = \frac{1}{\sqrt{2}}\frac{V}{R})
\end{aligned}
\tag{11.13}
$$

반 전력 주파수에서 임피던스는 $\sqrt{2}\,R$이므로,

$$
\sqrt{R^2 + \left(\omega L - \frac{1}{\omega C}\right)^2} = \sqrt{2}\,R \tag{11.14}
$$

식 (11.14)를 풀면 반전력 주파수 ω_1, ω_2를 다음과 같이 구할 수 있다.

$$
\begin{aligned}
\omega_1 &= -\frac{R}{2L} + \sqrt{(\frac{R}{2L})^2 + \frac{1}{LC}} \\
\omega_2 &= \frac{R}{2L} + \sqrt{(\frac{R}{2L})^2 + \frac{1}{LC}}
\end{aligned}
\tag{11.15}
$$

식 (11.15)와 $\omega_0 = \dfrac{1}{\sqrt{LC}}$로부터, 다음 관계를 얻을 수 있다.

$$
\begin{aligned}
&\omega_0^2 = \omega_1\omega_2 \,, \quad f_0^2 = f_1 f_2 \\
&BW = \Delta\omega = \omega_2 - \omega_1 = \frac{R}{L} = \frac{\omega_0}{Q_0} \ \text{(rad/sec)} \\
&\frac{\Delta\omega}{\omega_0} = \frac{1}{Q_0}
\end{aligned}
\tag{11.16}
$$

이상에서 알 수 있듯이 저항 R은 공진 주파수와는 무관하지만, 주파수 응답곡선의 진폭과 대역폭에는 영향을 미친다.

즉, R이 커지면, Q는 작아진다($\because Q = \frac{\omega_0 L}{R}$). Q가 작아지면 주파수 대역폭 BW는 넓어져서 주파수 선택성이 나빠진다는 것을 알 수 있다. 이는 Q가 작아지면 회로에 흐르는 전류가 감소하고, V_L, V_C도 감소하기 때문이다.

직렬공진회로는 주파수 선택이 필요한 통신기기, 비디오 및 산업용 기기 등에 사용한다. 주파수 대역폭이 좁고, 선택성이 좋은 응답곡선을 필요로 하는 경우에는 Q 값이 커야한다. 따라서 높은 Q 값을 갖는 인덕터를 사용해야 한다. 공진회로의 Q는 주로 인덕터의 Q값에 의해 결정된다.

R-L-C 직렬공진회로의 간추림

(1) RLC 직렬회로에서 공진 주파수 f_0는 다음과 같다.

$$\omega_0 = \frac{1}{\sqrt{LC}}, \qquad f_0 = \frac{1}{2\pi\sqrt{LC}}$$

(2) ω_0에서 회로의 임피던스는 최소이며, $Z = R$이다.

(3) ω_0에서 회로의 전류는 최대이며, $I_0 = \frac{V}{R}$이다. V는 인가전압이다.

(4) 공진 시 RLC 직렬회로는 저항성이며, 공진 주파수보다 높은 주파수에서 유도성, 낮은 주파수에서는 용량성이다.

(5) 인덕터의 Q_0값은 $Q_0 = \frac{\omega_0 L}{R} = \frac{1}{R}\sqrt{\frac{L}{C}}$이다.

(6) 직렬공진회로에서 V_L과 V_C는 동일하며, Q_0값에 영향을 받는다.
즉, 전압관계는 다음과 같다.
$\mathbf{V_L} = -\mathbf{V_C} = jQ_0\mathbf{V}, \quad (V_L = V_C = Q_0 V)$

(7) 주파수 응답곡선의 대역폭 BW는 반(1/2) 전력점인 $\omega_1(f_1)$과 $\omega_2(f_2)$의 차이로 정의되며, (1/2)전력점은 최대값의 70.7%가 되는 점이다. 최대값은 $\omega_0(f_0)$에서 일어난다.

(8) 대역폭 BW와 Q는 다음의 관계가 있다.

$$BW = \frac{\omega_0}{Q_0} = \frac{R}{L}, \quad \omega_1\omega_2 = \omega_0^2, \quad f_1 f_2 = f_0^2$$

(9) Q가 작아지면 대역폭이 넓어진다.

(10) Q가 작아지면 응답곡선의 최대값의 이득이 작아진다.

예제 11-2 RLC 직렬공진회로에서 $R = 100\,[\Omega]$, $L = 1\,[\mathrm{H}]$, $C = 25\,[\mathrm{pF}]$이다. 직렬공진회로의 양호도 Q_0의 값을 구하라.

〈풀이〉

$$Q_0 = \frac{1}{R}\sqrt{\frac{L}{C}} = \frac{1}{100}\sqrt{\frac{1}{25 \times 10^{-12}}} = 2 \times 10^3$$

예제 11-3 RLC 직렬공진회로에서 $R = 2\,[\Omega]$, $L = 2\,[\mathrm{mH}]$, $C = 5\,[\mu\mathrm{F}]$이다. 공진 주파수 f_0, Q 값, 대역폭 BW를 구하라.

〈풀이〉

$$\omega_0 = \frac{1}{\sqrt{LC}} = \frac{1}{\sqrt{2 \times 10^{-3} \times 5 \times 10^{-6}}} = 10^4\ [\mathrm{rad/s}]$$

$$\therefore \text{ 공진 주파수 : } f_0 = \frac{10^4}{2\pi} = 1592\ [\mathrm{Hz}]$$

$$\text{양호도 : } Q = \frac{\omega_0 L}{R} = \frac{10^4 \times 2 \times 10^{-3}}{2} = 10$$

$$\text{대역폭 : } BW = \frac{f_0}{Q} = \frac{1592}{10} = 159.2\ [\mathrm{Hz}]$$

예제 11-4 다음 그림 11.6과 같은 RLC 회로가 $\omega_0 = 1800\,[\mathrm{rad/s}]$에서 공진하도록 하기 위한 C 값을 구하라. 단, 전원전압은 $\boldsymbol{V} = 10\angle 0^\circ\ [\mathrm{V}]$이다.

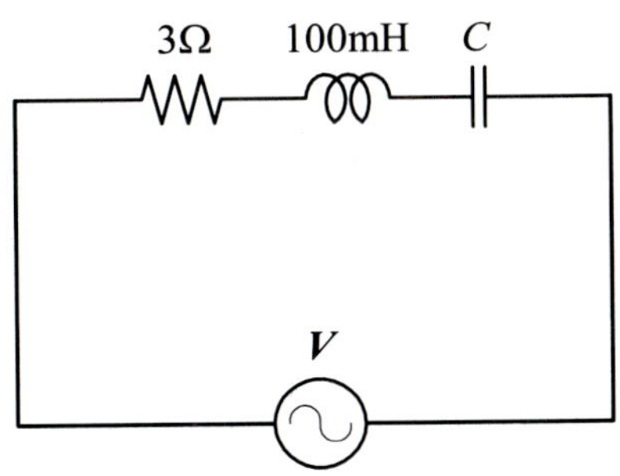

그림 11.6 (예제 11.4)의 회로

〈풀이〉

직렬공진 공식 $\omega_0 = \frac{1}{\sqrt{LC}}$ 에서

$$C = \frac{1}{\omega_0^2 L} = \frac{1}{(1800)^2 \times 100 \times 10^{-3}} = \frac{1}{324 \times 10^3} \fallingdotseq 3.09\ [\mu F]$$

예제 11-5 아래의 직렬 RLC 공진회로에서 (1) 공진 주파수, 양호도 Q_0, 반전력 주파수, 대역폭 BW (2) ω_0, ω_1, ω_2 에서의 전류의 진폭을 구하라.

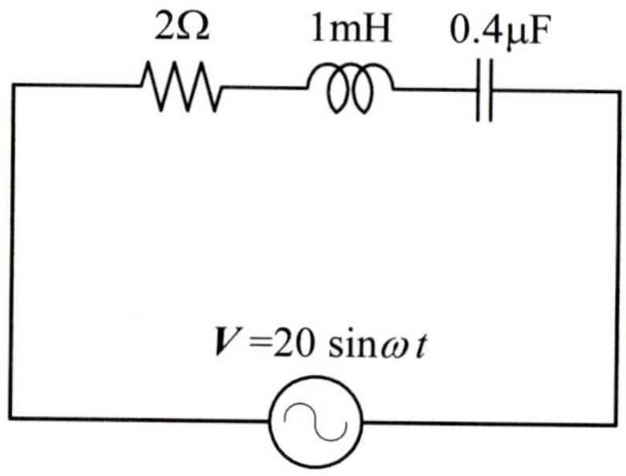

그림 11.7

〈풀이〉

(1) $$\omega_0 = \frac{1}{\sqrt{LC}} = \frac{1}{\sqrt{10^{-3} \times 0.4 \times 10^{-6}}} = 50\ [\text{krad/s}]$$

$$Q_0 = \frac{\omega_0 L}{R} = \frac{50 \times 10^3 \times 10^{-3}}{2} = 25$$

$$BW = \frac{\omega_0}{Q} = \frac{50 \times 10^3}{25} = 2\ [\text{krad/s}]$$

$$\omega_1 = \omega_0 - \frac{BW}{2} = 50 - 1 = 49\ [\text{krad/s}]$$

$$\omega_2 = \omega_0 + \frac{BW}{2} = 50 + 1 = 51\ [\text{krad/s}]$$

(2) $\omega = \omega_0$ 에서, $I = \frac{V_m}{R} = \frac{20}{2} = 10\ [A]$

$\omega = \omega_1, \omega_2$ 에서, $I = \frac{V_m}{\sqrt{2}\ R} = \frac{10}{\sqrt{2}} = 7.071\ [A]$

11.4 병렬공진(parallel resonance)회로

병렬공진 회로는 인덕터 L과 캐패시터 C가 병렬로 연결된 회로이다. 즉, 직렬공진회로와의 대응관계, 유사성을 이용한 쌍대성을 이용하여 다음과 같이 대치시키면 병렬공진회로 관계식으로 변환할 수 있다.

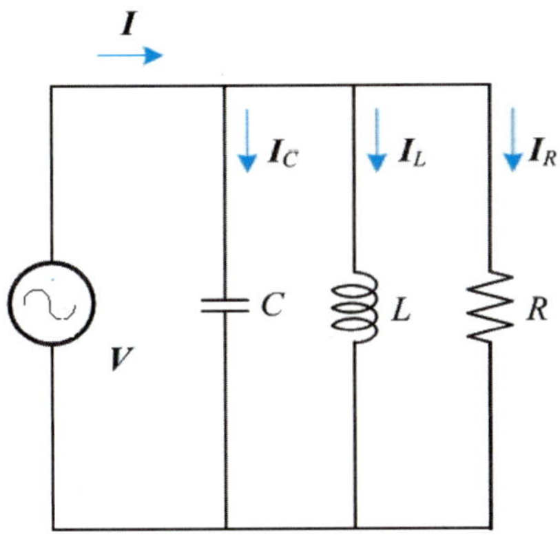

그림 11.8 병렬공진회로

그림 11.8과 같이 RLC 병렬회로에 교류전압 $\boldsymbol{V}$를 인가했을 때 전류 $\boldsymbol{I}$는

$$\boldsymbol{I} = \boldsymbol{I}_R + \boldsymbol{I}_L + \boldsymbol{I}_C = \frac{\boldsymbol{V}}{R} + \frac{\boldsymbol{V}}{j\omega L} + j\omega C\boldsymbol{V} = \left\{\frac{1}{R} + j\left(\omega C - \frac{1}{\omega L}\right)\right\}\boldsymbol{V} = \boldsymbol{YV} \tag{11.17}$$

$$\boldsymbol{Y} = \frac{1}{R} + j\left(\omega C - \frac{1}{\omega L}\right) \tag{11.18}$$

병렬공진은 어드미턴스 $\boldsymbol{Y}$의 허수부가 0이 될 때 발생되므로,

$$\omega C - \frac{1}{\omega L} = 0 \tag{11.19}$$

병렬공진 주파수는

$$\omega_0 = \frac{1}{\sqrt{LC}} \text{ [rad/s]}$$
$$f_0 = \frac{1}{2\pi\sqrt{LC}} \text{ [Hz]} \tag{11.20}$$

또한 직렬공진회로의 관계식을 쌍대관계로 병렬공진 관계식을 얻는다.

표 11.1 직렬공진과 병렬공진의 쌍대관계

직렬공진회로		병렬공진회로
R	↔	$\frac{1}{R}$
L	↔	C
C	↔	L

반전력 주파수 ω_1, ω_2는 식 (11.15) 직렬공진 식으로부터,

$$\omega_1 = -\frac{1}{2RC} + \sqrt{(\frac{1}{2RC})^2 + \frac{1}{LC}}$$
$$\omega_2 = \frac{1}{2RC} + \sqrt{(\frac{1}{2RC})^2 + \frac{1}{LC}} \tag{11.21}$$

같은 방법으로, 병렬공진회로의 양호도 Q_0, 반전력 대역폭 BW는 다음과 같게 된다.

$$Q_0 = \frac{\omega_0}{BW} = \omega_0 RC = \frac{R}{\omega_0 L}$$
$$BW = \omega_2 - \omega_1 = \frac{1}{RC} = \frac{\omega_0}{Q_0} \tag{11.22}$$

식 (11.22) → 식 (11.21)로 하여 정리하면,

$$\omega_1 = \omega_0\sqrt{1+\left(\frac{1}{2Q_0}\right)^2} - \frac{\omega_0}{2Q_0}, \quad \omega_2 = \omega_0\sqrt{1+\left(\frac{1}{2Q_0}\right)^2} + \frac{\omega_0}{2Q_0} \tag{11.23}$$

Q_0가 큰 경우 ($Q_0 \geqq 10$)에 식 (11.23)은,

$$\omega_1 = \omega_0 - \frac{BW}{2}$$
$$\omega_2 = \omega_0 + \frac{BW}{2} \tag{11.24}$$

이상과 같이 직병렬 공진 회로의 주요 특성을 정리하면 다음과 같다.

표 11.2 RLC 직렬공진과 병렬공진 특성

특 성	직렬공진회로	병렬공진회로
공진 주파수, ω_0	$\frac{1}{\sqrt{LC}}$	$\frac{1}{\sqrt{LC}}$
양호도, Q_0	$\frac{1}{\omega_0 RC}$ 혹은 $\frac{\omega_0 L}{R}$	$\omega_0 RC$ 혹은 $\frac{R}{\omega_0 L}$
반전력 대역폭, BW	$\frac{\omega_0}{Q}$	$\frac{\omega_0}{Q}$
반전력 주파수, ω_1, ω_2	$\omega_0\sqrt{1+\left(\frac{1}{2Q_0}\right)^2} \pm \frac{\omega_0}{2Q_0}$	$\omega_0\sqrt{1+\left(\frac{1}{2Q_0}\right)^2} \pm \frac{\omega_0}{2Q_0}$
$Q_0 \geqq 10$인 경우 ω_1, ω_2	$\omega_0 \pm \frac{BW}{2}$	$\omega_0 \pm \frac{BW}{2}$

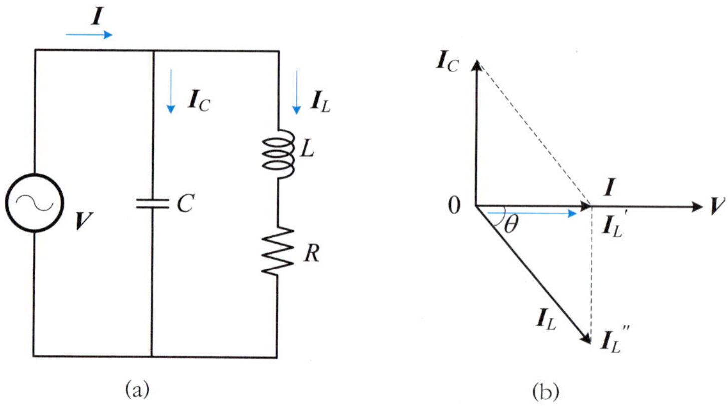

그림 11.9 RLC 병렬공진회로

11.4.1 일반적인 병렬공진회로

실제의 공진회로에서는 $L-C$ 병렬회로가 많이 사용되는데, 코일의 저항을 무시할 수 없어 그림 11.9(a)와 같은 등가회로가 된다. 여기서 R은 코일의 내부저항이다. 회로에 흐르는 입력전류 $\boldsymbol{I}$는 다음 식과 같다.

$$\boldsymbol{I} = \boldsymbol{YV} = \boldsymbol{I}_C + \boldsymbol{I}_L = \left(j\omega C + \frac{1}{R+j\omega L}\right)\boldsymbol{V} \tag{11.25}$$

$$= \left\{\frac{R}{R^2+\omega^2L^2} + j\left(\omega C - \frac{\omega L}{R^2+\omega^2L^2}\right)\right\}\boldsymbol{V} = (G+jB)\boldsymbol{V}$$

위 식에서 각 소자 R, L, C 및 전압 $\boldsymbol{V}$를 일정하게 하고, 주파수 ω를 변화시키면, I_C는 ω에 비례하여 증가하고, I_L은 ω에 반비례하여 감소한다. 따라서, 그림 11.9(b)와 같이 I_L의 Y축 성분인 I_L''가 I_C와 같은 상태가 되었을 때, 즉 $\boldsymbol{I}$가 $\boldsymbol{V}$와 동위상이 되었을 때를 병렬공진(parallel resonance) 또는 전류공진(current resonance)이라 한다.

11.4.2 병렬공진주파수

그림 11.9와 같은 병렬공진회로에서 공진주파수 f_0 는 다음과 같다. 즉, 병렬공진은 식 (11.25)에서 어드미턴스 $\boldsymbol{Y}$ 의 허수부인 서셉턴스(B)가 0이 되어 전압과 전류가 동상이 될 때 발생하므로,

$$\omega_0 C - \frac{\omega_0 L}{R^2 + \omega_0^2 L^2} = 0, \qquad \omega_0 C = \frac{\omega_0 L}{R^2 + \omega_0^2 L^2}$$

$$\therefore \omega_0 = \pm\sqrt{\frac{1}{LC} - \frac{R^2}{L^2}} \tag{11.26}$$

따라서 f_0는

$$f_0 = \frac{1}{2\pi}\sqrt{\frac{1}{LC} - \frac{R^2}{L^2}} \tag{11.27}$$

일반적으로 $\frac{1}{LC} \gg \frac{R^2}{L^2}$ 이므로, 식(11.27)은

$$f_0 \fallingdotseq \frac{1}{2\pi}\sqrt{\frac{1}{LC}} \ \text{[Hz]} \tag{11.28}$$

가 되어 직렬공진회로의 공진주파수와 같게 된다.

11.4.3 공진전류 및 임피던스

공진전류 I_0는 그림 11.9(b)에서 I_L의 X축 성분인 $I_L{}'$과 같다. 이때 I_L의 Y축 성분인 $I_L{}''$는 I_C와 크기는 같고, 방향이 반대로 서로 상쇄된다. 즉,

$$I_0 = I_L' = I_L \cos\theta = \frac{V}{\sqrt{R^2 + \omega_0{}^2 L^2}} \times \frac{R}{\sqrt{R^2 + \omega_0{}^2 L^2}}$$

$$= \frac{VR}{R^2 + {\omega_0}^2 L^2} = \frac{V}{\dfrac{R^2 + {\omega_0}^2 L^2}{R}} \text{ [A]} \tag{11.29}$$

식(11.29)에서 $R^2 \ll \omega_0^2 L^2$이므로,

$$I_0 = \frac{V}{\dfrac{{\omega_0}^2 L^2}{R}} = \frac{V}{Z_0} \text{ [A]} \tag{11.30}$$

단, $Z_0 = \dfrac{\omega_0^2 L^2}{R}$, 여기에서 $R \ll \omega_0 L$일 때 공진상태가 될 경우에는,

$$\omega_0 L \fallingdotseq \frac{1}{\omega_0 C}$$

이 되므로

$$Z_0 = \frac{{\omega_0}^2 L^2}{R} = \frac{1}{R {\omega_0}^2 C^2} = \frac{L}{CR} [\Omega] \tag{11.31}$$

병렬공진 시의 전류와 임피던스 특성곡선은 그림 11.10과 같다.

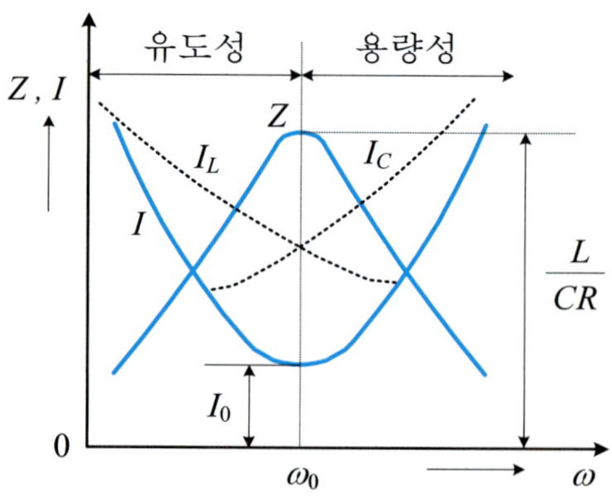

그림 11.10 병렬공진의 특성곡선

11.4.4 주파수응답과 전류확대율

공진주파수 ω_0 보다 큰 주파수에서는 X_C 는 X_L 보다 작으므로, 캐패시터에 더 많은 전류가 흐르며, 회로는 용량성이 된다. ω_0 보다 작은 주파수에서는 회로는 유도성이 된다. 병렬공진은 직렬공진 경우와는 반대로 공진주파수 ω_0 에서 전류 I_0가 최소가 되므로, 병렬공진을 반공진(anti resonance)이라고도 한다. 병렬공진시 공진전류의 크기 I_0와 L과 C에 흐르는 전류 I_{L0} 및 I_{C0} 의 크기를 구하면, $R \ll \omega_0 L$이므로, 다음과 같이 구할 수 있다.

$$I_{L0} \fallingdotseq \frac{V}{\omega_0 L} = \omega_0 CV = I_{C0} \tag{11.32}$$

여기서, 공진전류 I_0에 대한 I_{L0} 및 I_{C0}의 비를 구하면,

$$\frac{I_{C0}}{I_0} = \frac{\omega_0 CV}{\dfrac{V}{Z_0}} = \frac{\omega_0 CV}{\dfrac{VCR}{L}} = \frac{\omega_0 L}{R} = \frac{I_{L0}}{I_0} = Q_0 \tag{11.33}$$

따라서 병렬공진시의 공진전류는

$$I_{L0} = I_{C0} = I_0 Q_0 \tag{11.34}$$

가 되어, 직렬공진시의 전압확대율과 마찬가지로, 회로 중의 I_{L0} 및 I_{C0}는 전원전류 I_0의 Q_0배로 전류가 확대되며, 병렬공진회로의 양호도도 직렬공진회로의 양호도와 같음을 알 수 있다.

R-L-C 병렬공진회로의 간추림

(1) LC 병렬회로에서 공진 주파수 f_0는 다음과 같다.

$$\omega_0 = \frac{1}{\sqrt{LC}}, \quad f_0 = \frac{1}{2\pi\sqrt{LC}}$$

(2) 높은 Q를 갖는 회로에서 인덕터의 임피던스와 캐패시터의 임피던스는 같다.

(3) 높은 Q를 갖는 회로에서 각 소자의 임피던스는 공진 주파수에서 동일하므로, 각 소자에 흐르는 전류도 동일하다.

(4) 각 소자에 흐르는 전류는 180°의 위상차가 발생하여, 서로 상쇄되어 총 전류 I는 매우 작다. 따라서, 높은 Q를 갖는 회로의 공진 주파수에서의 총 전류는 거의 0이다.

(5) 총 전류가 매우 낮으므로 병렬 LC 회로의 임피던스는 매우 크다.
여기서, $Z = \frac{V}{I}$, V는 인가전압이고, I는 총 전류이다.

(6) 공진 주파수 f_0보다 높은 주파수에서 캐패시터에 흐르는 전류가 인덕터에 흐르는 전류보다 크므로 회로는 용량성으로 동작한다.

(7) 공진 주파수 f_0보다 낮은 주파수에서는 인덕터에 흐르는 전류가 캐패시터보다 많이 흘러서 회로는 유도성이다.

(8) 높은 Q를 갖는 병렬공진회로에서 주파수대 임피던스 응답곡선은 직렬공진회로와 유사하다.

예제 11-6 RLC 병렬회로에서, $R = 8\,[\mathrm{k\Omega}]$, $L = 0.2\,[\mathrm{mH}]$, $C = 8\,[\mu\mathrm{F}]$이다. 여기서, 공진 주파수 ω_0, 양호도 Q_0, 대역폭 BW, 반전력 주파수 ω_1, ω_2을 구하라.

〈풀이〉

$$\omega_0 = \frac{1}{\sqrt{LC}} = \frac{1}{\sqrt{0.2\times 10^{-3}\times 8\times 10^{-6}}} = \frac{10^5}{4} = 25\,[\mathrm{krad/s}],$$

혹은 $f_0 = 3.98\,[\mathrm{kHz}]$

$$Q = \frac{R}{\omega_0 L} = \frac{8\times 10^3}{25\times 10^3\times 0.2\times 10^{-3}} = 1{,}600$$

$$BW = \frac{\omega_0}{Q} = 15.625\,[\mathrm{rad/s}]$$

혹은 $2.488\,[\mathrm{Hz}]$

$Q = 1{,}600 \gg 10$이므로, 따라서 반전력 주파수는

$$\omega_1 = \omega_0 - \frac{BW}{2} = 25{,}000 - 7.812 = 24{,}992\ [\text{rad/s}]$$

$$\omega_2 = \omega_0 + \frac{BW}{2} = 25{,}000 + 7.812 = 25{,}008\ [\text{rad/s}]$$

예제 11-7 $R = 100\,[\Omega]$, $L = 100\,[\text{mH}]$의 코일과 가변콘덴서를 병렬로 한 동조회로가 있다. 콘덴서의 용량을 변화시켜 $500\,[\text{kHz}]$에 동조시켰다. 이때의 콘덴서의 용량 C_0는 얼마인가?

〈풀이〉

콘덴서의 용량 C_0는

$$C_0 = \frac{1}{\omega^2 L} = \frac{1}{(2\pi)^2 f^2 L}$$

$$= \frac{1}{(2\times 3.14)^2 \times (500\times 10^3)^2 \times 100 \times 10^{-3}}$$

$$= \frac{1}{6.28^2 \times 250000 \times 10^6 \times 100 \times 10^{-3}} \fallingdotseq 1\,[\text{pF}]$$

예제 11-8 RLC 병렬회로에서 반전력 주파수가 $\omega_1 = 4\,[\text{rad/s}]$, $\omega_2 = 16\,[\text{rad/s}]$일 때, 공진 주파수 ω_0를 구하라.

〈풀이〉

$$\omega_0^2 = \omega_1 \omega_2 = 4 \times 16 = 64$$

$$\therefore\ \omega_0 = 8\,[\text{rad/s}]$$

Chapter 11 연 습 문 제

문제 1 저항 $R = 20\,[\Omega]$, 인덕턴스 $L = 0.159\,[\mathrm{H}]$ 및 콘덴서 $C = 50\,[\mu\mathrm{F}]$가 직렬로 접속된 회로에 $100[\mathrm{V}]$의 교류전압을 가할 때 최대 전류가 흐르게 되는 전원 주파수는 얼마인가?

문제 2 RLC 직렬공진회로에서 $Q = 35.5$이고, 공진 주파수 f_0가 $711\,[\mathrm{kHz}]$일 때 반전력 주파수 f_1 및 f_2를 구하라.

문제 3 저항 $R = 100\,[\Omega]$, 인덕턴스 $L = \dfrac{1}{\pi}\,[\mathrm{H}]$ 및 콘덴서 $C = \dfrac{100}{4\pi}\,[\mathrm{pF}]$이다. 직렬공진회로의 공진 주파수 ω_0와 Q_0를 구하라.

문제 4 RLC 직렬공진회로에서 $f_0 = 15.9\,[\mathrm{kHz}]$이고, 대역폭 $\mathrm{BW} = 1\,[\mathrm{krad/sec}]$인 경우, 양호도 Q를 구하라.

문제 5 RLC 직렬공진회로에서 $Q_0 = 99.4$이고, 반전력 주파수 $\omega_1 = 990\,[\mathrm{rad/s}]$, $\omega_2 = 1000\,[\mathrm{rad/s}]$인 경우 공진 주파수를 구하라.

문제 6 LC 병렬회로가 있다. $L = 100\,[\mathrm{mH}]$이고, C를 변화시켜 $f = 1\,[\mathrm{MHz}]$에 동조시키려면, C 값을 얼마로 하면 되겠는가?

문제 7 $R = 10\,[\Omega]$, $L = 1.6\,[\mathrm{mH}]$인 코일과 바리콘(가변콘덴서)을 $10\,[\mathrm{kHz}]$, $10[\mathrm{V}]$의 전원에 직렬 연결한 회로가 있다. 다음을 구하라.

(1) 전원 주파수에서 공진하기 위한 바리콘의 C 값

(2) 회로의 Q_0

(3) 공진시 바리콘 양단 전압의 크기

(4) 대역폭

(5) 반전력 주파수

문제 8 RLC 직렬회로에서 $R = 100[\Omega]$, $L = 10[\mathrm{mH}]$일 때 실효값 $100[\mathrm{V}]$의 정현파 전압을 인가하여 $\omega_0 = 10^4[\mathrm{rad/s}]$에서 공진 시키려면 C 값은 얼마로 하면 되겠는가? 또, 공진 시 C양단에 걸리는 전압 $\boldsymbol{V}_C$와 L양단에 걸리는 전압 $\boldsymbol{V}_L$을 구하라.

Chapter

12

필터(filter)

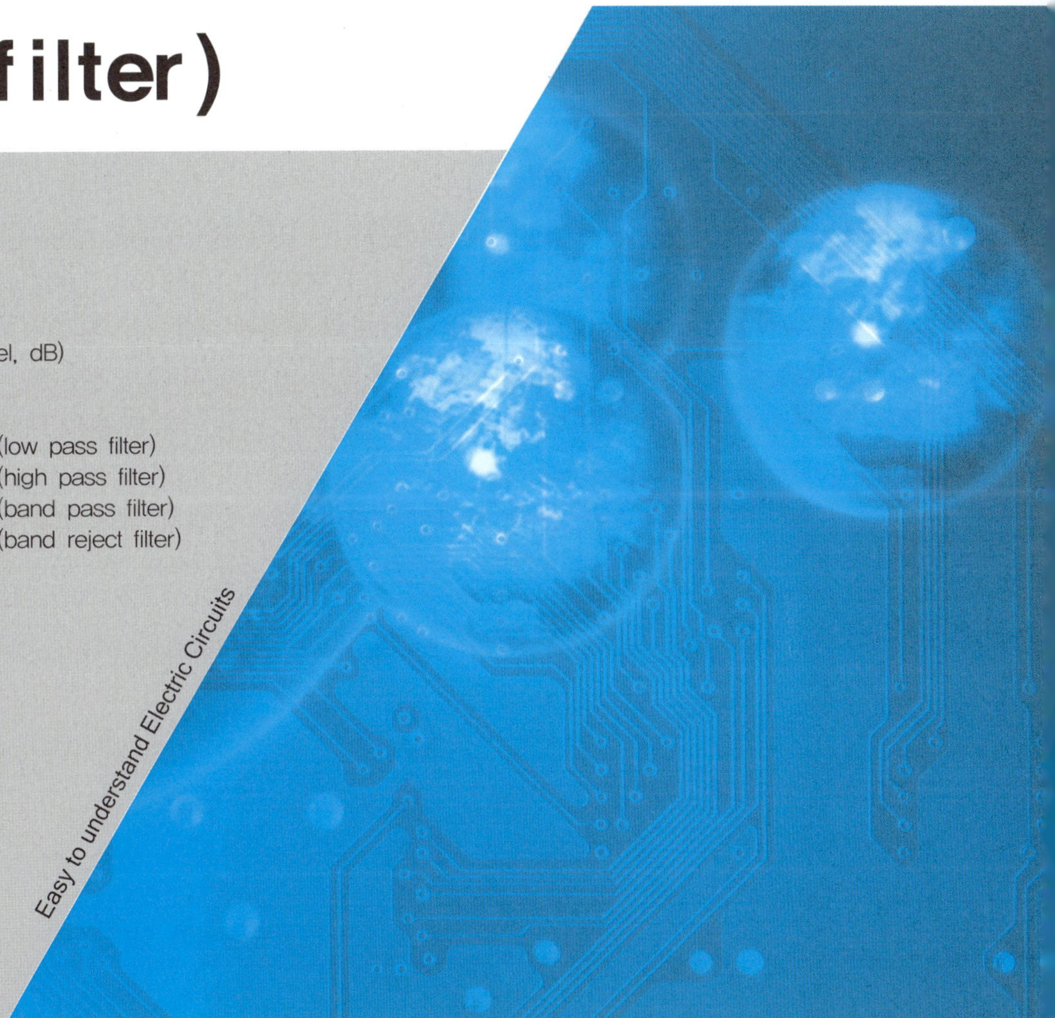

전기회로에서 사용하는 필터란 "특정한 대역의 주파수는 통과시키고, 나머지 주파수를 차단시키거나 감쇠시켜 주는 회로"를 말한다. 이는 물속에 있는 오염물질을 걸러내는 정수기나 공기 중의 먼지 등을 정화해 주는 공기필터의 기능과 유사하다고 할 수 있다.

전기적인 필터는 FM 수신기, TV 수신기, 각종 통신 장치, 컴퓨터 및 모터제어회로 등 그 사용범위가 광범위하고, 종류도 다양하다.

12.1 데시벨(decibel, dB)

이 dB는 기본적으로 이득(gain) 또는 감쇠를 나타낼 때 쓰이는 단위로서 입력과 출력 등의 상대적인 비의 값이다. 1876년 세계최초로 전화기를 발명한 Alexander Graham Bell의 공적을 기념하기 위해서 그 이름이 유래하였으며, B 단위는 실제로 사용하기에 너무 크므로 B의 1/10인 dB (deci−Bell)을 실용단위로 많이 사용하게 되었다. dB를 사용하면, 전송채널 내에서 종속적으로(cascaded) 연결된 이득과 감쇠의 계산을 ×, ÷ 대신에 +, −로 간결하게 할 수 있고, 두 개의 신호 전력을 비교하는 데 큰 숫자 대신에 작은 숫자로 표현하므로 취급이 용이하다.

전력, 전압, 전류, 음압, 압력, 에너지 밀도 등에서 상대적 힘의 비를 구하여 사용하는 단위로서 계산식은 아래와 같다. 두 전력 P_1, P_2를 비교할 때에는 두 전력의 차($P_1 - P_2$)나 나눈값($\frac{P_1}{P_2}$)을 사용하지 않고, 이 데시벨(dB)을 사용한다.

$$\text{전력비}[dB] = 10\log\frac{P_2}{P_1}\,[dB] \tag{12.1}$$

예를 들어, 입력이 1[W]이고 출력이 100[W]인 증폭기가 있다고 하면, 100배의 증폭기인 셈이다. 이를 dB로 나타내면 $10\log\frac{100}{1} = 20\,[dB]$ ($\because \log 100 = \log 10^2 = 2$)이 된다.

이번에는 100W를 입력하여 15W가 출력되는 감쇠기가 있다고 하면, $10\log\frac{15}{100} = -8.2[dB]$ ($\because \log 0.15 = -0.823$)이 된다. 증폭이 되면 $+dB$가 되고, 감쇠가 되면 $-dB$가 된다. 또 4배의 이득을 가진 안테나가 있다고 하자, 이를 dB로 나타내려면 10log4 (log4는 0.6이다)가 되어서 6[dB]의 이득을 가진 안테나가 된다. 곧 전력이득 4배는 6[dB]이 된다.

단순히 두 전압 혹은 전류를 비교할 때에는 다음과 같이 사용한다.

$$\text{전압비}[dB] = 20\log\frac{V_2}{V_1}\ [dB]$$

$$\text{전류비}[dB] = 20\log\frac{I_2}{I_1}\ [dB] \tag{12.2}$$

그림 12.1과 같이 공진곡선의 반전력 대역폭의 전류비는 $I = \dfrac{I_0}{\sqrt{2}} = 0.707\,I_0$이다. 이것을 데시벨로 계산하면 다음과 같이 된다.

반전력 주파수의 전류비

$$= 20\log\frac{I}{I_0} = 20\log 0.707 = -3\,[dB] \tag{12.3}$$

반전력 대역폭 $\Delta\omega$를 $-3[dB]$ 대역폭 혹은 단순히 3[dB] 대역폭이라고도 한다. 필터에서는 바로 이 3[dB]가 되는 주파수를 차단 주파수라고 한다.

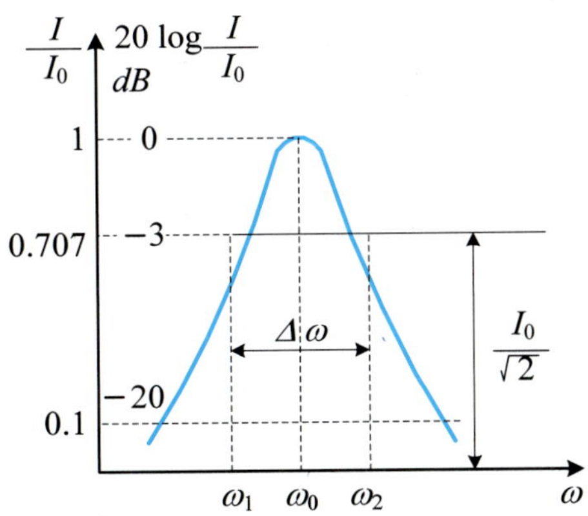

그림 12.1 공진곡선의 세로축의 두 가지 표시

데시벨(dB)의 종류

(1) $dB = 10\log_{10}\dfrac{P_2}{P_1}$,

P_1 : 기준 신호의 전력, P_2 : 피 측정 신호의 전력

(2) $Neper = \dfrac{1}{2}\log_e\dfrac{P_2}{P_1}$, 유럽에서 많이 사용, $1dB = 0.115$ Neper

(3) $dB = 10\log\dfrac{P_2}{P_1} = 10\log\dfrac{I_2^2R}{I_1^2R} = 10\log\left(\dfrac{I_2}{I_1}\right)^2 = 20\log\dfrac{I_2}{I_1} = 20\log\dfrac{V_2}{V_1}$

: 4단자 회로망의 전류, 전압 표현 시 사용

(4) $dBm = 10\log\dfrac{P[\text{mW}]}{1[\text{mW}]}$: 기준 전력 $1[\text{mW}]$에 대한 전력 레벨을 표시

이동통신 단말기 송신 전력과 같이 낮은 전력레벨을 표시하는데 사용

(5) $dBW = 10\log\dfrac{P[\text{W}]}{1[\text{W}]}$: 이동통신 기지국이나 통신위성의 송신 출력과 같이 높은 전력 레벨을 표시하는 데 사용

(6) $dBmV = 20\log\dfrac{E[\text{mV}]}{1[\text{mV}]}$: TV 영상신호의 레벨을 표시하는데 많이 사용

(7) $dB\mu V = 20\log\dfrac{E[\mu\text{V}]}{1[\mu\text{V}]}$: 이동통신 단말기의 수신 전계 강도 등을 표시할 때 사용

예제 12-1 다음 물음에 답하여라.

(1) 전력 40W → 80W 로 변화할 경우 dB 값
(2) 전력 30W → 3000W 로 변화할 경우 dB 값
(3) 전력 250kW → dBW 로 변환
(4) 전력 0.1W → dBm으로 변환

〈풀이〉

전력의 변화 $dB = 10\log_{10}\dfrac{P_2}{P_1}$를 이용하고, 전압이나 전류인 경우에는 $dB = 20\log\dfrac{I_2}{I_1} = 20\log\dfrac{V_2}{V_1}$을 이용하여 계산한다.

(1) $10\log\dfrac{80}{40} = 10\log 2 = 3\,[dB]$

(2) $10\log\dfrac{3000}{30} = 10\log 100 = 20\,[dB]$

(3) $10\log\frac{250000}{1} \fallingdotseq 54\,[dBW]$

(4) $10\log\frac{100}{1} = 20\,[dBm]$

12.2 필터의 종류

R, L, C와 같은 수동소자만을 사용하여 만든 필터를 수동필터(passive filter)라고 하고, 트랜지스터나 OP 앰프 등 능동소자를 사용하여 구성한 필터를 능동필터(active filter)라고 한다. 여기서는 R, L, C로만 구성된 수동형 필터에 대해서만 다루기로 한다.

캐패시터에 의한 리액턴스 X_C는 저주파에서는 증가하고, 고주파에서는 감소한다. 반면에 인덕터의 리액턴스 X_L은 저주파에서는 그 값이 작지만, 고주파에서는 증가한다. 따라서 이 두 소자를 잘 결합하면, 일정한 영역의 신호에 대해서는 낮은 임피던스를 보이지만, 그 밖의 영역에서는 높은 임피던스를 나타내어서 일정한 영역의 신호를 통과시키거나 통과시키지 않는 회로 즉, 필터의 동작원리가 된다. 필터는 크게 저역통과필터, 고역통과필터, 대역통과필터, 대역차단필터 등으로 나눌 수 있다. 그림 12.2는 각 필터의 특징을 이상적으로 나타낸 것이다.

입력신호의 주파수 특성에 이 필터 값을 곱하면 출력신호의 주파수특성을 알 수 있다. 입력신호 중에서 필터의 크기가 1인 부분의 주파수가 있는 신호는 모두 출력에 나타나고, 0인 부분에 있는 신호는 출력에 나타나지 않는다.

저역통과필터(low pass filter, LPF)

차단 주파수(cutoff frequency) ω_C보다 낮은 주파수의 신호는 통과시켜 출력에 나타나게 하고, 그보다 높은 주파수를 가진 신호는 통과시키지 않아 출력에 나타나지 않는다.

고역통과필터(high pass filter, HPF)

차단 주파수(cutoff frequency) ω_C보다 높은 주파수의 신호는 통과시켜 출력에 나타나게 하고, 그보다 낮은 주파수를 가진 신호는 통과시키지 않아 출력에 나타나지 않는다.

대역통과필터(band pass filter, BPF)

차단 주파수(cutoff frequency) ω_{C1}, ω_{C2} 사이의 주파수를 가진 신호만 통과시켜 출력에 나타나게 하고, 그 외의 주파수를 가진 신호는 통과시키지 않아 출력에 나타나지 않는다.

대역차단필터(band reject filter, BRF)

차단 주파수(cutoff frequency) ω_{C1}보다 낮은 주파수를 가진 신호나 ω_{C2}보다 높은 주파수를 가진 신호만 출력에 나타나게 하고, ω_{C1}, ω_{C2}사이의 주파수를 가진 신호는 통과시키지 않아 출력에 나타나지 않는다.

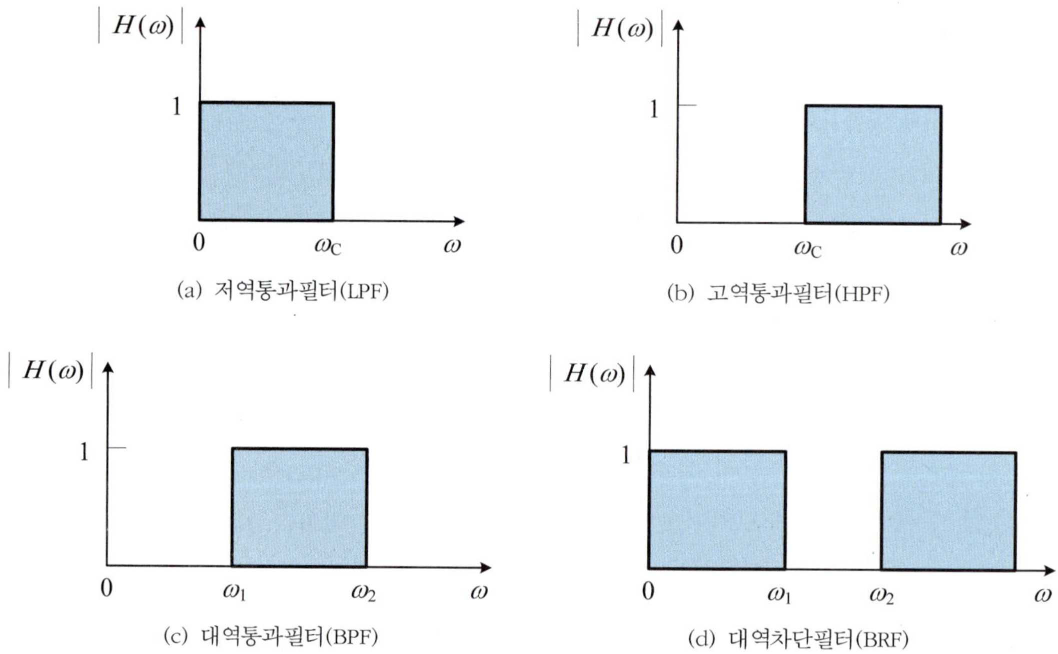

그림 12.2 이상적인 필터의 주파수 응답곡선

12.3 전달함수(transfer function)

그림 12.3에서 $H(\omega)$는 필터의 입력과 출력의 관계를 주파수(ω)에 따라 나타낸 것으로 전달함수(transfer function)라고 한다. 이 전달함수는 회로시스템의 주파수 및 위상의 특성을 분석하고 설계하는데 이용된다.

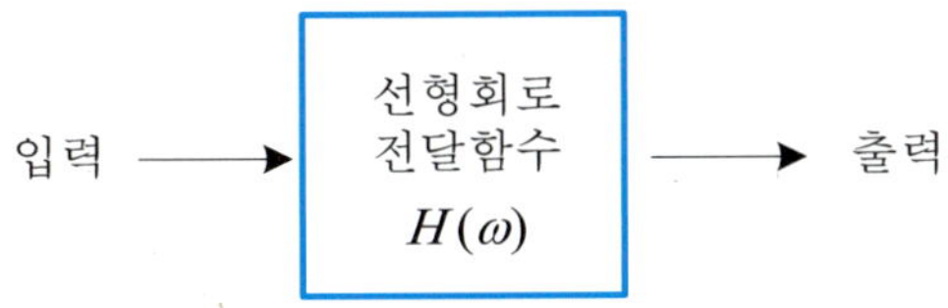

그림 12.3 선형회로 전달함수

필터의 특성을 설명할 때 전달함수를 사용하는 것은 입력 신호가 출력에 어떻게 나오는가를 살펴보면, 필터의 특성을 알 수 있기 때문이다. 전달함수는 입력과 출력의 전압, 전류의 관계를 나타내기 때문에 다음과 같이 4가지로 표현된다.

$$\boldsymbol{H}(\omega) = \text{전압이득} = \frac{\boldsymbol{V}_o(\omega)}{\boldsymbol{V}_i(\omega)}, \quad \boldsymbol{H}(\omega) = \text{전류이득} = \frac{\boldsymbol{I}_o(\omega)}{\boldsymbol{I}_i(\omega)}$$

$$\boldsymbol{H}(\omega) = \text{전달임피던스} = \frac{\boldsymbol{V}_o(\omega)}{\boldsymbol{I}_i(\omega)}, \quad \boldsymbol{H}(\omega) = \text{전달어드미턴스} = \frac{\boldsymbol{I}_o(\omega)}{\boldsymbol{V}_i(\omega)} \tag{12.4}$$

12.4 저역통과필터(low pass filter)

저역통과는 그림 12.4와 같이 RC 직렬회로로 구성되고, 출력은 캐패시터 양단에 걸리는 전압으로 한다. 입력과 출력의 전압비의 전달함수는 키르히호프의 전압법칙으로 아래와 같이 구할 수 있다.

$$\boldsymbol{V}_i = \boldsymbol{I}\left(R + \frac{1}{j\omega C}\right), \qquad \boldsymbol{V}_o = \boldsymbol{I}\left(\frac{1}{j\omega C}\right) \tag{12.5}$$

$$\boldsymbol{H}(\omega) = \frac{\boldsymbol{V}_o}{\boldsymbol{V}_i} = \frac{\dfrac{1}{j\omega C}}{R + \dfrac{1}{j\omega C}} = \frac{1}{1 + j\omega RC} \tag{12.6}$$

식 (12.6)에서 $\boldsymbol{H}(0) = 1$, $\boldsymbol{H}(\infty) = 0$이므로, 주파수가 0일 때는 입력이 출력에 모두 나오고, 주파수가 무한대로 커지면 출력은 나오지 않아 저역통과필터를 구성하는 것을 알 수 있다.

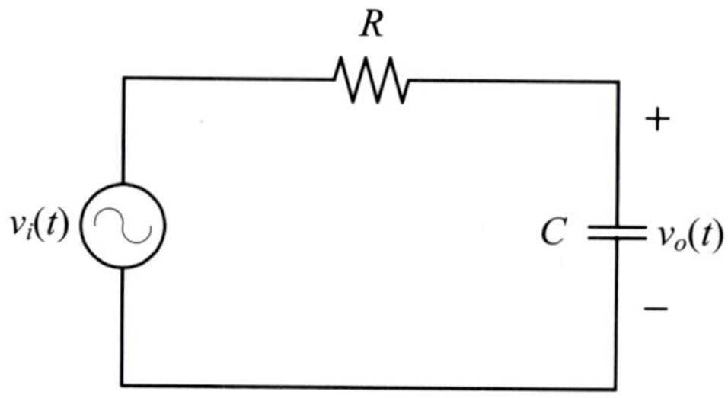

그림 12.4 저역통과필터

차단 주파수(ω_C)에서 전달함수의 크기는 $\frac{1}{\sqrt{2}}$(=0.707)이 되므로,

$$\text{전달함수의 크기는 } H(\omega_C) = \frac{1}{\sqrt{1+\omega_C^2 R^2 C^2}} = \frac{1}{\sqrt{2}} \tag{12.7}$$

저역통과필터의 차단 주파수 :

$$\therefore \ \omega_C = \frac{1}{RC}\ [\text{rad/s}] \quad \text{혹은} \quad f_C = \frac{1}{2\pi RC}\ [\text{Hz}] \tag{12.8}$$

저역통과필터는 그림 12.5와 같이 ω_C이하의 주파수는 통과시키고, 그 이상의 주파수는 차단한다.

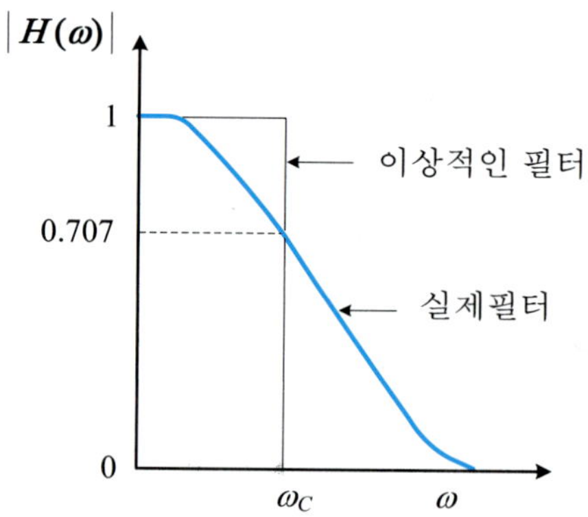

그림 12.5 저역통과필터의 주파수 응답

예제 12-2 그림 12.4와 같은 RC 저역통과필터에서 $R=1\,[\mathrm{k}\Omega]$, $C=100\,[\mathrm{nF}]$일 때 차단 주파수 ω_C와 f_C를 구하라.

〈풀이〉

$$\omega_C = \frac{1}{RC} = \frac{1}{1000\times 100\times 10^{-9}} = 10{,}000\,[\mathrm{rad/s}]$$

$$f_C = \frac{1}{2\pi RC} = \frac{1}{2\times 3.14\times 1000\times 100\times 10^{-9}} \fallingdotseq 1592.4\,[\mathrm{Hz}]$$

12.5 고역통과필터(high pass filter)

고역통과는 그림 12.6과 같이 RC 직렬회로로 구성되고, 출력은 저항 양단에 걸리는 전압으로 한다. 입력과 출력의 전압비의 전달함수는 키르히호프의 전압법칙으로 아래와 같이 구할 수 있다.

$$\boldsymbol{V}_i = I\left(R+\frac{1}{j\omega C}\right),\quad \boldsymbol{V}_o = IR \tag{12.9}$$

$$\boldsymbol{H}(\omega) = \frac{\boldsymbol{V}_o}{\boldsymbol{V}_i} = \frac{R}{R+\dfrac{1}{j\omega C}} = \frac{j\omega RC}{1+j\omega RC} \tag{12.10}$$

식 (12.10)에서 $\boldsymbol{H}(0)=0$, $\boldsymbol{H}(\infty)=1$이므로, 주파수가 0일 때는 입력이 출력에 나오지 않고, 주파수가 무한대로 커지면 입력 모두가 출력에 나오는 고역통과필터를 구성하는 것을 알 수 있다.

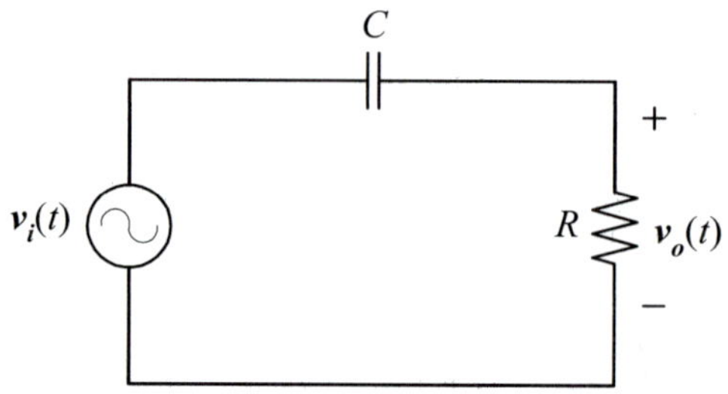

그림 12.6 고역통과필터

차단 주파수(ω_C)에서 전달함수의 크기는 $\frac{1}{\sqrt{2}}$(=0.707)이 되므로,

$$\text{전달함수의 크기는 } H(\omega_C) = \frac{\sqrt{\omega_C^2 R^2 C^2}}{\sqrt{1+\omega_C^2 R^2 C^2}} = \frac{1}{\sqrt{2}}$$

고역통과필터의 차단 주파수 :

$$\therefore \ \omega_C = \frac{1}{RC}\ [\text{rad/s}] \text{ 혹은 } f_C = \frac{1}{2\pi RC}\ [\text{Hz}] \tag{12.11}$$

고역통과필터는 그림 12.7과 같이 ω_C 이상의 주파수는 통과시키고, 그 이하의 주파수는 차단한다.

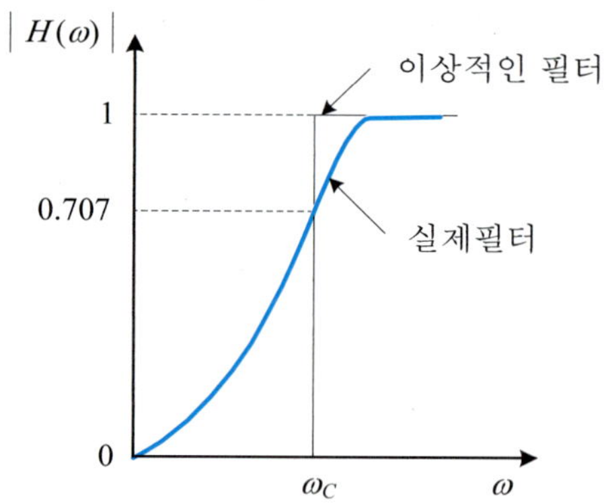

그림 12.7 고역통과필터의 주파수 응답

12.6 대역통과필터(band pass filter)

대역통과필터는 그림 12.8과 같이 RLC 직렬회로로 구성되고, 출력은 저항양단의 전압으로 한다. 입력과 출력의 전압비의 전달함수는 키르히호프의 전압법칙으로 아래와 같이 구할 수 있다.

$$\boldsymbol{V}_i = \boldsymbol{I}\left\{R + j\left(\omega L - \frac{1}{\omega C}\right)\right\}, \qquad \boldsymbol{V}_o = \boldsymbol{I}R \tag{12.12}$$

$$\boldsymbol{H}(\omega) = \frac{\boldsymbol{V}_o}{\boldsymbol{V}_i} = \frac{R}{R + j\left(\omega L - \dfrac{1}{\omega C}\right)} \tag{12.13}$$

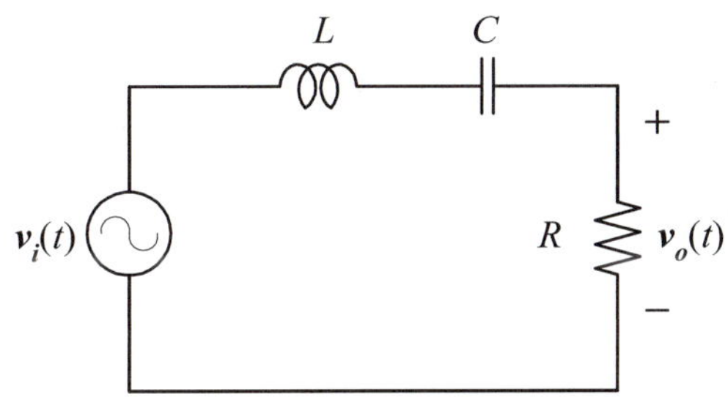

그림 12.8 대역통과필터

식 (12.13)에서 $\boldsymbol{H}(0) = 0$, $\boldsymbol{H}(\infty) = 0$ 이므로, 주파수가 0일 때와 무한대(∞)에서는 입력이 출력에 나오지 않게 차단되고, 공진 주파수를 중심으로 한 반전력 주파수 대역만 통과하게 된다.

그림 12.9의 대역통과필터의 주파수 응답에서, 대역통과필터의 중심 주파수는 RLC 직렬공진 주파수가 되고, 차단 주파수 ω_1, ω_2는 RLC 직렬공진에서와 동일한 방법으로 구할 수 있다. 이를 정리하면, 다음과 같다.

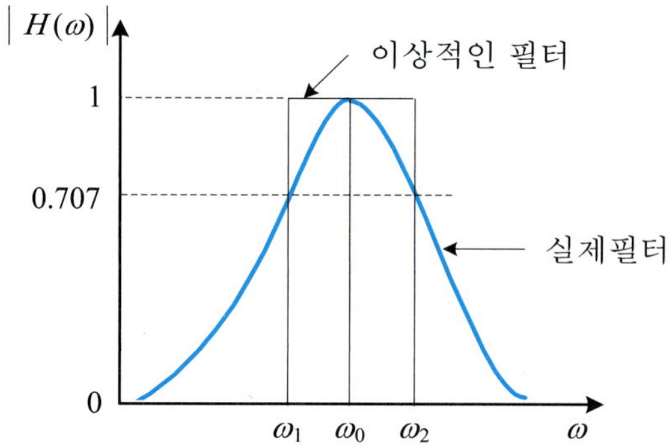

그림 12.9 대역통과필터의 주파수 응답

대역통과필터의 주요 특성

중심 주파수, 진폭이 최대가 되는 주파수 : $\omega_0 = \dfrac{1}{\sqrt{LC}}$

통과하는 주파수 대역 또는 통과대역(passband) : $\omega_1 \leqq \omega_0 \leqq \omega_2$

단, ω_1, ω_2 : 차단 주파수(cutoff frequency)

$\omega_0^2 = \omega_1 \omega_2$

대역폭 $BW = \Delta\omega = \omega_2 - \omega_1 = \dfrac{R}{L} = \dfrac{\omega_0}{Q_0}$

12.7 대역차단필터(band reject filter)

그림 12.10은 ω_1, ω_2사이의 주파수만 차단하고, 그 밖의 다른 모든 영역은 통과시키는 대역차단필터로서, 대역정지(band stop) 필터 혹은 노치(notch)필터라고도 한다.

입력과 출력의 전압비의 전달함수는 키르히호프의 전압법칙으로 아래와 같이 구할 수 있다.

$$V_i = I\left\{R + j\left(\omega L - \frac{1}{\omega C}\right)\right\}, \qquad V_o = jI\left(\omega L - \frac{1}{\omega C}\right) \tag{12.14}$$

$$H(\omega) = \frac{V_o}{V_i} = \frac{j\left(\omega L - \frac{1}{\omega C}\right)}{R + j\left(\omega L - \frac{1}{\omega C}\right)} \tag{12.15}$$

식 (12.15)에서 $H(0) = 1$, $H(\infty) = 1$ 이므로, 주파수가 0일 때나 무한대(∞)에서는 모든 입력이 출력되고, 공진 주파수를 중심으로 $\omega_2 - \omega_1$ 대역만 차단된다.

그림 12.11은 대역차단필터의 주파수 응답을 나타낸다.

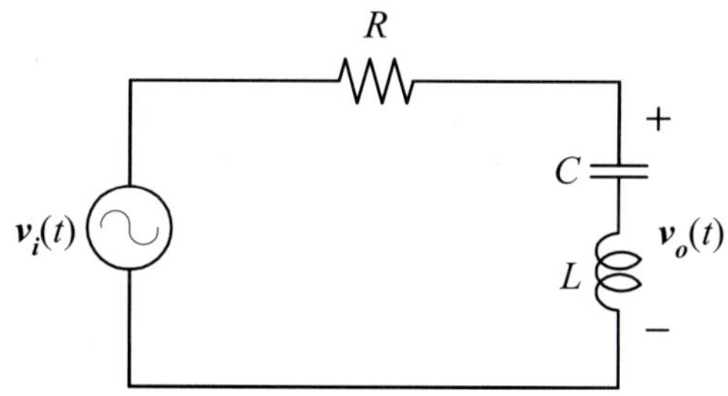

그림 12.10 대역차단필터

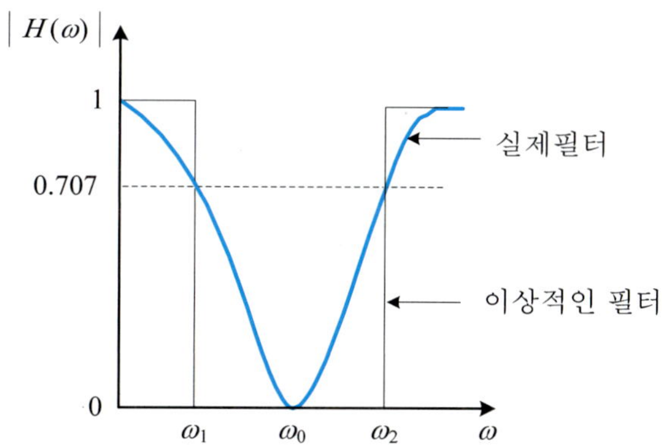

그림 12.11 대역차단필터의 주파수 응답

대역차단필터의 주요 특성

중심 주파수, 진폭이 최소가 되는 주파수 : $\omega_0 = \dfrac{1}{\sqrt{LC}}$

통과하는 주파수 대역 또는 차단대역(stopband) : $\omega_1 \leqq \omega_0 \leqq \omega_2$

단, ω_1, ω_2 : 차단 주파수(cutoff frequency)

$\omega_0^2 = \omega_1\omega_2$

차단 대역폭 $BW = \Delta\omega = \omega_2 - \omega_1 = \dfrac{R}{L} = \dfrac{\omega_0}{Q_0}$

예제 12-3 그림 12.10과 같은 대역차단필터에서 공진 주파수 $f_0 = 200\,[\mathrm{Hz}]$의 정현파는 차단하고, 나머지 다른 주파수대역은 통과시키려 한다. L과 C의 값을 구하라. 단, $R = 150\,[\Omega]$이고, 대역폭(BW)은 100[Hz]이다.

〈풀이〉

먼저 주파수 대역폭을 라디안으로 고친 후 대역폭 공식에 적용하면,

$$BW = 2\pi(100) = 200\pi\,[\mathrm{rad/s}]$$

$$BW = \Delta\omega = \omega_2 - \omega_1 = \frac{R}{L}$$

$$L = \frac{R}{BW} = \frac{150}{200\pi} = 0.2387\,[H] = 238.7\,[\mathrm{mH}]$$

200[Hz]가 공진주파수이므로,

$$\omega_0 = 2\pi f_0 = 2\pi(200) = 400\pi\,[\mathrm{rad/s}]$$

$\omega_0 = \dfrac{1}{\sqrt{LC}}$ 에서,

$$C = \frac{1}{\omega_0^2 L} = \frac{1}{(400\pi)^2(0.2387)} = 2.65\,[\mu\mathrm{F}]$$

필터에 대한 간추림

(1) 원하는 주파수를 통과시키고, 나머지는 차단하는 것이 필터이다.
(2) 수동형필터는 캐패시터, 인덕터 및 저항으로 구성된다.
(3) 저역통과필터, 고역통과필터, 대역통과필터 및 대역차단필터가 있다.
(4) 저역통과필터는 ω_C이하의 주파수가 통과대역이고, 고역통과필터는 ω_C이상이 통과대역이다.
(5) 대역통과필터는 공진 주파수(ω_0)를 중심으로 한 반전력 대역폭(BW)이 통과대역이고, 대역차단필터는 이 주파수 대역이 차단영역이 된다.
(6) 차단 주파수는 출력이 최대 출력의 70.7[%] 혹은 $-3[dB]$되는 주파수를 말한다.

Chapter 12

연 습 문 제

문제 1 다음과 같이 어떤 회로의 전기량이 바뀌었다. 각각 데시벨(dB)로 나타내어라.

(1) 전력이 75[W] → 35[W] 변화

(2) 전압이 40[V] → $\dfrac{40}{\sqrt{2}}$[V]로 변화

(3) 전압이 40[V] → $40\sqrt{2}$[V]로 변화

(4) 전류가 100[mA] → 1[mA]로 변화

문제 2 RC 저역통과필터에서 $R = 2\,[\text{k}\Omega]$, $C = 10\,[\text{nF}]$일 때 차단 주파수 f_C를 구하라. 또, 입력신호가 40[V]일 때, 차단 주파수에서의 출력전압을 구하라.

문제 3 RC 고역통과필터에서 $R = 1\,[\text{k}\Omega]$, $C = 0.1\,[\mu\text{F}]$일 때 차단 주파수 f_C를 구하라. 또, 입력신호가 60[V]일 때, 차단 주파수에서의 출력전압을 구하고, 이 주파수에서 입력전압 대 출력전압을 데시벨(dB)로 나타내면 얼마인가?

문제 4 그림 12.8과 같은 대역통과필터에서 $R = 2\,[\Omega]$, $L = 2\,[\text{mH}]$, $C = 5\,[\mu\text{F}]$이다. 이 대역통과필터의 중심 주파수, 통과대역폭 및 상위차단 주파수(f_2)와 하위차단 주파수(f_1)를 구하라.

문제 5 그림 12.10과 같은 대역차단필터에서 $R = 2\,[\Omega]$, $L = 1\,[\text{mH}]$, $C = 0.4\,[\mu\text{F}]$이다. 이 대역차단필터의 중심 주파수, 차단 대역폭 및 상위차단 주파수(f_2)와 하위차단 주파수(f_1)를 구하라.

문제 6 다음을 해당 데시벨(dB)의 종류로 변환하여라.

(1) 250[kW] → dBm으로 변환

(2) 0.1[W] → dBW로 변환

(3) 0.015[μW] → dBm으로 변환

(4) 0.015[μW] → dBW로 변환

Chapter

13

2 포트회로

Easy to understand Electric Circuits

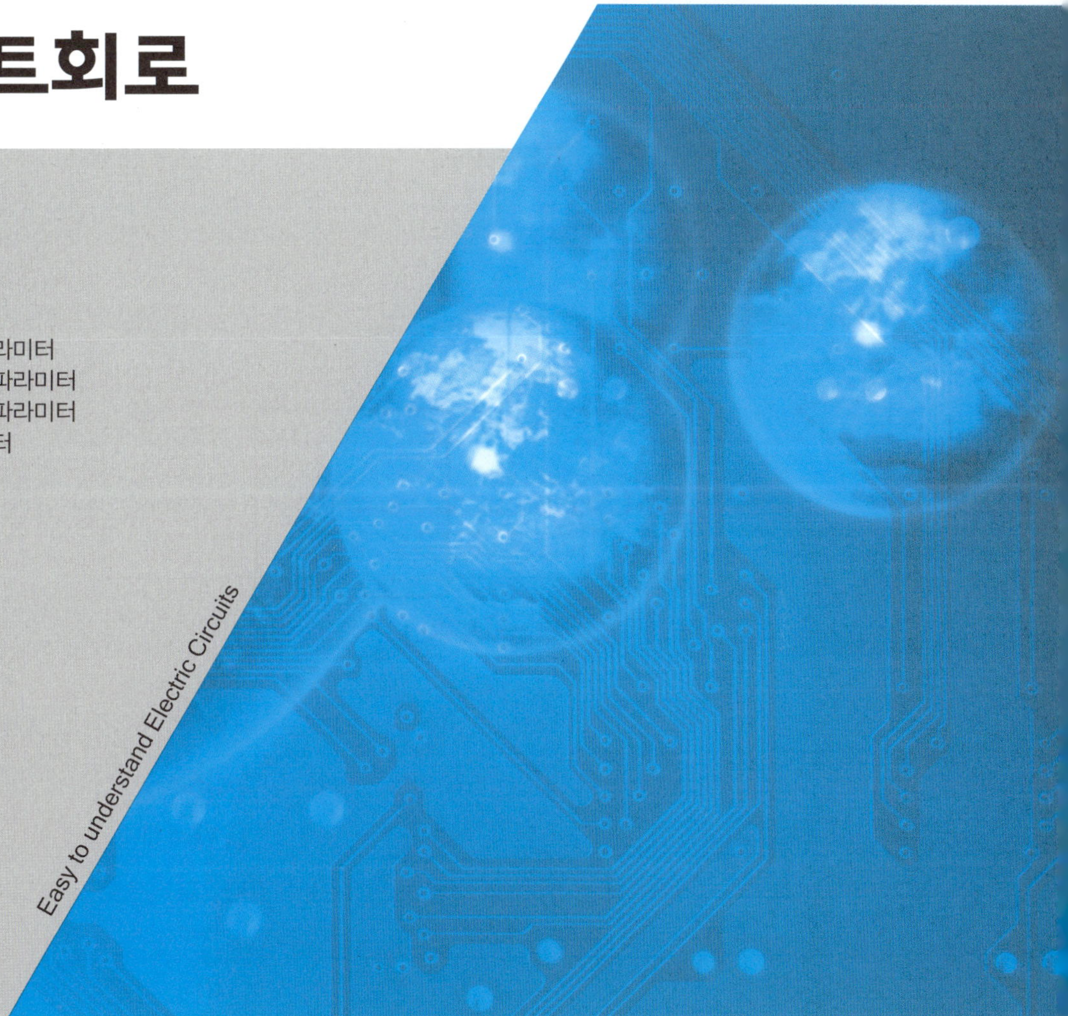

포트(port)란 회로망에서 전류가 들어가고 나가는 두 단자를 말한다. 저항, 콘덴서 및 코일 등은 이 같은 1 포트 소자이다. 즉, 본 서에서 다루었던 대부분의 수동소자들은 1 포트(2단자) 소자들이다. 반면에, 트랜지스터, OP 앰프 및 변압기 등은 한 쌍의 입력단자와 한 쌍의 출력단자가 있는 2 포트(4단자)회로이다.

2 포트회로는 통신, 제어시스템, 전력계통 및 전자회로 등의 분야에 널리 사용된다. 또한, 내부회로가 복잡한 경우에도 입출력 두 쌍의 단자에서 전류-전압 관계식을 사용하여 회로망의 특성을 분석할 수 있다.

13.1 임피던스 파라미터

임피던스 파라미터(impedance parameter)는 회로망의 특성을 결정짓는 파라미터가 임피던스 형태를 취하는 것으로 다음 그림 13.1로부터 정의할 수 있다.

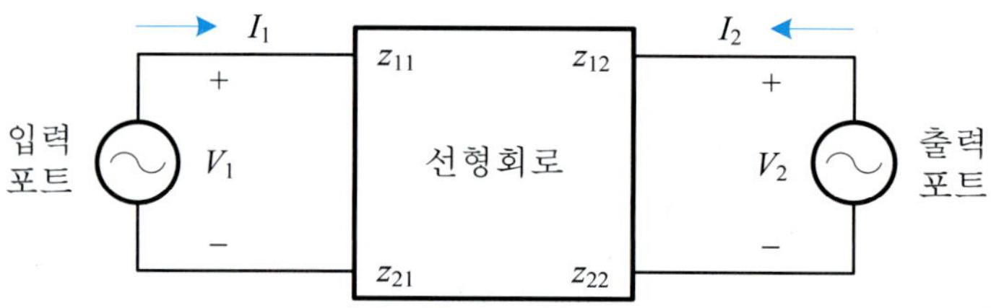

그림 13.1 2 포트 선형회로

위 그림에서 보는 바와 같이 V_1, V_2가 인가되고, 전류 I_1, I_2 가 그림과 같은 방향으로 흐른다고 할 때 중첩의 정리에 의하여, 전압 V_1은 I_1에 비례하는 전압 $z_{11}I_1$과 I_2에 비례하는 전압 $z_{12}I_2$의 합과 같게 된다. 여기서 z_{11}, z_{12}는 비례계수가 된다. 같은 방법으로 전압 V_2 역시 각 전류에 비례하는 전압성분의 합과 같다. 그러므로 2 포트회로의 단자전압을 단자전류 I_1, I_2의 함수로 다음 식과 같이 표현할 수 있다.

$$\begin{aligned} V_1 &= z_{11}I_1 + z_{12}I_2 \\ V_2 &= z_{21}I_1 + z_{22}I_2 \end{aligned} \tag{13.1}$$

식 (13.1)에서 z_{11}, z_{12}, z_{21}, z_{22}는 모두 임피던스 차원이며, 이것들을 2 포트회로의 임피던스 파라미터 혹은 간단히 z 파라미터라고 한다. 이 파라미터들은 2 포트회로의 전압과 전류의 관계를 맺어주는 단순한 비례계수 역할을 한다.

각 파라미터의 물리적인 의미는 다음과 같다.

$$\boldsymbol{z}_{11} = \left.\frac{V_1}{I_1}\right|_{I_2=0} \quad : \text{출력개방 입력임피던스 } [\Omega]$$

$$\boldsymbol{z}_{12} = \left.\frac{V_1}{I_2}\right|_{I_1=0} \quad : \text{입력개방 역방향 전달임피던스 } [\Omega]$$

$$\boldsymbol{z}_{21} = \left.\frac{V_2}{I_1}\right|_{I_2=0} \quad : \text{출력개방 순방향 전달임피던스 } [\Omega] \tag{13.2}$$

$$\boldsymbol{z}_{22} = \left.\frac{V_2}{I_2}\right|_{I_1=0} \quad : \text{입력개방 출력임피던스 } [\Omega]$$

여기서, 주어진 회로망이 양방향성 선형회로라면 가역정리가 성립되므로

$$z_{12} = z_{21} \tag{13.3}$$

이 된다. 특히, 입력측과 출력측이 대칭(symmetry circuit)이면 다음과 같게 된다.

$$z_{11} = z_{22} \tag{13.4}$$

예제 13-1 그림 13.2와 같은 T 형 회로에 대한 임피던스 파라미터 z_{11}, z_{12}, z_{21}, z_{22} 를 구하라.

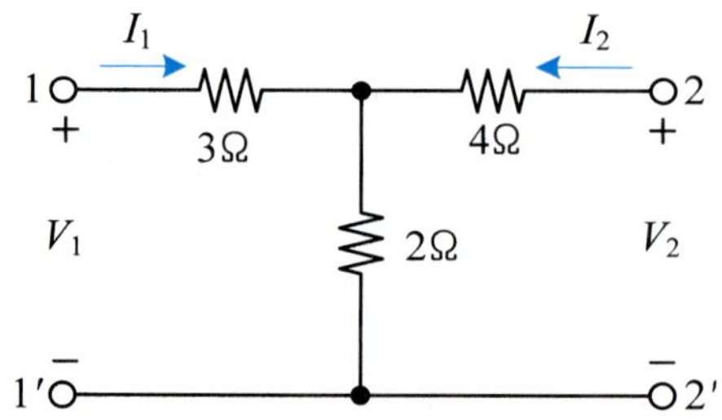

그림 13.2

〈풀이〉

① 출력단자를 개방하면 3[Ω]과 2[Ω]이 직렬이 되므로

$$z_{11} = \left.\frac{V_1}{I_1}\right|_{I_2=0} = 3+2 = 5\ [\Omega]$$

이 되며, $V_2 = 2I_1$이므로

$$z_{21} = \left.\frac{V_2}{I_1}\right|_{I_2=0} = 2\ [\Omega]$$

② 입력단자를 개방하면

$$z_{22} = \left.\frac{V_2}{I_2}\right|_{I_1=0} = 4+2 = 6\ [\Omega]$$

이며 $V_1 = 2I_2$로부터

$$z_{12} = \left.\frac{V_1}{I_2}\right|_{I_1=0} = 2\ [\Omega]$$

이 된다. 또는 직접 식 (13.1)과 같은 방법으로 기본방정식을 세우면,

$$V_1 = 3I_1 + 2(I_1+I_2) = 5I_1 + 2I_2$$

$$V_2 = 4I_2 + 2(I_1+I_2) = 2I_1 + 6I_2$$

가 된다. 따라서 T 회로의 임피던스 파라미터는 다음과 같다.

$$z_{11} = 5\,[\Omega],\ \ z_{12} = z_{21} = 2\,[\Omega],\ \ z_{22} = 6\,[\Omega]$$

13.2 어드미턴스 파라미터

어드미턴스 파라미터(admittance parameter)는 회로망의 특성을 결정짓는 파라미터가 어드미턴스 형태를 취하는 것으로, 식 (13.1)에서 입력, 출력 전류 I_1, I_2를 입력, 출력 전압 V_1, V_2의 함수로 표시하면 다음과 같게 된다.

$$\begin{aligned} I_1 &= y_{11} V_1 + y_{12} V_2 \\ I_2 &= y_{21} V_1 + y_{22} V_2 \end{aligned} \tag{13.5}$$

식 (13.5)에서 y_{11}, y_{12}, y_{21}, y_{22}는 어드미턴스 차원을 가지므로, 이것들을 2 포트회로의 어드미턴스 파라미터 혹은 간단히 y 파라미터라고 한다. 이 파라미터들도 2 포트회로의 전압과 전류의 관계를 맺어주는 단순한 비례계수 역할을 한다. 각 파리미터의 물리적인 의미는 다음과 같다.

$$\begin{aligned} \boldsymbol{y}_{11} &= \left.\frac{I_1}{V_1}\right|_{V_2=0} &&: \text{출력단락 입력어드미턴스 } [\mho] \\ \boldsymbol{y}_{12} &= \left.\frac{I_1}{V_2}\right|_{V_1=0} &&: \text{입력단락 역방향 전달어드미턴스 } [\mho] \\ \boldsymbol{y}_{21} &= \left.\frac{I_2}{V_1}\right|_{V_2=0} &&: \text{출력단락 순방향 전달어드미턴스 } [\mho] \\ \boldsymbol{y}_{22} &= \left.\frac{I_2}{V_2}\right|_{V_1=0} &&: \text{입력단락 출력어드미턴스 } [\mho] \end{aligned} \tag{13.6}$$

여기서, 주어진 회로망이 양방향성 선형회로라면 가역정리가 성립되므로

$$y_{12} = y_{21} \tag{13.7}$$

이 된다.

특히, 입력측과 출력측이 대칭(symmetry circuit)이면 다음 식과 같게 된다.

$$y_{11} = y_{22} \tag{13.8}$$

예제 13-2 임피던스 파라미터 z_{11}, z_{12}, z_{21}, z_{22}를 어드미턴스 파라미터 y_{11}, y_{12}, y_{21}, y_{22}로 변환하면 대응되는 어드미턴스를 구하라.

〈풀이〉

$$\begin{bmatrix} y_{11} & y_{12} \\ y_{21} & y_{22} \end{bmatrix} = \begin{bmatrix} z_{11} & z_{12} \\ z_{21} & z_{22} \end{bmatrix}^{-1} = \frac{1}{|z|}\begin{bmatrix} z_{22} & -z_{12} \\ -z_{21} & z_{11} \end{bmatrix}$$

예제 13-3 그림 13.3과 같은 T형 회로에서 어드미턴스 파라미터 y_{11}, y_{12}, y_{21}, y_{22}를 구하라.

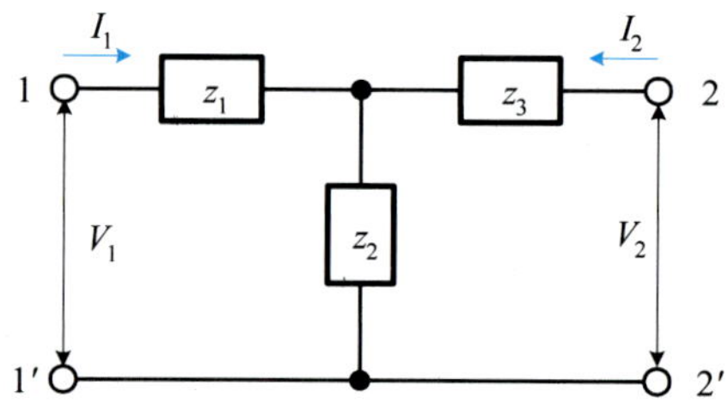

그림 13.3

〈풀이〉

$$\left.\begin{aligned} V_1 &= (z_1 + z_2)I_1 + z_2 I_2 \\ V_2 &= z_2 I_1 + (z_2 + z_3)I_2 \end{aligned}\right\}$$

$$\begin{bmatrix} V_1 \\ V_2 \end{bmatrix} = \begin{bmatrix} (z_1 + z_2) & z_2 \\ z_2 & (z_2 + z_3) \end{bmatrix}\begin{bmatrix} I_1 \\ I_2 \end{bmatrix}$$

$$\begin{bmatrix} z_{11} & z_{12} \\ z_{21} & z_{22} \end{bmatrix} = \begin{bmatrix} z_1 + z_2 & z_2 \\ z_2 & z_2 + z_3 \end{bmatrix}$$

에서

$$|z| = (z_1 + z_2)(z_2 + z_3) - z_2^2 = z_1 z_2 + z_2 z_3 + z_3 z_1$$

이고, 예제 (13.2)의 풀이를 이용하면,

$$y_{11} = \frac{z_{22}}{|z|} = \frac{z_2 + z_3}{|z|}, \quad y_{12} = y_{21} = \frac{-z_{21}}{|z|} = \frac{-z_2}{|z|}$$

$$y_{22} = \frac{z_{11}}{|z|} = \frac{z_1 + z_2}{|z|}$$

예제 13-4 그림 13.4와 같은 π형 회로에서 어드미턴스 파라미터 y_{11}, y_{12}, y_{21}, y_{22}를 구하라.

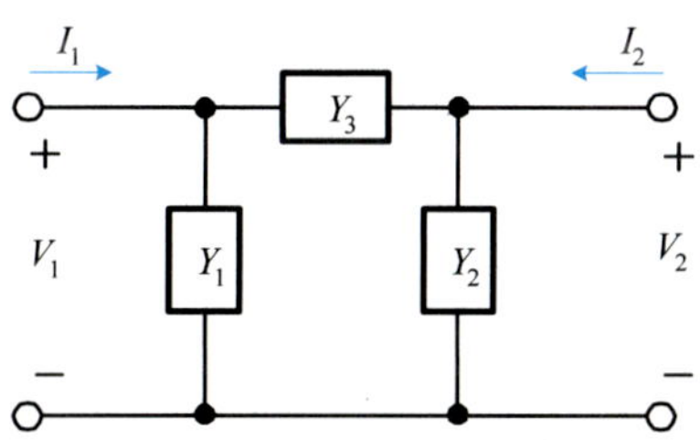

그림 13.4

〈풀이〉

그림 13.4에 대한 방정식은

$$I_1 = Y_1 V_1 + Y_3 (V_1 - V_2)$$
$$= (Y_1 + Y_3) V_1 - Y_3 V_2 = y_{11} V_1 + y_{12} V_2$$

$$I_2 = Y_2 V_2 + Y_3 (V_2 - V_1)$$
$$= -Y_3 V_1 + (Y_2 + Y_3) V_2 = y_{21} V_1 + y_{22} V_2$$

위 식으로부터

$$y_{11} = Y_1 + Y_3, \quad y_{12} = -Y_3 = y_{21}, \quad y_{22} = Y_2 + Y_3$$

가 된다.

13.3 하이브리드 파라미터

2포트회로에서 입출력 변수인 V_1, I_1, V_2, I_2 중에서 $\boldsymbol{z}$ 파라미터는 두 전압을 두 전류로 나타내고, $\boldsymbol{y}$ 파라미터는 반대로 두 전류를 두 전압으로 표현한 것이라 할 수 있다. 혼성이라는 의미의 하이브리드 파라미터(hybrid parameter)는 한 포트의 단자전압과 다른 포트의 단자전류를 나머지 두변수로 표현한 것이다. 그림 13.1에서 V_1, I_2를 V_2, I_1의 선형결합으로 표현하면,

$$\begin{aligned} V_1 &= h_{11} I_1 + h_{12} V_2 \\ I_2 &= h_{21} I_1 + h_{22} V_2 \end{aligned} \tag{13.9}$$

반대로, I_1, V_2를 V_1, I_2의 선형결합으로 표현하면,

$$\begin{aligned} I_1 &= g_{11} V_1 + g_{12} I_2 \\ V_2 &= g_{21} V_1 + g_{22} I_2 \end{aligned} \tag{13.10}$$

식 (13.9)의 계수들을 하이브리드 h 파라미터라 하고, 식 (13.10)을 하이브리드 g 파라미터라고 한다. $\boldsymbol{h}$ 파라미터는 트랜지스터와 같은 능동 2포트 회로의 등가회로를 작성하는데 유용하다. 하이브리드 파라미터의 차원은 어떤 것은 임피던스 또는 어드미턴스를 가진다. 물리적인 의미도 앞에서와 같이 한쪽 포트를 단락 또는 개방하면 되며, 각 파라미터는 다음과 같다.

$$h_{11} = \left.\frac{V_1}{I_1}\right|_{V_2=0} \quad : \text{출력단락 입력임피던스 } [\Omega]$$

$$h_{12} = \left.\frac{V_1}{V_2}\right|_{I_1=0} \quad : \text{입력개방 역방향 전압이득}$$

$$h_{21} = \left.\frac{I_2}{I_1}\right|_{V_2=0} \quad : \text{출력단락 순방향 전류이득} \tag{13.11}$$

$$h_{22} = \left.\frac{I_2}{V_2}\right|_{I_1=0} \quad : \text{입력개방 출력어드미턴스 } [\mho]$$

예제 13-5 하이브리드 모델인 그림 13.5에서 v_s는 입력저항 r_s를 갖고 구동하는 전압원이다. 출력에 부하저항 R_L을 연결할 때 다음을 구하여라.

(1) 전류이득 A_i　　　　(2) 전압이득 A_v

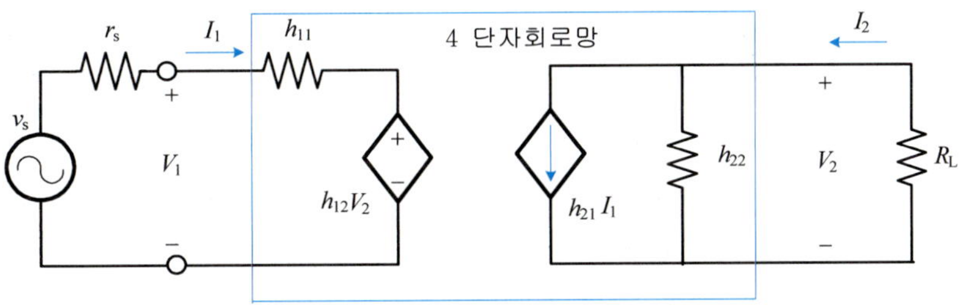

그림 13.5 트랜지스터의 하이브리드 회로

〈풀이〉

V_1, I_2를 V_2, I_1으로 표현한 선형 결합식은,

$$V_1 = h_{11} I_1 + h_{12} V_2$$

$$I_2 = h_{21} I_1 + h_{22} V_2$$

(1) 그림 13.5에서 입력전류 I_1과 출력전류 I_2에 대한 전류이득 A_i는

$$A_i = \frac{I_2}{I_1} = \frac{1}{I_1}(h_{21}I_1 + h_{22}V_2) = h_{21} + h_{22}\frac{V_2}{I_1}$$

여기에서 $V_2 = -I_2R_L$이므로,

$$A_i = h_{21} - h_{22}\frac{I_2}{I_1}R_L = h_{21} - A_ih_{22}R_L$$

$$\therefore \ A_i = \frac{h_{21}}{1+h_{22}R_L} \tag{13.12}$$

(2) 그림 13.5에서 입력전압 V_1과 출력전압 V_2에 대한 전압이득 A_v는

$$A_v = \frac{V_2}{V_1} = \frac{V_2}{h_{11}I_1 + h_{12}V_2} = \frac{-I_2R_L}{h_{11}I_1 - h_{12}I_2R_L}$$

$$\therefore \ A_v = \frac{-R_L}{h_{11}/A_i - h_{12}R_L} \tag{13.13}$$

13.4 전송 파라미터

신호전송이나 전력전송의 문제를 다룰 때는 한 포트의 전압과 전류를 다른 포트의 전압과 전류로 표현하는 것이 편리하다. 즉, 식 (13.14)에서와 같이 입력 포트의 전압 V_1 및 전류 I_1을 출력 포트의 전압 V_2 및 전류 I_2의 함수로 표시한다.

전력회로의 경우에는 전력을 왼쪽에서 오른쪽으로 이동시키는 것과 같으므로, 그림 13.6과 같이 출력 포트의 전류 I_2가 흘러나가는 전류의 방향을 양으로 택한다. 그렇게 되면 지금까지 기술한 여러 가지 파라미터로 표시한 경우의 전류의 방향과 반대가 된 것을 주의하여야 한다.

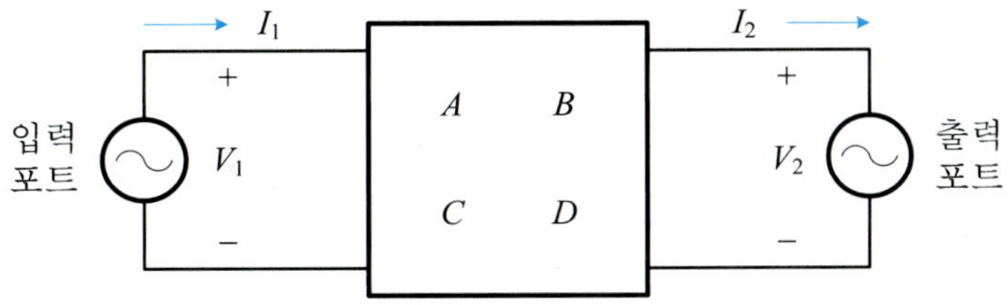

그림 13.6 A, B, C, D 파라미터를 위한 전압, 전류의 방향

$$\begin{aligned} V_1 &= \boldsymbol{A} V_2 + \boldsymbol{B} I_2 \\ I_1 &= \boldsymbol{C} V_2 + \boldsymbol{D} I_2 \end{aligned} \tag{13.14}$$

식 (13.14)에서 ***A, B, C, D***를 전송파라미터(transmission parameter) 또는 단순히 ***A, B, C, D*** 파라미터라고 한다. 이들 중 차원이 없는 것이 있고, 임피던스 혹은 어드미턴스의 차원을 갖는 것도 있다.

전송파라미터의 물리적인 의미도 앞에서와 같이 한쪽 포트를 개방하거나 단락시키고 생각하면 된다.

$$A = \left.\frac{V_1}{V_2}\right|_{I_2=0} \quad : \text{출력개방 역방향 전압이득}$$

$$B = \left.\frac{V_1}{I_2}\right|_{V_2=0} \quad : \text{출력단락 역방향 전달 임피던스 } [\Omega]$$

$$C = \left.\frac{I_1}{V_2}\right|_{I_2=0} \quad : \text{출력개방 역방향 전달어드미턴스 } [\mho] \tag{13.15}$$

$$D = \left.\frac{I_1}{I_2}\right|_{V_2=0} \quad : \text{출력단락 역방향 전류이득}$$

위에서 알 수 있는 바와 같이, ***A, B, C, D*** 파라미터는 입력단에 의한 출력단의 비례관계를 나타내는 계수로 표현할 수 있다.

임피던스 파라미터와 ***A, B, C, D*** 파라미터간의 관계를 구하기 위해, 그림 (13.6)의 전류 방향을 고려하면, 식 (13.1)은 다음 식과 같이 바뀌게 된다.

$$\begin{bmatrix} V_1 \\ V_2 \end{bmatrix} = \begin{bmatrix} z_{11} & z_{12} \\ z_{21} & z_{22} \end{bmatrix} \begin{bmatrix} I_1 \\ -I_2 \end{bmatrix} \tag{13.16}$$

$$V_1 = z_{11} I_1 - z_{12} I_2$$

$$V_2 = z_{21} I_1 - z_{22} I_2$$

$$V_1 = \frac{z_{11}}{z_{21}} V_2 + \frac{z_{11} z_{22} - z_{12} z_{21}}{z_{21}} I_2 \tag{13.17}$$

$$I_1 = \frac{1}{z_{21}} V_2 + \frac{z_{22}}{z_{21}} I_2$$

이 된다. 식 (13.14)와 식 (13.17)에서

$$\boxed{A = \frac{z_{11}}{z_{21}}, \quad B = \frac{z_{11} z_{22} - z_{12} z_{21}}{z_{21}}, \quad C = \frac{1}{z_{21}}, \quad D = \frac{z_{22}}{z_{21}}} \tag{13.18}$$

이 전송파라미터 사이에는

$$\det \begin{vmatrix} A & B \\ C & D \end{vmatrix} = AD - BC = \frac{z_{11} z_{22} - z_{11} z_{22} + z_{12} z_{21}}{{z_{21}}^2} = \frac{z_{12}}{z_{21}} \tag{13.19}$$

의 관계가 있으며, 가역 2 포트회로에서는 $z_{12} = z_{21}$ 이므로

$$AD - BC = 1 \tag{13.20}$$

이 성립한다. 그러므로 임의의 회로망에 대한 전송 파라미터를 구한 경우에는 식 (13.20)에 의하여 검산할 수 있으며, 4개의 정수 중 3개를 알면 다른 1개의 값을 구할 수 있다. 또한 2 포트회로가 대칭이면 $z_{11} = z_{22}\,(y_{11} = y_{22})$이므로 $A = D$가 된다.

13.4.1 2 포트회로의 종속접속

그림 13.7과 같이 2개의 2포트회로 N_1, N_2를 종속접속(cascade connection)한 경우에는 전체 A, B, C, D 파라미터는 N_1, N_2 개별 회로의 A, B, C, D 파라미터로 쉽게 표현할 수 있다.

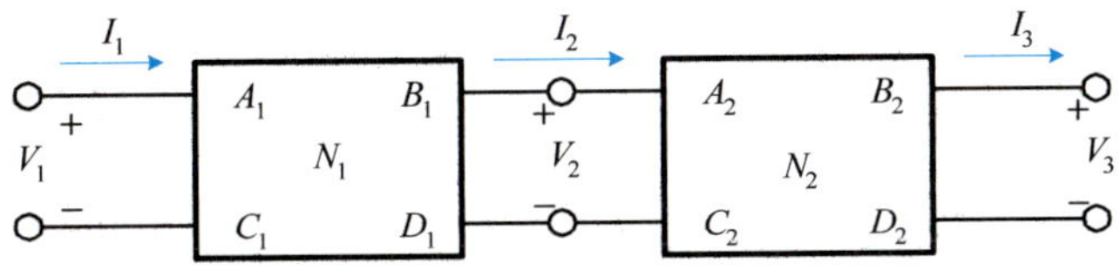

그림 13.7 2포트 회로 2개의 종속접속

2 포트회로 N_1에 대하여는

$$\begin{bmatrix} V_1 \\ I_1 \end{bmatrix} = \begin{bmatrix} A_1 & B_1 \\ C_1 & D_1 \end{bmatrix} \begin{bmatrix} V_2 \\ I_2 \end{bmatrix} \tag{13.21}$$

N_2에 대하여는

$$\begin{bmatrix} V_2 \\ I_2 \end{bmatrix} = \begin{bmatrix} A_2 & B_2 \\ C_2 & D_2 \end{bmatrix} \begin{bmatrix} V_3 \\ I_3 \end{bmatrix} \tag{13.22}$$

식 (13.22)를 식 (13.21)에 대입하면

$$\begin{aligned} \begin{bmatrix} V_1 \\ I_1 \end{bmatrix} &= \begin{bmatrix} A_1 & B_1 \\ C_1 & D_1 \end{bmatrix} \begin{bmatrix} A_2 & B_2 \\ C_2 & D_2 \end{bmatrix} \begin{bmatrix} V_3 \\ I_3 \end{bmatrix} \\ &= \begin{bmatrix} A_1A_2 + B_1C_2 & A_1B_2 + B_1D_2 \\ A_2C_1 + C_2D_1 & B_2C_1 + D_1D_2 \end{bmatrix} \begin{bmatrix} V_3 \\ I_3 \end{bmatrix} \end{aligned} \tag{13.23}$$

이것을 합성 2 포트회로의 방정식

$$\begin{bmatrix} V_1 \\ I_1 \end{bmatrix} = \begin{bmatrix} A & B \\ C & D \end{bmatrix} \begin{bmatrix} V_3 \\ I_3 \end{bmatrix} \tag{13.24}$$

과 비교하면, 종속접속된 합성 2 포트회로의 전송 파라미터는

$$\begin{bmatrix} A & B \\ C & D \end{bmatrix} = \begin{bmatrix} A_1 & B_1 \\ C_1 & D_1 \end{bmatrix} \begin{bmatrix} A_2 & B_2 \\ C_2 & D_2 \end{bmatrix} \tag{13.25}$$

또는

$$\begin{aligned} A &= A_1A_2 + B_1C_2, \quad & B &= A_1B_2 + B_1D_2 \\ C &= A_2C_1 + C_2D_1, \quad & D &= B_2C_1 + D_1D_2 \end{aligned} \tag{13.26}$$

여기서,

$$AD - BC = (A_1D_1 - B_1C_1)(A_2D_2 - B_2C_2) = 1 \tag{13.27}$$

이 된다.

예제 13-6 그림 13.8과 같은 2 포트회로의 전송 파라미터 A, B, C, D를 구하라.

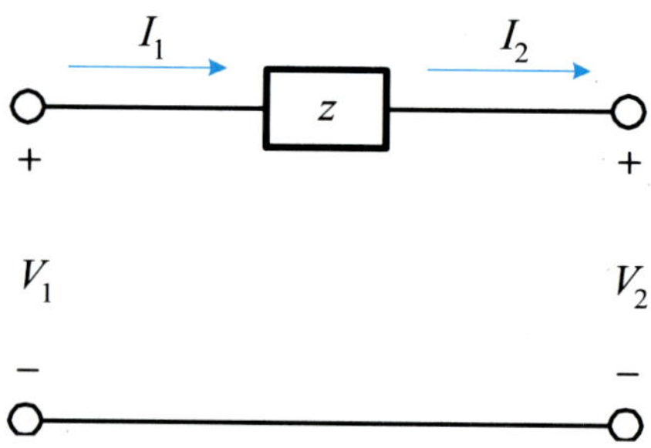

그림 13.8

〈풀이〉

식 (13.15)을 참조하여, $\dfrac{V_1}{V_2}$, $\dfrac{I_1}{I_2}$ 이므로

$$A = \left.\frac{V_1}{V_2}\right|_{I_2=0} = 1, \qquad B = \left.\frac{V_1}{I_2}\right|_{V_2=0} = z$$

$$C = \left.\frac{I_1}{V_2}\right|_{I_2=0} = 0, \qquad D = \left.\frac{I_1}{I_2}\right|_{V_2=0} = 1$$

그러므로

$$\begin{bmatrix} A & B \\ C & D \end{bmatrix} = \begin{bmatrix} 1 & z \\ 0 & 1 \end{bmatrix} \tag{13.28}$$

또는

$$\left.\begin{aligned} V_1 &= V_2 + zI_2 \\ I_1 &= I_2 \end{aligned}\right\}$$

이므로, 행렬로 표시하면

$$\begin{bmatrix} V_1 \\ I_1 \end{bmatrix} = \begin{bmatrix} 1 & z \\ 0 & 1 \end{bmatrix}\begin{bmatrix} V_2 \\ I_2 \end{bmatrix}$$

로 되어 $\begin{bmatrix} A & B \\ C & D \end{bmatrix} = \begin{bmatrix} 1 & z \\ 0 & 1 \end{bmatrix}$가 된다.

예제 13-7 그림 13.9와 같은 회로의 전송 파라미터 A, B, C, D를 구하라.

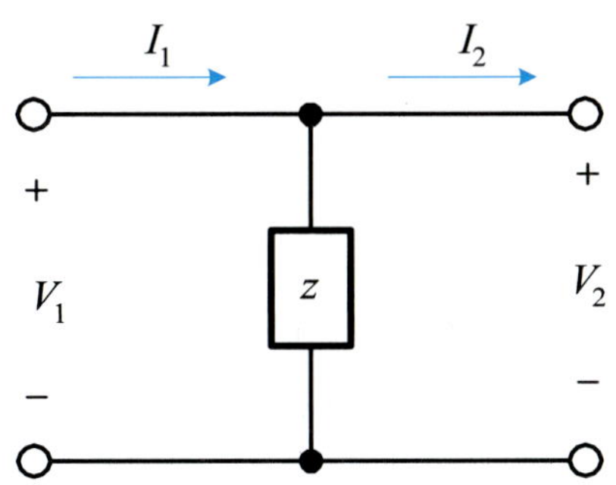

그림 13.9

〈풀이〉

이 경우에는

$$V_1 = V_2, \qquad I_1 = \frac{V_2}{z} + I_2$$

이므로 행렬로 표시하면

$$\begin{bmatrix} V_1 \\ I_1 \end{bmatrix} = \begin{bmatrix} 1 & 0 \\ \dfrac{1}{z} & 1 \end{bmatrix} \begin{bmatrix} V_2 \\ I_2 \end{bmatrix}$$

된다. 따라서

$$\begin{bmatrix} A & B \\ C & D \end{bmatrix} = \begin{bmatrix} 1 & 0 \\ \dfrac{1}{z} & 1 \end{bmatrix} \tag{13.29}$$

예제 13-8 그림 13.10과 같은 회로의 전송 파라미터를 구하라.

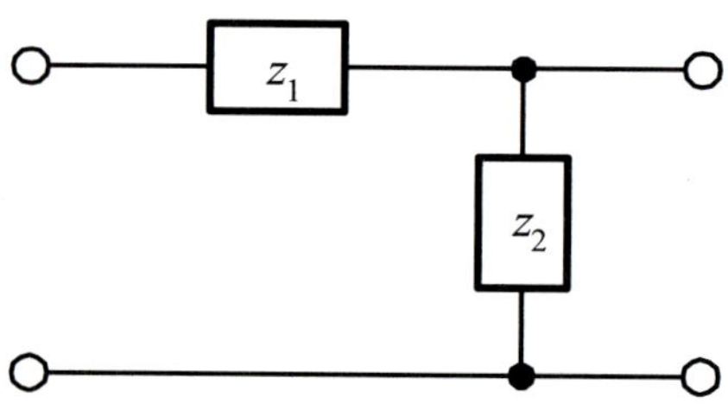

그림 13.10

〈풀이〉

예제 13.6과 같이 출력단자를 개방, 또는 단락함으로써 구할 수 있으며, 또한 그림 13.7과 13.8의 종속접속으로 생각하면

$$\begin{bmatrix} A & B \\ C & D \end{bmatrix} = \begin{bmatrix} 1 & z_1 \\ 0 & 1 \end{bmatrix} \begin{bmatrix} 1 & 0 \\ \dfrac{1}{z_2} & 1 \end{bmatrix} = \begin{bmatrix} 1 + \dfrac{z_1}{z_2} & z_1 \\ \dfrac{1}{z_2} & 1 \end{bmatrix} \tag{13.30}$$

예제 13-9 그림 13.11과 같은 회로의 전송 파라미터를 구하라.

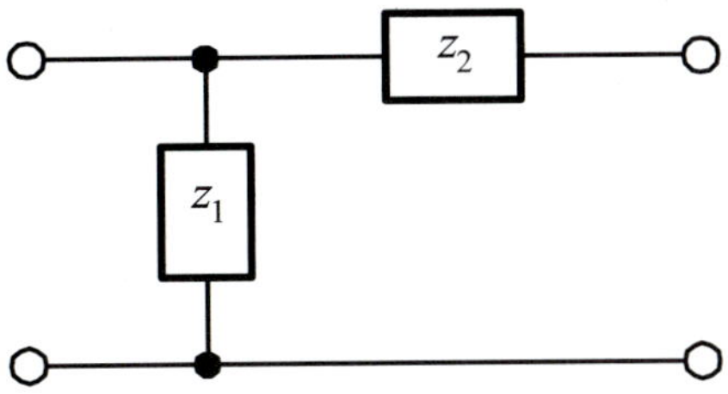

그림 13.11

〈풀이〉

그림 13.9와 13.8의 종속접속으로 생각하여

$$\begin{bmatrix} A & B \\ C & D \end{bmatrix} = \begin{bmatrix} 1 & 0 \\ \dfrac{1}{z_1} & 1 \end{bmatrix} \begin{bmatrix} 1 & z_2 \\ 0 & 1 \end{bmatrix} = \begin{bmatrix} 1 & z_2 \\ \dfrac{1}{z_1} & 1+\dfrac{z_2}{z_1} \end{bmatrix} \tag{13.31}$$

예제 13-10 그림 13.12와 같은 T형 회로의 전송 파라미터를 구하라.

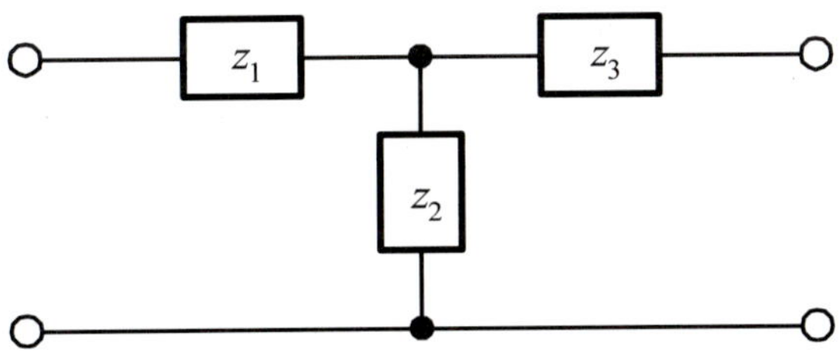

그림 13.12

〈풀이〉

그림 13.12와 같은 T형 회로는 그림 13.8, 13.9 및 13.8의 종속접속으로 생각할 수 있으므로

$$\begin{bmatrix} A & B \\ C & D \end{bmatrix} = \begin{bmatrix} 1 & z_1 \\ 0 & 1 \end{bmatrix} \begin{bmatrix} 1 & 0 \\ \dfrac{1}{z_2} & 1 \end{bmatrix} \begin{bmatrix} 1 & z_3 \\ 0 & 1 \end{bmatrix} \tag{13.32}$$

$$= \begin{bmatrix} 1+\dfrac{z_1}{z_2} & \dfrac{z_1z_2+z_2z_3+z_1z_3}{z_2} \\ \dfrac{1}{z_2} & 1+\dfrac{z_3}{z_2} \end{bmatrix}$$

예제 13-11 그림 13.13과 같은 π형 회로의 종속파라미터를 구하라.

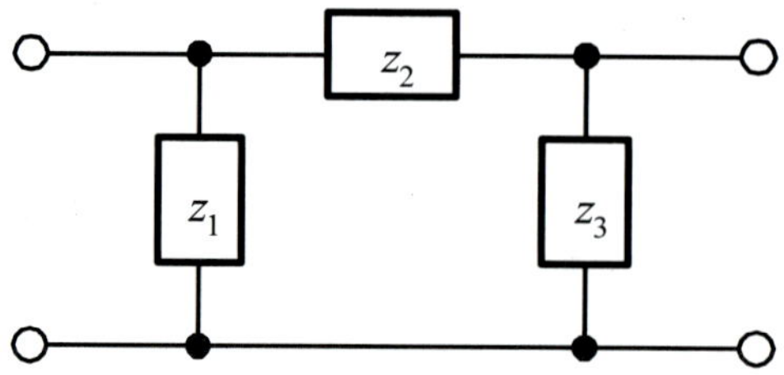

그림 13.13

〈풀이〉

그림과 같은 π형 회로는 그림 13.11과 13.9의 종속접속으로 생각하면

$$\begin{bmatrix} A & B \\ C & D \end{bmatrix} = \begin{bmatrix} 1 & z_2 \\ \dfrac{1}{z_1} & 1+\dfrac{z_2}{z_1} \end{bmatrix} \begin{bmatrix} 1 & 0 \\ \dfrac{1}{z_3} & 1 \end{bmatrix} \tag{13.33}$$

$$= \begin{bmatrix} 1+\dfrac{z_2}{z_3} & z_2 \\ \dfrac{z_1+z_2+z_3}{z_1 z_3} & 1+\dfrac{z_2}{z_1} \end{bmatrix}$$

Chapter 13

연 습 문 제

문제 1 그림 13.14와 같은 T형 회로의 임피던스 파라미터를 구하여라.

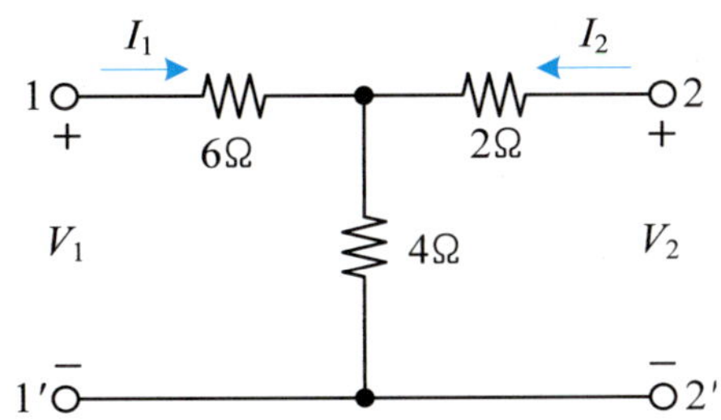

그림 13.14

문제 2 그림 13.15의 회로에서 임피던스 파라미터를 구하라.

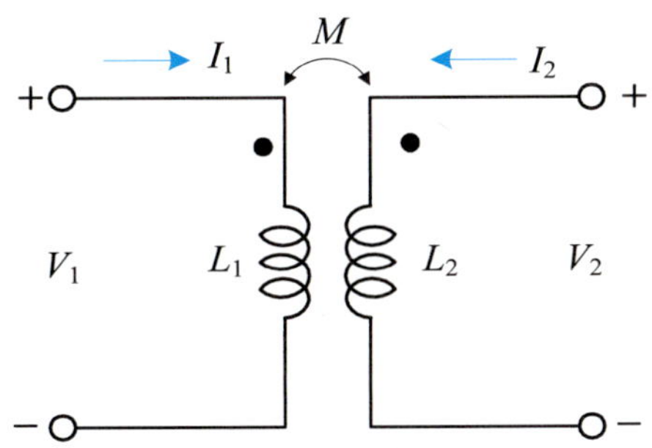

그림 13.15

문제 3 그림 13.16과 같은 2포트 회로의 어드미턴스 파라미터를 구하라.

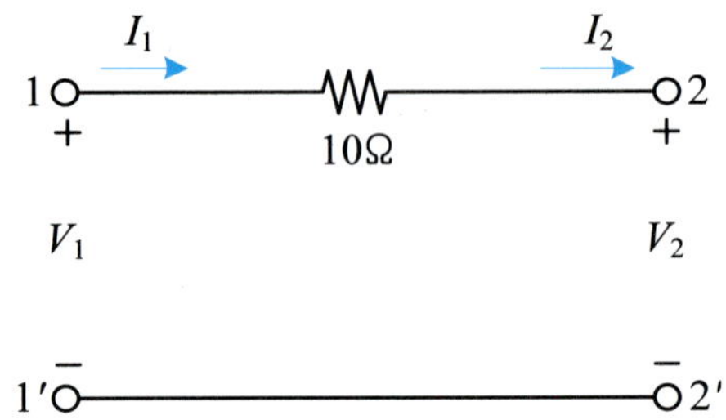

그림 13.16

문제 4 그림 13.17과 같은 회로망에서 출력측을 개방하니, $V_1 = 12$, $I_1 = 2$, $V_2 = 4$이고, 출력측을 단락하니 $V_1 = 16$, $I_1 = 4$, $I_2 = 2$였다. 4단자 정수 A, B, C, D를 구하라.

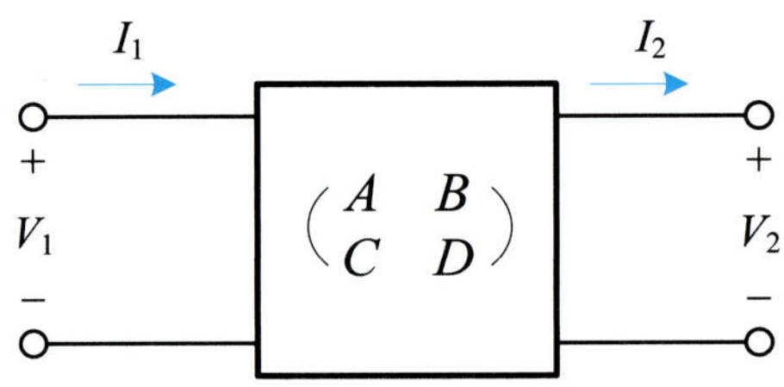

그림 13.17

문제 5 그림 13.18 회로의 A, B, C, D 파라미터를 구하라.

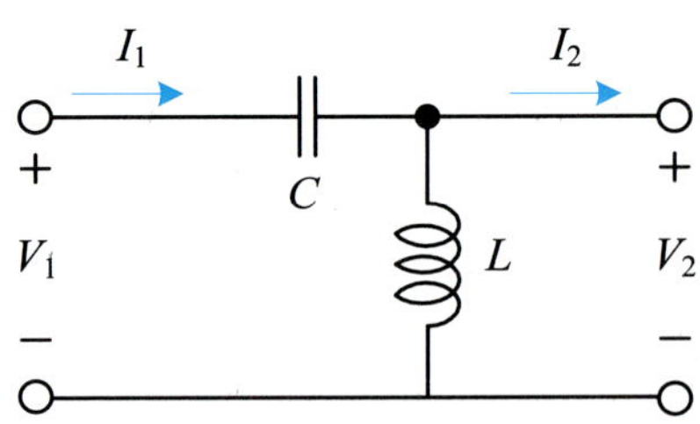

그림 13.18

문제 6 그림 13.19 회로의 하이브리드 파라미터를 구하라.

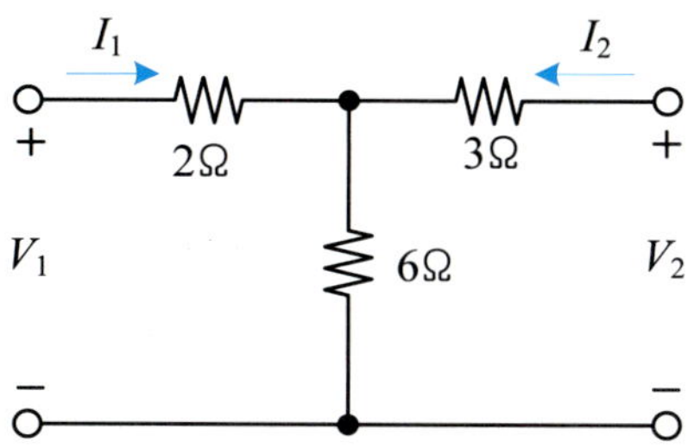

그림 13.19

문제 7 그림 13.20의 회로에서 다음을 구하여라.

(1) 전류이득 $A_i = \dfrac{I_2}{I_1}$ (2) 전압이득 $A_v = \dfrac{V_2}{V_1}$

단, $h_{11} = 3.5\,[k\Omega]$, $h_{12} = 1.3 \times 10^{-4}$, $h_{21} = 120$, $h_{22} = 8.5\,[\mu S]$

$R_L = 3.6\,[k\Omega]$

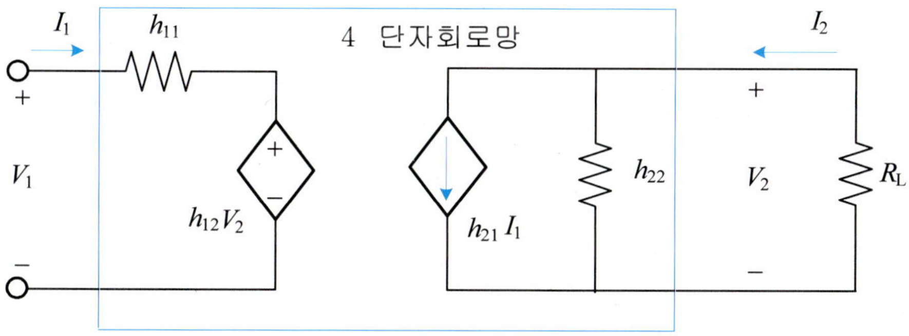

그림 13.20

Chapter

14

비정현파

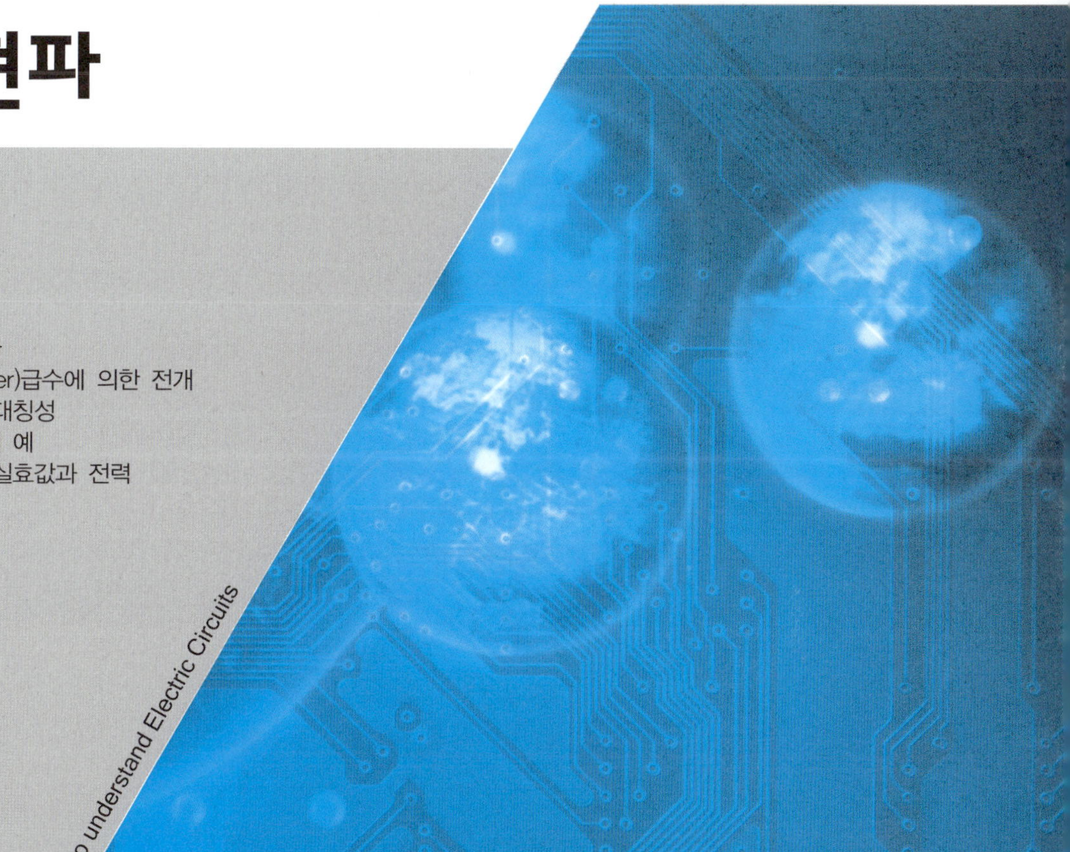

Easy to understand Electric Circuits

지금까지의 교류해석은 정현파로 한정하여 학습하였다. 그러나 구형파, 톱니파, 삼각펄스 및 구형펄스와 같은 비정현파도 공학적으로 자주 사용된다. 이같은 비정현파는 여러 개의 정현파의 합으로 표시할 수 있는데, 이것을 푸리에분석(Fourier analysis)이라고 한다. 이 장에서는 푸리에분석에 의해 비정현파를 여러 개의 정현파의 합으로 표시하는 방법과 비정현파의 응답에 관하여 학습한다.

14.1 비정현주기파

비정현파가 주기파인 경우에는 Fourier급수로 전개하여 정현파로 분해할 수 있다. 즉, 주파수가 다른 여러 정현파의 합으로 취급할 수 있다. 그림 14.1과 같이 두 정현파 $f_1(t) = a_1 \sin \omega t$, $f_3(t) = a_3 \sin 3\omega t$의 합을 합성파 $f(t)$로 나타내었다.

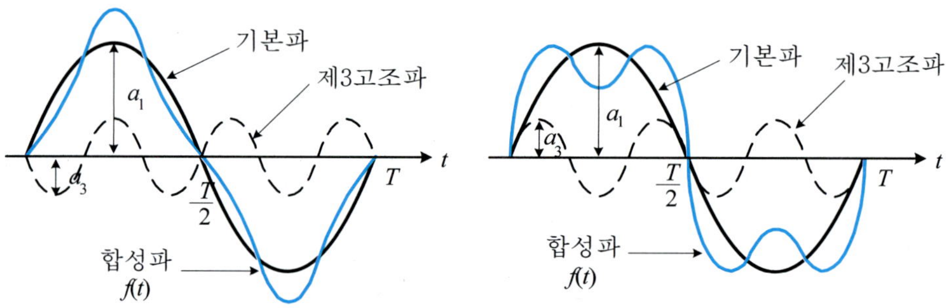

$$f(t) = a_1 \sin \omega t + a_3 \sin 3\omega t$$

그림 14.1 주파수가 다른 정현파의 합성

그림 14.1에 의하면 정현파 $f_1(t)$와 $f_3(t)$의 합성함수인 $f(t)$는 주기가 $f_1(t)$의 주기와 같은 비정현주기파임을 알 수 있다. 이때의 $f_1(t)$를 기본파(fundamental wave), $f_3(t)$는 기본파 주파수의 3배수로 제 3고조파(third harmonics)라 한다. 이와 같이 여러 가지 진폭, 위상관계를 가지는 많은 고조파를 합함으로써 여러 가지 비정현주기파(간단히 비정현파라고 함)를 얻을 수 있다. 반대로, 임의의 비정현파 $f(t)$는 이 $f(t)$와 같은 주기의 기본파와 그 정수배의 주파수를 가지는 고조파들로 분해할 수 있다. 비선형전자소자인 다이오드, 트랜지스터 또는 철심변압기 등에 정현파를 인가하면 비정현파가 생기고, 함수발생기를 통하여 여러 가지 비정현파를 얻을 수 있다.

14.2 푸리에급수에 의한 비정현파의 전개

푸리에급수는 프랑스의 과학자인 J. Fourier에 의하여 1822년 발표되었으며, 비선형적인 파형을 표시하는데 사용된다. 일반적으로 주기가 T인 비정현파를 $f(t)$라 하면 다음과 같은 특성을 갖는다.

$$f(t) = f(t + nT), \qquad n = 0, \pm 1, \pm 2, \cdots \tag{14.1}$$

또한 함수 $f(t)$는 푸리에급수(Fourier series)로 전개하면 주파수와 진폭이 다른 많은 sine항 및 cosine 항의 합으로 표시할 수 있다.

$$\begin{aligned} f(t) &= a_0 + a_1\cos\omega t + a_2\cos 2\omega t + \cdots + a_n\cos n\omega t + \cdots \\ &\quad + b_1\sin\omega t + b_2\sin 2\omega t + \cdots + b_n\sin n\omega t + \cdots \end{aligned}$$

$$f(t) = a_0 + \sum_{n=1}^{\infty} a_n \cos n\omega t + \sum_{n=1}^{\infty} b_n \sin n\omega t \tag{14.2}$$

여기서 $\omega = 2\pi f = \dfrac{2\pi}{T}$ 또는 $\omega T = 2\pi$ (14.3)

가 된다.

식 (14.2)의 푸리에급수에서 a_0, a_n, b_n을 푸리에계수(Fourier coefficient)라고 하는데, 정리하면 각각 다음과 같게 된다. 유도과정은 좀 더 알아보기에서 보여주고 있다.

14.2.1 직류(DC)성분 a_0

계수 a_0는 시간변화에 무관한 직류성분으로, 주기함수 1 주기간의 평균값임을 알 수 있다. 식 (14.2) 푸리에급수를 0에서 T까지 적분하여 구하게 된다.

$$a_0 = \frac{1}{T}\int_0^T f(t)\cdot dt = \frac{1}{2\pi}\int_0^{2\pi} f(\omega t)d(\omega t) \tag{14.4}$$

14.2.2 여현(cosine)파 성분 a_n

계수 a_n은 식 (14.2)의 양변에 $\cos n\omega t$를 곱하고, 1주기 간을 적분하여 구하면 다음과 같게 된다.

$$\left.\begin{aligned} a_n &= \frac{2}{T}\int_0^T f(t)\cos n\omega t\,dt = \frac{1}{\pi}\int_0^{2\pi} f(\omega t)\cos n\omega t\,d(\omega t) \\ &(n = 1,\ 2,\ 3,\ \cdots) \end{aligned}\right\} \tag{14.5}$$

14.2.3 정현(sine)파 성분 b_n

계수 b_n은 식 (14.2)의 양변에 $\sin n\omega t$를 곱하고, 1주기 간을 적분하여 구하면 다음과 같게 된다.

$$\left.\begin{aligned} b_n &= \frac{2}{T}\int_0^T f(t)\sin n\omega t\,dt = \frac{1}{\pi}\int_0^{2\pi} f(\omega t)\sin n\omega t\,d(\omega t) \\ &(n = 1,\ 2,\ 3,\ \cdots) \end{aligned}\right\} \tag{14.6}$$

식 (14.2)의 푸리에급수를 식 (6.13)을 이용하여 동일 주파수의 sine항과 cosine항을 결합하면 다음과 같이 표현할 수 있다.

$$f(t) = a_0 + \sum_{n=1}^{\infty} c_n \sin(n\omega t + \theta_n) \tag{14.7}$$

$$\text{단, } c_n = \sqrt{a_n^2 + b_n^2} \quad (n = 1, 2, 3, \cdots\cdots) \tag{14.8}$$

$$\theta_n = \tan^{-1}\frac{a_n}{b_n} \quad (n = 1, 2, 3, \cdots\cdots) \tag{14.9}$$

식 (14.7)에서 보는 바와 같이 주기함수는 직류성분(평균값), 주기함수와 동일한 주파수를 갖는 정현파(기본파) 및 그 정수배의 주파수를 갖는 정현파 (고조파)로 분해할 수 있다. 즉, 비정현 주기파는 비정현파 = (직류 성분) + (기본파) + (고조파)가 된다. 여기서 주파수가 가장 낮은 $(n=1)$ 정현파를 기본파(fundamental wave)라 하고, 높은 주파수$(n>1)$를 고조파(harmonics)라고 한다. 이 같은 분해를 위해 Fourier 계수의 값을 결정하는 과정을 푸리에 분석(Fourier analysis) 또는 조파 분석(harmonics analysis)이라 한다.

식 (14.8)과 (14.9)에서 c_n의 크기와 θ_n을 주파수를 기준으로 표현한 그래프를 각각 진폭 스펙트럼(amplitude spectrum) 및 위상 스펙트럼(phase spectrum)이라고 한다. 이들을 함께 부를 때는 주파수 스펙트럼(frequency spectrum)이라 한다. 크기는 선(line)으로 나타내며, 그림 14.2는 그 예를 보여주고 있다.

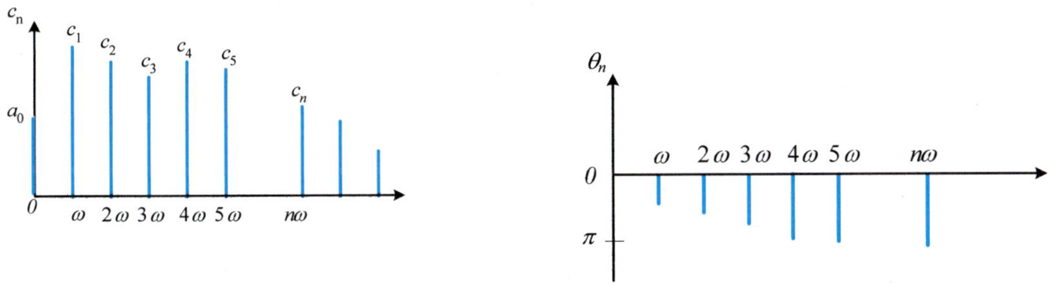

(a) 진폭스펙트럼 (b) 위상스펙트럼

그림 14.2 주파수(위상 및 진폭)스펙트럼의 예

좀 더 알아보기

▌푸리에계수 계산

(1) a_0 계산

식(14.2)의 양변을 $0\sim T$까지 적분하면, 우변은 상수항만 남는다.

$$\begin{aligned}\int_0^T f(t)\,dt &= \int_0^T a_0\,dt + \sum_{n=1}^{\infty} a_n \int_0^T \cos n\omega t\,dt + \sum_{n=1}^{\infty} b_n \int_0^T \sin n\omega t\,dt \\ &= \int_0^T a_0\,dt = [a_0 t]_0^T = a_0 T \\ \therefore \quad a_0 &= \frac{1}{T}\int_0^T f(t)\cdot dt = \frac{1}{2\pi}\int_0^{2\pi} f(\omega t)d(\omega t)\end{aligned}$$

(2) a_n 계산

식(14.2)의 양변에 $\cos m\omega t$를 곱하고, 그 양변을 $0\sim T$까지 적분하면

$$\int_0^T f(t)\cos m\omega t dt = \int_0^T a_0 \cos m\omega t\, dt + \sum_{n=1}^{\infty}\int_0^T a_n \cos n\omega t \cdot \cos m\omega t\, dt$$
$$+ \sum_{n=1}^{\infty}\int_0^T b_n \sin n\omega t \cdot \cos m\omega t\, dt$$

여기서 우변 제1항은

$$\int_0^T a_o \cos m\omega t\, dt = 0$$

그리고 제2항과 3항은

$$\int_0^T a_n \cos n\omega t \cdot \cos m\omega t\, dt = \frac{a_n}{2}\int_0^T \left\{\cos(n+m)\omega t + \cos(n-m)\omega t\right\} dt$$
$$= \begin{cases} a_n \dfrac{T}{2} & (m = n \text{ 일 때}) \\ 0 & (m \neq n \text{ 일 때}) \end{cases}$$

$$\int_0^T b_n \sin n\omega t \cdot \cos m\omega t dt = \frac{b_n}{2}\int_0^T \{\sin(n+m)\omega t + \sin(n-m)\omega t\} dt = 0$$

($m = n$이거나 $m \neq n$에 관계없이 항상 0이 된다.)

$$\therefore \quad \int_0^T f(t)\cos n\omega t\, dt = a_n \frac{T}{2}$$
$$a_n = \frac{2}{T}\int_0^T f(t)\cos n\omega t\, dt = \frac{1}{\pi}\int_0^{2\pi} f(\omega t)\cos n\omega t\, d(\omega t)$$
$$(n = 1,\ 2,\ 3,\ \cdots)\ \}$$

(3) b_n 계산

식(14.2)의 양변에 $\sin m\omega t$ 곱하고, $0 \sim T$까지 적분하면

$$\int_0^T f(t)\sin m\omega t\, dt = \int_0^T a_0 \sin m\omega t\, dt + \sum_{n=1}^{\infty}\int_0^T a_n \cos n\omega t \cdot \sin m\omega t\, dt$$
$$+ \sum_{n=1}^{\infty}\int_0^T b_n \sin n\omega t \cdot \sin m\omega t\, dt$$

여기서, 우변의 제1항과 제2항은 앞에서와 같은 방법에 의해 0이 되고, 제3항은 $m = n$일 때에 한하여 $b_n \dfrac{T}{2}$이 되고 이외에는 모두 0이 된다.

$$\int_0^T a_0 \sin m\omega t dt = 0, \quad \int_0^T a_n \cos n\omega t \cdot \sin m\omega t = 0$$

$$\int_0^T b_n \sin n\omega t \cdot \sin m\omega t = a_n \frac{1}{2}\int_0^T \{\cos(n-m)\omega t - \cos(n+m)\omega t\} dt$$

$$= \begin{cases} b_n \dfrac{T}{2} & (m = n) \\ 0 & (m \neq n) \end{cases}$$

이므로 $\displaystyle\int_0^T f(t) \sin m\omega t\, dt = b_n \frac{T}{2}$

$$b_n = \frac{2}{T}\int_0^T f(t) \sin n\omega t\, dt = \frac{1}{\pi}\int_0^{2\pi} f(\omega t) \sin n\omega t d(\omega t)$$

$$(n = 1,\ 2,\ 3,\ \cdots)\ \}$$

예제 14-1 그림 14.3(a)의 구형파를 푸리에급수로 전개하고, 진폭스펙트럼을 그려라.

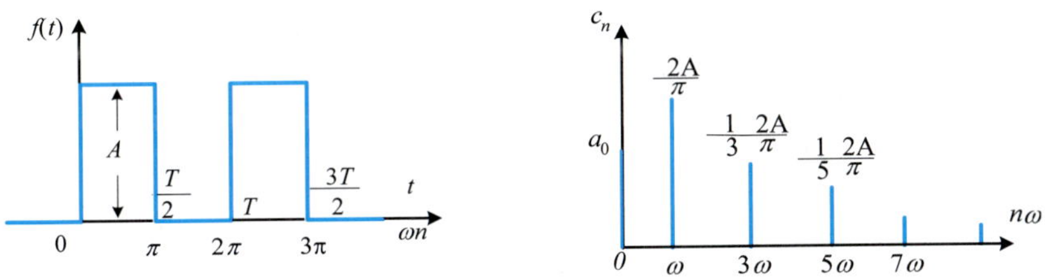

(a) 구형파 (b) 진폭스펙트럼

그림 14.3 (예제 14.1) 구형파

〈풀이〉

주어진 파형에서 1주기를 표현하면 다음과 같다.

$$f(t) = \begin{cases} A\ ;\ 0 \le t \le \dfrac{T}{2} & \text{즉},\ 0 \sim \pi \\ 0\ ;\ \dfrac{T}{2} \le t \le T & \text{즉},\ \pi \sim 2\pi \end{cases}$$

식(14.4) ~ 식(14.6)을 이용하여, 푸리에계수를 구하면

$$a_0 = \frac{1}{T}\int_0^T f(t)\,dt = \frac{1}{T}\left(A \times \frac{T}{2}\right) = \frac{A}{2}$$

$$a_n = \frac{2}{T}\int_0^T f(t)\cos n\omega t\,dt = \frac{2}{T}\int_0^{\frac{T}{2}} A\cos n\omega t\,dt$$

$$= \frac{2A}{n\omega T}\Big[\sin n\omega t\Big]_0^{T/2} = \frac{A}{n\pi}\sin n\pi = 0$$

$$b_n = \frac{2}{T}\int_0^T f(t)\sin n\omega t\,dt = \frac{2}{T}\int_0^{\frac{T}{2}} A\sin n\omega t\,dt$$

$$= \frac{2A}{n\omega T}\Big[-\cos n\omega t\Big]_0^{T/2} = \frac{A}{n\pi}(1-\cos n\pi)$$

$$= \begin{cases} 0\,; & n = 2, 4, 6, \cdots \\ \dfrac{2A}{n\pi}\,; & n = 1, 3, 5, \cdots \end{cases}$$

$$\therefore\ f(t) = \frac{A}{2} + \frac{2A}{\pi}\left(\sin\omega t + \frac{1}{3}\sin 3\omega t + \frac{1}{5}\sin 5\omega t + \cdots\right) \quad (14.10)$$

14.3 비정현파의 대칭성

지금까지 살펴본 바와 같이 비정현파를 푸리에급수로 전개할 때 a_0, a_n, b_n의 푸리에계수를 구해야 한다. 이때 파형이 대칭성을 가질 때에는 어떤 계수는 0이 되어 구할 필요가 없게 되는 경우가 있다. 파형대칭의 예와 특성을 살펴보면 다음과 같다.

14.3.1 우함수(여현대칭, even symmetry)

우함수의 정의는 다음과 같다.

$$f(t) = f(-t) \quad (14.11)$$

cosine 파형이 대표적 우함수 이며, 수직축에 대칭이다. 우함수의 파형은 sine파 성분을 포함하지 않으므로, b_n을 구할 필요가 없다. 그림 14.4의 파형들은 우함수를 나타낸다.

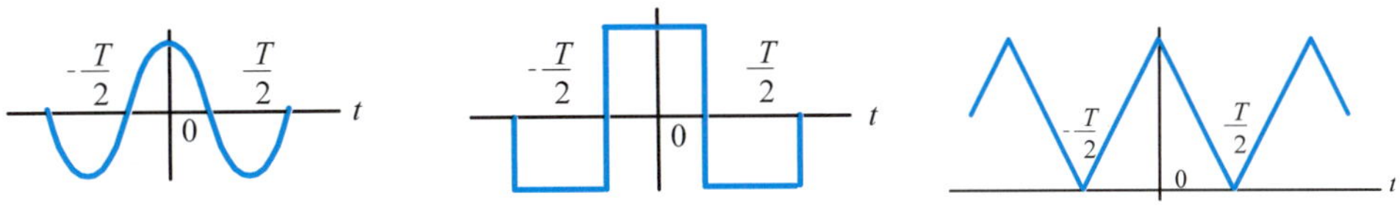

그림 14.4 우함수

- 우함수 푸리에계수 : $a_0 \neq 0,\ a_n \neq 0,\ b_n = 0\ \ (n = 1, 2, 3, \cdots)$

14.3.2 기함수(정현대칭, odd symmetry)

기함수의 정의는 다음과 같다.

$$f(t) = -f(-t) \tag{14.12}$$

sine파형이 대표적 기함수 이며, 원점에 대하여 대칭이다. 기함수의 파형은 cosine파 성분을 포함하지 않으므로, a_n을 구할 필요가 없다. 그림 14.5의 파형들은 기함수를 나타낸다.

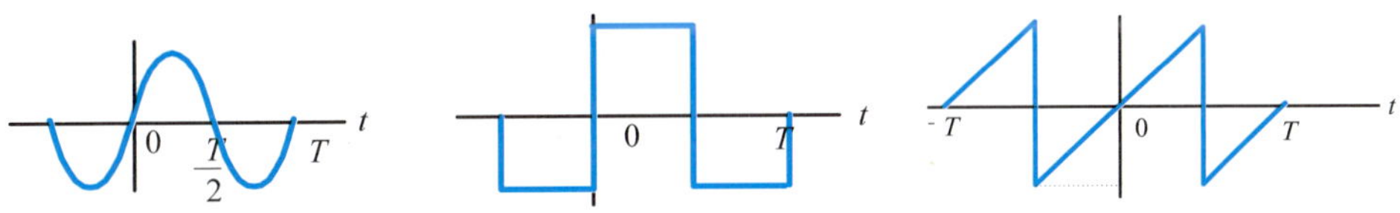

그림 14.5 기함수

- 기함수 푸리에계수 : $a_0 = 0,\ a_n = 0,\ b_n \neq 0\ \ (n = 1, 2, 3, \cdots)$

14.3.3 반파대칭함수(half－wave symmetry)

반파대칭함수의 정의는 다음과 같다.

$$f(t) = -f\left(t \pm \frac{\pi}{2}\right) \tag{14.13}$$

반파대칭함수는 반 주기후의 파형에 음의 부호를 붙인 것이다. 따라서 sine 파형은 기함수이면서 반파대칭함수이다. 반파대칭함수는 짝수 고조파성분을 갖지 않는다. 그림 14.6의 파형들은 반파대칭함수를 나타낸다.

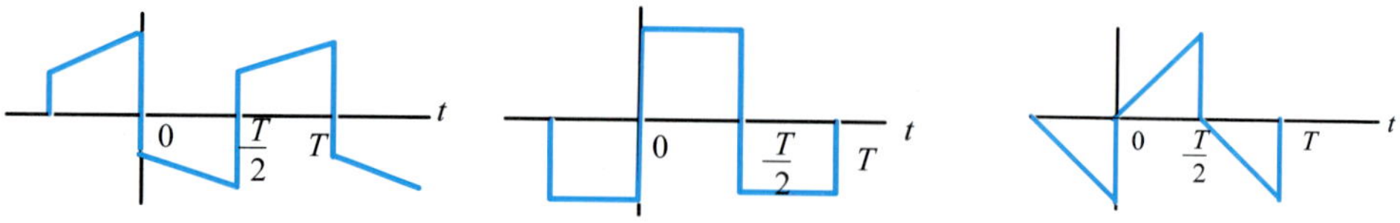

그림 14.6 반파대칭함수

- 반파대칭 함수 푸리에계수 : $a_0 = 0$, $a_n = 0$, $b_n \neq 0$ $(n = 1, 3, 5, 7, \cdots)$

14.4 푸리에급수(Fourier series)의 예

대표적인 비정현파의 푸리에급수 전개식, 진폭스펙트럼, 대칭성 및 푸리에계수 등을 살펴보면 다음과 같다.

14.4.1 구형파

$$f(t) = \frac{4A}{\pi}\left(\sin\omega t + \frac{1}{3}\sin 3\omega t + \frac{1}{5}\sin 5\omega t + \cdots\right) \tag{14.14}$$

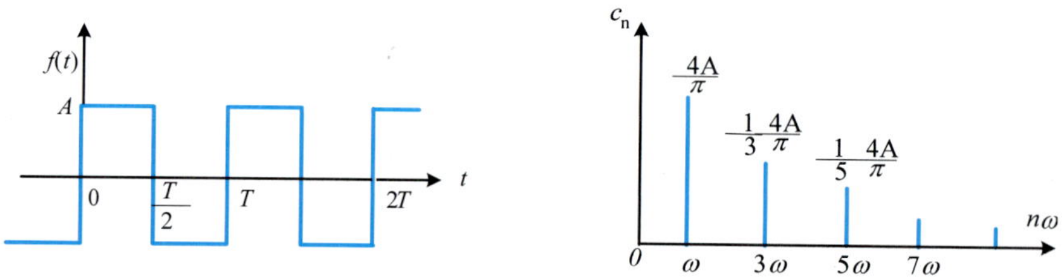

그림 14.7 구형파

- 기함수 및 반파대칭 함수
- 푸리에계수 : $a_0 = 0$, $a_n = 0$, $b_n \neq 0$ $(n = 1, 3, 5, 7, \cdots)$

14.4.2 톱니파

$$f(t) = \frac{2A}{\pi}\left(\sin\omega t - \frac{1}{2}\sin 2\omega t + \frac{1}{3}\sin 3\omega t - \cdots\right) \tag{14.15}$$

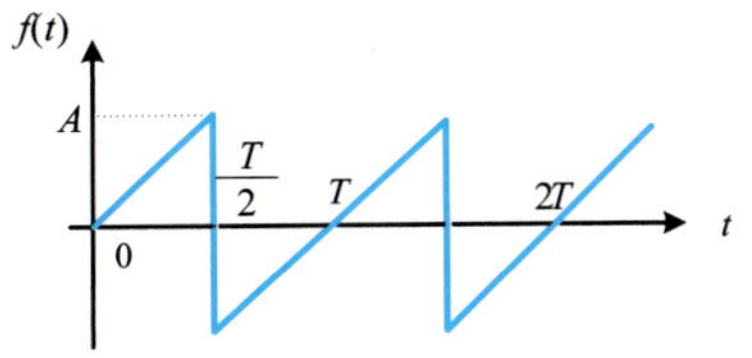

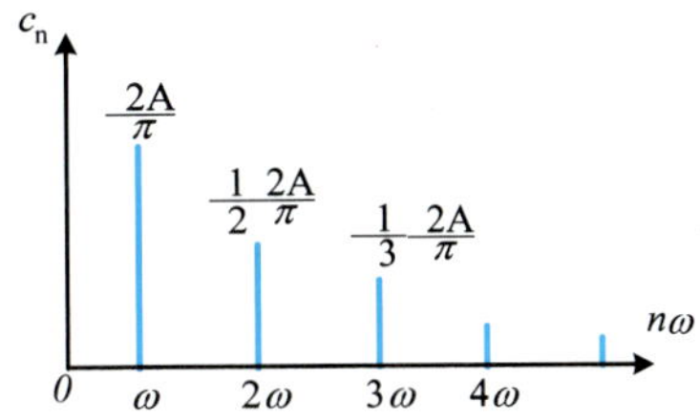

그림 14.8 톱니파

- 기함수
- 푸리에계수 : $a_0 = 0,\ a_n = 0,\ b_n \neq 0\ \ (n = 1, 2, 3,\ \cdots)$

14.4.3 삼각형파

$$f(t) = \frac{8A}{\pi^2}\left(\sin\omega t - \frac{1}{3^2}\sin 3\omega t + \frac{1}{5^2}\sin 5\omega t - \cdots\right) \tag{14.16}$$

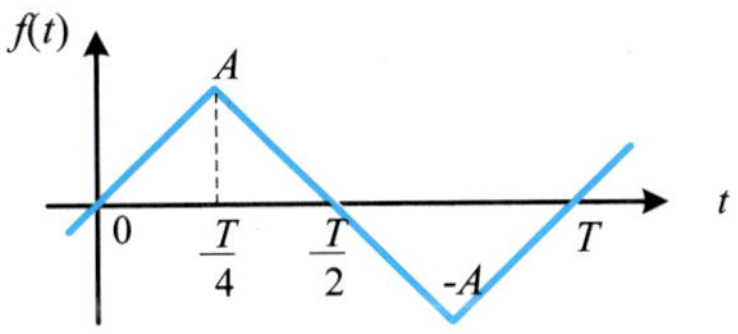

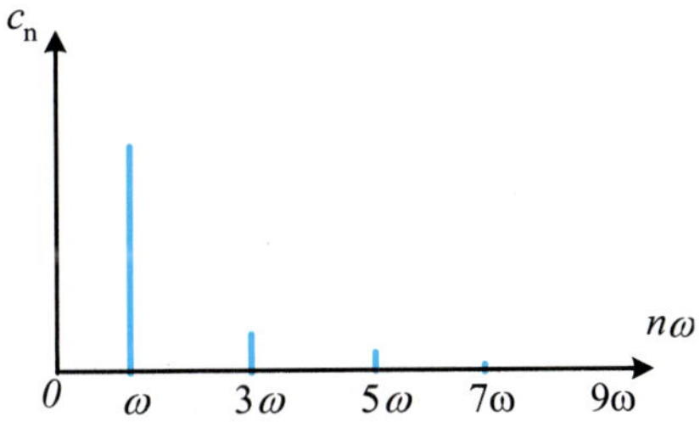

그림 14.9 삼각형파

- 기함수 및 반파대칭 함수
- 푸리에계수 : $a_0 = 0,\ a_n = 0,\ b_n \neq 0\ \ (n = 1, 3, 5, 7,\ \cdots)$

14.4.4 반파정류파

$$\begin{aligned} f(t) = &\ \frac{A}{\pi} + \frac{A}{2}\cos\omega t \\ &+ \frac{2A}{\pi}\left(\frac{1}{3}\cos 2\omega t - \frac{1}{3\cdot 5}\cos 4\omega t + \frac{1}{5\cdot 7}\cos 6\omega t - \cdots\right) \end{aligned} \tag{14.17}$$

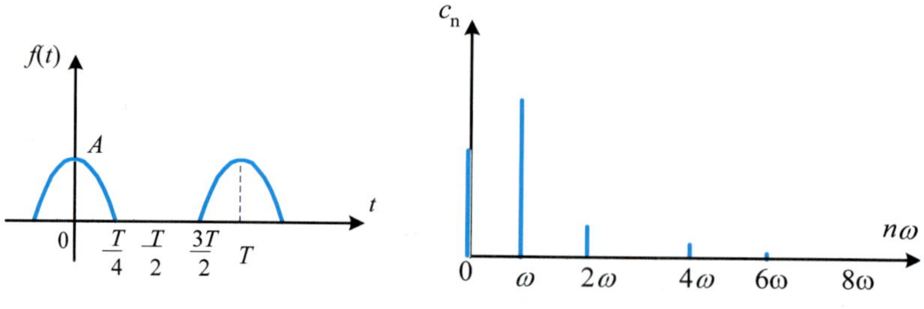

그림 14.10 반파정류파

- 우함수
- 푸리에계수 : $a_0 \neq 0,\ a_n \neq 0,\ b_n = 0\ \ (n = 1, 2, 3,\ \cdots)$

14.4.5 전파정류파

$$f(t) = \frac{2A}{\pi} + \frac{4A}{\pi}\left(\frac{1}{3}\cos 2\omega t - \frac{1}{3 \cdot 5}\cos 4\omega t + \frac{1}{5 \cdot 7}\cos 6\omega t - \cdots\right) \tag{14.18}$$

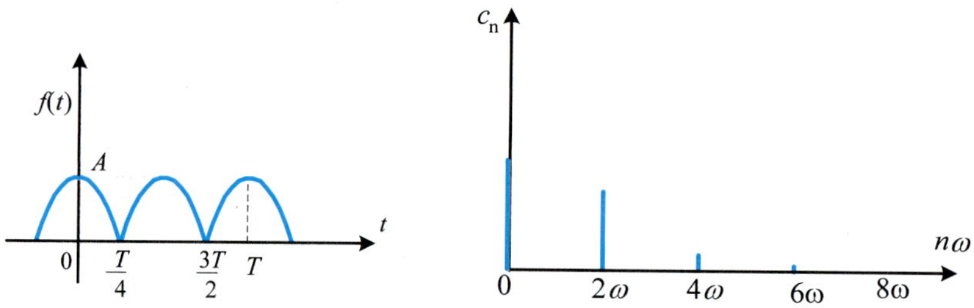

그림 14.11 전파정류파

- 우함수
- 푸리에계수 : $a_0 \neq 0,\ a_n \neq 0,\ b_n = 0\ \ (n = 1, 2, 3,\ \cdots)$

14.5 비정현파의 실효값과 전력

14.5.1 비정현파의 실효값

주기적으로 변하는 전류의 실효값은 정현파와 비정현파 모두 다음 식으로 정의된다.

$$I_{rms} = \sqrt{\frac{1}{T}\int_0^T i^2\, dt} \tag{14.19}$$

모든 주기적인 비정현파 $f(t)$는 식 (14.7)과 같이 변환이 가능하므로, 주기적인 비정현파 전류 $i(t)$는

$$i(t) = I_0 + \sum_{n=1}^{\infty} I_{mn} \sin(n\omega t + \theta_n) \tag{14.20}$$

$$= I_0 + I_{m1} \cdot \sin(\omega t + \theta_1) + I_{m2} \cdot \sin(2\omega t + \theta_2) + \cdots\cdots$$

여기서 I_0 직류성분이고, $I_{m1}, I_{m2}, \cdots$ 들은 기본파 및 고조파의 최대값이고, $\theta_1, \theta_2, \cdots$는 해당고조파 성분의 위상각이다. 식 (14.20)을 식 (14.19)에 대입하여 정리하면 다음과 같다.

비정현파 전류의 실효값 :

$$I = I_{rms} = \sqrt{I_0^2 + I_1^2 + I_2^2 + \cdots\cdots}\ [A] \tag{14.21}$$

여기서 $I_1, I_2, \cdots$ 등은 고조파의 실효값이다. 식 (14.21)로부터 비정현주기전류의 실효값은 직류성분 및 각 고조파 실효값의 제곱의 합을 제곱근한 값으로 나타낸다.

같은 방법으로 비정현파 전압의 실효값을 구하면

비정현파 전압의 실효값 :

$$V = V_{rms} = \sqrt{V_0^2 + V_1^2 + V_2^2 + \cdots\cdots}\ [V] \tag{14.22}$$

여기서 $V_0, V_1, V_2, \cdots$ 등은 전압파의 직류 성분 및 각 고조파의 실효값이다.

비정현파에서 기본파에 대한 고조파성분의 함유되는 정도를 다음과 같이 실효값의 비율로 정의하고, 왜형율(distortion factor)이라 하고, 식 (14.23)과 같이 정의한다. 이 식에서 전류(I)를 전압(V)으로 변경하여 전압파 왜형율도 구할 수 있다.

비정현파의 왜형율 :

$$\text{왜형율}(D) = \frac{\text{전고조파의 실효치}}{\text{기본파의 실효치}} = \frac{\sqrt{I_2^2 + I_3^2 + \cdots\cdots}}{I_1} \tag{14.23}$$

예제 14-2 어떤 회로에 $i = 50 + 100\sqrt{2}\,\sin\omega t + 50\sqrt{2}\,\sin\left(3\omega t + \frac{\pi}{3}\right)[A]$ 전류가 흐르는 경우에 전류의 실효값 및 전류파 왜형율은 얼마인가?

〈풀이〉

$I = \sqrt{I_0^{\ 2} + I_1^{\ 2} + I_3^{\ 2}}$ 에서

실효값 전류 $I_0 = 50,\ \ I_1 = 100,\ \ I_3 = 50$

$$I = \sqrt{50^2 + 100^2 + 50^2} = \sqrt{15000} = 122.47[\text{A}]$$

$$\text{왜형율}(D) = \frac{\sqrt{I_3^2}}{I_1} = \frac{\sqrt{50^2}}{100} = 50\,[\%]$$

14.5.2 비정현파에서의 전력

2단자망 회로에 다음과 같은 비정현파 전압이 인가되었다고 하자.

$$\begin{aligned} v(t) &= V_0 + \sum_{n=1}^{\infty} V_{mn}\sin(n\omega t + \alpha_n) \\ &= V_0 + V_{m1} \cdot \sin(\omega t + \alpha_1) + V_{m2} \cdot \sin(2\omega t + \alpha_2) + \cdots\cdots \end{aligned} \tag{14.24}$$

이때 회로에 흐르는 전류를 $i(t)$는 중첩의 원리에 따라, 다음과 같이 표현할 수 있을 것이다.

$$\begin{aligned} i(t) &= I_0 + \sum_{n=1}^{\infty} I_{mn}\sin(n\omega t + \beta_n) \\ &= I_0 + I_{m1} \cdot \sin(\omega t + \beta_1) + I_{m2} \cdot \sin(2\omega t + \beta_2) + \cdots \end{aligned} \tag{14.25}$$

이때 회로의 순시전력은 vi이고, 평균전력 P는

$$P = \frac{1}{T}\int_0^T vidt \tag{14.26}$$
$$= \frac{1}{T}\int_0^T \left\{V_0 + \sum_{n=1}^{\infty} V_{mn}\sin(n\omega t + \alpha_n)\right\}\left\{I_0 + \sum_{n=1}^{\infty} I_{mn}\sin(n\omega t + \beta_n)\right\}dt$$

식(14.26)을 계산하면, 다음과 같게 된다.

비정현파의 평균전력 :

$$P = V_0 I_0 + V_1 I_1 \cos\theta_1 + V_2 I_2 \cos\theta_2 + \cdots\cdots$$
$$= P_0 + P_1 + P_2 + \cdots \quad [W]$$

단, V_i, I_i는 실효값이고, $\theta_i = \alpha_i - \beta_i$ 동일주파수에서 성립 (14.27)

비정현주기파에 의해 회로에 공급되는 평균전력은 각 고조파에 의해 개별적으로 공급되는 평균전력의 합과 같다.

비정현파의 피상전력은 정현파에서와 마찬가지로 전압, 전류의 실효값의 곱으로 정의되며, 또한 역률은 피상전력에 대한 유효전력(=평균전력)의 비로 정의한다.

비정현파의 피상전력 :

$$P_a = VI = \sqrt{(V_0^2 + V_1^2 + V_2^2 + \cdots)(I_0^2 + I_1^2 + I_2^2 + \cdots)} \ [\mathrm{VA}] \tag{14.28}$$

또한, 비정현파에 의한 역률은 식(14.27), (14.28)로부터

비정현파의 역률 :

$$\cos\theta = \frac{P}{VI} = \frac{V_0 I_0 + V_1 I_1 \cos\theta_1 + V_2 I_2 \cos\theta_2 + \cdots}{\sqrt{(V_0{}^2 + V_1{}^2 + V_2{}^2 + \cdots)(I_0{}^2 + I_1{}^2 + I_2{}^2 + \cdots)}} \tag{14.29}$$

예제 14-3 어떤 회로의 단자전압 v와 전압강하의 방향으로 흐르는 전류 i가 각각 다음과 같을 때 물음에 답하여라.

$v = 50\sin\omega t + 30\sin(2\omega t + 30°) + 10\sin(3\omega t + 60°)$ [V]이고,
$i = 10\sin(\omega t - 60°) + 5\sin(3\omega t + 30°)$ [A]

(1) 전압의 실효값 (2) 전류의 실효값 (3) 전압파의 왜형율
(4) 회로에 공급되는 평균전력 (5) 역률

〈풀이〉

(1) $V_1 = \dfrac{50}{\sqrt{2}},\ V_2 = \dfrac{30}{\sqrt{2}},\ V_3 = \dfrac{10}{\sqrt{2}}$ 이므로,

$$V = \sqrt{\left(\frac{50}{\sqrt{2}}\right)^2 + \left(\frac{30}{\sqrt{2}}\right)^2 + \left(\frac{10}{\sqrt{2}}\right)^2} \fallingdotseq 41.8\,[\mathrm{V}]$$

(2) $I_1 = \dfrac{10}{\sqrt{2}},\ I_2 = 0,\ I_3 = \dfrac{5}{\sqrt{2}}$ 이므로,

$$I = \sqrt{\left(\frac{10}{\sqrt{2}}\right)^2 + \left(\frac{5}{\sqrt{2}}\right)^2} \fallingdotseq 7.9\,[\mathrm{A}]$$

(3) $$\text{전압왜형율} = \frac{\sqrt{V_2^2 + V_3^2}}{V_1} = \frac{\sqrt{\left(\frac{30}{\sqrt{2}}\right)^2 + \left(\frac{10}{\sqrt{2}}\right)^2}}{\frac{50}{\sqrt{2}}} = 0.632 = 63.2\,[\%]$$

(4) 식 (14.27)에서 전력은

$$\begin{aligned} P &= V_1 I_1 \cos\theta_1 + V_2 I_2 \cos\theta_2 + V_3 I_3 \cos\theta_3 \\ &= \frac{50}{\sqrt{2}} \cdot \frac{10}{\sqrt{2}} \cos\{0° - (-60°)\} + \frac{30}{\sqrt{2}} \times 0 \\ &\qquad + \frac{10}{\sqrt{2}} \cdot \frac{5}{\sqrt{2}} \cos\{60° - 30°)\} \\ &= 125 + 0 + 21.7 = 146.7\,[\mathrm{W}] \end{aligned}$$

(5) 역률 $\cos\theta = \dfrac{P}{VI} = \dfrac{146.7}{41.8 \times 7.9} \fallingdotseq 0.44$

Chapter 14 연습문제

문제 1 단자전압이 $v = 100\sin(\omega t + 30^\circ) - 50\sin(3\omega t + 60^\circ) + 25\sin 5\omega t$ [V]이고, $i = 20\sin(\omega t - 30^\circ) + 15\sin(3\omega t + 30^\circ) + 10\cos(5\omega t - 60^\circ)$[A]의 전류일 때 다음을 구하라.

(1) 전압파의 왜형율 (2) 회로에 공급되는 전력 (3) 역률

문제 2 10[Ω]의 저항에 흐르는 전류가 $i = 5 + 14.14\sin t + 7.07\sin 2t$ [A]일 때 저항에서 소비되는 평균전력은 얼마인가?

문제 3 $v(t) = 50 + 30\sin\omega t$ [V]의 실효값은 몇 [V]인가 ?

문제 4 $v(t) = 100\sqrt{2}\sin\omega t + 75\sqrt{2}\sin 3\omega t + 20\sqrt{2}\sin 5\omega t$ [V]의 비정현파 전압을 $R-L$ 직렬회로에 인가할 때, 제 3 고조파 전류의 실효값은?
(단, $R = 4[\Omega]$, $\omega L = 1[\Omega]$)

문제 5 전압 $v = V\sin\omega t$ [V]와 전류 $i = I(\sin 3\omega t - \sin 5\omega t)$[A]인 교류의 평균전력은 얼마인가?

문제 6 다음과 같은 비정현파 교류전압과 전류의 전력을 계산하여라.

$v = 100\sin\omega t + 50\sin(3\omega t + 60^\circ)$[V],

$i = 20\cos(\omega t - 30^\circ) + 10\cos(3\omega t - 30^\circ)$[A]

참고 : $\sin(\frac{\pi}{2} + \theta) = \cos\theta$, $\cos(-\theta) = \cos\theta$

※문제 7 그림 14.12와 같은 구형파를 푸리에급수로 전개하여라.

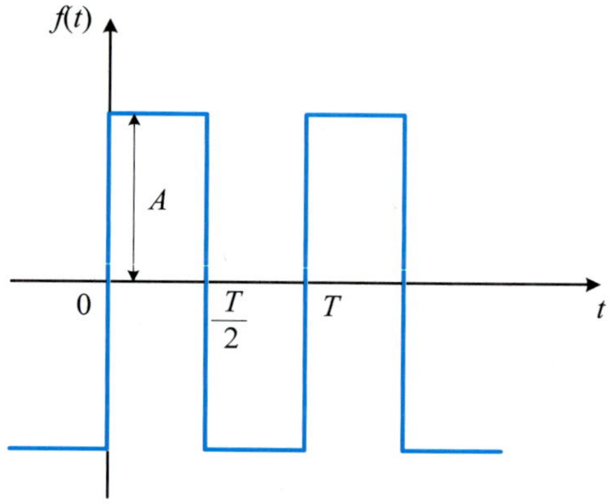

그림 14.12

※문제 8 그림 14.13과 같은 삼각파를 푸리에급수로 전개하고, 진폭스펙트럼을 그려라.

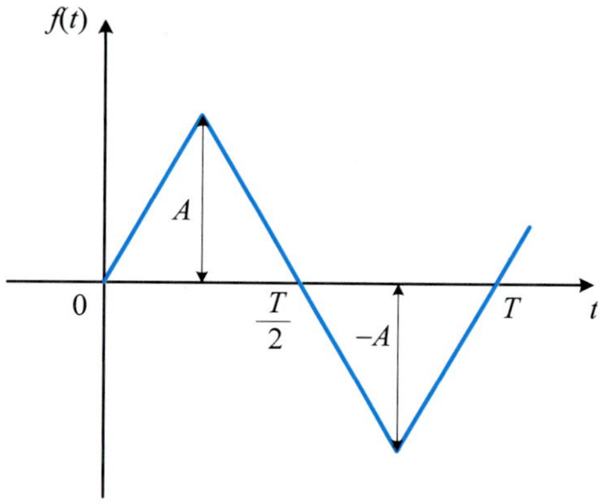

그림 14.13

※문제 9 그림 14.14와 같은 반파정류파를 푸리에급수로 전개하여라.

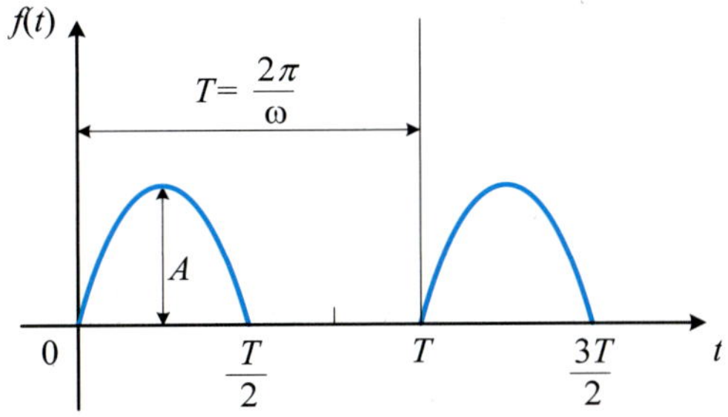

※문제 10 그림 14.15와 같은 전파정류파를 푸리에급수로 전개하여라.

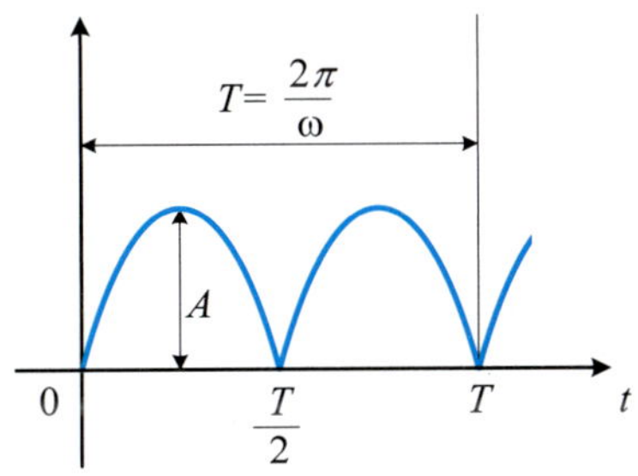

그림 14.15

Chapter

15

3상회로

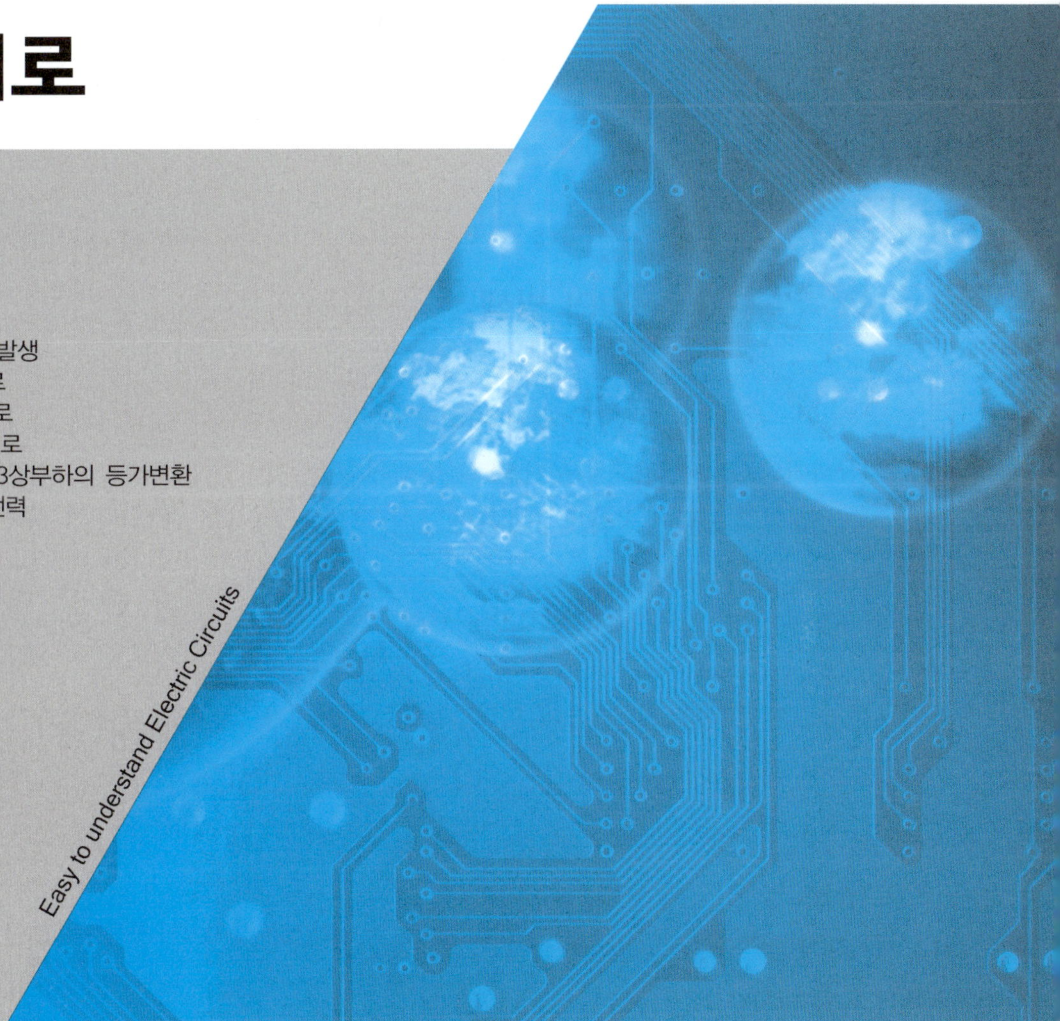

지금까지는 전원과 부하를 두 개의 전선으로 결선하여 사용하는 단상교류에(single phase system)에 대하여 학습하였다. 그러나 큰 전동기나 대 전력을 사용하는 곳에서는 3선 혹은 4선을 사용하는 3상 교류방식(three phase system)이 많이 사용되고 있다. 3상방식은 단상방식보다 다음과 같은 장점이 있다.

첫째, 평형 3상방식의 순시전력의 총합은 일정하므로, 3상 전동기는 일정한 회전력을 받아 진동이 적게 된다.

둘째로 3상방식은 단상방식에 비하여 경제적이고 편리하게 이용할 수 있다.

셋째로 3상전력은 적당한 변압기에 의하여 6상, 12상 등의 다상전력으로 쉽게 변환할 수 있다. 이 같은 이유들로 인하여 발전, 송전, 배전 및 산업용 전력계통에서는 대부분 3상방식을 사용하고 있다.

15.1 3상전압의 발생

우리는 5장의 교류발전기에서 정현파전압이 어떻게 발생되는가에 대하여 학습하였다. 지금까지의 교류회로 해석은 단상교류방식에 관한 것이었다. 주파수가 같으나 위상을 달리하는 3개의 기전력이 동시에 존재하는 3상 교류방식에서의 교류전압은 다음과 같이 발생한다.

그림 15.1(a)는 3상 교류 발전기의 원리도이다. 같은 구조를 갖는 3개의 권선을 공간적으로 120°간격으로 배치하고, 균일자계 내에서 반시계방향으로 일정속도로 회전시킨다. 그러면 그림(c)와 같이 120°만큼의 위상차를 갖고, 크기가 같은 3개의 정현파전압 v_a, v_b, v_c가 발생한다. 이 들 3상 교류전압은 크기와 주파수가 같지만, 위상은 v_a를 기준으로 하였을 때, v_b는 v_a보다 120°늦고, v_c는 v_b보다 늦다. 그림 15.2(b)는 각 상전원의 내부임피던스 $\boldsymbol{Z}_g$를 고려하여, 각 상전압의 위상관계를 나타낸 것이다.

그림(a)에서는 회전자가 반시계방향으로 회전한다고 가정했기 때문에, 3상전압은 v_a, v_b, v_c 순서로 최대값에 도달한다. 이것을 abc순 또는 정상순(positive phase sequence)이라고 한다.

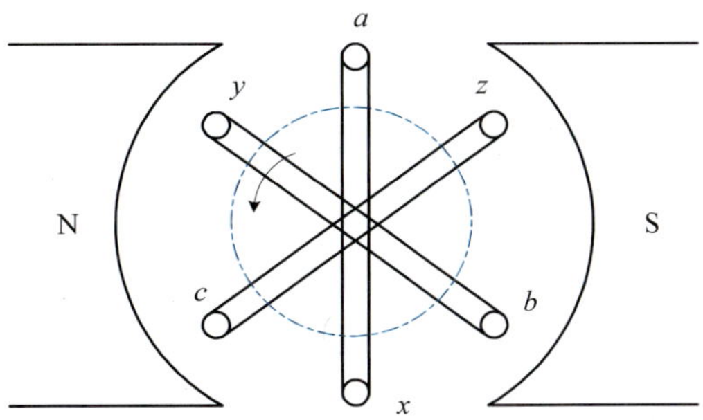

(a) 3상 교류발전기 원리도

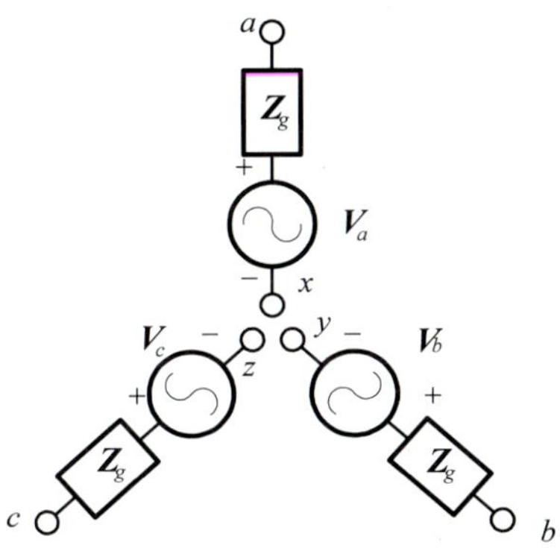

(b) 3상전원의 등가표시

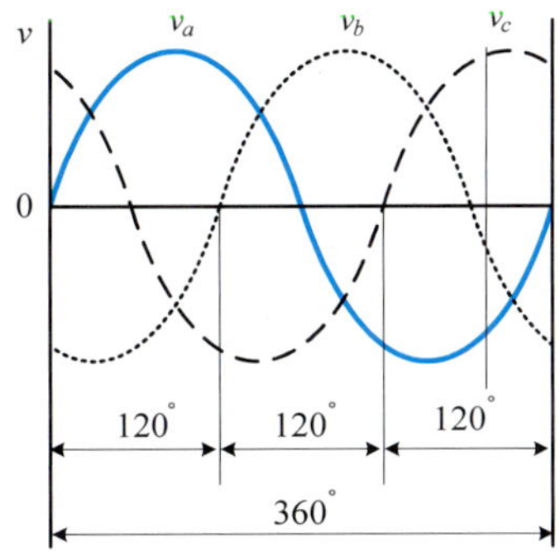

(c) 3상 교류전압의 순시값

그림 15.1 3상 교류전압의 발생

그림 15.1에서 각 권선 전압의 실효값을 V[V], 각속도를 ω[rad/s]라 하고, v_a를 기준으로 하면, 각 상의 전압 v_a, v_b, v_c 는 다음과 같이 표현할 수 있다.

$$
\begin{aligned}
v_a &= \sqrt{2}\,V\sin\omega t \\
v_b &= \sqrt{2}\,V\sin(\omega t + 240^\circ) = \sqrt{2}\,V\sin(\omega t - 120^\circ) \\
v_c &= \sqrt{2}\,V\sin(\omega t - 240^\circ) = \sqrt{2}\,V\sin(\omega t + 120^\circ)
\end{aligned}
\tag{15.1}
$$

3상발전기에서 생성된 전압은 Y결선 혹은 △결선방식을 이용하여 부하에 공급된다. Y결선에서 중앙에 공통적으로 접속하는 점 n을 중성점(neutral point)이라고 하며, 이점에서 도선을 연결하는 경우에는 그 선을 중성선(neutral line)이라고 한다. 평형 3상전원(balanced 3 phase source)이란 각상의 전압의 크기가 같고, 위상차가 120°이며, 각상의 내부임피던스가 동일한 경우를 말한다. 3상부하의 복소임피던스가 모두 같은 경우를 평형부하(balanced load)라고 하며, 같지 않은 경우를 불평형부하(unbalanced load)라고 한다.

그림 15.2(a)는 교류발전기에서 발생된 3상전압원을 중성점 n으로 묶은 것을 나타내고, 그림 (b)는 페이저도이다.

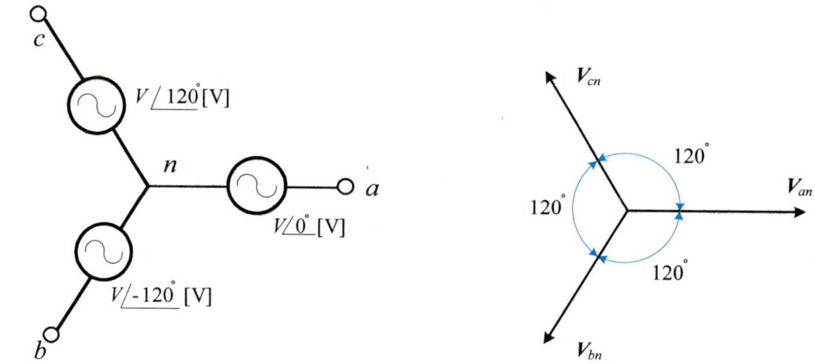

(a) 3상 교류전압원 (b) 3상 교류전압의 페이저도

그림 15.2 3상 교류전압의 표시

15.2 평형 3상회로

3상 발전기에서 발생된 전압은 그림 15.3과 같이 Y결선 또는 △결선을 이용한다. 그림 15.3(b)의 △결선의 전원은 그림 (a)와 같은 등가적인 Y결선으로 변환하여 해석하는 것이 편리하다.

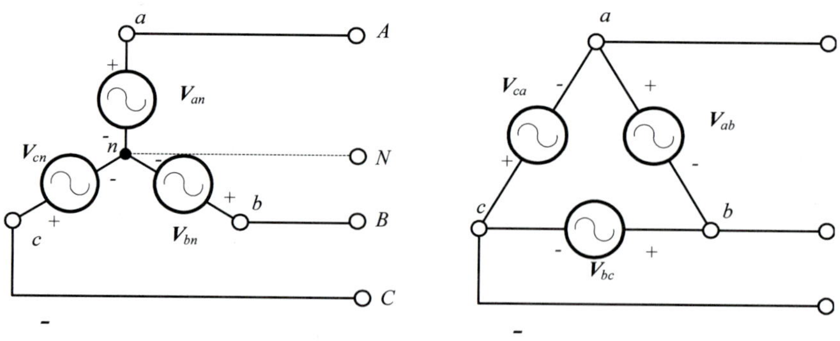

(a) Y결선 (b) △결선

그림 15.3 3상전원의 결선 방식

여기서 2중 첨자 V_{an}은 '점 n에 대한 점 a의 전압'을 의미하며, 다상전압을 표현할 때 편리하다. 그림 15.3(a)에서 전압의 각 선과 중성선 사이에 걸리는 전압 V_{an}, V_{bn}, V_{cn}을 Y결선에서 3상전원의 상전압(相電壓, phase voltage) 또는 선-중성점 전압이라고 한다. 또한, 상전압의 크기를 V_p[V]라 하며, 120°의 위상차를 갖는 평형 3상전원만을 다루기로 한다.

$$\begin{aligned} \boldsymbol{V}_{an} &= V_p \angle 0° \\ \boldsymbol{V}_{bn} &= V_p \angle -120° = V_p \angle 240° \\ \boldsymbol{V}_{cn} &= V_p \angle -240° = V_p \angle 120° \end{aligned} \tag{15.2}$$

이 3개의 평형 상전압을 합한 합성전압 $\boldsymbol{V}$[V]를 구하면 다음과 같이 0[V]가 된다.

$$\begin{aligned} \boldsymbol{V} &= \boldsymbol{V}_{an} + \boldsymbol{V}_{bn} + \boldsymbol{V}_{cn} \\ &= V\angle 0° + V\angle -120° + V\angle -240° \\ &= V + V\left(-\frac{1}{2} - j\frac{\sqrt{3}}{2}\right) + V\left(-\frac{1}{2} + j\frac{\sqrt{3}}{2}\right) \\ &= 0[\text{V}] \end{aligned}$$

$$\boldsymbol{V}_{an} + \boldsymbol{V}_{bn} + \boldsymbol{V}_{cn} = 0 \tag{15.3}$$

그림 15.4(a)는 3개의 상전압의 페이저도를 나타내고 있으며, 3상전압의 페이저합은 0이 됨을 확인할 수 있다.

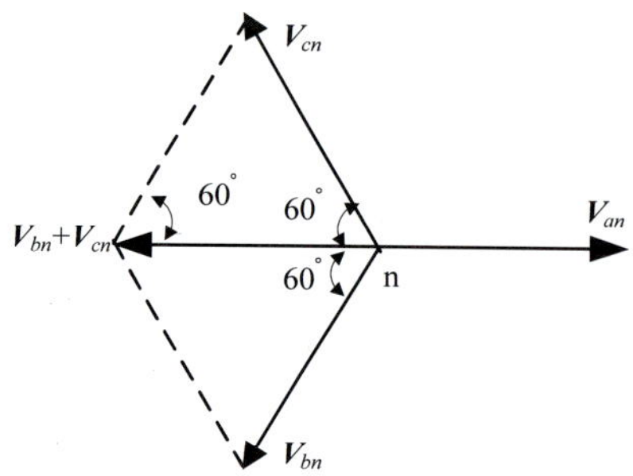

(a) 상전압의 페이저도

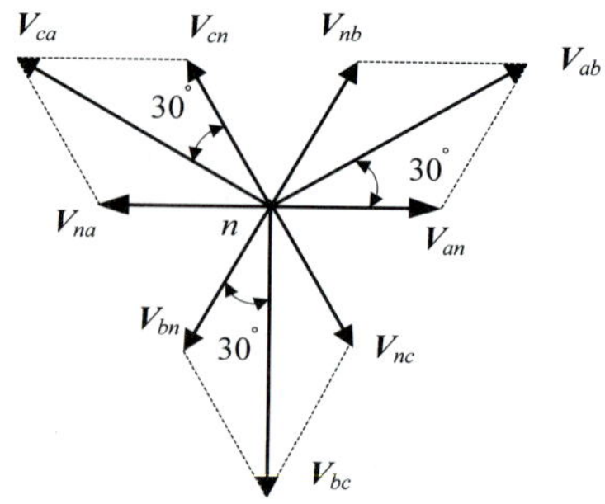

(b) 선전압 V_{ab}, V_{bc}, V_{ca}의 페이저도

그림 15.4 3상 Y결선의 페이저도

이와 같이 3상 4선식 Y 결선의 전원에서 단자와 중성선 사이의 전압을 상전압이라고 하며, 단자 a, b, c 사이의 전압 V_{ab}, V_{bc}, V_{ca}를 선전압(線電壓, line voltage) 또는 단자전압(terminal voltage)이라고 한다. 상전압으로부터 선전압은 다음과 같이 각각 구할 수 있다.

그림 15.4(b)로부터 선전압 $\boldsymbol{V}_{ab}$는

$$\boldsymbol{V}_{ab} = \boldsymbol{V}_{an} + \boldsymbol{V}_{nb} = \boldsymbol{V}_{an} - \boldsymbol{V}_{bn} \tag{15.4}$$

$$\begin{aligned} &= V_p\angle 0° - V_p\angle -120° \\ &= V_p - V_p\left(-\frac{1}{2} - j\frac{\sqrt{3}}{2}\right) = V_p\left(\frac{3}{2} + j\frac{\sqrt{3}}{2}\right) \\ &= \sqrt{3}\ V_p\angle 30° \end{aligned}$$

같은 방법으로 선전압 $\boldsymbol{V}_{bc}$ 및 $\boldsymbol{V}_{ca}$를 다음과 같이 구할 수 있다.

$$\boldsymbol{V}_{bc} = \boldsymbol{V}_{bn} + \boldsymbol{V}_{nc} = \boldsymbol{V}_{bn} - \boldsymbol{V}_{cn} \tag{15.5}$$

$$\begin{aligned} &= V_p\angle -120° - V_p\angle -240° \\ &= V_p\left(-\frac{1}{2} - j\frac{\sqrt{3}}{2}\right) - V_p\left(-\frac{1}{2} + j\frac{\sqrt{3}}{2}\right) = V_p(-j\sqrt{3}\,) \\ &= \sqrt{3}\ V_p\angle -90° \end{aligned}$$

$$\begin{aligned} \boldsymbol{V}_{ca} &= \boldsymbol{V}_{cn} + \boldsymbol{V}_{na} = \boldsymbol{V}_{cn} - \boldsymbol{V}_{an} \\ &= V_p\angle -240^\circ - V_p\angle 0^\circ \\ &= V_p\left(-\frac{1}{2} + j\frac{\sqrt{3}}{2}\right) - V_p = V_p\left(-\frac{3}{2} + j\frac{\sqrt{3}}{2}\right) \\ &= \sqrt{3}\,V_p\angle -210^\circ \end{aligned} \tag{15.6}$$

즉, 다음과 같이 정리할 수 있다.

$$\begin{aligned} \boldsymbol{V}_{ab} &= \sqrt{3}\,V_p\angle 30^\circ \\ \boldsymbol{V}_{bc} &= \sqrt{3}\,V_p\angle -90^\circ \\ \boldsymbol{V}_{ca} &= \sqrt{3}\,V_p\angle -210^\circ \end{aligned} \tag{15.7}$$

식 (15.4)~(15.6)에서 보는 바와 같이, 선전압 V_{ab}, V_{bc}, V_{ca}는 상전압 V_{an}, V_{bn}, V_{cn} 보다 위상이 30°씩 앞서고, 크기는 상전압의 $\sqrt{3}$ 배가 됨을 알 수 있다. 또한, 그림 15.4(b)에서 쉽게 확인할 수 있다. 선전압 간에는 V_{ab}가 V_{bc}보다 120°앞서고, V_{bc}는 V_{ca}보다 120°앞서고 있음을 알 수 있다.

다음과 같이 요약정리 할 수 있다.

평형 Y전원 :
선전압의 크기(V_L) $= \sqrt{3} \times$(상전압의 크기, V_p) (15.8)

평형 △전원 :
선전압의 크기(V_L) = 상전압의 크기 (V_p) (15.9)

평형 Y결선에서 3개의 상전압의 합과 선전압의 합은 아래와 같이 각각 0이 됨을 알 수 있다.

$$\boldsymbol{V}_{an} + \boldsymbol{V}_{bn} + \boldsymbol{V}_{cn} = 0 \tag{15.3}$$

$$\boldsymbol{V}_{ab} + \boldsymbol{V}_{bc} + \boldsymbol{V}_{ca} = 0 \tag{15.10}$$

예제 15-1 다음 전압의 상순서를 결정하여라.

$$v_{an} = \sqrt{2}\,220\sin(\omega t + 20^\circ)$$

$$v_{bn} = \sqrt{2}\,220\sin(\omega t - 220^\circ),\quad v_{cn} = \sqrt{2}\,220\sin(\omega t - 100^\circ)$$

〈풀이〉

각 전압을 페이저로 표현하면, $\boldsymbol{V}_{an} = 220\angle 20^\circ$, $\boldsymbol{V}_{bn} = 220\angle -220^\circ$, $\boldsymbol{V}_{cn} = 220\angle -100^\circ$가 된다. $\boldsymbol{V}_{an}$은 $\boldsymbol{V}_{cn}$보다 120° 앞서고, $\boldsymbol{V}_{cn}$은 $\boldsymbol{V}_{bn}$보다 앞선다. 출력전압은 acb순이다.

15.3 Y-Y 결선회로

그림 15.5와 같이 Y결선 평형 3상전원과 Y결선 평형 3상부하를 중성선을 사용하여 연결한다. 부하임피던스 Z_p는 각 선과 중성점 간에 연결되어 있다. 평형 3상회로에서는 전원의 중성점과 부하의 중성점 간의 전압이 항상 0이다. 따라서 이 두 점 사이에 어떤 임피던스를 연결하여도 중성선을 통해서 전류가 흐르지 않는다.

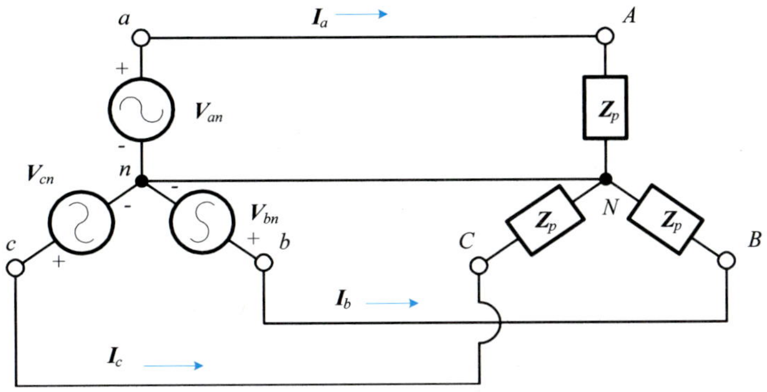

그림 15.5 $Y-Y$ 결선 평형 3상방식

그림 15.5에서 선전류 I_a와 상전류 I_{AN}은 동일하므로, 다음과 같다.

$$\boldsymbol{I}_a = \frac{V_{an}}{Z_p} \tag{15.11}$$

$$\boldsymbol{I}_b = \frac{V_{bn}}{Z_p} = \frac{V_{an}\angle -120^\circ}{Z_p} = \boldsymbol{I}_a \angle -120^\circ \tag{15.12}$$

$$\boldsymbol{I}_c = \frac{V_{cn}}{Z_p} = \frac{V_{an}\angle -240^\circ}{Z_p} = \boldsymbol{I}_a \angle -240^\circ \tag{15.13}$$

또한 중성선으로 흐르는 전류는

$$\boldsymbol{I}_n = \boldsymbol{I}_a + \boldsymbol{I}_b + \boldsymbol{I}_c = 0 \tag{15.14}$$

부하가 Y결선일 경우에는 선전류와 상전류는 동일하므로,

$$I_L = I_p \tag{15.15}$$

전원과 부하가 모두 평형이고, 중성선을 제외한 3선의 임피던스가 동일하다면 중성선에는 전류가 흐르지 않는다. 따라서 중성선은 임의의 임피던스, 개방회로 또는 단락회로로 대치할 수 있다.

그림 15.6은 전원과 부하가 평형 $Y-Y$ 결선일 경우의 상전압, 선전압, 상전류와 선전류를 각각 페이저로 나타낸 것이다.

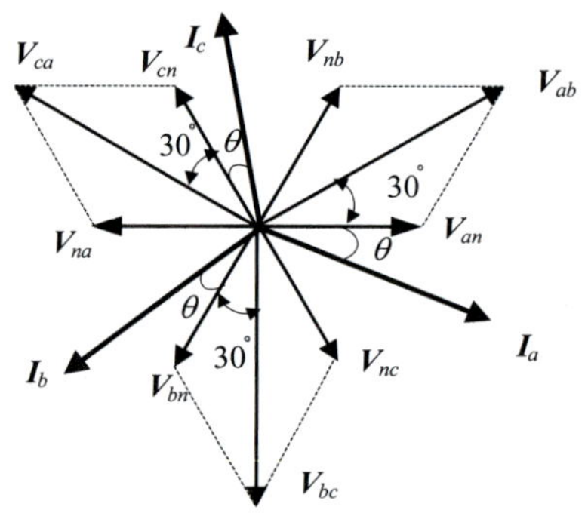

그림 15.6 전원과 부하가 $Y-Y$결선의 페이저도

예제 15-2 그림 15.7의 3선 $Y-Y$회로에서 $\boldsymbol{V}_{an}=220\angle 0^{\circ}[\mathrm{V}]$, $\boldsymbol{V}_{bn}=220\angle\theta_1[\mathrm{V}]$, $\boldsymbol{V}_{cn}=220\angle\theta_2[\mathrm{V}]$이고, 위상은 abc 순이다. 선로임피던스는 $Z_l=5-j3\,[\Omega]$이고, 부하임피던스는 $Z_L=8+j9\,[\Omega]$이다.

(1) 위상각 θ_1, θ_2 (2) 선전압 (3) 선전류를 구하여라.

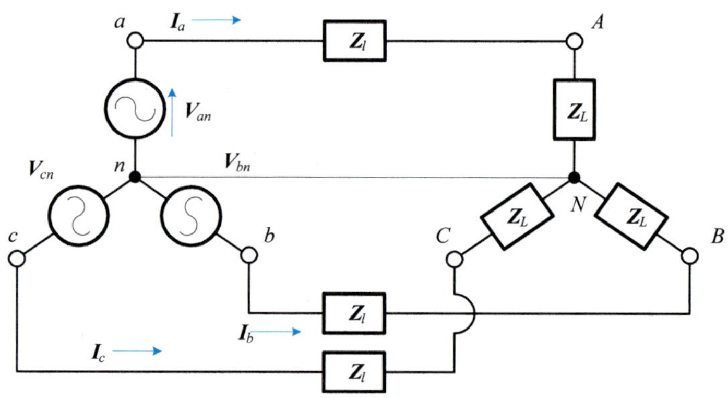

그림 15.7 평형 $Y-Y$회로

〈풀이〉

(1) $\theta_1=-120°$, $\theta_2=+120°$

(2) $V_L=\sqrt{3}\,V_p=\sqrt{3}\times 220=381[\mathrm{V}]$

(3) $Z_l+Z_L=(5-j3)+(8+j9)$

$$=13+j6=\sqrt{13^2+6^2}\angle\tan^{-1}\frac{6}{13}\fallingdotseq 14.32\angle 24.8°\,[\Omega]$$

$$\boldsymbol{I}_a=\frac{\boldsymbol{V}_{an}}{\boldsymbol{Z}_l+\boldsymbol{Z}_L}$$

$$I_a = \frac{220\angle 0^\circ}{14.32\angle 24.8^\circ} \fallingdotseq 15.36\angle -24.8^\circ\ [A]$$

$$I_b = I_a\angle -120^\circ = 15.36\angle -144.8^\circ\ [A]$$

$$I_c = I_a\angle -240^\circ = 15.36\angle -264.8^\circ\ [A] \text{ 또는 } 15.36\angle 95.2^\circ\ [A]$$

15.4 Y−Δ 결선회로

여기서는 Y결선 평형 3상전원과 △결선 평형 3상부하의 연결에 관하여 살펴본다. 먼저 그림 15.8과 같이 각 선간에 임피던스 Z_p가 접속된 평형 $Y-\triangle$결선부하를 고려해 보자.

상전압 V_{an}을 기준페이저로 선택하면, V_{bn}와 V_{cn}은 식(15.2)와 같이 각각 120°의 위상차를 갖게 된다.

$$V_{an} = V_p\angle 0^\circ \tag{15.2}$$

$$V_{bn} = V_p\angle -120^\circ = V_p\angle 240^\circ$$

$$V_{cn} = V_p\angle -240^\circ = V_p\angle 120^\circ$$

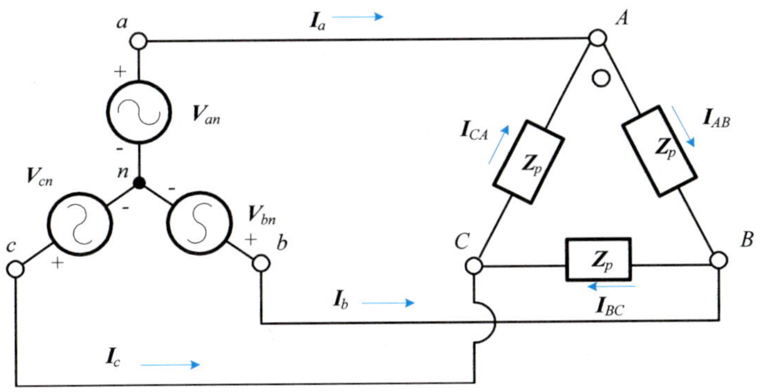

그림 15.8 $Y-\triangle$결선 평형 3상방식

선간전압은 식 (15.16)과 동일하다.

즉,

$$\boldsymbol{V_{ab}} = \sqrt{3}\ \boldsymbol{V_{an}} \angle 30^\circ = \sqrt{3}\, V_p \angle 30^\circ$$

$$\boldsymbol{V_{bc}} = \sqrt{3}\ \boldsymbol{V_{bn}} \angle 30^\circ = \sqrt{3}\, V_p \angle -90^\circ = \sqrt{3}\, V_p \angle 270^\circ$$

$$\boldsymbol{V_{ca}} = \sqrt{3}\ \boldsymbol{V_{cn}} \angle 30^\circ = \sqrt{3}\, V_p \angle -210^\circ = \sqrt{3}\, V_p \angle 150^\circ \tag{15.16}$$

평형 3상부하가 △이기 때문에 선전압 $\boldsymbol{V_{ab}}$는 부하임피던스 $\boldsymbol{Z_p}$ 상에 인가된다. 따라서, 부하에 흐르는 상전류는 다음과 같게 된다.

$$\boldsymbol{I_{AB}} = \frac{\boldsymbol{V_{ab}}}{\boldsymbol{Z_p}} = \frac{\sqrt{3}\, V_p \angle 30^\circ}{Z_p \angle \theta}$$

$$\boldsymbol{I_{BC}} = \frac{\boldsymbol{V_{bc}}}{\boldsymbol{Z_p}} = \frac{\sqrt{3}\, V_p \angle 270^\circ}{Z_p \angle \theta}$$

$$\boldsymbol{I_{CA}} = \frac{\boldsymbol{V_{ca}}}{\boldsymbol{Z_p}} = \frac{\sqrt{3}\, V_p \angle 150^\circ}{Z_p \angle \theta} \tag{15.17}$$

선전류는 각 상전류의 차로서 다음과 같이 구할 수 있다.

$$\boldsymbol{I_a} = \boldsymbol{I_{AB}} - \boldsymbol{I_{CA}}, \quad \boldsymbol{I_b} = \boldsymbol{I_{BC}} - \boldsymbol{I_{AB}}, \quad \boldsymbol{I_c} = \boldsymbol{I_{CA}} - \boldsymbol{I_{BC}} \tag{15.18}$$

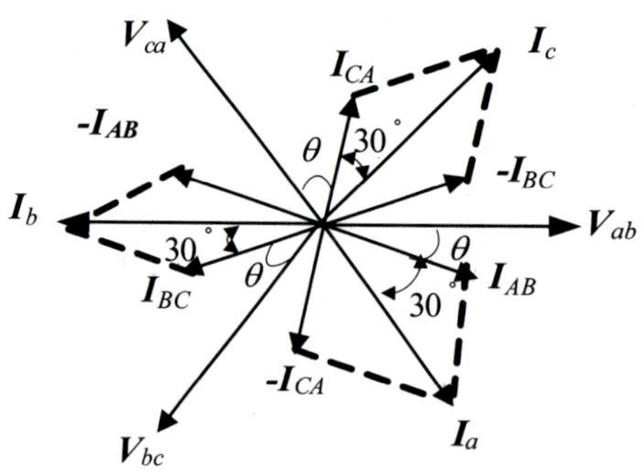

그림 15.9 Y결선 전원과 △결선 부하의 페이저도

그림 15.9의 페이저로부터 각 상전류는 크기는 같고, 위상만 120° 차이가 있다.

$$I_p = |I_{AB}| = |I_{BC}| = |I_{CA}| \tag{15.19}$$

$\boldsymbol{I_{AB}}$, $\boldsymbol{I_{BC}} = \boldsymbol{I_{AB}} \angle -120°$, $\boldsymbol{I_{CA}} = \boldsymbol{I_{AB}} \angle +120°$ 가 된다.

따라서 선전류도 크기가 같다. 선전류의 크기는 상전류의 $\sqrt{3}$ 배이다.

$$I_L = |I_a| = |I_b| = |I_c| \tag{15.20}$$

$$I_L = \sqrt{3}\, I_p \tag{15.21}$$

이와 같이 전원과 부하가 $Y-\Delta$ 결선인 경우에, 부하의 상전압과 선전압은 같고, 선전류는 상전류보다 $\sqrt{3}$ 배 크면서, 위상은 30°뒤지게 된다. 즉,

$$\boldsymbol{I_a} = \sqrt{3}\,\boldsymbol{I_{AB}} \angle -30°,\ \boldsymbol{I_b} = \sqrt{3}\,\boldsymbol{I_{BC}} \angle -30°,\ \boldsymbol{I_c} = \sqrt{3}\,\boldsymbol{I_{CA}} \angle -30° \tag{15.22}$$

가 된다. 물론, 선전류는 $\boldsymbol{I_a}$, $\boldsymbol{I_b} = \boldsymbol{I_a} \angle -120°$, $\boldsymbol{I_c} = \boldsymbol{I_a} \angle +120°$ 와 같다는 것은 이미 학습한 바와 같다.

예제 15-3 $\boldsymbol{V_{an}} = 100\angle 15°[\mathrm{V}]$의 평형 abc순 Y결선 3상전원이 각 상당 $4 + j5\,[\Omega]$를 갖는 △결선 평형부하에 연결되어 있다. 상전류와 선전류를 구하여라.

〈풀이〉

부하임피던스는

$$\boldsymbol{Z_\Delta} = 4 + j5 = \sqrt{16+25}\,\angle \tan^{-1}\frac{5}{4} = 6.40\angle 51.34°\,[\Omega]$$

이 되고, 선전압 $\boldsymbol{V_{ab}}$를 상전압 $\boldsymbol{V_{an}}$으로부터 구하면,

$$\boldsymbol{V_{ab}} = \sqrt{3}\,\boldsymbol{V_{an}}\angle 30° = \sqrt{3}\,100\angle(15° + 30°) = 173.2\angle 45° = \boldsymbol{V_{AB}}$$

즉, $\boldsymbol{V_{AB}} = 173.2\angle 45°[\mathrm{V}]$

따라서, 상전류 $\boldsymbol{I_{AB}}$, $\boldsymbol{I_{BC}}$, $\boldsymbol{I_{CA}}$ 는

$$\boldsymbol{I_{AB}} = \frac{V_{AB}}{Z_\Delta} = \frac{173.2\angle 45°}{6.40\angle 51.34°} \fallingdotseq 27.06\angle -6.34°[\mathrm{A}]$$

$$I_{BC} = I_{AB}\angle -120° = 27.06\angle -126.34°[A]$$
$$I_{CA} = I_{AB}\angle +120° = 27.06\angle 120-6.34° = 27.06\angle 113.66°[A]$$

선전류 I_a, I_b, I_c는 다음과 같이 두 가지 방법으로 구할 수 있다.

(방법 1) 상전류를 이용하여 구하는 방법

$$I_a = \sqrt{3}\, I_{AB}\angle -30° = \sqrt{3}\,(27.06)\angle(-6.34° - 30°)$$
$$= 46.87\angle -36.34°\,[A]$$
$$I_b = I_a\angle -120° = 46.87\angle -156.34°\,[A]$$
$$I_c = I_a\angle +120° = 46.87\angle 83.66°\,[A]$$

(방법 2) △ 결선부하를 Y 결선 방식으로 변환하여, $Y-Y$ 결선으로 하는 방법

$$I_a = \frac{V_{an}}{\frac{Z_\Delta}{3}} = \frac{100\angle 15°}{\frac{6.40\angle 51.34°}{3}} = 46.87\angle -36.34°\,[A]$$

I_b, I_c는 (방법 1)과 같이 I_a로부터 구할 수 있다.

15.5 3상전원 및 부하의 등가변환

평형 Δ결선 전원은 실제로는 잘 사용하지 않는다. 그 이유는 전원 위상이 약간이라도 불평형이 발생되면, Δ망에서 순환하는 전류가 발생되고, 이로 인해 발전기가 가열되어 시스템의 손실이 크게 된다. 그러나 Δ결선 부하는 Y결선 부하보다 더 일반적으로 사용된다. 그 이유는 부하를 추가하고, 제거하는데 Δ결선이 Y결선 보다 용이하기 때문이다. Y결선 부하에서는 중성점에 연결하기 때문에 어려운 점이 있다.

15.5.1 평형 3상전압의 등가변환

그림 15.10(a)와 같이 내부 임피던스가 0인 Y결선의 평형 3상전원은 그림 (b)와 같이 Δ결선의 전원과 상호 등가변환이 가능하다. Y전원과 Δ전원이 외부회로에 대하여 등가가 되기 위해서는 선간전압이 같아야 한다. 즉, 식 (15.3)과 같은 등가조건이 성립되어야 한다.

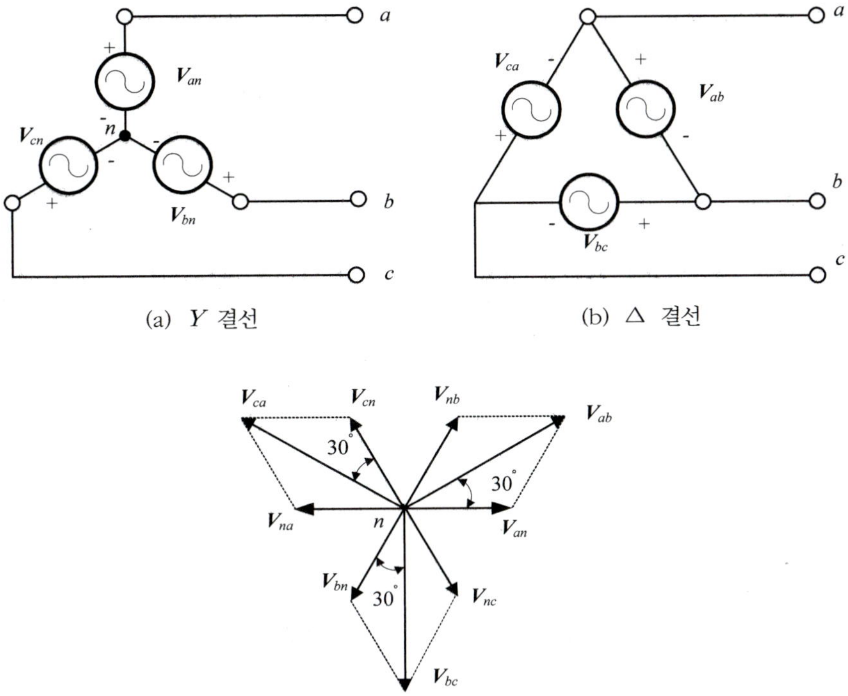

(a) Y 결선

(b) △ 결선

(c) 선전압 V_{ab}, V_{bc}, V_{ca}의 페이저도

그림 15.10 평형 3상전원의 등가변환

> 평형 3상전원의 등가조건 :
>
> $$\boldsymbol{V_{ab} = V_{an} - V_{bn}\,,\ V_{bc} = V_{bn} - V_{cn}\,,\ V_{ca} = V_{cn} - V_{an}} \tag{15.23}$$

그림 15.10(c)로부터 알 수 있는 바와 같이, 선전압 V_{ab}, V_{bc}, V_{ca}는 각각 상전압 V_{an}, V_{bn}, V_{cn}보다 위상이 30°씩 앞서고, 선전압의 크기는 $\sqrt{3}\times$상전압이 된다. 따라서 그림 15.10(b)의 △전원에서는 V_{an}, V_{bn}, V_{cn}와 같은 상전원은 존재하지 않으며, 선전압 = 상전압인 V_{ab}, V_{bc}, V_{ca}가 있다. 이를 정리하면 다음과 같다.

평형 3상 Y 결선 전원

(1) 선전압의 크기 = (상전압의 크기) $\times\sqrt{3}$ 배

(2) 선전압의 위상 = 상전압의 위상보다 30° 빠름

(3) $\boldsymbol{V}_{an}+\boldsymbol{V}_{bn}+\boldsymbol{V}_{cn}=0$ (15.24)

평형 3상 Δ결선 전원

(1) 선전압의 크기 = 상전압의 크기

(2) 선전압의 위상 = 상전압의 위상

(3) $\boldsymbol{V}_{ab}+\boldsymbol{V}_{bc}+\boldsymbol{V}_{ca}=0$ (15.25)

15.5.2 3상 평형부하의 등가변환

3상 평형부하 임피던스를 Y결선−Δ결선 간에 상호 변환하면, 회로해석을 쉽게 할 수 있다. 그림 15.11과 같은 Y결선회로와 Δ결선회로가 등가가 되기 위해서는 세 쌍의 단자사이의 전압이 같을 때, 대응하는 단자에 같은 전류가 유입해야 한다. 그림 15.11(a)의 Y결선회로에서 키르히호프의 전압법칙과 전류법칙을 적용하면,

$$\begin{cases}\boldsymbol{V}_{ab}=\boldsymbol{Z}_a\boldsymbol{I}_a-\boldsymbol{Z}_b\boldsymbol{I}_b\\ \boldsymbol{V}_{bc}=\boldsymbol{Z}_b\boldsymbol{I}_b-\boldsymbol{Z}_c\boldsymbol{I}_c\\ \boldsymbol{V}_{ca}=\boldsymbol{Z}_c\boldsymbol{I}_c-\boldsymbol{Z}_a\boldsymbol{I}_a\end{cases} \tag{15.26}$$

$$\boldsymbol{I}_a+\boldsymbol{I}_b+\boldsymbol{I}_c=0 \tag{15.27}$$

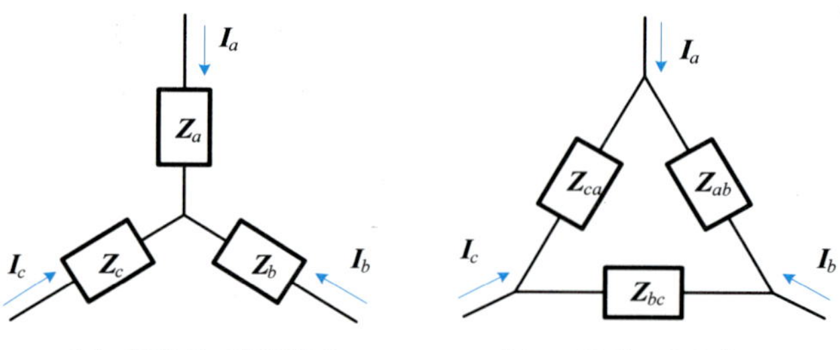

(a) Y부하 결선회로 (b) Δ부하 결선회로

그림 15.11 임피던스의 Y결선과 Δ결선

가 되므로, 식(15.26)과 (15.27)로부터

$$\begin{cases} \boldsymbol{I}_a = \dfrac{\boldsymbol{Z}_c \boldsymbol{V}_{ab} - \boldsymbol{Z}_b \boldsymbol{V}_{ca}}{\boldsymbol{Z}_a\boldsymbol{Z}_b + \boldsymbol{Z}_b\boldsymbol{Z}_c + \boldsymbol{Z}_c\boldsymbol{Z}_a} \\ \boldsymbol{I}_b = \dfrac{\boldsymbol{Z}_a \boldsymbol{V}_{bc} - \boldsymbol{Z}_c \boldsymbol{V}_{ab}}{\boldsymbol{Z}_a\boldsymbol{Z}_b + \boldsymbol{Z}_b\boldsymbol{Z}_c + \boldsymbol{Z}_c\boldsymbol{Z}_a} \\ \boldsymbol{I}_c = \dfrac{\boldsymbol{Z}_b \boldsymbol{V}_{ca} - \boldsymbol{Z}_a \boldsymbol{V}_{bc}}{\boldsymbol{Z}_a\boldsymbol{Z}_b + \boldsymbol{Z}_b\boldsymbol{Z}_c + \boldsymbol{Z}_c\boldsymbol{Z}_a} \end{cases} \tag{15.28}$$

다음에 그림 15.11(b)의 △결선회로에서 키르히호프의 전류법칙 및 전압법칙을 적용하면

$$\begin{cases} \boldsymbol{I}_a = \dfrac{\boldsymbol{V}_{ab}}{\boldsymbol{Z}_{ab}} - \dfrac{\boldsymbol{V}_{ca}}{\boldsymbol{Z}_{ca}} \\ \boldsymbol{I}_b = \dfrac{\boldsymbol{V}_{bc}}{\boldsymbol{Z}_{bc}} - \dfrac{\boldsymbol{V}_{ab}}{\boldsymbol{Z}_{ab}} \\ \boldsymbol{I}_c = \dfrac{\boldsymbol{V}_{ca}}{\boldsymbol{Z}_{ca}} - \dfrac{\boldsymbol{V}_{bc}}{\boldsymbol{Z}_{bc}} \end{cases} \tag{15.29}$$

$$\boldsymbol{V}_{ab} + \boldsymbol{V}_{bc} + \boldsymbol{V}_{ca} = 0 \tag{15.30}$$

따라서 Y결선 회로와 △결선 회로의 임피던스가 등가가 되기 위해서는 식(15.28)과 (15.29)가 같아야 하므로, 다음 식과 같다.

$Y \rightarrow \triangle$ 변환식

$$\boldsymbol{Z}_{ab} = \frac{\boldsymbol{Z}_a\boldsymbol{Z}_b + \boldsymbol{Z}_b\boldsymbol{Z}_c + \boldsymbol{Z}_c\boldsymbol{Z}_a}{\boldsymbol{Z}_c}$$
$$\boldsymbol{Z}_{bc} = \frac{\boldsymbol{Z}_a\boldsymbol{Z}_b + \boldsymbol{Z}_b\boldsymbol{Z}_c + \boldsymbol{Z}_c\boldsymbol{Z}_a}{\boldsymbol{Z}_a}$$
$$\boldsymbol{Z}_{ca} = \frac{\boldsymbol{Z}_a\boldsymbol{Z}_b + \boldsymbol{Z}_b\boldsymbol{Z}_c + \boldsymbol{Z}_c\boldsymbol{Z}_a}{\boldsymbol{Z}_b} \tag{15.31}$$

△결선 회로를 Y결선 회로로 등가 변환하고자 할 경우 식(15.29) 중에서 임의의 2개와 식(15.30)을 연립시켜서 V_{ab}, V_{bc}, V_{ca}를 구하고, 그것을 식(15.26)과 비교하든지 또는 식

(15.31)을 연립시켜서 Z_a, Z_b, Z_c에 관해서 푼다.

Δ→ Y 변환식

$$\boldsymbol{Z}_a = \frac{\boldsymbol{Z}_{ab}\boldsymbol{Z}_{ca}}{\boldsymbol{Z}_{ab}+\boldsymbol{Z}_{ba}+\boldsymbol{Z}_{ca}}$$
$$\boldsymbol{Z}_b = \frac{\boldsymbol{Z}_{bc}\boldsymbol{Z}_{ab}}{\boldsymbol{Z}_{ab}+\boldsymbol{Z}_{ba}+\boldsymbol{Z}_{ca}}$$
$$\boldsymbol{Z}_c = \frac{\boldsymbol{Z}_{ca}\boldsymbol{Z}_{bc}}{\boldsymbol{Z}_{ab}+\boldsymbol{Z}_{ba}+\boldsymbol{Z}_{ca}} \quad (15.32)$$

특히 평형 3상부하의 경우 Δ 및 Y의 변환은 다음식과 같고, 그림 15.12에 이들의 관계를 표시할 수 있다.

평형 3상부하의 경우 Δ 및 Y변환식

Δ⇒ Y변환 : $\boldsymbol{Z}_y = \frac{1}{3}\boldsymbol{Z}_\Delta$

Y⇒Δ변환 : $\boldsymbol{Z}_\Delta = 3\,\boldsymbol{Z}_y$ (15.33)

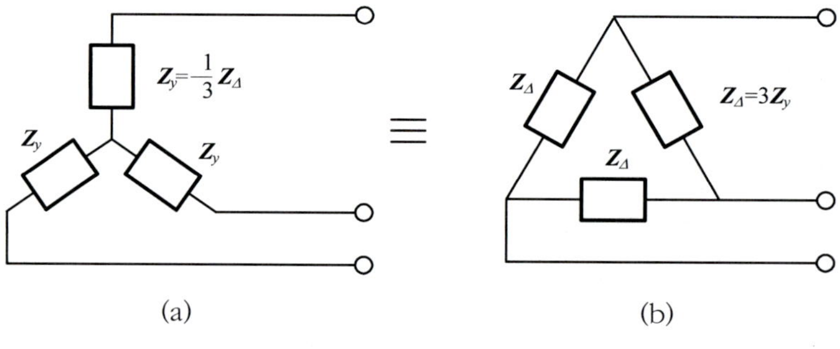

그림 15.12 평형 3상부하의 등가변환

예제 15-4 각 상의 저항이 15[Ω]인 3상 Y회로를 등가 △결선으로 환산하면 각 상의 저항은 몇 [Ω]이 되는가?

〈풀이〉

평형 3상부하의 경우 $Z_\triangle = 3Z_Y$이므로

$$\therefore \boldsymbol{Z}_\Delta = 3 \times 15 = 45[\Omega]$$

15.6 3상회로의 전력

Y결선의 부하에서 역률각을 θ라고 하면, 하나의 상에 대한 평균전력 P_p와 무효전력 P_{rp}는 다음과 같다. 또한, 전체의 평균전력 P와 전체 무효전력 P_r은 각 상의 평균전력과 무효전력의 3배가 된다.

$$\begin{aligned}
P_p &= V_p I_p \cos\theta = V_p I_L \cos\theta = \frac{V_L}{\sqrt{3}} I_L \cos\theta = R_p I_p^2 \ \text{[W]} \\
P_{rp} &= V_p I_p \sin\theta = V_p I_L \sin\theta = \frac{V_L}{\sqrt{3}} I_L \sin\theta = X_p I_p^2 \ \text{[Var]} \\
P &= 3P_p = 3V_p I_p \cos\theta \ \text{[W]} \\
P_r &= 3P_{rp} = 3V_p I_p \sin\theta \ \text{[Var]}
\end{aligned} \tag{15.34}$$

단, $\theta = \tan^{-1}\dfrac{X_p}{R_p} = \cos^{-1}\dfrac{R_p}{Z_p} = \sin^{-1}\dfrac{X_p}{Z_p}$ 임.

위에서 V_p, I_p, R_p, X_p는 각각 한 상의 전압, 전류, 저항 및 리액턴스를 의미한다. 또한, θ는 상전압과 상전류의 위상차를 의미하며, 선전압과 선전류의 위상차가 아니라는 것을 주의하여야 한다.

대부분의 경우 선전압 V_L과 선전류 I_L로 전력을 표기하는데, 평형 Y부하에서는 $V_p = V_L/\sqrt{3}$, $I_p = I_L$을 평형 △부하에서는 $V_p = V_L$, $I_p = I_L/\sqrt{3}$을 대입하면, 다음과

같은 V_L, I_L을 이용한 식이 성립한다.

3상 전체의 평균전력 : $P = \sqrt{3}\, V_L I_L \cos\theta$ [W]
3상 전체의 평균무효전력 : $P_r = \sqrt{3}\, V_L I_L \sin\theta$ [Var]

(15.35)

일반적인 3상회로의 피상전력도 단상회로에서 같이 다음으로 정의된다.

$$P_a = \sqrt{P^2 + P_r^2} \text{ [VA]} \tag{15.36}$$

따라서 평형 3상회로인 경우의 피상전력은

$$P_a = 3\sqrt{P_p^2 + P_{rp}^2} = 3P_{ap} = \sqrt{3}\, V_L I_L \text{ [VA]} \tag{15.37}$$

결국 평형 3상회로의 유효전력(평균전력) P, 무효전력 P_r, 피상전력 P_a는 한 상의 값을 3배 한 것과 같다는 것을 알 수 있다.

일반 3상회로의 역률은

$$pf = \frac{P}{P_a} \tag{15.38}$$

가 되며, 평형 3상회로인 경우에는 식 (15.34), (15.37)로부터

$$pf = \cos\theta \tag{15.39}$$

가 유도된다. 즉, 평형 3상회로의 역률은 상임피던스 각의 cos 값과 같다. 결국 어느 한 상의 역률과 같은 값이 된다.

3상부하에 공급되는 전력의 측정은 단상전력계 3개를 이용하여 측정한다. 3상 4선식에서는 3개의 전력계를 각각 중성선과 각 단자 사이에 연결하여 측정된 전력을 합하여, 부하에 공급되는 총전력을 측정할 수 있다. 평형부하인 경우에는 총 전력은 하나의 전력계의 지시 값의 3배와 같게 된다.

예제 15-5 그림 15.13의 3선 $Y-Y$ 회로에서, $\boldsymbol{V_{an}} = 100\angle 0^{\circ}$ [V], $\boldsymbol{V_{bn}} = 100\angle -120^{\circ}$ [V], $\boldsymbol{V_{cn}} = 100\angle +120^{\circ}$ [V]이고, 선로임피던스 $Z_l = 3 + j5$ [Ω]이고, 부하임피던스 $Z_L = 5 + j8$ [Ω]이다. (1) 선전류, (2) 부하전압, (3) 전원이 공급하는 총전력을 각각 구하여라.

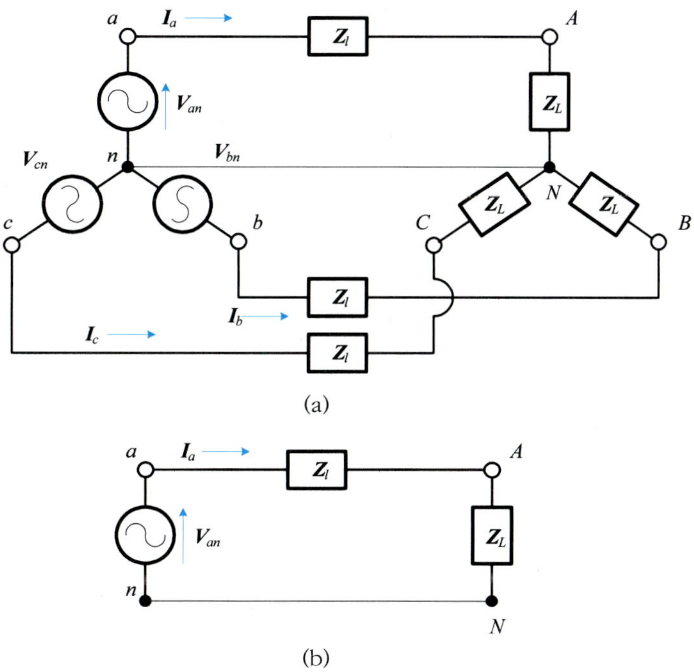

그림 15.13

〈풀이〉

평형회로이므로 (b)와 같이 한상의 등가회로에 대하여 구하고, 다른 상의 값은 위상차를 고려하면 쉽게 구할 수 있다.

(1) 선전류 $\boldsymbol{I_a}$는 다음과 같다.

$$\boldsymbol{I_a} = \frac{\boldsymbol{V_{an}}}{\boldsymbol{Z_l} + \boldsymbol{Z_L}}$$

$$\begin{aligned} Z_l + Z_L &= (3 + j5) + (5 + j8) \\ &= 8 + j13 = \sqrt{64 + 169}\ \angle \tan^{-1}\frac{13}{8} \\ &\fallingdotseq 15.26\angle 58.39^{\circ}\ [\Omega] \end{aligned}$$

$$I_a = \frac{100\angle 0^\circ}{15.26\angle 58.39^\circ} \fallingdotseq 6.55\angle -58.39^\circ\,[\mathrm{A}]$$

$$I_b = 6.55\angle -178.39^\circ\,[\mathrm{A}], \quad I_c = 6.55\angle 61.61^\circ\,[\mathrm{A}]$$

(2) 부하전압 $\boldsymbol{V_{AN}} = \boldsymbol{I_a} \times \boldsymbol{Z_L} = 6.55\angle -58.39^\circ \times (5+j8)$

$$= 6.55\angle -58.39^\circ \times 9.43\angle 57.99^\circ = 61.77\angle -0.4^\circ\,[\mathrm{V}]$$

$$\boldsymbol{V_{BN}} = 61.77\angle -120.4^\circ\,[\mathrm{V}], \quad \boldsymbol{V_{CN}} = 61.77\angle 119.6^\circ\,[\mathrm{V}]$$

(3) 상 a의 전원이 공급하는 전력은

$$V_{an} \times I_a \cos\theta = 100 \times 6.55 \times \cos(-58.39^\circ) \fallingdotseq 333.52\,[\mathrm{W}]$$

3상전원이 공급하는 총 전력은

$$333.52 \times 3 = 1000.56\,[\mathrm{W}]$$

예제 15-6 그림 15.14와 같이 평형 △부하에 평형 3상전압이 인가되고 있다. $V_L = 220\,[\mathrm{V}]$, $Z_p = 8 + j3\,[\Omega]$일 때, (1) 각상의 평균전력(P_p)과 전체평균전력(P), (2) 각상의 무효전력(P_{rp})과 전체무효전력(P_r) (3) 각상의 피상전력(P_{ap})과 전체 피상전력(P_a) (4)역률을 구하여라.

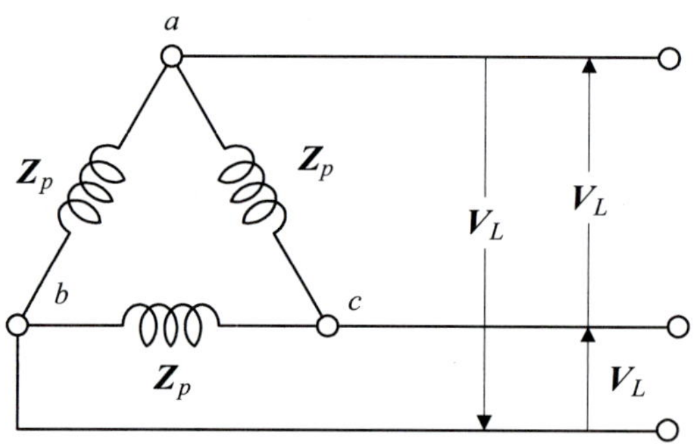

그림 15.14

〈풀이〉

부하임피던스 $Z_p = 8 + j3 = 8.54\angle 20.56^\circ\,[\Omega]$

상전압과 선전압 $V_p = V_L = 220\,[\mathrm{V}]$

상전류 $I_p = \frac{V_p}{Z_p} = \frac{220}{8.54} = 25.76[A]$

선전류 $I_L = \sqrt{3}\ I_p = \sqrt{3} \times 25.76 = 44.62[A]$

(1) $P_p = R_p I_p^2 = 8 \times 25.76^2 = 5308.62[W]$

$P = 3P_p = 3 \times 5308.62 = 15925.86[W]$

(2) $P_{rp} = X_p I_p^2 = 3 \times 25.76^2 = 1990.73[Var]$

$P_r = 3P_{rp} = 3 \times 1990.73 = 5972.19[Var]$

(3) $P_{ap} = \sqrt{3}\ V_L I_L = V_p I_p = 220 \times 25.76 = 5667.2[VA]$

$P_a = 3P_{ap} = 3 \times 5667.2 = 17001.6[VA]$

(4) $pf = \cos\theta = \cos 20.56 = 0.94$ 혹은 $\frac{P}{P_a} = \frac{15925.86[W]}{17001.6[VA]} = 0.94$

15.7 적용

Y와 △ 전원 연결방식은 각각의 특징을 갖고 있기 때문에 목적에 따라 선택적으로 적용되고 있다. Y전원 연결은 전력을 장거리 전송하는데 이용된다. Y결선은 △결선보다 $\sqrt{3}$배만큼 큰 선간전압을 갖게 되므로, 동일한 전력을 전송시 선전류는 $\sqrt{3}$배만큼 더 적게 된다. 따라서 전송선로에서의 열손실(I^2R)을 줄일 수 있어 경제적인 전송을 할 수 있게 된다. △전원 연결은 3상전원에서 3개의 단상회로들이 필요할 때 이용된다. 이러한 3상으로부터 단상으로의 전환은 주택가의 배선에 주로 필요하다. 가정용 전기제품 등은 단상의 전력을 사용하기 때문이다. 3상의 전력은 큰 전력을 요구하는 산업용 배전에 이용된다.

15.7.1 우리나라의 배전방식

현재 우리나라에서 상용하는 배전방식은 표 15.1와 같이 공칭전압(전송선로를 대표하는 선간전압으로 그 계통의 송전전압)에 따라 단상 2선식, 단상 3선식, 3상 3선식 및 3상 4선식 등의 배전방식이 사용된다.

표 15.1 배전방식별 전압(V)

구 분	공 칭	단상 2선식	단상 3선식	3상 3선식	3상 4선식
저 압 (1,000V 이하)	110 220 380	110 220 380	110 220/110	220 380	120/208 220/380
고 압 (1,000~7,000V)	6,600	6,600		6,600	
특별고압 (7,000V 이상)	22,900	13,200			13,200/ 22,000

가. 3상 3선식 (220[V])

3상 3선식은 널리 사용되고 있는 배전 방식으로서 3상 교류를 3가닥의 전선을 사용해서 배전하는 것이다. 이 경우 단상 부하는 전체로서 상평형이 되도록 조합과 접속 방법에 주의하여야 한다. 배전 변압기의 2차측 결선에는 3종류가 있는데 비교적 용량이 클 때에는 단상 변압기 3대를 결선으로 해서 사용하는 경우가 많다. 그러나 경우에 따라서는 변압기 2대만 가지고 V결선으로 쓰다가 부하가 늘어날 때 한대 더 증설해서 △결선으로 사용하는 경우도 있다. 물론 단상 변압기 대신에 3상 변압기를 그대로 사용하는 경우도 있다.

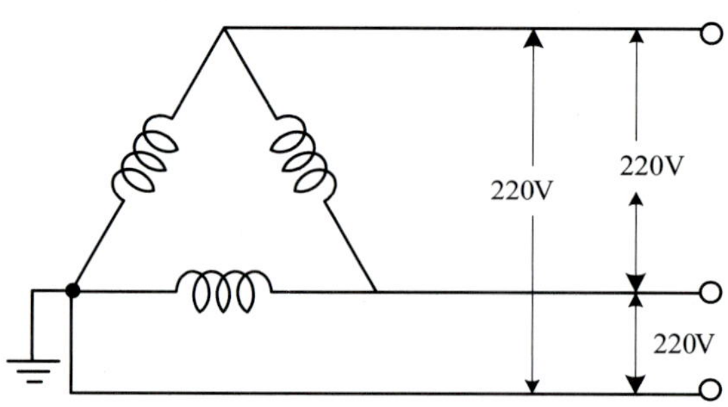

그림 15.15 평형 3상 3선식

나. 3상 4선식 (220[V] / 380[V])

3상 4선식은 변압기의 2차 측을 Y 접속하고, 그 중성점으로부터 중성선을 인출하여서 3선식의 전선 3가닥과 조합시킴으로써 2가지 전압을 공급할 수 있게 한 것이다, 즉, 중성점과 각 상간의 전압을 220[V]라고 하면, 선간 전압은 $\sqrt{3} \times 220 \fallingdotseq 380$[V]가 된다. 이 3상 4선식을 채택해서 220/ 380[V]를 배전할 수 있게 된다. 모터와 전등 부하를 동시에 사용하는 수용가에서 사용하게 된다. 변압기의 용량은 3대 모두 동일하게 사용하는 방식과 1대는 동력전용으로, 나머지 2대는 전등과 동력 공용으로 사용할 수도 있다. 한편, 3상 전기를 사용하는 부하의 수전 쪽은 L_1(갈색)-L_2(흑색)-L_3(회색), N(중성, 청색)으로 각각 구분하여 표현하므로 이 점에 유의하여야 한다.

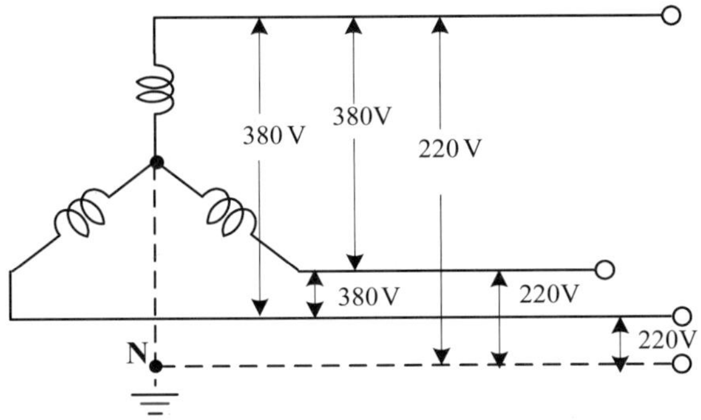

그림 15.16 평형 3상 4선식

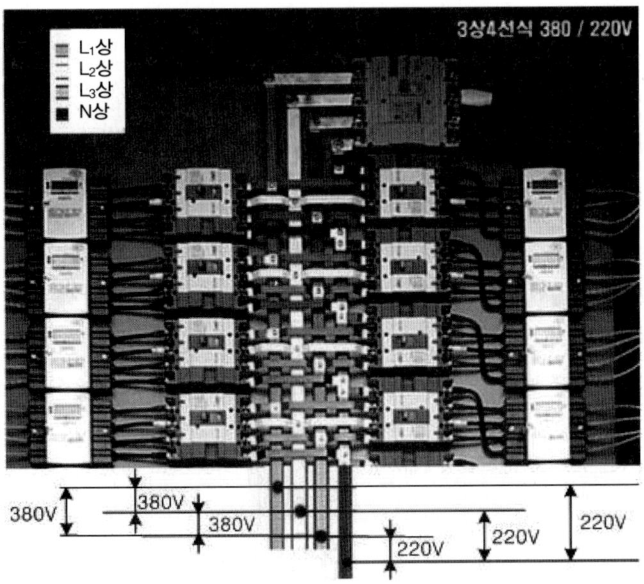

그림 15.17 3상4선식 분전반사진

그림 15.17은 3상 4선식 220/380[V]가 공급되는 배전반의 예를 보여주고 있다.

여기서 주의할 점은 중성선과 접지선에 대해 명확히 이해하고, 산업현장에서 적용할 필요가 있다. 중성선은 전압선으로, 등전위용으로 사용하는 접지선과는 그 인출방법 및 용도가 다르므로 혼용하여서는 안 된다. 중성선은 일반적으로 접지선에 가깝다고 생각하기 쉬우나 내선규정에서는 전압선으로 분류하고 있다. 반면에, 접지선은 대지의 접지극과 연결된 선으로, 다음과 같은 목적으로 사용된다.

① 기기 절연물이 과열 또는 손상되었을 때 흐르는 누설전류로 인한 감전방지
② 고전압과 접촉되었을 때 전류를 대지로 흘려 감전방지
③ 송전선, 배전선, 고전압 모선 등에서 지락사고가 발생하였을 때, 계전기의 신속하고 확실한 동작확보
④ 기기 및 배전선에서 이상 고전압이 발생하였을 때, 대지전위를 억제하고 절연강도를 줄여주는 역할을 한다.

15.7.2 옥내배선

발전소에서 만들어진 전기는 송전선로 - 변전소 - 변압기를 거쳐 집근처에 있는 전주로부터 인입선이 집에 설치되고, 전산전력량계를 경유하여 집안의 배전반까지 들어온다. 또한 배전반에서 천장 속으로 전선을 설치하고, 이곳으로부터 전등이나 스위치, 콘센트 등에 연결된다. 이와 같이 집안에 설치되어 있는 전선 등을 옥내배선이라고 한다. 즉, 옥내배선은 집안의 전기가 통하는 길을 의미한다. 옥내배선에는 다음과 같은 부품들이 사용된다.

가. 인입선

인입선이란 한국전력이 저압 배전선 전주에서 가정의 설치용 철물까지 연결해주는 배선을 말한다. 여기까지는 전력회사가 시공한다. 인입선 설치지점에서 옥내 분전반까지의 배선 도중에 가정에서 사용한 전기의 양을 재는 계량기는 전력회사가 장치한다.

나. 적산전력계

사용한 전기는 계량기 즉, 적산적력량계를 통하여 측정되고, 전기요금 산정의 기준이 된다. 그림 15.18(a)는 이의 사진을 보여준다.

다. 배전반

배전반이란 외부에서 들어온 전기를 각 회로로 나누어 공급하는 것으로서, 배선용 차단기, 누전차단기 및 분리용 차단기 등이 내장되어 있다. 누전차단기는 전선이나 코드불량, 가전기구의 고장이나 손상 등으로 누전되는 경우 이를 감지하여 전기를 차단해주는 역할을 한다. 배선용차단기는 합선이나 기기고장 등으로 전류가 용량 이상으로 흐르는 경우 회로를 차단한다. 그림 15.3(b), (c), (d)는 각각 누전차단기, 배전용차단기 및 배전반 등의 예를 보여준다.

(a) 적산전력계 (b)누전차단기 (c) 배전용차단기 (d) 배전반

그림 15.18 옥내배선에 사용되는 설비

15.7.3 옥내배선의 용도별 전용회로

아파트나 주택과 같은 가정의 옥내배선에는 그림 15.19에서 보는 바와 같이 배전반에서 조명회로, 주방용회로, 거실용 회로 및 에어컨과 같이 대용량기기 전용회로 등처럼 용도별로 전용배선을 한다. 이를 분기회로라고 한다. 따라서 분기회로의 수만큼 분기개폐기가 필요하다.

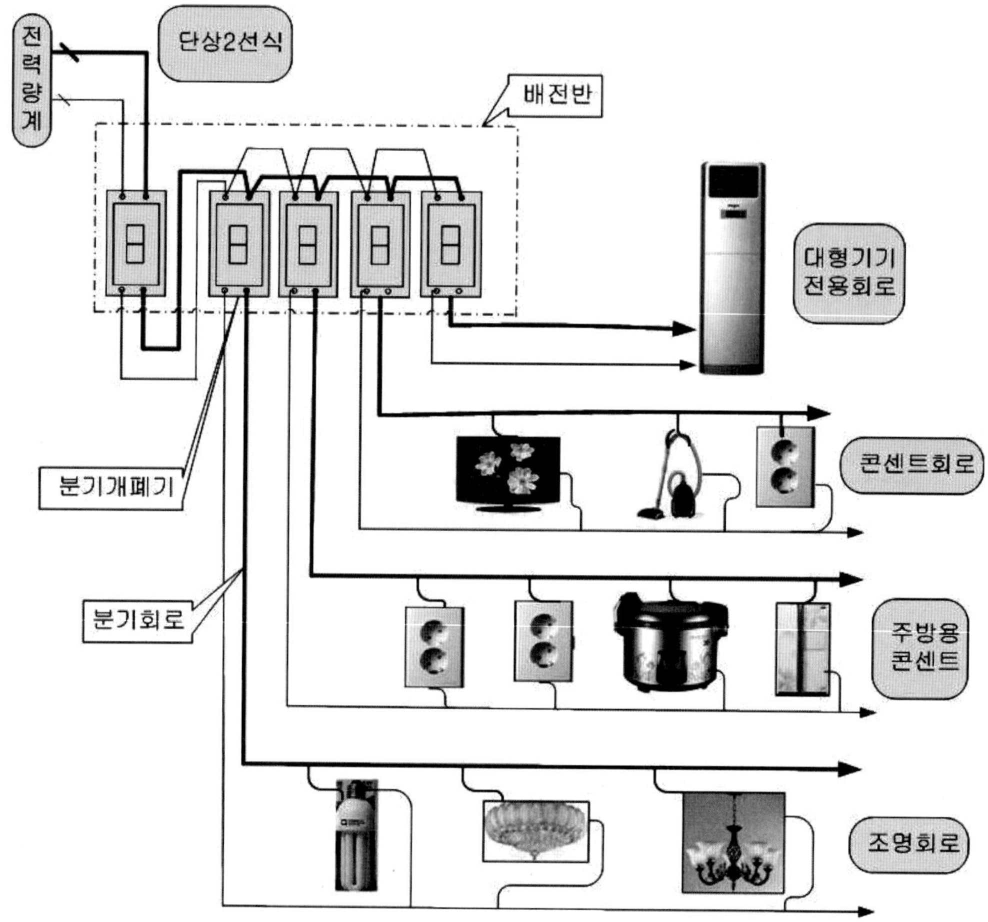

그림 15.19 옥내배선의 용도별 전용회로

평형 3상회로에서 상(phase)과 선(line)의 전압/전류 간추림

<table>
<tr><th>결 선
(전원 – 부하)</th><th>상전압/상전류</th><th>선전압/선전류</th></tr>
<tr><td>$Y - Y$</td><td>$\mathbf{V}_{an} = V_p \angle 0^\circ$
$\mathbf{V}_{bn} = V_p \angle -120^\circ$
$\mathbf{V}_{cn} = V_p \angle 120^\circ$

선전류와 동일</td><td>$\mathbf{V}_{ab} = \sqrt{3}\ V_p \angle 30^\circ$
$\mathbf{V}_{bc} = \mathbf{V}_{ab} \angle -120^\circ$
$\mathbf{V}_{ca} = \mathbf{V}_{ab} \angle 120^\circ$
$\mathbf{I}_a = \dfrac{\mathbf{V}_{an}}{\mathbf{Z}_Y}$
$\mathbf{I}_b = \mathbf{I}_a \angle -120^\circ$
$\mathbf{I}_c = \mathbf{I}_a \angle 120^\circ$</td></tr>
<tr><td>$Y - \Delta$</td><td>$\mathbf{V}_{an} = V_p \angle 0^\circ$
$\mathbf{V}_{bn} = V_p \angle -120^\circ$
$\mathbf{V}_{cn} = V_p \angle 120^\circ$
$\mathbf{I}_{AB} = \dfrac{\mathbf{V}_{AB}}{\mathbf{Z}_\Delta}$
$\mathbf{I}_{BC} = \dfrac{\mathbf{V}_{BC}}{\mathbf{Z}_\Delta}$
$\mathbf{I}_{CA} = \dfrac{\mathbf{V}_{CA}}{\mathbf{Z}_\Delta}$</td><td>$\mathbf{V}_{ab} = \mathbf{V}_{AB} = \sqrt{3}\ V_p \angle 30^\circ$
$\mathbf{V}_{bc} = \mathbf{V}_{BC} = \mathbf{V}_{ab} \angle -120^\circ$
$\mathbf{V}_{ca} = \mathbf{V}_{CA} = \mathbf{V}_{ab} \angle 120^\circ$
$\mathbf{I}_a = \mathbf{I}_{AB}\sqrt{3} \angle -30^\circ$
$\mathbf{I}_b = \mathbf{I}_a \angle -120^\circ$
$\mathbf{I}_c = \mathbf{I}_a \angle 120^\circ$</td></tr>
<tr><td>$\Delta - \Delta$</td><td>$\mathbf{V}_{ab} = V_p \angle 0^\circ$
$\mathbf{V}_{bc} = V_p \angle -120^\circ$
$\mathbf{V}_{ca} = V_p \angle 120^\circ$
$\mathbf{I}_{AB} = \dfrac{\mathbf{V}_{ab}}{\mathbf{Z}_\Delta}$
$\mathbf{I}_{BC} = \dfrac{\mathbf{V}_{bc}}{\mathbf{Z}_\Delta}$
$\mathbf{I}_{CA} = \dfrac{\mathbf{V}_{ca}}{\mathbf{Z}_\Delta}$</td><td>상전압과 동일

$\mathbf{I}_a = \mathbf{I}_{AB}\sqrt{3} \angle -30^\circ$
$\mathbf{I}_b = \mathbf{I}_a \angle -120^\circ$
$\mathbf{I}_c = \mathbf{I}_a \angle 120^\circ$</td></tr>
<tr><td>$\Delta - Y$</td><td>$\mathbf{V}_{ab} = V_p \angle 0^\circ$
$\mathbf{V}_{bc} = V_p \angle -120^\circ$
$\mathbf{V}_{ca} = V_p \angle 120^\circ$

선전류와 동일</td><td>상전압과 동일
$\mathbf{I}_a = \dfrac{V_p \angle -30^\circ}{\sqrt{3}\,\mathbf{Z}_Y}$
$\mathbf{I}_b = \mathbf{I}_a \angle -120^\circ$
$\mathbf{I}_c = \mathbf{I}_a \angle 120^\circ$</td></tr>
</table>

Chapter 15

연 습 문 제

문제 1 3상전압에서 $V_{bn} = 220\angle 40°$ 일 때, V_{an}, V_{cn} 을 구하여라. 단, 전압은 정상순(abc 순)이다.

문제 2 실효전압의 크기가 220[V]인 평형 3상전압 V_{an}, V_{bn}, V_{cn} 을 극좌표형식 및 직각좌표형식으로 나타내어라.

문제 3 $V_{an} = 100\angle 10°\,[\mathrm{V}]$의 평형 abc순 Y결선 3상전원이 각 상당 $8 + j4\,[\Omega]$를 갖는 Δ 결선 평형부하에 연결되어 있다. 상전류와 선전류를 구하여라.

문제 4 그림 15.20의 3선 $Y-Y$ 회로에서 $V_{an} = 120\angle 0°\,[\mathrm{V}]$, $V_{bn} = 120\angle \theta_1\,[\mathrm{V}]$, $V_{cn} = 120\angle \theta_2\,[\mathrm{V}]$이고, 위상은 abc 순이다. 선로임피던스는 $Z_l = 1 + j\,3\,[\Omega]$이고, 부하임피던스가 $Z_L = 2 + j\,1\,[\Omega]$이다.

(1) 위상각 θ_1, θ_2 (2) 선전압 (3) 선전류를 구하여라.

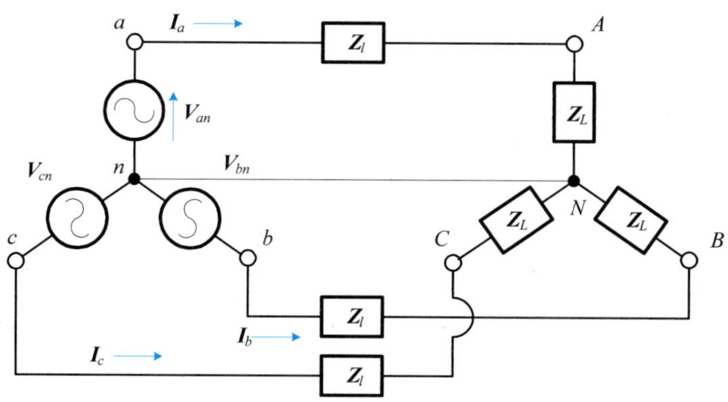

그림 15.20

문제 5 $Y-\Delta$ 결선된 평형 3상회로의 선간전압이 $\boldsymbol{V}_{ab} = 150\angle 0^\circ$ [V]이고, 부하의 각 상이 $Z_p = 6+j8$ [Ω]일 때, 부하의 각상에 흐르는 상전류와 선전류의 크기를 구하여라.

문제 6 3선 $Y-Y$ 회로에서, $\boldsymbol{V}_{an} = 133\angle 0^\circ$ [V], $\boldsymbol{V}_{bn} = 133\angle -120^\circ$ [V], $\boldsymbol{V}_{cn} = 133\angle +120^\circ$ [V]이고, 선로임피던스 $Z_l = 2+j4$ [Ω]이고, 부하임피던스 $Z_L = 15+j10$ [Ω]이다.
(1) 선전류, (2) 부하전압, (3) 전원이 공급하는 총전력을 각각 구하여라.

문제 7 평형 $Y-Y$결선에서 선전압과 부하가 $V_L = 173.2$[V], $Z_p = 3+j4$ [Ω] 가 있다. 이 회로의 (1) 각상의 평균전력(P_p)과 전체평균전력(P), (2) 각상의 무효전력(P_{rp})과 전체무효전력(P_r) (3) 각상의 피상전력(P_{ap})과 전체 피상전력(P_a) (4) 역률을 구하여라.
(Hint : $V_L = \sqrt{3}\ V_p$)

문제 8 중성선과 접지의 차이점에 대하여 설명하여라.

문제 9 단상과 3상의 장단점을 설명하여라.

수학공식

1. 거듭제곱근과 지수법칙

$$\sqrt[n]{a}\sqrt[n]{b}=\sqrt[n]{ab}, \quad \frac{\sqrt[n]{a}}{\sqrt[n]{b}}=\sqrt[n]{\frac{a}{b}}, \quad (\sqrt[n]{a})^m=\sqrt[n]{a^m}$$

$$\sqrt[m]{\sqrt[n]{a}}=\sqrt[mn]{a}, \quad a^m a^n=a^{m+n}, \quad (a^m)^n=a^{mn}$$

$$(ab)^n=a^n b^n, \quad a^m \div a^n=a^{m-n}, \quad a^0=1, \quad a^{-n}=\frac{1}{a^n}$$

2. 대수(log)의 성질

$$\log_a 1=0, \ \log_a a=1, \quad \log_a xy=\log_a x+\log_a y$$

$$\log_a \frac{x}{y}=\log_a x-\log_a y, \quad \log_a x^n=n\log_a x$$

$$\log_a b=\frac{\log_c b}{\log_c a}(c\neq 1), \quad \log_{a^m} b^n=\frac{n}{m}log_a b$$

3. 삼각함수

구분	0°	30°	45°	60°	90°
$\sin\theta$	0	$\frac{1}{2}$	$\frac{1}{\sqrt{2}}$	$\frac{\sqrt{3}}{2}$	1
$\cos\theta$	1	$\frac{\sqrt{3}}{2}$	$\frac{1}{\sqrt{2}}$	$\frac{1}{2}$	0
$\tan\theta$	0	$\frac{1}{\sqrt{3}}$	1	$\sqrt{3}$	∞

$$\mathrm{cosec}\theta=\frac{1}{\sin\theta}, \quad \sec\theta=\frac{1}{\cos\theta}, \quad \cot\theta=\frac{1}{\tan\theta}, \quad \tan\theta=\frac{\sin\theta}{\cos\theta}, \quad \cot\theta=\frac{\cos\theta}{\sin\theta}$$

$$\sin^2\theta+\cos^2\theta=1, \quad 1+\tan^2\theta=\sec^2\theta, \quad 1+\cot^2\theta=\mathrm{cosec}^2\theta$$

$(\sin\theta+\cos\theta)^2=1+2\sin\cos\theta,\ (\sin\theta-\cos\theta)^2=1-2\sin\cos\theta$

$\sin(-\theta)=-\sin(\theta),\quad \cos(-\theta)=\cos(\theta),\quad \tan(-\theta)=-\tan(\theta)$

$\sin(\pi\pm\theta)\ =\sin(\mp\theta),\quad \cos(\pi\pm\theta)=-\cos(\theta),\quad \tan(\pi\pm\theta)=\pm\tan(\theta)$

$\sin(\frac{\pi}{2}\pm\theta)=\cos\theta,\quad \cos(\frac{\pi}{2}\pm\theta)=\mp\sin(\theta),\quad \tan(\frac{\pi}{2}\pm\theta)=\mp\cot(\theta)$

$\sin(\alpha\pm\beta)=\sin\alpha\cos\beta\pm\sin\beta\cos\alpha,\quad \cos(\alpha\pm\beta)=\cos\alpha\cos\beta\mp\sin\alpha\sin\beta$

$\tan(\alpha\pm\beta)=\dfrac{\tan\alpha\pm\tan\beta}{1\mp\tan\alpha\tan\beta},\ \sin 2\alpha=2\sin\alpha\cos\alpha,$

$\cos 2\alpha=\cos^2\alpha-\sin^2\alpha=1-2\sin^2\alpha=2\cos^2\alpha-1$

$\tan 2\alpha=\dfrac{2\tan\alpha}{1-\tan^2\alpha},\quad a\sin\theta+b\cos\theta=\sqrt{a^2+b^2}\sin(\theta+\alpha),\ \left(\text{단}, \tan\alpha=\dfrac{b}{a}\right)$

$$\sin\alpha\cos\beta\ =\ \frac{1}{2}\{\sin(\alpha+\beta)+\sin(\alpha-\beta)\},$$

$$\cos\alpha\sin\beta\ =\ \frac{1}{2}\{\sin(\alpha+\beta)-\sin(\alpha-\beta)\}$$

$$\cos\alpha\cos\beta\ =\ \frac{1}{2}\{\cos(\alpha+\beta)+\cos(\alpha-\beta)\},$$

$$\sin\alpha\sin\beta\ =\ -\frac{1}{2}\{\cos(\alpha+\beta)-\cos(\alpha-\beta)\}$$

$$\sin A+\sin B\ =\ 2\sin\frac{A+B}{2}\cos\frac{A-B}{2},$$

$$\sin A-\sin B\ =\ 2\cos\frac{A+B}{2}\sin\frac{A-B}{2}$$

$$\cos A+\cos B\ =\ 2\cos\frac{A+B}{2}\cos\frac{A-B}{2},$$

$$\cos A-\cos B\ =\ -2\sin\frac{A+B}{2}\sin\frac{A-B}{2}$$

4. 복소수 계산

복소수 $z = a + bi$

극형식 $z = r(\cos\theta + i\sin\theta)$ $\left(\text{단}, \tan\theta = \dfrac{b}{a}\right)$

절대값 $|z| = r = \sqrt{a^2 + b^2}$, 편각의 크기 $\arg(z) = \theta$

$z_1 = r_1(\cos\theta_1 + i\sin\theta_1)$, $z_2 = r_2(\cos\theta_2 + i\sin\theta_2)$ 일 때

$z_1 z_2 = r_1 r_2\{\cos(\theta_1 + \theta_2) + i\sin(\theta_1 + \theta_2)\}$,

$|z_1 z_2| = |z_1||z_2|$, $\arg(z_1 z_2) = \arg(z_1) + \arg(z_2)$

$$\frac{z_1}{z_2} = \frac{r_1}{r_2}\{\cos(\theta_1 - \theta_2) + i\sin(\theta_1 - \theta_2)\}$$

$$\left|\frac{z_1}{z_2}\right| = \frac{|z_1|}{|z_2|},\quad \arg\left(\frac{z_1}{z_2}\right) = \arg(z_1) - \arg(z_2)$$

5. 미분 및 적분

$\dfrac{d}{dx}\sin x = \cos x$, $\dfrac{d}{dx}\cos x = -\sin x$

$\dfrac{d}{dx}\tan x = \sec^2 x$, $\dfrac{d}{dx}\cot x = -\operatorname{cosec}^2 x$

$\dfrac{d}{dx}\sec x = \sec x\tan x$, $\dfrac{d}{dx}\operatorname{cosec} x = -\operatorname{cosec} x\cot x$

$\dfrac{d}{dx}e^x = e^x$, $\dfrac{d}{dx}a^x = a^x \cdot \ln a$ $(a \neq 1, a > 0)$,

$\dfrac{d}{dx}\ln x = \dfrac{1}{x}$ $(x > 0)$, $\dfrac{d}{dx}\log_a x = \dfrac{1}{x\ln a}$ $(a > 0,\ a \neq 1,\ x > 0)$

$\displaystyle\int \sin x\, dx = -\cos x + C$, $\displaystyle\int \cos x\, dx = \sin x + C$,

$\displaystyle\int \sec^2 x\, dx = \tan x + C$, $\displaystyle\int \operatorname{cosec}^2 x\, dx = -\cot x + C$

$\displaystyle\int e^x\, dx = e^x + C$, $\displaystyle\int a^x\, dx = \frac{1}{\ln a}a^x + C(a > 0,\ a \neq -1)$

⌘ 단위에 사용되는 접두어와 기호

수	접두어	기호	수	접두어	기호	셈 말	
10^{-1}	deci 데시	d	10^{1}	deca 데카	da	십(拾)	Ten
10^{-2}	centi 센티	c	10^{2}	hecto 헥토	h	백(百)	Hundred
10^{-3}	milli 밀리	m	10^{3}	kilo 킬로	K	천(仟)	Thousand
10^{-6}	micro 마이크로	μ	10^{6}	mega 메가	M	백만(百萬)	Million
10^{-9}	nano 나노	n	10^{9}	giga 기가	G	십억(十億)	Billion
10^{-12}	pico 피코	p	10^{12}	tera 테라	T	조(兆)	Trillion
10^{-15}	femto 펨토	f	10^{15}	peta 페타	P	천조(仟兆)	Quardrillion
10^{-18}	atto 아토	a	10^{18}	exa 엑사	E	백경(百京)	Quintillion

⌘ 그리스 문자

대문자	소문자	명칭	대문자	소문자	명칭	대문자	소문자	명칭
Α	α	Alpha 알파	*Ι*	ι	Jota 요타	*Ρ*	ρ	Rho 로
Β	β	Beta 베타	*Κ*	κ	Kappa 카파	*Σ*	σ	Sigma 시그마
Γ	γ	Gamma 감마	*Λ*	λ	Lamda 람다	*Τ*	τ	Tau 타우
Δ	δ	Delta 델타	*Μ*	μ	My 뮤	*Υ*	υ	Ypsillon 입실론
Ε	ϵ	Epsilon 엡실론	*Ν*	ν	Ny 뉴	*Φ*	ϕ	Phi 파이
Ζ	ζ	Zeta 제타	*Ξ*	ξ	Xi 자이	*Χ*	χ	Chi 카이
Η	η	Eta 이타	*Ο*	ο	Omikron 오미크론	*Ψ*	ψ	Psi 싸이
Θ	θ	Theta 씨타	*Π*	π	Pi 파이	*Ω*	ω	Omega 오메가

⌘ 많이 사용되는 숫자들

$\sqrt{0.5} = 0.707$	$e = 2.71828$	$\pi = 3.141593$	$\frac{90}{\pi} = 28.64789$
$\sqrt{2} = 1.414$	$2e = 5.43656$	$2\pi = 6.283185$	$\frac{180}{\pi} = 57.29578$
$\sqrt{3} = 1.732$	$e^2 = 7.38906$	$3\pi = 9.424778$	$\frac{360}{\pi} = 114.59156$
$\sqrt{5} = 2.236$	$e^3 = 20.0855$	$\frac{1}{\pi} = 0.318310$	$\sqrt[3]{\pi} = 1.4645919$
$\sqrt{10} = 3.162$	$\sqrt{e} = 1.64872$	$\frac{2}{\pi} = 0.636620$	$\sqrt[3]{2\pi} = 1.845261$
$\sqrt{20} = 4.472$	$\log e = 0.43429$	$\frac{\pi}{2} = 1.570790$	$1[\mathrm{rad}] = 57.29578^\circ$
$\sqrt{1000} = 31.623$	$\frac{1}{e} = 0.36788$	$\frac{\pi}{3} = 1.047189$	$\pi[\mathrm{rad}] = 180^\circ$
$\frac{1}{\sqrt{2}} = 0.707$	$\frac{1}{2e} = 0.18394$	$\pi^2 = 9.869604$	$2\pi[\mathrm{rad}] = 360^\circ$
$\frac{1}{\sqrt{3}} = 0.577$	$\frac{1}{e^2} = 0.13534$	$(2\pi)^2 = 39.478418$	$\frac{\pi}{2}[\mathrm{rad}] = 90^\circ$
$\frac{1}{\sqrt{10}} = 0.316$	$\frac{1}{\sqrt{e}} = 0.60653$	$\sqrt{\pi} = 1.7724539$	$\frac{\pi}{4}[\mathrm{rad}] = 45^\circ$
$\frac{1}{2\sqrt{2}} = 0.354$		$\frac{1}{\pi^2} = 0.101321$	$1^\circ = \frac{\pi}{180} = 0.01745[\mathrm{rad}]$

상용 대수		자연 대수	삼각 함수
$\log 1 = 0$	$\log(e) = 0.43429$	$\ln 1 = 0$	$\sin 0^\circ = 0$
$\log 2 = 0.30103$	$\log(\pi) = 0.49715$	$\ln 2 = 0.69314$	$\cos 0^\circ = 1$
$\log 3 = 0.47712$	$\log(\frac{1}{2}) = -0.301$	$\ln 3 = 1.09861$	$\tan 0^\circ = 0$
$\log 4 = 0.60206$	$\log(\frac{1}{e}) = 0.30103$	$\ln 4 = 1.38629$	$\sin 30^\circ = 0.5$
$\log 5 = 0.69897$	$\log(\frac{1}{\pi}) = 0.30103$	$\ln 5 = 1.60943$	$\cos 30^\circ = 0.866 = \frac{\sqrt{3}}{2}$
$\log 6 = 0.77815$	$\log(\frac{1}{10}) = -1$	$\ln 6 = 1.79176$	$\tan 30^\circ = 0.577 = \frac{1}{\sqrt{3}}$
$\log 7 = 0.84510$	$\log(\frac{1}{10^2}) = -2$	$\ln 7 = 1.94591$	$\sin 45^\circ = 0.707 = \frac{1}{\sqrt{2}}$
$\log 8 = 0.90309$	$\log(\frac{1}{10^3}) = -3$	$\ln 8 = 2.07944$	$\cos 45^\circ = 0.7071$
$\log 9 = 0.95424$		$\ln 9 = 2.19722$	$\tan 45^\circ = 1$
$\log 10 = 1$		$\ln 10 = 2.30259$	$\sin 60^\circ = 0.866 = \frac{\sqrt{3}}{2}$
$\log 10^2 = 2$		$\ln(e) = 1$	$\cos 60^\circ = 0.5$
$\log 10^3 = 3$		$\ln(\pi) = 1.14473$	$\sin 90^\circ = 1$
			$\cos 90^\circ = 0$
			$\tan 90^\circ = \infty$

연습문제 해답

제 1 장

4. 4[A]

5. 30[C]

6. 약 1389[W]

7. 전력 $P = 1960$ [W], 전력량 $W = 980$ [Wh]

제 2 장

2. (1) 주황 주황 갈색 무색 (2) 회색 적색 금색 은색

   (3) 노랑 보라 녹색 금색 (4) 녹색 파랑 갈색 무색

   (5) 적색 적색 노랑 은색 (6) 녹색 흑색 은색 금색

4. 110[Ω]

5. 11[A]

6. (1) 14.4[Ω] (2) 11.2[Ω] (3) 75[Ω] (4) 22.5[Ω] (5) 11[Ω]

7. $I = 50$ [A], $I_1 = 30$ [A], $I_2 = 20$ [A]

8. $V_{R1} = 30$ [V], $V_{R2} = 5$ [V], $V_{R3} = 15$ [V]

9. $P_{R1} = 112$ [W], $P_{R2} = 64$ [W], $P_{R3} = 224$ [W]

10. $I_2 = 6.67$ [mA], $I_3 = 4$ [mA]

11. (1) 반시계방향, $I = 2.5$ [A] (2) $V_{ab} = 5$ [V], $V_{cd} = 10$ [V]

    (3) $P_{ab} = 12.5$ [W]

제 3 장

1. $I = 3\,[\mathrm{A}]$
2. $I = -3\,[\mathrm{A}]$
3. $I = 0.4\,[\mathrm{A}]$
4. $I_L = 0.5\,[\mathrm{A}]$
5. $R_L = \dfrac{55}{3}\,[\Omega]$, $P_{L(\max)} = 1.36\,[\mathrm{W}]$
6. $V_{XG} = 4.0\,[\mathrm{V}]$, $P_L = 1.25\,[\mathrm{W}]$
7. $R_{ab} = \dfrac{34}{7}\,[\Omega]$
8. $I_1 = 2.1\,[\mathrm{A}]$, $I_2 = 0.16\,[\mathrm{A}]$

제 4 장

5. 표 4.1과 4.2의 내압코드 및 오차코드 참조
6. $C_{ab} = 18[\mu\mathrm{F}]$
7. $C_{ab} = 20\,[\mu\mathrm{F}]$
8. $V_1 = 8\,[\mathrm{V}]$, $V_2 = 12\,[\mathrm{V}]$
9. $2 \times 10^{-4}\,[\mathrm{C}]$
10. (1) $C_{eq} = \dfrac{60}{11}\,[\mu\mathrm{F}]$ (2) $V_1 = 60\,[\mathrm{V}]$, $V_2 = 30\,[\mathrm{V}]$, $V_3 = 20\,[\mathrm{V}]$

    (3) $Q = 6 \times 10^{-4}\,[\mathrm{C}]$
11. 시정수 = 0.55[초], 캐패시터의 전압 = 12.6[V]
12. (1) $200[\mu\mathrm{H}] \pm 5\%$ (2) $54[\mu\mathrm{H}] \pm 10\%$

    (3) $4.7[\mathrm{mH}] \pm 10\%$ (4) $750[\mu\mathrm{H}] \pm 10\%$
13. $L_T = 6.2\,[\mathrm{mH}]$

제 5 장

1. (1) $\frac{7}{36}\pi$　　(2) $\frac{4}{9}\pi$
   (3) $\frac{2}{3}\pi$　　(4) $\frac{11}{9}\pi$
2. (1)20°　　(2)135°　　(3)315°　　(4)480°
3. 80π [rad/s]
4. (1) 16.67[ms]　　(2) 1[ms]
5. 주기(T) = 20[ms],　주파수(f) = 50[Hz]
6. (1) $V_m = 311.3$ [V],　$V_{p-p} = 622.6$ [V]　(2) $P = 1000$ [W] $= 1$ [kW]
7. 실효값 $V_{rms} = 14.14$ [V],　평균값 $V_{ave} = 12.74$ [V]
8. 최대값 $V_m = 125.59$ [V]
9. 주파수 $f = 100$ [Hz]　주기 $T = 10$ [ms]
10. $\theta = 30^{\circ}$
11. 주파수 $f = 60$ [Hz]
12. 50[V]
13. $v = 50\sin(\omega t + \frac{\pi}{2})$[V]

제 6 장

1. $I = 2$ [A], $V_2 = 80$ [V]
2. $X_L = 12.56$ [Ω],　$I = 7.96$ [A],　$i = \sqrt{2} \cdot 7.96\sin(100\pi t - \frac{\pi}{2})$ [A]
3. $X_C = 53$ [Ω],　$I \fallingdotseq 1.89$ [A],　$i = 1.89\sqrt{2}\sin(377t + \frac{\pi}{2})$ [A]

4. $X_C \fallingdotseq 2653\,[\Omega]$

5. $C = 26.5\,[\mu\text{F}]$

6. 주파수 $f \fallingdotseq 600\,[\text{Hz}]$

7. $X_L \fallingdotseq 7.54[\Omega]$, $Z \fallingdotseq 12.5[\Omega]$, $V_R = 176\,[\text{V}]$, $V_L \fallingdotseq 133\,[\text{V}]$, $I \fallingdotseq 17.6\,[\text{A}]$

8. $X_C \fallingdotseq 2653[\Omega]$, $Z \fallingdotseq 10.35[\text{k}\Omega]$, $I \fallingdotseq 21.3[\text{mA}]$

제 7 장

1. (1) $4.33 + j2.5$ (2) $5 - j8.66$
   (3) $-0.67 + j\,11.16$ (4) $0.24 - j0.18$

2. (1) $10\angle 53.1°$ (2) $-6.59\angle 67.0°$

3. $\boldsymbol{R} = \dfrac{\boldsymbol{V}}{\boldsymbol{I}} = 20\angle 53.1°$ 또는 $12 + j16$

4. (1) $25\angle 90° = 25e^{j90} = 0 + j25$
   (2) $1\angle -16.2° = 1e^{-j16.2} = 0.96 - j0.28$

5. (1) $\boldsymbol{V}_1 = \dfrac{100}{\sqrt{2}}\angle 0° = 70.7\angle 0°$
   (2) $\boldsymbol{I}_1 = \dfrac{5}{\sqrt{2}}\angle -45° = 3.54\angle -45°$
   (3) $\boldsymbol{V}_1 = 10\angle 30°$
   (4) $\boldsymbol{I}_4 = \dfrac{14.14}{\sqrt{2}}\angle \dfrac{\pi}{2} + \dfrac{\pi}{6} = 10\angle \dfrac{2}{3}\pi$

6. $\boldsymbol{I} = 3\angle 30°\,[\text{A}]$, $i(t) = 3\sqrt{2}\sin(100t + 30°)\,[\text{A}]$

7. $\boldsymbol{Z} = 2\angle 30° = \sqrt{3} + j$

8. $\boldsymbol{I}_1 \times \boldsymbol{I}_2 = 20\angle 90° = j20$

9. $\boldsymbol{I} = 2\angle -45°\,[\text{A}]$, $i(t) = 2\sqrt{2}\sin(60t - 45°)\,[\text{A}]$

제 8 장

1. (1) $Z = 36\ [\Omega]$ (2) $\boldsymbol{I} = 6.1\ [\mathrm{A}]$

   (3) $V_R = 183\ [\mathrm{V}]$, $V_L = 122\ [\mathrm{V}]$ (4) 생략

2. (1) $Z = 12.5\ [\Omega]$ (2) $\boldsymbol{I} = 17.6\ [\mathrm{A}]$

   (3) $V_R = 176\ [\mathrm{V}]$, $V_L = 133\ [\mathrm{V}]$ (4) 생략

3. 45°

4. (1) $Z = 10.35\ [\mathrm{k}\Omega]$ (2) $\boldsymbol{I} = 21.3\ [\mathrm{mA}]$

   (3) $V_R = 213\ [\mathrm{V}]$, $V_C = 56.45\ [\mathrm{V}]$ (4) 생략

5. (1) $Z = 10\ [\Omega]$, $\boldsymbol{I} = 20\ [\mathrm{A}]$

6. $Z = 51.2\ [\Omega]$, 전류 $\boldsymbol{I} = 4.3\ [\mathrm{A}]$, $\theta = -60^\circ$

7. $4.47\ [\mathrm{A}]$

8. $22.36\ [\mathrm{A}]$

9. $Z = 18.27\ [\Omega]$, 전류 $\boldsymbol{I} = 0.82\ [\mathrm{A}]$, $\theta = -23.96^\circ$

10. $\theta = 32.01^\circ$, $V_R = 12.72\ [\mathrm{V}]$, $V_L = 7.95\ [\mathrm{V}]$,

    $\boldsymbol{I} = 318\ [\mathrm{mA}]$

제 9 장

1. 소비전력 0, 축적되는 에너지 $W_L = 0.2\ [\mathrm{J}]$

2. $136.5\ [\mathrm{W}]$

3. $349\ [\mathrm{W}]$

4. 역률 $\cos\theta = 0.47$, 유효전력 $P = 110.5\ [\mathrm{W}]$

5. $P = 50\ [\mathrm{W}]$

6. $P = 250\ [\mathrm{W}]$, $P_r = 500\ [\mathrm{VAR}]$, $P_a = 559\ [\mathrm{VA}]$

7. $pf = 0.707$

8. $P = 300$ [W]

9. $X = 3.2$ [Ω]

10. $P_r = 60\pi$ [VAR]

11. 0.8

제 10 장

1. $\kappa = 0.2$

2. $L_2 = 10$ [mH], $M = 14$ [mH], $\kappa = 0.8$

3. 6[mH]

4. $L_T = L_1 + L_2 + 2M + L$

5. $L_T = \frac{5}{3}$[H]

6. 결합계수 $\kappa = +0.5$, 임피던스 $Z = 10 + j19 = 21.47\underline{/62^\circ}$,

   전류$I = 3\underline{/-62^\circ}$

7. $R_4 = 120[k\Omega]$, $L_4 = 40$[mH]

제 11 장

1. $f_0 = 56.4$ [Hz]

2. $f_1 = 701$ [kHz], $f_2 = 721$ [kHz]

3. $\omega_0 = 2\pi \times 10^5$ [rad/s], $Q_0 = 2 \times 10^3$

4. $Q_0 = 100$

5. $\omega_0 = 994$ [rad/s]

6. $C = 0.253\,[\text{pF}]$

7. (1) $C = 0.158\,[\mu\text{F}]$ (2) $Q_0 = 10$

(3) $\boldsymbol{V_C} = -j100\,[\text{V}]$ (4) $\Delta f = 1[\text{kHz}]$

(5) $f_1 = 9.512\,[\text{kHz}]$, $f_2 = 10.512\,[\text{kHz}]$

8. $C = 1\,[\mu\text{F}]$, $\boldsymbol{V_C} = -j100\,[\text{V}]$, $\boldsymbol{V_L} = j100\,[\text{V}]$

제 12 장

1. (1) $-3[dB]$ (2) $-3[dB]$

(3) $3[dB]$ (4) $-40[dB]$

2. $f_c \fallingdotseq 7.96\,[\text{kHz}]$, $28.28[\text{V}]$

3. $f_c \fallingdotseq 1.59\,[\text{kHz}]$, $42.42[\text{V}]$, $-3[dB]$

4. 중심주파수 : 1592 [Hz] 통과대역폭 : 159.2 [Hz]

상위차단주파수(f_2) : 1671.6 [Hz] 하위차단주파수(f_1) : 1512.4 [Hz]

5. 중심주파수 : 7962 [Hz] 통과대역폭 : 318 [Hz]

상위차단주파수(f_2) : 8121 [Hz] 하위차단주파수(f_1) : 7803 [Hz]

6. (1) $84\,dBm$ (2) $-10\,dBW$

(3) $-48.2\,dBm$ (4) $-78.2\,dBW$

제 13 장

1. $z_{11} = 10$, $z_{12} = 4$, $z_{21} = 4$, $z_{22} = 6$

2. $z_{11} = j\omega L_1$, $z_{12} = j\omega M$, $z_{21} = j\omega M$, $z_{22} = j\omega L_2$

3. $y_{11} = \frac{1}{10}$, $y_{12} = \frac{-1}{10}$, $y_{21} = \frac{1}{10}$, $y_{22} = \frac{-1}{10}$

4. A=3, B=8, C=0.5, D=2

5. $A = 1 - \frac{1}{\omega^2 LC}$, $B = \frac{1}{j\omega C}$, $C = \frac{1}{j\omega L}$, $D = 1$

6. $h_{11} = 4\,[\Omega]$, $h_{12} = \frac{2}{3}$, $h_{21} = -\frac{2}{3}$, $h_{22} = \frac{1}{9}[\mathrm{S}]$

7. (1) 116 (2) -121.7

제 14 장

1. (1) 56[%] (2) 283.5[W] (3)0.1837
2. 1,500[W]
3. 54.3[V]
4. $I = \frac{75}{\sqrt{R^2 + (3\omega L)^2}} = \frac{75}{\sqrt{4^2 + (3 \cdot 1)^2}} = \frac{75}{5} = 15[A]$
5. 0 (주파수가 다른 전압과 전류의 평균전력은 0)
6. 750[W]
7. 주어진 파형의 대칭성을 관찰하면

$$f(t) = -f\left(t + \frac{T}{2}\right) = -f(-t) \text{ (동시 조건)}$$

이므로 반파 및 정현대칭이다.

$$a_0 = 0, \quad a_n = 0$$

$$b_n = \frac{8}{T}\int_0^{\frac{T}{4}} f(t)\sin n\omega t\,dt = \frac{8}{T}\int_0^{\frac{T}{4}} A\sin n\omega t\,dt$$

$$= \frac{8}{\omega T} \cdot \frac{A}{n}\Big[-\cos n\omega t\Big]_0^{\frac{T}{4}} = \frac{4A}{\pi} \cdot \frac{1}{n}, \quad (n = 1, 3, 5, \cdots)$$

$$\therefore \; f(t) = \frac{4A}{\pi}\left(\sin\omega t + \frac{1}{3}\sin 3\omega t + \frac{1}{5}\sin 5\omega t + \cdots\right)$$

8. 이 주기파는 반파 및 정현대칭성을 가지므로

$$a_0 = 0, \qquad a_n = 0$$

$$b_n = \frac{8}{T}\int_0^{\frac{T}{4}} f(t)\sin n\omega t dt, \ (n = 1, 3, 5, \cdots)$$

이고,

$$f(t) = \frac{4A}{T}t, \qquad 0 \le t \le \frac{T}{4}$$ 이므로

$$b_n = \frac{8}{T}\int_0^{T/4} f(t)\sin n\omega t\, dt$$

$$= \frac{32A}{T^2}\int_0^{T/4} t\sin n\omega t\, dt$$

$$= \frac{32A}{T^2}\left[\frac{1}{n^2\omega^2}\sin n\omega t - \frac{1}{n\omega}t\cos n\omega t\right]_0^{T/4}$$

$$= \begin{cases} \dfrac{8A}{n^2\pi^2}; & n = 1, 5, 9, \cdots \\ -\dfrac{8A}{n^2\pi^2}; & n = 3, 7, 11, \cdots \end{cases}$$

$$\therefore \quad f(t) = \frac{8A}{\pi^2}\left\{\left(\sin\omega t - \frac{1}{3^2}\sin 3\omega t + \frac{1}{5^2}\sin 5\omega t - \frac{1}{7^2}\sin 7\omega t + \cdots\right)\right.$$
$$\left. + \frac{(-1)^{n-1}}{(2n-1)^2}\sin(2n-1)\omega t + \cdots\right\}$$

진폭스펙트럼은 다음과 같다.

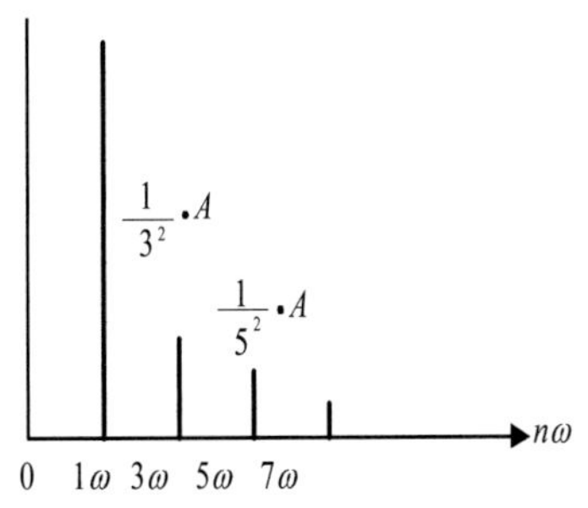

9. 우함수이므로 cosine 항과 직류항만 존재하므로 bn=0이다.

$$f(t) = A\sin\omega t\ ; \quad 0 \le t \le \frac{T}{2} \quad 즉,\ 0 \sim \pi \qquad 이므로$$
$$f(t) = 0\ ; \quad \frac{T}{2} \le t \le T \quad 즉,\ \pi \sim 2\pi$$

$$a_0 = \frac{1}{\pi}\int_0^{\pi} f(t)\,d\omega t = \frac{1}{\pi}\int_0^{\pi/2} A\cos\omega t\,d\omega t = \frac{A}{\pi}\Big[\sin\omega t\Big]_0^{\pi/2} = \frac{A}{\pi} \qquad \cdots (\,\mathrm{i}\,)$$

$$a_n = \frac{2}{\pi}\int_0^{\pi} f(t)\cos n\omega t\,d\omega t = \frac{2}{\pi}\int_0^{\pi/2} A\cos\omega t\cos n\omega t\,d(\omega t) \text{ 이다.}$$

이 적분은 $\displaystyle\int_0^{T/2} A\sin n\omega t\,dt = \begin{cases} 0\ ; & n \ne 1 \\ \dfrac{T}{4}\ ; & n = 1 \end{cases}$

따라서 $a_1 = \dfrac{A}{2},\quad a_2 = a_3 = \cdots = a_n = 0$ $\qquad \cdots (\,\mathrm{ii}\,)$

$$a_n = \frac{1}{\pi}\int_0^{\pi} f(t)\cos n\omega t\,d\omega t = \frac{2}{\pi}\int_0^{\pi} A\sin\omega t \cdot \cos n\omega t\,d\omega t$$
$$= \frac{A}{\pi}\int_0^{\pi}\{\sin(n+1)\omega t - \sin(n-1)\omega t\}d\omega t$$
$$= \frac{A}{\pi}\left[\frac{-\cos\omega(n+1)t}{n+1} + \frac{\cos\omega(n-1)t}{n-1}\right]_0^{\pi}$$
$$= \frac{A}{2\pi}\left\{\frac{1-(-1)^{n+1}}{n+1} - \frac{1-(-1)^{n-1}}{n-1}\right\}$$

$a_n = 0;\quad n = 기수$ $\qquad \cdots (\,\mathrm{iii}\,)$

$$a_n = \frac{A}{\pi}\left(\frac{1}{n+1} - \frac{1}{n-1}\right) = -\frac{2A}{(n-1)(n+1)\pi}\ ; \quad n = 우수 \Big\}$$

식(i), (ii), (iii)으로부터

$$f(t) = \frac{A}{2}\sin\omega t + \frac{2A}{\pi}\left\{\frac{1}{2} - \frac{1}{1\cdot 3}\cos 2\omega t - \frac{1}{3\cdot 5}\cos 4\omega t - \frac{1}{5\cdot 7}\cos 6\omega t - \cdots\right\}$$

10. 여현대칭(우함수)이므로 sine항은 존재하지 않는다.

$$f(t) = a_0 + \sum_{n=1}^{\infty} a_n \cos n\omega t\, dt$$

그런데 $f(t) = A\sin\omega t$; $0 \le t \le T/2$ 이므로

$$f(t) = -A\sin\omega t : \frac{T}{2} \le t \le T$$

$$a_0 = \frac{2}{T}\int_0^{T/2} A\sin\omega t\, dt = \frac{2}{\pi}A\Big[-\cos\omega t\Big]_0^{\frac{\pi}{2}} = \frac{2}{\pi}A$$

$$a_n = \frac{4}{T}\int_0^{T/2} A\sin\omega t \cdot \cos n\omega t\, dt$$

$$= \frac{2A}{T}\int_0^{T/2}\{\sin(n+1)\omega t - \sin(n-1)\omega t\}dt$$

$$= \frac{A}{T}\left\{\frac{1-(-1)^{n+1}}{n+1} - \frac{1-(-1)^{n-1}}{n-1}\right\}$$

$$= \begin{cases} 0, & n = \text{기수} \\ -\dfrac{4A}{(n-1)(n+1)\pi}, \quad \dfrac{A}{\pi}\left(\dfrac{2}{n+1} - \dfrac{2}{n-1}\right) & n = \text{우수} \end{cases}$$

$$\therefore\ f(t) = a_0 + \sum_{n=1}^{\infty} a_n \cos n\omega t$$

$$= \frac{4A}{\pi}\left\{\frac{1}{2} - \frac{1}{1\cdot 3}\cos 2\omega t - \frac{1}{3\cdot 5}\cos 4\omega t - \frac{1}{5\cdot 7}\cos 6\omega t - \cdots\right\}$$

제 15 장

1. $\boldsymbol{V}_{an} = 220\angle 160^\circ$ [V], $\boldsymbol{V}_{cn} = 220\angle -80^\circ$ [V]

2. 극좌표형식: $\boldsymbol{V}_{an} = 220\angle 0^\circ$ [V], $\boldsymbol{V}_{bn} = 220\angle -120^\circ$ [V],

   $\boldsymbol{V}_{cn} = 220\angle -240^\circ$ [V]

   직각좌표형식 : $\boldsymbol{V}_{an} = 220$[V], $\boldsymbol{V}_{cn} = -110 - j110\sqrt{3}$[V],

   $\boldsymbol{V}_{cn} = -110 + j110\sqrt{3}$[V]

3. 상전류 : $\boldsymbol{I_{AB}} = 19.36\angle 13.43^\circ$ [A] , $\boldsymbol{I_{BC}} = 19.36\angle -106.57^\circ$ [A]

$\boldsymbol{I_{CA}} = 19.36\angle 133.43^\circ$ [A]

선전류 : $\boldsymbol{I_a} = 33.53\angle -16.57^\circ$ [A], $\boldsymbol{I_b} = 33.53\angle -136.57^\circ$ [A],

$\boldsymbol{I_a} = 33.53\angle 103.43^\circ$ [A]

4. (1) $\theta_1 = -120^\circ$, $\theta_2 = +120^\circ$

(2) $V_L = 208$[V]

(3) $\boldsymbol{I_a} = 24\angle -53.13^\circ$ [A] , $\boldsymbol{I_b} = 24\angle -173.13^\circ$ [A] ,$\boldsymbol{I_c} = 24\angle 66.87^\circ$ [A]

$\boldsymbol{I_c} = \boldsymbol{I_a}\angle -240^\circ = 15.36\angle -264.8^\circ$ [A] 또는 $15.36\angle 95.2^\circ$ [A]

5. 상전류 : $\boldsymbol{I_{AB}} = 15\angle -53.13^\circ$ [A] ,$\boldsymbol{I_{BC}} = 15\angle -173.13^\circ$ [A]

$\boldsymbol{I_{CA}} = 15\angle 66.87^\circ$ [A]

선전류 : $\boldsymbol{I_L} = \sqrt{3}\ 15 = 25.95$[A]

6. $\boldsymbol{I_a} = 6.04\angle -39.5^\circ$ [A] , $\boldsymbol{I_b} = 6.04\angle -159.5^\circ$ [A] ,

$\boldsymbol{I_c} = 6.04\angle 80.5^\circ$ [A] , $\boldsymbol{V_{AN}} = 109\angle -5.8^\circ$ [V], $\boldsymbol{V_{BN}} = 109\angle -125.8^\circ$ [V],

$\boldsymbol{V_{CN}} = 109\angle 114.2^\circ$ [V], 620[W]$\times 3 = 1860$[W]

7. $P_p = 1200$[W], $P = 3600$[W], $P_{rp} = 1600$[Var]

$P_r = 4800$[Var], $P_{ap} = 2000$[VA], $P_a = 6000$[VA], $pf = 0.6$

찾아보기

INDEX

알기 쉬운 회로이론

14판 2쇄 2025년 3월 4일

저 자 김종오/원영진/안태원
발행인 송광헌
발행처 도서출판 복두(더)
주 소 서울특별시 영등포구 경인로82길 3-4
센터플러스 807호 (우) 07371
전 화 02-2164-2580
FAX 02-2164-2584
등 록 1993. 11. 22. 제 10-902 호

정가 : **26,500원**
ISBN : 979-11-6675-472-2 93560

한국과학기술출판협회 회원사